徐长庆
著

国家自然科学基金申请指导与技巧

（第2版）

标书歌——基金申请的好助手

清华大学出版社
北京

内 容 简 介

本书介绍了国家自然科学基金的光辉历程、申请须知、2019 年度项目申请与资助情况、2020 年度项目申请与资助情况、《2021 年度国家自然科学基金项目指南》。作者根据自己多年申请和评审基金的经验，以《标书歌》的形式对基金申请书的撰写要点、重点、难点、注意事项和技巧进行了提炼，对申请书题目、关键词、摘要、技术路线、关键问题、创新、特色及科学问题属性等内容进行了生动的阐述。书中展示了 4 份真实的标书（作者申报成功或失败的标书 3 份，作者学生中标的青年基金项目标书 1 份），作者现身说法，帮助读者少走弯路。

本书图文并茂，生动形象，语言精练，具体翔实，实用性强。本书适合未写过国家自然科学基金申请书的新手和屡投不中的申请者使用，对其他类型基金申请书的撰写也有参考价值。

图书在版编目（CIP）数据

国家自然科学基金申请指导与技巧：标书歌 - 基金申请的好助手 / 徐长庆著．—2 版．— 北京：清华大学出版社，2021.7 (2024.12 重印)

ISBN 978-7-302-58067-6

Ⅰ．①国… Ⅱ．①徐… Ⅲ．①中国国家自然科学基金委员会—科研项目—申请 Ⅳ．①N12

中国版本图书馆CIP数据核字（2021）第079270号

责任编辑： 罗 健

封面设计： 常雪影

责任校对： 李建庄

责任印制： 沈 露

出版发行： 清华大学出版社

网 址：https://www.tup.com.cn，https://www.wqxuetang.com

地 址：北京清华大学学研大厦 A 座 邮 编：100084

社 总 机：010-83470000 邮 购：010-62786544

投稿与读者服务：010-62776969，c-service@tup.tsinghua.edu.cn

质量反馈：010-62772015, zhiliang@tup.tsinghua.edu.cn

印 装 者： 北京嘉实印刷有限公司

经 销： 全国新华书店

开 本： 185mm×260mm 印 张：17.25 插页：1 字 数：427 千字

版 次： 2018 年 11 月第 1 版 2021 年 8 月第 2 版 印 次：2024 年12月第 8 次印刷

定 价： 69.80 元

产品编号：090516-01

作者简介

徐长庆是二级教授、博士生导师和全国优秀教师，曾任哈尔滨医科大学病理生理教研室主任，现任哈尔滨医科大学心脏病理生理研究室主任。

徐长庆教授主要从事钙敏感受体、多巴胺受体和多胺代谢在心肌缺血再灌注损伤和心血管疾病中的作用和机制研究；主持过 7 项国家自然科学基金和多项省部级课题；获省部级科技奖或自然奖 14 项（第一获奖人 4 项）；发表 SCI 收录论文 92 篇（通讯作者 52 篇）；主编全国性教材 5 部；培养博士研究生 26 名，其中 8 人晋升为教授（5 人被聘为博士生导师），10 人晋升为副教授，13 人被聘为硕士生导师；徐长庆教授还被聘为国家自然科学基金评审专家、国家卫生健康委员会和教育部科技奖评审专家以及国内外 10 余种杂志的编委或审稿专家。

作为国家自然科学基金的申请人（中标 7 项）和通讯评审专家（20 余年），徐长庆教授在基金申请方面经验丰富，颇有见地，是科学网在线访谈嘉宾，在科学网发表了 30 余篇有关基金申请的博文（有些被《科技导报》等转发）和帖子（包括《标书歌》及其 4 份标书），其博客访问量超过 43 万次，其标书下载超过 3.6 万次。

徐长庆教授应邀到全国 30 多所大学、医院做基金辅导讲座。徐长庆教授辅导的单位和个人，基金中标率明显提升。例如，他培养的博士中有 17 人中标国家自然科学基金，累计中标 34 项（其中有 2 人各中标 5 项）；聘其为客座教授并连续 7 年接受面对面辅导讲座的深圳市第二医院，基金中标率连年升高（2017 年高达 23 项）。因此，徐长庆教授被读者和听众热情地称为“标书哥”。

第1版序

Foreword

欣闻徐长庆老师的大作《国家自然科学基金申请指导与技巧》即将由清华大学出版社出版，十分高兴!

徐长庆老师是哈尔滨医科大学二级教授、博士生导师和全国优秀教师，曾任中国病理生理学会理事和哈尔滨医科大学病理生理教研室主任，现任哈尔滨医科大学心脏病理生理研究室主任。他曾主持7项国家自然科学基金，培养的博士研究生累计中标27项国家自然科学基金。作为基金申请人和20余年的评审专家，徐长庆教授在基金申请方面积累了丰富的经验，在科学网发表了30余篇有关基金申请的博文和帖子（包括《标书歌》和作者的申请书，访问量超过34万次），他上传的4份标书下载次数超过3.6万次，他还被邀请到全国20多所大学和医院做基金申请辅导讲座，深受读者和听众的欢迎和好评，被大家戏称为“伟大的国际主义战士”和“标书哥”。

本书先介绍了国家自然科学基金30年光辉历程，基金申请须知（总体原则、类别、流程、评审阶段、形式审查不合格的常见原因、申请须知、评审要求、评审三要素等），2017年项目申请与资助情况，《2018年度国家自然科学基金项目指南》选摘和解读等内容。

在此基础上，作者根据多年基金申请和评审的经验，以喜闻乐见的诗歌形式（《标书歌》）对基金申请的撰写要点、注意事项和技巧进行了生动的阐述，并对申请书要求填写的每项内容加以具体解析，尤其对基金申请须知以及如何撰写申请书的题目、关键词、摘要、技术路线、关键问题、创新和特色等重点和难点内容进行了深入阐述。

更为难能可贵的是，徐长庆老师敢于自我剖析，书中展示了他的3份国家自然科学基金申请书（成功、失败和B类上会但最终落选的申请书各1份）和专家评审意见及自我反省情况，以现身说法的方式帮助读者少走弯路，提高申请书的写作水平和基金申请的成功率。

对初出茅庐的新手、屡投不中的落榜者和二、三类普通院校未写过国家自然科学基金申请书的教师，本书的出版无疑是雪中送炭，它必将受到读者的热烈欢迎。

中国工程院院士

哈尔滨医科大学　校长

2018年9月

第2版前言

Preface

创新是民族进步的灵魂、国家兴旺的动力和综合国力的战略支撑。高等院校和科研院所担负着培养创新人才的历史重任。创新性科学研究需要大量经费支持。

国家自然科学基金是全国广大教师和科技工作者获取科研经费的主要途径，竞争十分激烈。如何撰写申请书和提高中标的成功率，已成为申请人关注的热点。目前，国内缺少相关的辅导专著。

本人曾主持7项国家自然科学基金，参加各类基金项目评审工作20余年，熟悉基金申请的要求、重点和撰写技巧。为帮助初出茅庐的新手撰写标书，曾在科学网发表30余篇有关基金申请的博文和帖子（包括《标书歌》和本人的申请书），并应邀到全国30多所大学和医院做基金申请专题讲座和辅导。在此基础上，经过归纳和总结，完成本书的撰写工作。

2018年，本书第1版出版发行，受到广大读者的好评和欢迎。最近，国家自然科学基金委员会政策有所调整，根据基金申请时效性的特点，本书第2版对一些内容做了重要修改和补充。另外，为了方便年轻的高校教师、医务人员和其他科研人员学习如何申报青年科学基金项目，本书增加了1份作者学生中标的青年基金项目标书。

本书主要由三部分内容组成：①简要介绍了国家自然科学基金30年光辉历程，基金申请须知（总体原则、类别、流程、评审阶段、形式审查不合格的常见原因、申请须知、评审要求、评审三要素等），2019年项目申请与资助情况，2020年项目申请与资助情况，《2021年度国家自然科学基金项目指南》选摘和解读。②以通俗易懂的诗歌形式（《标书歌》）生动形象地阐述基金申请须知，以及如何撰写标书的科学问题属性、题目、关键词、摘要、技术路线、关键问题、创新点、特色和项目评审中国家自然科学基金委员会拒绝资助的常见原因等重点和难点内容，并深入细致地解析相关内容。③提供本人申请成功、失败和B类上会但最终落选的标书各1份及本人学生中标的青年基金项目标书1份（总计4份标书），结合专家评审意见及本人和学生自省情况，现身说法，帮助读者少走弯路，提高标书写作水平和中标成功率。

本书图文并茂，生动形象，语言精练，具体翔实，紧接地气，是一本实用性较强的书籍。

本书对基金申请人，尤其是那些刚入道的新手、屡投不中的落榜者和二、三类普通院校未写过国家自然科学基金申请书的教师，可谓“雪中送炭”。对于其他类型基金的申请，本书也有一定帮助和参考价值。

哈尔滨医科大学教授、博士生导师

徐长庆

2021年3月28日

Preface 第1版前言

创新是民族进步的灵魂、国家兴旺的动力和综合国力的战略支撑。高等校院和科研院所担负着培养创新人才的历史重任。

全国广大教师和科技工作者开展创新性科学研究需要大量经费支持，国家自然科学基金是其获取科研经费的主要途径，竞争十分激烈。如何撰写申请书和提高中标概率，已成为申请人关注的热点。但是，国内缺少相关的辅导专著。

本人曾主持7项国家自然科学基金，参加各类基金项目评审工作20余年，熟悉基金申请的要求、重点和撰写技巧。为帮助初出茅庐的新手撰写标书，曾在科学网发表30余篇有关基金申请的博文和帖子（包括《标书歌》和本人的申请书），并应邀到全国20多所大学和医院做基金申请专题讲座和辅导。在此基础上，经过归纳和总结，完成本书的撰写工作。

本书主要由三部分内容组成：①简要介绍了国家自然科学基金30年光辉历程，基金申请须知（总体原则、类别、流程、评审阶段、形式审查不合格常见原因、申请须知、评审要求、评审三要素等），2017年项目统计和分析，《2018年度国家自然科学基金项目指南》选摘和解读，2019年的最新政策。②以通俗易懂的诗歌形式（《标书歌》）生动形象地阐述基金申请须知，以及如何撰写标书的题目、关键词、摘要、技术路线、关键问题、创新点和特色等重点和难点内容，并深入细致地解析相关内容。③提供本人申请成功、失败和B类上会但最终落选的标书各1份（总计3份标书），结合专家评审意见及本人自省情况，现身说法，帮助读者少走弯路，提高标书写作水平和中标成功率。

本书图文并茂，生动形象，语言精练，具体翔实，紧接地气，是一本实用性较强的书籍。

本书对于基金申请人，尤其那些刚入道的新手、屡投不中的落榜者和二、三类普通院校未写过国家自然科学基金申请书的教师，可谓“雪中送炭”。对于其他类型基金的申请，本书也有一定帮助和参考价值。

哈尔滨医科大学教授、博士生导师

徐长庆

2018年11月

目　录

Contents

第一章　国家自然科学基金的光辉历程

第二章　国家自然科学基金申请须知

第三章　2019年项目申请与资助情况统计及分析

第四章　2020年项目申请与资助情况统计及分析

第五章　《2021年度国家自然科学基金项目指南》选摘与解读

第六章　基金申请指导与技巧（《标书歌》解析）

第七章 一份广为下载的成功标书

第八章 一份铩羽而归的失败标书

第九章 一份B类上会但最终落选的标书

第十章 一份中标的青年科学基金标书

第一章 国家自然科学基金的光辉历程

第一节 国家自然科学基金委员会的发展历程

在纪念国家自然科学基金委员会成立30周年之际，中国科学院大学人文学院的王新等人在广泛、系统收集和分析档案、文献、访谈和统计数据等资料的基础上，在《中国科学基金》发表了纪念文章《追求卓越三十年——国家自然科学基金委员会发展历程回顾》[1]。为了让读者梗概了解国家自然科学基金委员会的发展历程，特将该文的主要内容选摘如下：

一、概述

科学基金制是由出资人设置基金，采取自主申请、专家评审、择优支持的原则，资助特定科技研究的制度。20世纪以来，美国、德国、瑞士、日本等发达国家相继采用科学基金制作为国家支持基础研究的主要模式，并取得了显著成效。

我国于1982年开始在中国科学院试行科学基金制，1986年在国家层面正式实施，并成立了国家自然科学基金委员会（简称基金委），由基金委具体负责管理工作。30年来，基金委借鉴了西方发达国家的管理模式，制定了一整套的国家自然科学基金（科学基金）管理办法，建立了以学科体系为框架、同行评议为手段、绩效评估为辅助的经费分配体系，健全了决策、咨询、执行、监督的管理系统；逐步建立了较完整的人才资助体系（青年科学基金、优秀青年科学基金、杰出青年科学基金和创新团队基金）和探索项目、人才项目、工具项目、融合项目四大系列的资助格局。

国家财政对科学基金经费的投入逐年增加，从1986年的8000万元起步，增长到2016年的近250亿元，增长超过300倍。以面上项目为例，项目资助强度从1986年的3433项、平均2.8万元/项，增长到2015年的16709项、平均61.3万元/项（图1-1）。随着基础研究资助环境的改善，我国基础研究总体能力大幅提升，取得了一批国内外领先水平的研究成果。

二、基金委的发展历程

（一）科学的春天

“文化大革命”对我国的各项事业（包括科学技术事业）都造成了极大破坏。1978年3

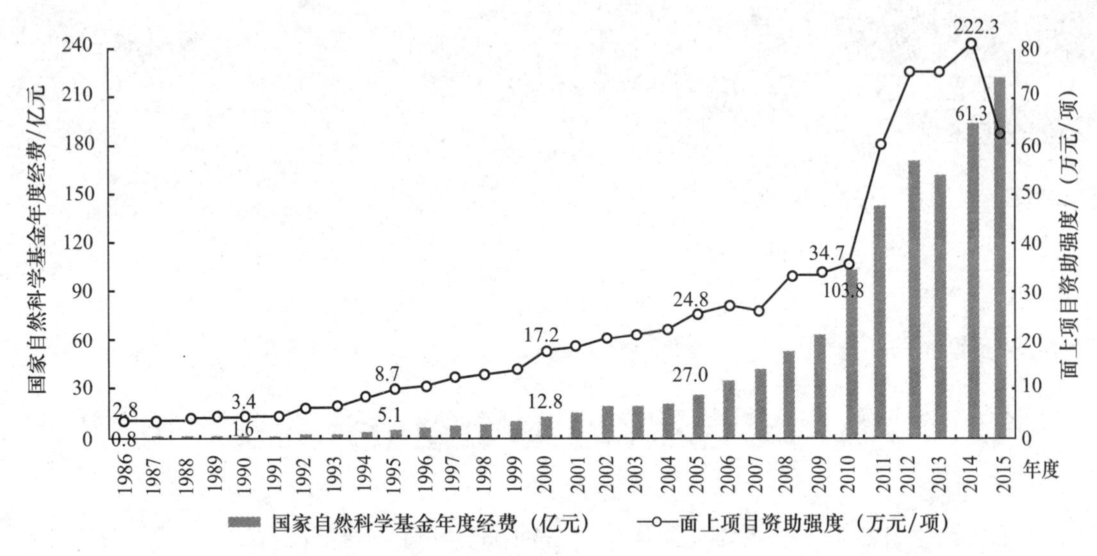

图 1-1　1986—2015 年国家自然科学基金年度经费和面上项目资助强度的年度变化

数据来源：国家自然科学基金历年年报数据

2015 年面上项目为直接经费，2014 年以前为直接经费与间接经费之和

月，召开了全国科学大会，邓小平同志在会上明确提出“科学技术是第一生产力”“四个现代化的关键是科学技术的现代化”，并发出了“尊重科学、尊重人才”的号召。

1981 年，谢希德、曹天钦等 89 名学部委员（来自中国科学院数学、物理和生物学部），联名写信给中央领导人，建议设立我国资助基础研究的科学基金。该建议很快得到了批准。1981 年 11 月 14 日，中国科学院科学基金正式设立，中国科学院院长卢嘉锡担任该基金委员会主任。1982 年，科学基金正式启动，每年运用 3000 万元国家财政拨款，面向全国，采取自由申请、同行评议、择优支持的原则资助基础研究。

在邓小平同志“摸着石头过河”的改革精神支持下，1986 年 2 月 14 日，国务院正式发布《关于成立国家自然科学基金委员会的通知》[2]：

为了加强基础研究和部分应用研究工作，逐步试行科学基金制，国务院决定成立国家自然科学基金委员会。

（1）国家自然科学基金委员会暂挂靠在中国科学院。国家自然科学基金委员会与国家教育委员会、中国科学院密切联系，独立开展工作，并充分发挥科学家、专家在管理中的作用。

（2）国家自然科学基金委员会的任务是：根据国家发展科学技术的方针、政策和规划，有效地运用科学基金，指导、协调和资助基础研究和部分应用研究工作，发现并培养人才，促进科学技术进步和经济、社会发展。其主要职责是：①根据国家科学技术发展规划，制定和发布基础研究和部分应用研究项目指南，受理课题申请，组织同行评议，择优资助。②接受委托，为国家的基础研究和应用研究方面的重大问题提供咨询。③支持其他面向全国的科学基金会的工作，并在课题安排上给予协调和指导。④同其他国家的科学基金会和有关学术组织建立联系并开展国际合作。

（3）国家自然科学基金委员会的基金，主要来自国家财政拨款，同时接受国内外单位和个人的捐赠。国家财政拨款当前主要由以下几部分组成：原来由中国科学院管理的面向全国的科学基金，国家科学技术委员会用于支持基础研究的经费，从中国科学院等国务院有关部门划转的基础研究和部分应用研究经费，国家每年增加的基础研究和部分应用研究经费，以及国家的专项拨款。

（二）艰苦初创

基金委初创时期（1986—1990），条件艰苦，没有办公场地（租借中央音乐学院留学生楼），编制只有80人，外市调进或借调的人员只能夜宿办公室。

在这种困难的条件下，基金委积极开展工作。在第一次基金委委务扩大会议上，就确定了"基金委首先是学术机构，其次为管理机构"的指导思想，建立了25人组成的全体委员会（由科学、教育、工业、农业、医药卫生、国防等部门的科学家和管理专家组成），以此作为基金委的最高决策机构，并设立了数学与物理、化学、生物学、地球科学、材料科学与工程科学、信息科学六个科学部（1996年增设管理科学部，2009年增设医学科学部）作为学术性管理机构，科学部主任全部聘请科研一线有声望的学术带头人（一般为学部委员，相当于现在的院士）来担任。至1990年底，基金委形成了包括2万名同行评议专家、56个学科组的632位评审专家和基金委内部100多位学术管理人员组成的科学基金专家系统。

（三）稳定成长

1991—2000年，是基金委稳步成长的十年。基金委按照"控制规模，提高强度"的原则，从1992年开始，每年批准资助的面上项目控制在3500项左右，资助强度从1991年的3.7万元/项增至1995年的8.7万元/项，再增至2000年的17.2万元/项，从而确保一支精干的科研力量稳定从事基础研究。

1993年起，基金委陆续制定了科学基金"九五"和"十五"优先资助领域，这是一项开创性的长远战略性工作。1994年，陈章良博士和当时基金委主任张存浩院士相继提出设立"总理青年科学基金"的建议，得到国务院批准，促成了"国家杰出青年科学基金"（简称"杰青基金"）的设立。"杰青基金"成了基金委最具影响力的品牌项目类型。1994—2015年，资助"杰青基金"的金额达到50多亿元，共资助了3400名科学家，包括白春礼、杨卫、裴刚等一大批进入世界科技前沿的优秀学术带头人。"杰青基金"的实施，加快了我国与国际科学接轨的速度，促进了中国科学国际影响力的显著提升。

在这一时期，基金委积极探索国际合作交流新模式，开创不同国家基金会之间长期而稳定的合作关系，在华举行了一系列国际研讨会，推进中国科学全球化，我国基础研究整体水平得到较大提升。例如，1995年以前，在国际权威性刊物《科学》（*Science*）和《自然》（*Nature*）上，我国科学家每年仅发表3～5篇论文，1996年后上升到10篇以上，2000年为22篇。1996—2000年，在这两份刊物上发表的90篇论文中，有74篇论文得到了科学基金资助，占比达82.2%。

（四）成熟发展

2001—2010年，是基金委成熟和发展时期。通过立法工作，基金委在国家行政体制中的地位与职能得到了法律保障，科学基金制进一步走向规范化和法治化。2005年4月13日，《国家自然科学基金委员会章程》正式颁布实施；2007年2月，国务院正式发布了《国家自然科学基金条例》（以下简称《条例》）。在该《条例》保驾护航下，科学基金的财政投入从2007年的43亿元提高到2016年的248亿元。同时，基金委坚持不断提升科学基金资助与管理水平和规范化，加强项目管理、财务管理和信息化建设等。例如，从 2004 年开始，基金委建立科学基金网络信息系统：全文电子版申请书上报；一站式受理服务；网上遴选同行评议专家；全文反馈同行评议意见等。

这 10 年间，基金委聚焦事关国家重大需求的前沿领域，启动 510 个重大项目，资助金额约 10 亿元；启动重大研究计划 29 个，金额约 31 亿元，带动了中国基础研究的原始创新。

三、踏上新征途

2011 年至今，基金委又踏上了新征途。科学基金制已经成为支持基础研究的主渠道："十二五"期间，国家财政投入约 888 亿元，其他渠道 17.5 亿元，资助各类项目近 20 万项。基金委在这一时期面临的新挑战，是管好、用好基金和严格把控科研不端行为。

2012 年起，基金委提高了对自由探索项目的资助额度，面上项目提高到 4 年 80 万元，重点项目则为 5 年 300 万元，同时，增设优秀青年科学基金，还启动了对难度大、风险性高的重大"非共识项目"的资助机制。2014 年，基金委将"间接经费"引入科学基金项目。

间接经费是指依托单位在组织实施项目过程中发生的无法在直接费用中列支的相关费用，主要用于补偿依托单位为了项目研究提供的现有仪器设备及房屋、水、电、气、供暖的消耗，有关管理费用以及绩效支出等。间接费用按依托单位单独核定。

国际经验和我国实践均证明，完善的自然科学基金制应包括咨询、决策、执行和监督四个系统。1998 年，基金委监督委员会正式成立；2005 年，发布了《国家自然科学基金委员会监督委员会章程》；从 2013 年起，开始定期召开新闻发布会，公布调查结果以及严重违纪行为，对科研不端实施零容忍政策；2015 年，出台了《国家自然科学基金委员会监督委员会对科学基金资助工作中不端行为的处理办法（试行）》，加大了对科研不端行为的处理力度。2010 年以来，监督委员会共受理投诉举报案件 468 件。仅 2013 年，就撤销 36 个已资助项目，处理当事人 75 人。2015 年严肃处理了 72 名不端行为相关责任人，撤销已获资助项目 47 项。

2016 年 6 月，基金委发布了《国家自然科学基金"十三五"发展规划》，提出"总量并行""贡献并行""源头并行"的战略目标。

基金委及其管理的科学基金 30 多年来取得了长足进步和发展，在国内外赢得了广泛的赞誉，成为中国科技体制改革历史上的成功典范。

第二节　基础研究人才成长的沃土和摇篮

从上面列举的基金委和科学基金诞生和发展的历史，不难看出科学基金是我国支持基础研究的主渠道。自 1986 年成立以来，基金委一直把培养科研人才视为战略任务，针对不同发展阶段的科研人员设立了一系列人才项目，包括青年科学基金（1987 年至今）、地区科学基金（1989 年至今）、国家基础科学人才培养基金（1996—2014 年）、国家杰出青年科学基金（1994 年至今）、创新研究群体科学基金（2000 年至今）、优秀青年科学基金（2012 年至今）；海外及港澳学者合作研究基金（1998 年至今）、外国青年学者研究基金（2009 年至今）。这些不同层次的人才类项目，各具特色，互相补充，为稳定和扩大我国基础研究队伍、培养学术带头人、推动中国科学全球化等立下汗马功劳。科学基金已成为我国基础研究人才成长的沃土和摇篮[3]。唐靖等人发表在《中国科学基金》上的这篇论文，资料翔实，令人信服。本文引用这篇论文的一些数据和结论。

一、基金委设立人才项目的初衷和简史

（一）面向基层，吸引和发现基础研究人才

1．青年科学基金

1987年，为了解决因“文化大革命”造成的人才断层，减少人才流失，基金委正式设立“青年科学基金”（简称青年基金）。该基金以吸引年轻人投身科研、发现和培养人才为目的，对业绩等要求不高。1987年，青年基金总经费为342.52万元，资助97项，平均资助强度为3.53万元/3年；2015年，青年基金总经费已达31.95亿元，资助约1.6万项，平均资助强度为19.77万元/3年；2017年的平均资助强度，提高到22.84万元（直接费用）。从1987年设立到2015年，青年基金共投入经费约242.6亿元，资助11.3万余项。在科学基金设立的人才类项目中，青年基金投入经费最多、覆盖面最广。

2．地区科学基金

1989年，为缓解地区科技发展不平衡，基金委对边远、少数民族和科学基础薄弱地区采取政策倾斜，设立了“地区科学基金”（简称地区基金），当年经费为259.44万元，资助106项，平均资助强度为2.45万元/3年，涉及新疆、内蒙古、广西、海南、宁夏、青海、西藏7个省或自治区。到2015年度，地区基金已覆盖江西、云南、广西、新疆、甘肃、贵州、内蒙古、宁夏、海南、吉林、青海、西藏、湖南、湖北、四川共15个省或自治区，经费达10.96亿元，资助2829项，平均资助强度为38.74万元/4年。2017年，地区基金资助3017项，经费达10.95亿元（直接费用），平均资助强度为36.3万元/4年（直接费用）。从1989年设立到2015年度，地区基金共投入经费约71亿元，约资助1.9万余项。就经费总额和资助项数而言，在科学基金人才类项目里，地区基金仅次于青年基金。

3．基础科学人才培养基金

针对当时我国基础科学本科教学设施落后、报考理科的优秀考生减少及“国家理科基础科学研究和教学人才培养基地”经费严重短缺等情况，在卢嘉锡等全国人大代表和苏步青等科学家呼吁建议下，1996年成立了由基金委负责组织实施的“国家基础科学人才培养基金”，资助范围从科研延伸到教育。到2014年，该基金相关职能转归教育部负责。在实施期间，该基金共投入经费约15亿元，资助全国几十所高校近百个理科基地。

（二）激励优秀科研人员，培养学术带头人

1．国家杰出青年科学基金

20世纪90年代初，全球科技人才争夺日趋激烈。当时，国内高层科技人才特别是学科带头人“青黄不接”；优秀青年科技人员出现了出国潮；许多回国留学人员又因条件所限难

以学以致用，雪上加霜，不少科技人员纷纷“下海”经商。在这种形势下，加快培养我国基础研究领域新一代学科带头人已成为当务之急。

1994 年，青年学者陈章良（1987 年在美国获得博士学位后回国，时任北京大学教授）向李鹏总理提议设立面向杰出青年科技人员的科学基金，加上基金委的积极争取，“国家杰出青年科学基金”（简称“杰青基金”）正式设立。它是国家为培养青年学术带头人、延揽海外优秀学者而设立的专项基金，用以资助已在基础研究领域取得突出成绩的 45 周岁以下青年学者自主开展高水平研究。1995 年 4 月 14 日，党和国家领导人在中南海紫光阁接见了首届杰出青年（简称“杰青”）代表。“杰青基金”的设立是基金委 30 年发展历程中具有里程碑意义的重要节点。从 1994 年设立到 2015 年度，“杰青基金”共投入经费约 58.7 亿元，资助 3400 人。资助规模已从成立之初的 49 人增长到每年 200 人左右，资助强度从 60 万元 /3 年增长到 350 万元 /5 年。

2．国家优秀青年科学基金

参照国际上的通行做法，基金委在 2012 年设立了“优秀青年科学基金”（简称“优青基金”），支持具备 5～10 年科研经历并取得一定科研成就的青年科研人员自主开展研究，申请人年龄上限：男性为 38 周岁，女性 40 周岁。该基金当年投入经费 4 亿元，资助 400 项，平均资助强度为 100 万元 /3 年，2015 年资助强度已增长为 130 万元 /3 年。从 2012 年设立到 2015 年度，共投入经费 17.2 亿元，资助 1599 人。

3．创新研究群体科学基金

2000 年，基金委设立了“创新研究群体科学基金”（简称“创新群体基金”），这是我国第一个以基础研究创新团队为对象的资助计划。该基金以培养学术带头人为目标，资助强度大。该基金原先由基金委各学部、教育部等先推荐，基金委审批，自 2014 年起，将推荐方式改为自由申请，资助方式由此前的“3+3+3”模式改为“6+3”模式，资助强度由 500 万元 /3 年增为 1200 万元 /6 年。从 2000 年设立至 2015 年度，“创新群体基金”共投入经费约 44.6 亿元，资助了 400 多个群体自主探索。

（三）多渠道引入海外智力，提升中国科学基金的国际化

1992 年，基金委为鼓励海外华人学者回国服务，设立了“留学人员短期回国工作讲学专项基金”，支持获资助者参加科学基金研究项目、有关讲习班或研讨班等。

1998 年，基金委又设立了“海外青年学者合作研究基金”和“香港、澳门青年学者合作研究基金”（原名为“国家杰出青年科学基金 B 类”），以吸引海外、港澳地区 45 周岁以下的优秀中国学者每年能在中国内地进行一定期限的研究工作。

2008 年，基金委将上述项目合并，设立“海外及港澳学者合作研究基金”，资助海外及港澳地区 50 周岁以下的优秀学者与中国内地合作者开展高水平的合作研究。

2009 年，基金委在中国科学院和教育部所属单位开始试点实施“外国青年学者研究基金”，资助外国青年学者（不超过 35 周岁、在国外知名大学获得博士学位、有一定研究经历和基础）到中国内地开展研究。

随着我国科学基金事业的发展，人才类项目的经费规模和资助范围不断扩大（图 1-2）[3]。

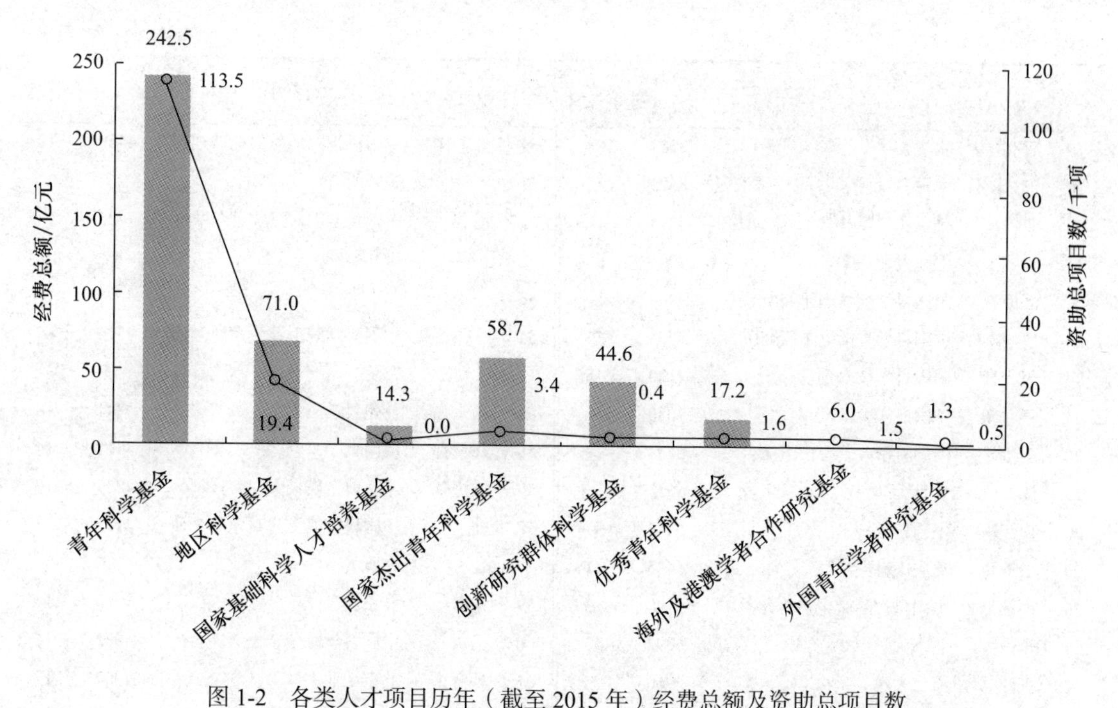

图 1-2　各类人才项目历年（截至 2015 年）经费总额及资助总项目数

数据来源于国家自然科学基金历年年报、文档处相关项目通知等

科学家在线（ScientistIn）是由多位热爱科研的哈佛 - 清华人才团队于 2016 年 5 月打造的科技供需对接平台。基于基金委在其网站上公布的 423213 项立项项目数据，ScientistIn 采用当年价格加总计算的方法，对每个科学家（团队）获得的经费资助总额进行分析，统计出自然科学基金 30 年来对 242548 位科学家（负责人）的资助情况，结果发现，获得经费资助总额在 1 亿元以上的科学家有 9 人，在 5000 万以上 29 人，在 1000 万以上 1017 人。

国家自然科学基金 30 年经费排行榜“Top100”的具体情况见表 1-1。

表 1-1　国家自然科学基金 30 年经费排行榜“Top100”

序号	负责人	依托单位	金额 / 万元	项目数	序号	负责人	依托单位	金额 / 万元	项目数
1	陈乐生	中德科学基金研究交流中心	18130	14	9	李儒新	中国科学院上海光学精密机械研究所	10384	7
2	刘志	中国科学院上海微系统与信息技术研究所	14800	1	10	孙世刚	厦门大学	9840	24
3	薛其坤	清华大学	12414	10	11	赵红卫	中国科学院近代物理研究所	9817	6
4	杨学明	中国科学院大连化学物理研究所	12218	13	12	田捷	中国科学院自动化研究所	9553	22
					13	邓元勇	中国科学院国家天文台	9501	4
5	鲍威	中国人民大学	11370	2	14	万立骏	中国科学院化学研究所	9022	17
6	万卫星	中国科学院地质与地球物理研究所	11246	7	15	戴琼海	清华大学	8907	10
					16	邹广田	吉林大学	8898	9
7	房建成	北京航空航天大学	10795	8	17	陈洪渊	南京大学	8706	21
8	吕大仁	中国科学院大气物理研究所	10427	16	18	王西杰	上海交通大学	8500	1

续表

序号	负责人	依托单位	金额/万元	项目数
19	程和平	北京大学	8381	8
20	巴音贺希格	中国科学院长春光学精密机械与物理研究所	8323	2
21	钟掘	中南大学	7995	8
22	潘庶亨	中国科学院物理研究所	7900	1
23	夏洋	中国科学院微电子研究所	7795	5
24	郭光灿	中国科学技术大学	7120	15
25	吴立新	中国海洋大学	7050	10
26	史生才	中国科学院紫金山天文台	6831	19
27	沈健	复旦大学	6533	3
28	杜江峰	中国科学技术大学	6442	9
29	王智彪	重庆医科大学	6425	11
30	高福	中国科学院微生物研究所	6190	23
31	李强	北京大学	6092	4
32	张泽	浙江大学	5960	2
33	李忠献	天津大学	5917	15
34	李晓	中国科学院地质与地球物理研究所	5659	2
35	魏炳波	西北工业大学	5616	14
36	高鸿钧	中国科学院物理研究所	5537	12
37	李灿	中国科学院大连化学物理研究所	5008	32
38	徐涛	中国科学院生物物理研究所	5007	11
39	李宏男	大连理工大学	4982	14
40	曲久辉	中国科学院生态环境研究中心	4979	24
41	王东晓	中国科学院南海海洋研究所	4914	24
42	宋尔卫	中山大学	4912	17
43	吴培亨	南京大学	4907	2
44	安芷生	中国科学院地球环境研究所	4894	20
45	陶澍	北京大学	4814	22
46	陈雁	中国科学院上海生命科学研究院	4809	12
47	周东华	清华大学	4779	12
48	沈树忠	中国科学院南京地质古生物研究所	4762	15
49	傅伯杰	中国科学院生态环境研究中心	4729	18
50	赵刚	中国科学院国家天文台	4578	42
51	朱日祥	中国科学院地质与地球地理研究所	4450	19
52	周欣	中国科学院武汉物理与数学研究所	4423	2
53	高松	北京大学	4405	18
54	罗振革	中国科学院上海生命科学研究院	4375	8
55	涂永强	兰州大学	4341	18
56	郑兰荪	厦门大学	4315	14
57	怀进鹏	北京航空航天大学	4229	10
58	陆卫	中国科学院上海技术物理研究所	4135	17
59	朱彤	北京大学	4095	14
60	杨戬	中国科学院紫金山天文台	4072	16
61	杜修力	北京工业大学	4007	12
62	林海清	北京计算科学研究中心	3980	3
63	张德清	中国科学院化学研究所	3887	32
64	张首刚	中国科学院国家授时中心	3820	3
65	于贵瑞	中国科学院地理科学与资源研究所	3807	13
66	段树民	浙江大学	3820	8
67	柳卫平	中国原子能科学研究院	3807	14
68	孙卫东	中国科学院广州地球化学究所	3800	9
69	张启发	华中农业大学	3759	26
70	李静海	中国科学院过程工程研究所	3661	22
71	张希	清华大学	3650	18
72	陈和生	中国科学院高能物理研究所	3628	15
73	陈剑	清华大学	3605	24
74	吴开春	中国人民解放军空军军医大学	3598	12
75	赵东元	复旦大学	3556	16
76	方岱宁	北京大学	3523	10
77	胡海岩	北京理工大学	3450	4
78	张荣	南京大学	3449	14
79	祝宁华	中国科学院半导体研究所	3440	10
80	田中群	厦门大学	3437	26
81	陈学思	中国科学院长春应用化学研究所	3418	14

续表

序号	负责人	依托单位	金额/万元	项目数	序号	负责人	依托单位	金额/万元	项目数
82	刘云浩	清华大学	3384	6	91	葛耀君	同济大学	3272	6
83	高俊	中国科学院地质与地球物理研究所	3366	14	92	王雁玲	中国科学院动物研究所	3263	10
					93	张立飞	北京大学	3245	24
84	毛河光	中国工程物理研究院流体物理研究所	3360	1	94	郭烈锦	西安交通大学	3231	32
					95	陈小明	中山大学	3219	15
85	姚檀栋	中国科学院青藏高原研究所	3359	6	96	顾长志	中国科学院物理研究所	3216	10
86	陈建峰	北京化工大学	3349	16	97	江桂斌	中国科学院生态环境研究中心	3195	23
87	陈仙辉	中国科学技术大学	3338	7					
88	于非	中国科学院海洋研究所	3336	11	98	刘鸣华	中国科学院化学研究所	3194	16
89	许宁生	中山大学	3334	11	99	帅志刚	清华大学	3193	9
90	郑南宁	西安交通大学	3294	21	100	张福锁	中国农业大学	3188	23

不仅如此，科学家在线还对基金委 8 个科学部 30 年来科学家获得经费情况进行加总计算，得出“各学部 30 年经费排行榜 Top50”。

1．数理科学部

共有 23 人入围“全领域 Top100”，亿级科学家 4 人。中国科学院以 21 名科学家入围本学部“Top50”而独占鳌头。北京大学也表现优秀，共有 6 人入围。上海交通大学共有 3 位科学家跻身排行榜。

2．化学科学部

共有 18 人入围“全领域 Top100”，亿级科学家 1 人。中国科学院依旧以 18 人入围本学部“Top50”而占据绝对优势。其次是清华大学共有 6 名科学家入榜。厦门大学在化学科学领域成绩斐然，4 名科学家榜上有名。

3．生命科学部

共有 7 人入围“全领域 Top100”。中国科学院以 22 人入围本学部“Top50”，无可动摇地占据了榜首。排名第二的为北京大学，共有 7 人上榜。中国农业大学发挥自身优势，有 3 名科学家荣登排行榜。

4．地球科学部

共有 15 人入围“全领域 Top100”，亿级科学家 2 人。在本学部“Top50”中占据人数最多的依旧是中国科学院，30 人上榜。北京大学以 4 人上榜的成绩名列第二。西北大学和中国海洋大学均有 2 名科学家上榜，并列第三。

5．工程与材料科学部

共有 7 人入围“全领域 Top100”。中国科学院地位依旧不可动摇，在本学部“Top50”中占据 11 名。清华大学 5 人入围名列第二。华中科技大学、天津大学和中国矿业大学均有 3 人入围，并列第三。

6．信息科学部

共有 12 人入围“全领域 Top100”。在本学部“Top50”榜单中，中国科学院占据 14 人，名列第一。清华大学 5 人，名列第二。北京航空航天大学 4 人，位居第三，亿级科学家 1 人。

7．管理科学部

共有 3 人入围“全领域 Top100”。中德科学基金交流中心获得亿级资助，该中心于 2000 年启用，每年向科学家提供近 2000 万经费资助开展合作与交流。北京大学有 6 人上榜，排名第一。华中科技大学、清华大学、上海交通大学均有 3 人入围本学部“Top50”，并列第二。

8．医学科学部

共有 8 人入围“全领域 Top100”。中国科学院以 8 人入围本学部“Top50”，继续领衔。北京大学在医学领域表现优秀，有 6 人上榜。四川大学和浙江大学均有 4 名科学家入围，并列第三。

9．其他基金领域

另外还有 7 名入围“全领域 Top100”的科学家，以国际（地区）合作与交流项目居多。

欲了解各科学部“Top50”的名单、单位、排名和经费情况，请参见《国家自然科学基金 30 年与科学家经费排行榜》（http://blog.sciencenet.cn/home.php?mod=space&uid=288924&do=blog&id=1000230）。

二、人才类项目整体实施效果初步分析

不同类别人才项目的经费和资助范围不同：①青年科学基金（简称青年基金）、地区科学基金（简称地区基金）的资助范围广、资助强度低，特点为“宽而广”；②“杰青基金”、创新研究群体科学基金、优秀青年科学基金资助规模较小、强度较大，呈现“少而精”的特点；③海外及港澳学者合作研究基金、外国青年学者研究基金的资助范围和强度都较小，“抛砖引玉”，呈现出“引导性”的特点。

（一）稳定并扩大了科研队伍，提升了基础研究整体水平

人才类项目支持中国科学共同体的快速成长，为改善“文化大革命”之后科研人员“青黄不接”的局面和培养科研后备军做出了重要贡献。“窥一斑而知全豹”，从表 1-2[3] 可以看出四类人才类项目取得了令人瞩目的成绩，表现在：在国内外期刊上发表了大量论文，出版了许多专著，获得了许多奖项，还培养了一大批博士后、博士生、硕士生。可见，人才类项目不仅稳定和扩大了科研队伍，而且提升了我国的整体科研水平。埃尔塞维尔出版公司的 Scopus 数据库的数据显示：2016 年中国人作为第一作者发表了 42.6 万余篇学术论文，学术论文数量超过美国（美国的学术论文发表数量接近 40.9 万篇），居榜首；但从被引用率来看，瑞典和瑞士的学术论文最高，随后是美国和欧盟，中国仅排名第五位。可见，我国学术影响

力显然有继续提高的空间和必要性。

表 1-2　四类人才项目近年结题情况

人才类项目名称	结题项数	论文/篇		专著/部	专利/项	获得奖励/项			人才培养/名		
		国外期刊	国内期刊			国际奖	国家奖	省部奖	博士后	博士	硕士
青年科学基金（2008—2015）	41172	132857	135095	19987	18031	617	1334	2486	4188	42817	119644
地区科学基金（2008—2014）①	4467	9555	27909	2455	1171	14	201	91②	228	5545	26595
国家杰出青年科学基金（2012—2015）	737	16263	4917	804	2486	108	158	274	1348	8817	8729
创新研究群体科学基金（2012—2015）	295	24305	5418	894	3812	174	233	368	2437	16933	19003
总计	46671	182980	173339	24140	25500	913	1926	3219	8201	74112	173971

数据来源于国家自然科学基金 2008—2015 年的年度报告。① 2011 年起，地区科学基金资助项目期限由 3 年改为 4 年，故 2015 年度无结题项目。②缺 2013 年数据，年报上显示该年地区科学基金结题项目共获 2083 项省部奖，2012 年为 1 项、2014 年为 83 项，对比之下，2013 年的数据明显有误，待进一步核查

（二）支持并培养了学术带头人，取得了一批原创性成果

除了稳定并扩大科研队伍外，人才类项目另一个突出作用便是培养和支持了一批学术带头人，促使受资助者确定了长期研究方向，提高团队凝聚力和能力。“杰青基金”、“创新群体基金”的单项产出率（如在国外期刊上发表论文、获得国际奖、培养后备人才的功能）远高于青年基金和地区基金。四类人才项目的产出情况如表 1-3 所示[3]。

表 1-3　四类人才项目近年每项结题平均产出情况

人才类项目名称	论文/篇		专著/部	专利/项	获得奖励/项			人才培养/名		
	国外期刊	国内期刊			国际奖	国家奖	省部奖	博士后	博士	硕士
青年科学基金（2008—2015）	3.1	3.8	0.5	0.4	0.01	0.05	0.03	0.1	1	2.9
地区科学基金（2008—2014）①	2.1	6.2	0.5	0.3	0.003	0.04	0.02	0.05	1.2	6
国家杰出青年科学基金（2012—2015）	22	6.7	1.1	3.4	0.15	0.2	0.4	1.8	11.9	11.9
创新研究群体科学基金（2012—2015）	82.4	18.4	3	13	0.6	0.8	1.2	8.3	57.4	64.4

数据来源于国家自然科学基金 2008—2015 年度报告

许多早期获得青年基金的科研人员，通过不断积累又陆续获得“杰青基金”资助，甚至成为“创新群体基金”资助团体的带头人。截至2014年，60岁以下的内地中国科学院院士中有86.1%曾获得科研基金资助；1999年以来，由“杰青”主持或参与完成的国家自然科学奖占整个国家自然科学奖的77%，共有501位“杰青”555次获奖；在2013年国家自然科学奖一等奖的5名获奖者中，有4名是“杰青”，2015年则均为“杰青”。对教育部“长江学者”、中科院“百人计划”等人才计划获得者，“杰青基金”也发挥了培育和孕育作用。“杰青”在国际学术组织或国际权威学术刊物担任重要职务者日益增多，屡获世界级科学奖励。众所周知，高影响力科学家是国家科研实力的重要标志。在汤森路透公司发布的高被引论文作者榜单中，中国大陆作者在2001年仅7人次（占比不及1%）；而在2014年则为128人次（占比为3.98%，约一半曾获得“杰青基金”资助），这反映出过去十余年来我国科研实力大幅提升。

（三）推动中国科学全球化，融入国际研究网络

“文化大革命”不仅造成了我国科研界人才的断层，而且使我国与国际科学严重脱轨。改革开放后，兴起留学潮，形成了一个由海外留学人员组成的非常宝贵的人力资源储存库。多年来，通过“杰青基金”和海外及港澳学者合作研究基金等人才类项目，成功地吸引了一批海外优秀华人学者回国工作、交流，带回了新思想和新制度，并积极开展国际合作。它扩大了本土科研人员的国际视野，也推动了中国科学全球化。

2009年设立的外国青年学者研究基金，吸引了一批外国优秀青年学者到我国内地从事研究。这类基金展现出我国开放、包容和国际化的姿态，提升了中国科学在国际上的影响力。

（四）打开局面，为发现和培养人才开辟新途径

无论是青年基金、地区基金，还是“杰青基金”、“优青基金”，或是海外及港澳学者合作研究基金、外国青年学者研究基金等，都是在科研人员亟须资助的情况下及时设立相应的人才类项目给予资助，搭建竞争平台，为人才的发现和培养开辟新途径。例如，著名力学家谢和平，正是当时（1988年）获得的青年基金项目的3万元经费使他能继续在感兴趣的方向深入研究，有机会走出国门，在世界一流刊物上发表论文，2001年他当选为中国工程院院士。

在科学基金成立之初，经费紧张，青年基金资助强度较小；随着经费投入增长，人才类项目日益扩大；如今，我国科技人力资源总量已跃居世界第一，但仍十分缺少世界一流科学家。如何更有效地培养人才（特别是高层次科研人才），值得我们进一步思考[3]。

第三节　国家自然科学基金在科学界的形象

俗话说得好，“金碑银碑不如口碑”。2010—2011年，受国家自然科学基金委员会和财政部联合委托，来自6个国家的13位资深科学家组成了独立的专家委员会（美国科学理事会原主席杰尔教授担任主席），对国家自然科学基金的资助与管理绩效进行了专业化国际评估，但该评估相对忽略了国家自然科学基金实施30多年在科学界的形象问题（即科学界的主观评价）。

何光喜等人（来自中国科学技术发展战略研究院、中国社会科学院研究生院社会学系和中国社会科学院民族学与人类学研究所）设计了一套由总体形象、管理形象和绩效形象构成的指标框架，其指标由三部分构成：①总体形象（科学界对科学基金的总体评价），包括声誉、口碑是正面还是负面，文化特征是积极还是消极，对其态度是认同还是反对等；②管理形象，即科学基金在组织管理过程中展现出来的执行力（能力）、公信力（道德）和亲和力（人格）形象；③绩效形象，即科学界对科学基金的资助效果及其在资助体系中地位、重要性的评价等（图 1-3）[4]。

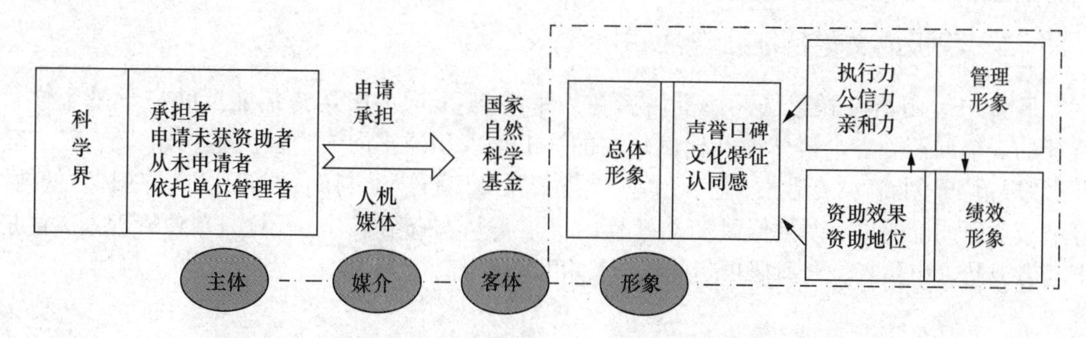

图 1-3　科学基金在科学界的形象指标框架

该课题组依据该框架和抽样调查数据对国家自然科学基金在科学界的形象进行了测量分析。何光喜等人的这篇文章[4]，数据翔实，结论令人信服。本文摘录了其部分内容。

一、数据来源

该文数据来自中国科学技术发展战略研究院组织的抽样调查[4]。调查对象是科学基金依托单位的管理人员和科研人员（两者的比例约为 1 ： 3）。对前者采用普查方法，对后者则采用抽样方法。首先从所有依托单位随机抽取出 135 个单位，然后在科研人员规模 500 人以上的单位中分别抽取 3 个符合学科条件的院系，其所有科研人员列为调查对象。2016 年 5 月至 6 月，采用网络问卷方式进行调查。最终向 2802 名依托单位管理人员发送了调查问卷，回收有效问卷 1704 份，有效回收率 60.8%；向 12040 名科研人员发送了调查链接，回收有效问卷 5048 份（其中基金项目承担者占 28.3%，申请但未承担者 29.7%，从未申请者 42.0%），有效回收率 41.9%。

二、总体形象

总体形象是指科学界对科学基金总的评价和印象，包括科学基金的声誉口碑、科学基金展现出的文化特征，以及科学界对科学基金的支持度和认同感等。

（一）良好的声誉口碑

调查结果显示，科学基金在科技界享有良好声誉。绝大多数依托单位管理人员（96.7%）和项目承担者（94.0%）认为科学基金在科技界的声誉“非常好”或“比较好”（表 1-4）[4]。

表 1-4　科学界对科学基金声誉的评价　　　　%

评价人员	非常好	比较好	一般	比较差	不清楚
依托单位管理人员	53.6	43.1	2.3	0.1	0.9
科研人员总体	26.1	50.9	15.1	2.7	5.0
项目承担者	45.1	48.9	4.6	1.0	0.5
申请但未获资助者	24.9	56.2	14.6	2.8	1.6
从未申请者	15.8	50.1	21.4	3.5	9.1

（二）积极的文化特征

调查中运用语义联想法，让受访者在列举的 21 个词汇中选择最能反映科学基金文化特征的 3 个词汇。各个群体提及比例较高的词汇均以积极正向或中性为主，如“公正”“公开”“规范”“创新”“专业”“竞争”等。“靠关系”“官僚”“封闭”“僵化”“守旧”“低效”等消极负面词汇的提及率则低得多（图 1-4）[4]。但从调查结果看，无论是单位管理人员还是申请者或从未申请者，对科研项目的探索性和原创性都关注不够。

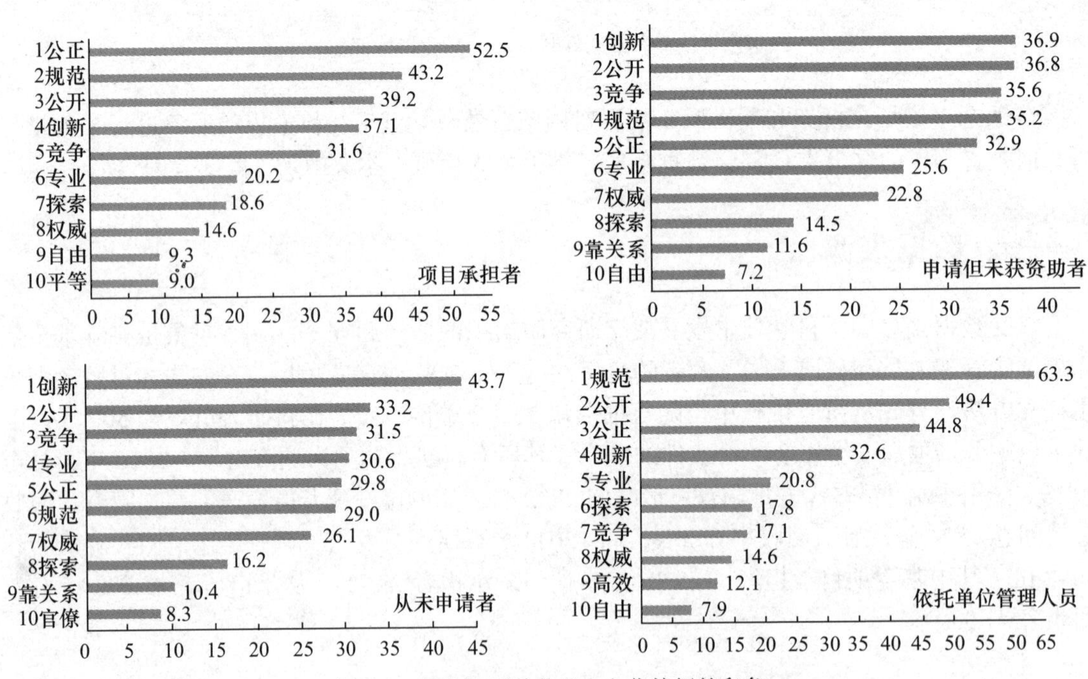

图 1-4　科学界对科学基金文化特征的印象

（图中数字为百分比数据）

（三）高度的认同感

科学基金对大多数科研人员的吸引力很强。75.5% 科研人员有申请基金的打算，13.8% 明确不打算申请。87.6% 承担过基金的科研人员表示 3 年内还会申请，9.1% 表示打算 3 年后申请。申请但未获得资助者中，89.4% 未来打算申请。那些不打算申请的普遍理由是“工作太忙，没精力”（41.9%）、“基金竞争过于激烈”（38.9%）、“申请过程太麻烦”（23.3%）、“基金对研究结项要求太高”（14.0%）等，“申请过程不公正”（11.9%）、“对提升学术声望帮助不大”（2.7%）等提及的频率较低。

科学界绝大多数人逐渐形成对科学基金的认同感，甚至产生了荣誉感和归属感（表1-5）[4]。

表1-5　科学界对科学基金的认同感：赞同比例　%

总体内容	具体内容	依托单位管理人员	项目承担者	申请但未获资助者	从未申请者
价值认同	我很赞同基金的理念和价值观	98.1	96.2	86.1	76.4
行为支持	如果同事申请科研经费，我会建议他们申请基金	95.8	95.6	88.5	75.0
	如果基金组织活动，我会愿意参加	97.0	94.3	85.9	76.9
荣誉感	听到人们赞扬基金，我会感到开心	92.2	88.8	71.8	65.8
	我很在意别人对基金的评价	83.6	76.9	58.8	48.3
	有人批评基金，我也觉得脸上无光	79.5	73.2	55.0	51.3
归属感	我觉得自己是基金大家庭中的一员	89.5	90.5	66.7	48.6

三、管理形象

科学基金管理工作由基金委的工作人员和两千多家依托单位的管理人员共同承担。管理形象取决于管理人员是否表现出：①高效的管理能力（即执行力）；②公正的道德素质（即公信力）；③热情亲切的人格（即亲和力）。

调查结果显示，绝大多数依托单位管理人员（95.0%）和项目承担者（89.2%）认为科学基金的管理工作效率高于其他科技计划项目；绝大多数依托单位管理人员和科研人员（特别是项目承担者）认为科学基金在管理的规范性、公正性上优于其他科技计划项目；科研人员对科学基金各级管理人员的公正廉洁给予了高度评价。这些是科学界对科学基金产生归属感和认同感的重要原因。

四、绩效形象

科学界对科学基金目标定位的达成情况（包括提高基础科学研究水平、增强创新能力、培养人才等）和“包容性创新”环境建设（鼓励自由选题）都普遍给予了高度评价（表1-6）[4]。

表1-6　科学界对科学基金资助效果好评的比例　%

评价内容	依托单位管理人员	项目承担者	申请但未获资助者	从未申请者	科研人员总体
达成目标定位					
提高基础科学研究水平	91.8	94.2	79.4	61.6	75.5
响应国家战略需求	92.7	84.7	75.6	63.3	72.8
资助原始性创新研究	92.6	91.0	78.0	68.3	77.2
提高我国自主创新能力	81.0	86.4	68.8	61.1	70.4
支持青年科研人员发展	89.4	90.2	73.2	61.3	72.7

续表

评价内容	依托单位管理人员	项目承担者	申请但未获资助者	从未申请者	科研人员总体
稳定基础研究队伍	85.4	—	—	—	—
营造创新文化和环境					
鼓励自由选题	92.5	88.9	76.1	60.0	72.5
敢于支持可能失败的项目	77.5	58.6	40.2	34.9	43.2
让科研人员潜心研究	90.3	88.0	75.5	67.8	75.6
推进科研诚信和伦理建设	89.6	79.7	64.9	49.9	62.5
促进科普和科学传播	79.1	64.4	53.1	45.3	53.2
支持女性科研人员发展	73.8	73.8	56.8	40.9	54.7
提高落后地区科研水平	80.7	80.8	59.0	43.5	58.4

科学基金资助规模的不断增长和良好声誉，使之在国内科学资助体系中占据了非常重要地位。无论是依托单位管理人员还是科研人员都普遍认为科学基金对科研人员提高学术声望非常重要；科学基金是基础研究人员最重要的经费来源；是青年科研人员不依赖“关系”而获得职业发展的“第一桶金”（表1-7）。有些科研人员甚至用“生命线”来形容科学基金对基础研究人员的重要性[4]。

表1-7 科学界对承担科学基金项目重要性的评价 %

评价内容	管理者	承担者	申请者	未申请者	科研人员总体
对科研人员提高学术声望非常重要	96.7	93.6	93.6	84.1	90.1
基础科研人员最重要的科研经费来源	85.9	93.6	85.9	73.8	82.9
青年科技人才职业发展的“第一桶金”	84.4	93.3	84.1	66.5	78.9

基于问卷调查的分析结果显示，科学基金在科学界的形象总体上是成功的：科学基金的声誉口碑良好，科学界支持度和认同感较高；科学基金的执行力、公信力和亲和力都得到了科学界的高度认可；科学基金提高基础研究能力、增强创新能力、促进人才成长等绩效得到科学界的普遍好评，并成为科研单位和科研人员最为重视的资助项目。

国家自然科学基金委员会正式成立于1986年，迄今已走过了35年不断进取、不断完善的光辉历程。回首座座丰碑，前望金光大道。

第四节 深化改革，继续前行

20世纪80年代初，中国科学院89位院士（学部委员）致函党中央、国务院，建议借鉴国际成功经验，设立面向全国的自然科学基金。在邓小平同志的亲切关怀下，国务院于1986年2月14日正式批准成立国家自然科学基金委员会（简称基金委）（英文名称为National Natural Science Foundation of China，缩写为NSFC）。2018年，根据《深化党和国家机构改革方案》，基金委由国务院直属事业单位改由科学技术部管理，依法管理国家自然科学基金，相对独立运行，负责资助计划、项目设置和评审、立项、监督等组织实施工作。

自成立以来，在党中央、国务院的正确领导下，基金委坚持以支持基础研究为主线，以深化改革为动力，确立了依靠专家、发扬民主、择优支持、公正合理的评审原则，建立了科学民主、平等竞争、鼓励创新的运行机制，健全了决策、执行、监督、咨询相互协调的管理体系，形成了以《国家自然科学基金条例》为核心的组织管理、程序管理、资金管理、监督保障规章制度体系，形成了比较完善（包括探索、人才、工具、融合四大系列）的资助格局。国家自然科学基金聚焦基础、前沿和人才，注重创新团队和学科交叉，为全面培育我国源头创新能力做出了重要贡献，成为我国支持基础研究的主渠道。

习近平总书记深刻指出："基础研究是整个科学体系的源头，是所有技术问题的总机关""科技领域是最需要不断改革的领域"。第八届基金委第一次全体委员会议确立了构建新时代科学基金体系的改革目标和深化改革方案。力争在未来 5 至 10 年实现：基于科学问题属性分类的资助导向；负责任、讲信誉、计贡献的智能辅助分类评审机制；源于知识体系逻辑结构、促进知识和应用融合的学科布局。国家自然科学基金深化改革的要点如图 1-5 所示。

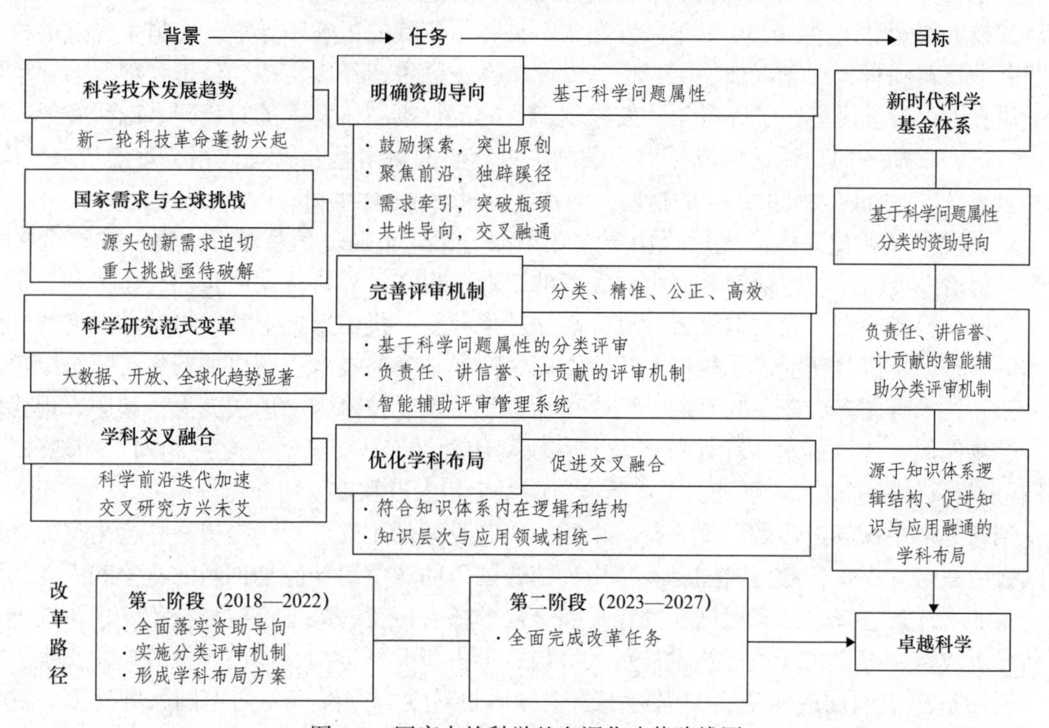

图 1-5　国家自然科学基金深化改革路线图

该图梗概地展示了国家自然科学基金深化改革的要点、时间表和路线图。基金委首先将科研活动按科学属性分为"鼓励探索、突出原创，聚焦前沿、独辟蹊径，需求牵引、突破瓶颈，共性导向、交叉融通"四种不同类型，实施分类评审，择优资助。二是根据上述四类科学属性，利用人工智能等现代手段，建立完善的"负责任、讲信誉、计贡献"的评审机制。三是实现重大需求与知识体系统一相融、基础理论与应用研究贯通的学科布局。

通过建设理念先进、制度规范、公正高效的新时代科学基金体系，必将推动前瞻性基础研究，引领原创性成果重大突破，增强我国源头创新能力和夯实世界科技强国建设的根基[5]。

第二章　国家自然科学基金申请须知

第一节　概　　述

国家自然科学基金委员会是管理国家自然科学基金的国务院直属事业单位（2018年改由科学技术部管理），成立30多年来，在党中央和国务院的正确领导下，实施了先进的科研经费资助模式和管理理念，确立了“依靠专家、发扬民主、择优支持、公正合理”的评审原则，建立了“科学民主、平等竞争、鼓励创新”的运行机制，发挥了对我国基础研究的“导向、稳定、激励”的功能，形成了以《条例》为核心的科学基金管理体系，逐渐形成探索、人才、工具、融合四大资助系列的格局，涌现了一批有国际影响的重大成果。

纵观世界文明史，人类先后经历了农业革命、工业革命、信息革命。每一次产业技术革命，都给人类生产、生活带来巨大而深刻的影响。现在世界科技发展有四大趋势：一是移动互联网、智能终端、大数据、云计算、高端芯片等新一代信息技术发展将带动众多产业变革和创新；二是围绕新能源、气候变化、空间、海洋开发的技术创新更加密集；三是绿色经济、低碳技术等新兴产业蓬勃兴起；四是生命科学、生物技术带动形成庞大的健康、现代农业、生物能源、生物制造、环保等产业。互联网让世界变成了“鸡犬之声相闻”的地球村，“机器人革命”有望成为“第三次工业革命”的一个切入点和重要增长点。

创新是一个民族进步的灵魂，是一个国家兴旺发达的不竭动力，是提高社会生产力和综合国力的战略支撑。在激烈的国际竞争中，综合国力的竞争说到底是创新的竞争和人才的竞争。党的十八大以来，国家把创新摆在发展全局的核心位置，高度重视科技创新，实施创新驱动发展战略，努力实现关键技术的重大突破，抢占事关长远和全局的科技战略制高点，推动中国制造向中国创造转变、中国速度向中国质量转变、中国产品向中国品牌转变。党的十九大，进一步吹响了建设世界科技强国和实现中华民族伟大复兴中国梦的进军号角。

在2018年新年贺词中，习近平主席用了以下词句总结2017年取得的发展成果：“科技创新、重大工程建设捷报频传”“天道酬勤，日新月异”“为中国人民迸发出来的创造伟力喝彩！”“幸福都是奋斗出来的”。2018年是全面贯彻十九大精神的开局之年，谈及未来，习近平主席突出强调：“改革开放是中国发展进步的必由之路，是实现中国梦的必由之路”“要以庆祝改革开放40周年为契机，逢山开路，遇水架桥，将改革进行到底”。习近平主席这些话语，激励全国人民永远坚持科技创新、改革开放。可见，科技创新、改革开放是时代的召唤、历史的重任。

国家兴亡，匹夫有责。我们每个人都要为不断提升我国基础研究整体水平和原创能力，推进创新型国家建设，实现全面建成小康社会宏伟目标和中华民族伟大复兴中国梦，做出自己的应有贡献。

“巧妇难为无米之炊”。科技创新，离不开研究经费的支撑。基金是我国支持基础研究的主渠道之一，也是全国高校和科研机构的普通教师和科研工作者获取科研经费的主要来源。由于基金具有公正度高、覆盖面广、资助层次多等特点，深受广大科研工作者认可，口碑很好，因此，大家申报的积极性日益高涨，竞争十分激烈[6]。

如何撰写基金申请书，什么样的申请书才是令人称道的标书，这些常常是基金申请人急需得到回答的问题。一份文字表达质量上乘的基金申请书，应具备如下特点：①准确、简洁和清晰的申请题目；②全面且重点突出的文献综述；③鲜明且高度创新的科学问题；④具体、有针对性的研究内容；⑤清晰、操作性强的研究方案；⑥明确、适度的科学目标；⑦合理、专业互补的研究团队；⑧规范、高效可行的经费预算[7]。

常言说得好：“没有规矩不成方圆”。为了体现公开、公平、公正的资助原则，基金委制定《条例》和相关类型项目管理办法等，以便规范项目申请受理、评审和管理过程，完善同行评议机制；同时发布每年度的《国家自然科学基金项目指南》（以下简称《指南》），以帮助申请人了解基金资助政策，正确选择项目类型、研究领域及研究方向。显然，在着手撰写标书之前，申请人应仔细阅读年度《指南》，了解相关规定和动态，这有利于撰写一份符合要求的基金申请书。

为了帮助申请人了解和熟悉国家自然科学基金申请的有关信息和撰写要求，节省阅读时间，提高基金申请的成功率，本书主要依据《2021 年度国家自然科学基金项目指南》（简称《2021 年度指南》），对有关基金申请（主要侧重于面上项目）的信息和撰写要求进行了归纳和总结。

第二节　基金的总体原则、类别和申报流程

一、总体原则

面对建设创新型国家和科技强国对基础研究的新要求，基金委认真贯彻《国家中长期科学和技术发展规划纲要（2006—2020 年）》和国家自然科学基金“十三五”发展规划，准确把握“支持基础研究和科学前沿探索，支持人才和团队建设，增强我国源头创新能力”的战略定位，始终坚持“依靠专家、发扬民主、择优支持、公正合理”的评审原则，着力培育创新思想和创新人才，进一步加强对科研工具研制的支持，为建设创新型国家做出了积极贡献。

科学基金资助体系包含了探索、人才、工具、融合 4 个项目系列，其定位各有侧重，相辅相成，构成了科学基金目前的资助格局。其中，探索项目系列以获得基础研究创新成果为主要目的，着眼于统筹学科布局，突出重点领域，推动学科交叉，激励原始创新；人才项目系列立足于提高未来科技竞争力，着力支持青年学者独立主持科研项目，扶植基础研究薄弱地区的科研人才，培养优秀学术骨干，造就领军人才和拔尖人才，培育创新团队；工具项目系列主要着眼于加强科研条件支撑，特别是加强对原创性科研仪器研制工作的支持，开拓研究领域，催生源头创新；融合项目系列面向科学前沿和国家需求，聚焦重大基础科学问题，推动学科交叉融合，集成有限资源，汇聚和培养高水平人才，打造科学研究高地。同时，引

导社会资源，解决共性基础科学问题，推动各领域、行业或区域的自主创新能力提升[8]。

二、基金类别

（一）科学基金资助体系

本文主要介绍国家自然科学基金的资助体系中的探索项目系列和人才项目系列。

1．探索项目系列

主要为了获得基础研究创新成果，主要包括面上项目、重点项目、重大项目、重大研究计划项目。

（1）面上项目

支持从事基础研究的科学技术人员在科学基金资助范围内自主选题，开展创新性的科学研究，促进各学科均衡、协调和可持续发展。

申请人应当具备以下条件：

1）具有承担基础研究课题或者其他从事基础研究的经历；

2）具有高级专业技术职务（职称）或者具有博士学位，或者有两名与其研究领域相同、具有高级专业技术职务（职称）的科学技术人员推荐。

正在攻读研究生学位的人员不得申请面上项目，但在职人员经过导师同意可以通过其受聘单位申请。

面上项目申请人应当充分了解国内外相关研究领域发展现状与动态，能领导一个研究组开展创新性研究工作；依托单位应当具备必要的实验研究条件；申请人应当按照面上项目申请书撰写提纲撰写申请书，申请的项目有重要的科学意义和研究价值，立论依据充分，学术思想新颖，研究目标明确，研究内容合理、具体，研究方案可行。面上项目合作研究单位不得超过 2 个，资助期限为 4 年。

（2）重点项目

支持从事基础研究的科学技术人员针对已有较好基础的研究方向或学科生长点开展深入、系统的创新性研究，促进学科发展，推动若干重要领域或科学前沿取得突破。

重点项目应当体现有限目标、有限规模、重点突出的原则，重视学科交叉与渗透，有效利用国家和部门现有重要科学研究基地的条件，积极开展实质性的国际合作与交流。

申请人应当具备以下条件：

1）具有承担基础研究课题的经历；

2）具有高级专业技术职务（职称）。

在站博士后研究人员、正在攻读研究生学位人员以及无工作单位或者所在单位不是依托单位的人员不得作为申请人进行申请。

重点项目每年确定受理申请的研究领域或研究方向，发布《指南》引导申请。申请人应当按照本《指南》的要求和重点项目申请书撰写提纲撰写申请书，在研究领域或研究方向范围内，凝练科学问题，根据研究内容确定项目名称，注意避免项目名称覆盖整个领域或方向。

重点项目一般由 1 个单位承担，确有必要时，合作研究单位不得超过 2 个，资助期限为 5 年。关于重点项目资助的研究领域或研究方向及有关要求参见本部分各科学部介绍（详见《2021 年度指南》）。

（3）重大项目

重大项目面向科学前沿和国家经济、社会、科技发展及国家安全的重大需求中的重大科学问题，超前部署，开展多学科交叉研究和综合性研究，充分发挥支撑与引领作用，提升我国基础研究源头创新能力。

重大项目采取统一规划、分批立项的方式，根据科学基金发展规划、优先发展领域、基金资助工作评估报告和科学部专家咨询委员会意见确立重大项目立项领域并制定年度重大项目指南。重大项目只受理整体申请，要分别撰写项目申请书和课题申请书。每个重大项目应当围绕科学目标设置不多于 5 个重大项目课题。重大项目的申请人应当是其中 1 个课题的申请人。重大项目的资助期限为 5 年。

重大项目（课题）申请人应当具备以下条件：①具有承担基础研究课题的经历；②具有高级专业技术职务（职称）。应当具有较高的学术造诣，在本领域具有较高的影响力和较强的凝聚研究队伍能力。

（4）重大研究计划项目

重大研究计划围绕国家重大战略需求和重大科学前沿，加强顶层设计，凝练科学目标，凝聚优势力量，形成具有相对统一目标或方向的项目集群，促进学科交叉与融合，培养创新人才和团队，提升我国基础研究的原始创新能力，为国民经济、社会发展和国家安全提供科学支撑。

重大研究计划应当遵循有限目标、稳定支持、集成升华、跨越发展的基本原则。包括培育项目、重点支持项目和集成项目 3 类。执行期一般为 8 年。申请人应当具备的条件与重大项目相同。

2．人才项目系列

主要为了提高未来科技竞争力，人才项目系列主要包括青年科学基金项目、地区科学基金项目、优秀青年科学基金项目、国家杰出青年科学基金项目、创新研究群体项目、海外及港澳学者合作研究项目。

（1）青年科学基金项目

支持青年科学技术人员在科学基金资助范围内自主选题，开展基础研究工作，培养其独立主持科研项目、进行创新研究的能力，激励其创新思维，培育基础研究后继人才。

申请人应当具备以下条件：

1）具有从事基础研究的经历；

2）具有高级专业技术职务（职称）或者具有博士学位，或者有两名与其研究领域相同、具有高级专业技术职务（职称）的科学技术人员推荐。

3）申请当年 1 月 1 日，男性未满 35 周岁，女性未满 40 周岁。

符合上述条件的在职攻读博士研究生学位的人员，经过导师同意可以通过其受聘单位申请，但在职攻读硕士研究生学位的人员不得申请。

青年科学基金项目重点评价申请人本人的创新潜力。申请人应当按照青年科学基金项目申请书撰写提纲撰写申请书。资助期限为 3 年。仅在站博士后研究人员作为申请人申请的项目，可根据在站时间灵活选择资助期限，不超过 3 年，获资助后不得变更依托单位。

（2）地区科学基金项目

支持特定地区的部分依托单位的科学技术人员在科学基金资助范围内开展创新性的科学研究，培养和扶植该地区的科学技术人员，稳定和凝聚优秀人才，为区域创新体系建设与经济、社会发展服务。

申请人应当具备以下条件：

1）具有承担基础研究课题或者其他从事基础研究的经历；

2）具有高级专业技术职务（职称）或者具有博士学位，或者有两名与其研究领域相同且具有高级专业技术职务（职称）的科学技术人员推荐。

符合上述条件，隶属于内蒙古自治区、宁夏回族自治区、青海省、新疆维吾尔自治区、西藏自治区、广西壮族自治区、海南省、贵州省、江西省、云南省、甘肃省、吉林省延边朝鲜族自治州、湖北省恩施土家族苗族自治州、湖南省湘西土家族苗族自治州、四川省凉山彝族自治州、四川省甘孜藏族自治州、四川省阿坝藏族羌族自治州、陕西省延安市和陕西省榆林市依托单位的全职科学技术人员，以及按照国家政策由中共中央组织部派出正在进行三年（含三年）期以上援疆、援藏的科学技术人员，可以作为申请人申请地区科学基金项目。其中援疆、援藏的科学技术人员应提供受援依托单位组织部门或人事部门出具的援疆或援藏的证明材料，作为附件随申请书一并报送。

自2016年起，作为项目负责人获得地区科学基金项目资助累计已满3项的科学技术人员不得作为申请人申请地区科学基金项目。

申请人应当按照地区科学基金项目申请书撰写提纲撰写申请书。合作研究单位不得超过2个，资助期限为4年。

（3）优秀青年科学基金项目

优秀青年科学基金项目支持在基础研究方面已取得较好成绩的青年学者自主选择研究方向开展创新研究，促进青年科学技术人才的快速成长，培养一批有望进入世界科技前沿的优秀学术骨干。资助期限为3年，直接费用资助强度为130万元/项。

申请人应当具备以下条件：①具有中华人民共和国国籍；②申请当年1月1日，男性未满38周岁，女性未满40周岁；③具有良好的科学道德；④具有高级专业技术职务（职称）或者博士学位；⑤具有承担基础研究课题或者其他从事基础研究的经历；⑥与境外单位没有正式聘用关系；⑦保证资助期内每年在依托单位从事研究工作的时间在9个月以上。

（4）国家杰出青年科学基金项目

国家杰出青年科学基金项目支持在基础研究方面已取得突出成绩的青年学者自主选择研究方向开展创新研究，促进青年科学技术人才的成长，吸引海外人才，培养和造就一批进入世界科技前沿的优秀学术带头人。

申请人应当具备的条件与优秀青年科学基金项目基本相同，除申请人年龄放宽到未满45周岁外。

国家杰出青年科学基金项目资助期限为3年，直接费用资助强度为350万元/项。

（二）科学基金申报科学部

基金委共设8个科学部（接收和管理不同领域的科学基金申请）：数学物理科学部；化学科学部；生命科学部；地球科学部；工程与材料科学部；信息科学部；管理科学部；医学

科学部[8]。这些科学部具体负责的内容详见第五章。

三、申报流程

国家自然科学基金的项目评审，严格实行“依靠专家，发扬民主，择优支持，公正合理”的评审原则，采用同行专家通讯评审和会议评审两级评审制度。例如，集中审批的项目申请受理和评审的流程如图 2-1 所示。

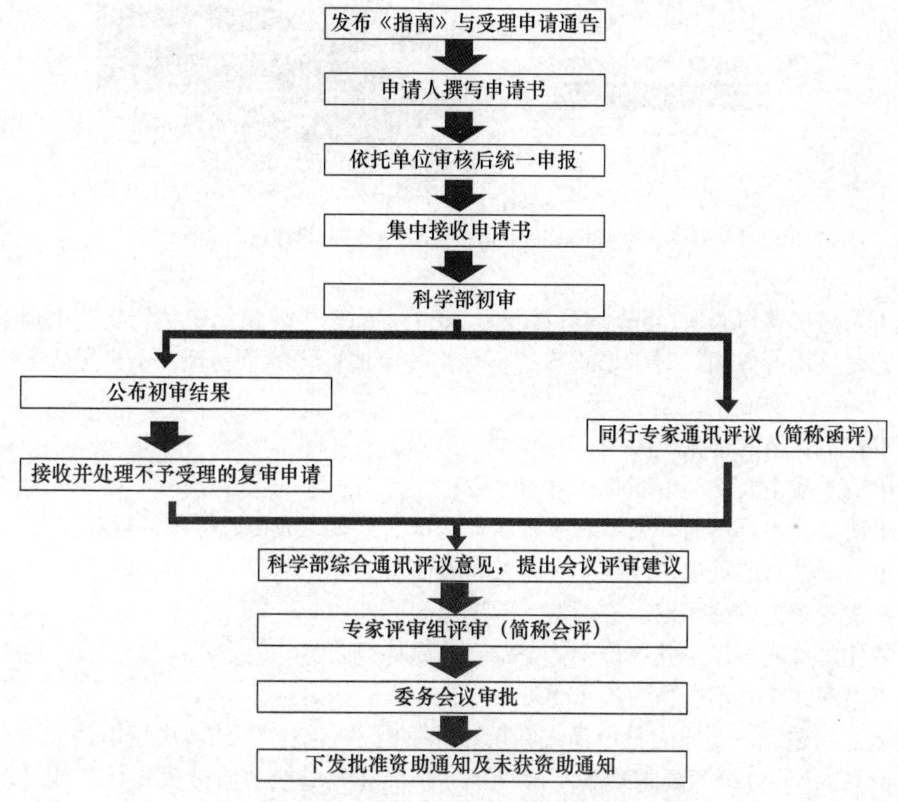

图 2-1　集中审批的项目申请受理和评审的流程

第三节　评审三阶段和形式审查不合格的常见原因

一、评审三阶段

基金委对各申报单位上报的课题（标书）通常采用三段式评审方式：

申请书提交到基金委后，一般要通过形式审查、通讯评议和会议评审三个环节，俗称基金评审三部曲（图 2-2）。每个环节，都会有一些申请项目被淘汰[6]。

第一阶段（科学部初审）：

基金委相关科学部的工作人员在项目申请截止后 45 日内，完成对申请材料（标书）的

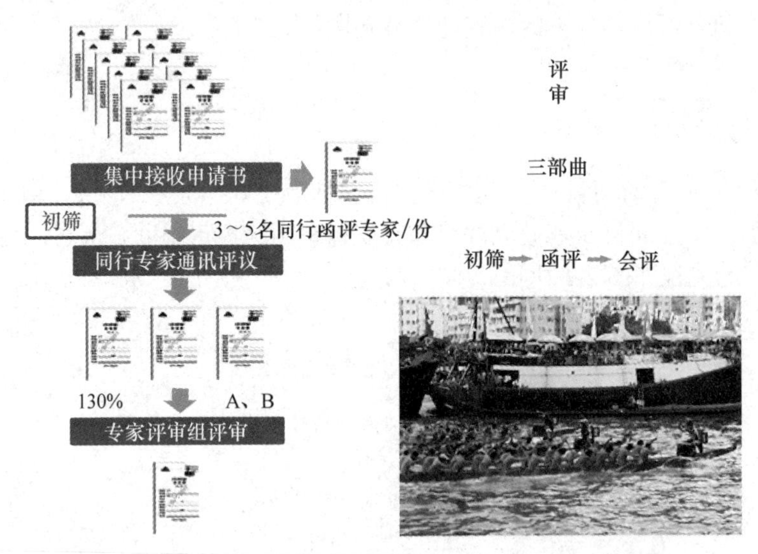

图 2-2　申请书评审的三个环节（形式审查、通讯评议和会议评审）

初步审查（简称形式审查）。审查内容涉及近 30 个方面，主要包括申请资格、申请书格式和申请书内容完整性等方面。对于形式审查不合格的申请，将不予受理，不再进入第二阶段的通讯评审[6]。

形式审查不合格的常见原因：

（1）申请人或主要参与者职称信息不一致；

（2）申请人或主要参与者未签名或签名与基本信息表中人员姓名不一致；

（3）申请书缺页或缺项，或缺少主要参与者简历；

（4）未按要求提供证明信、推荐信、承诺函等原件；

（5）依托单位或合作研究单位未盖公章、非原件或名称与公章不一致[9]。

申请书因形式审查不合格而不予受理，实在令人惋惜。

出现上述问题，主要原因是申请人在撰写标书时不够细心，或者由于申请人未仔细阅读年度《指南》，导致对撰写要求理解不够准确，单纯凭经验或道听途说写作；或是动手撰写标书过晚，无时间仔细检查；或是项目组成员沟通和配合出现问题[6]。

第二阶段（同行专家通讯评审）：

对于形式审查通过的申请项目，根据申请书内容和不同科学部有关评审要求，基金委从同行专家库中随机选择 3～5 名专家进行通讯评审。为便于相互比较，对内容相近的项目申请，尽量选择同一组专家评审。这些专家通常是对申请项目内容甚至申请人比较熟悉的“小同行”。针对不同的项目类型，基金委对评审专家在评议申请书时给出相应的评议要点和明确的评审标准。例如，面上项目的主要评议要点：

（1）评议申请项目的创新性，明确指出项目的科学意义、研究价值和创新之处。对申请项目的前沿性和探索性进行评述。

（2）对申请项目的研究内容、研究目标及拟解决的关键科学问题提出具体评议意见。

（3）对申请项目的整体研究方案（包括研究方法、技术路线等）和可行性进行综合评价。

（4）对申请人前期工作基础、研究队伍组成和研究条件以及经费预算进行评价。应当考虑申请人承担过的基金项目的完成情况。

（5）注意发现和保护创新性强的项目，扶持学科交叉的项目[6]。

评审专家依据基金委对评审的具体要求（详见本章第四节）对每份申请书进行评审，并给出总体评价：A（优，优先资助）；B（良，可予资助）；C（中等，不予资助）；D（差，不予资助）。

现在，基金委对通讯评审的意见表又做了进一步修改、细化和限定：

综合评价（分5挡）：A+. 特优；A. 优；B. 良；C. 中；D. 差。

资助意见（分3挡）：A. 优先资助；B. 可资助；C. 不予资助。

综合评价的打分直接和资助意见相挂钩，且优先资助和可资助的比例有限定（一般在40%以下）：

综合评价中“特优”与资助意见中的“优先资助”关联；

综合评价中“优”与资助意见中的“优先资助”和“可资助”关联；

综合评价中“良”与资助意见中的“可资助”和“不予资助”关联；

综合评价中“中”“差”与资助意见中的“不予资助”关联。

综合评价等级参考标准：

优：创新性强，有重要科学研究价值或应用前景，总体研究方案合理可行。

良：立意新颖，有较重要的科学研究价值或应用前景，总体研究方案较好。

中：有一定的科学研究价值或应用前景，总体研究方案尚可，某些关键方面存在不足。

差：某些关键方面有明显缺陷。

每位申请人在递交标书前，可按上述综合评价等级的参考标准对本人的申请书自我评价一番，找到差距，采取措施，尽量弥补不足，力争获得好的结果。

近年来，基金委各科学部每年对申报项目的资助比例不尽相同，一般为20%左右。对于基金委指派的评审标书，通讯评审专家对参评的申请书给予A或B的总体评价比例通常在30%～40%。近年来，随着基金申请的竞争日益激烈，申报人数逐年增加，资助比例呈下降趋势。

通讯评审专家对申请书给出的负面意见主要有：

（1）对本领域研究现状了解不清楚或欠全面，拟研究的科学问题或研究内容多简单重复前人工作或项目组自身已有工作；

（2）拟选择研究的创新性科学问题不明确，未提炼出明确的关键科学问题；

（3）对拟开展的研究工作缺乏清晰连贯的科学构思或工作模型，逻辑不清，未准确地定位和分析拟解决的关键科学问题，只是简单地套用某些常规的研究手段；

（4）已完成基金项目的绩效不够突出；

（5）预期研究成果过高、过多，超出了申请人以往研究基础和项目组以往研究工作所表现的能力；

（6）申请书中出现错误过多，如语句不通、术语拼错、英文摘要粗糙、重要参考文献缺失及引用错误等[6]。

第三阶段（专家评审组会议评审）：

基金委根据学科组成与特点，从会议评审专家库中选取规定人数（13～20人）组成当年度的会议评审专家组。基金委根据通讯评审情况，对申请项目排序和分类，按120%～130%

的比例，向评审专家提供项目申请书、通讯评审意见等材料，介绍会议评审的基本流程、规定和要求，特别是拟资助项目额度。

会议评审专家组的学科覆盖面很广，每个专业仅有少数专家，这种评审方式就是俗称的“大同行”评审，多数专家对某些申请项目并不很熟悉。由于会议时间有限，申请项目数量大，他们主要根据通讯评审意见（很重要）、主审专家（专业相对接近的会议评审专家）的介绍、申请项目的题目、摘要等信息做出判断[6]。在广泛讨论的基础上，会议评审专家按照拟资助项目额度，对申请项目进行无记名投票，那些同意资助不超过评委半数的标书最终落选。

通常，会议评审专家组尊重通讯评审专家的意见，绝大多数A类上会的申请书终审通过，绝大多数B类上会的申请书最终落选。

二、形式审查不合格的常见原因

基金委按照管理程序和要求，综合考虑《条例》、当年《指南》和各类项目管理办法，对初审的依据、步骤及不予受理的条件和原因等均做了详细的规定。然而，每年仍有4000份左右申请书不符合初审规定（表2-1）[9]。

表2-1　2012—2016年度科学基金项目申请及不予受理情况

年度	基金委申请数	基金委不予受理数	不予受理数比例	年度	基金委申请数	基金委不予受理数	不予受理数比例
2012	170877	5141	3.00%	2015	165598	3165	1.91%
2013	157986	4461	2.82%	2016	172843	3008	1.74%
2014	151445	4175	2.76%				

数据统计发现，导致申请书不予受理的重要原因还有：

（1）人员超项。该问题出现频次和比例最高，主要原因是基金委对各类型项目做了限项要求。例如，当年同类型项目限申请1项；高级职称人员申请和在研项目限3项（包括参加）；连续2年面上项目未获资助暂停申请1年；地区科学基金累计获资助不得超过3项；部分仪器类项目获资助后未结题不能申请“杰青基金”以外的项目等。

（2）不属于本学科资助范畴。主要原因是申请人选择申请代码有误。自2010年起，基金委启用新的代码系统，例如，医学科学部以器官系统为主线，将基础医学和临床医学相融合，有些申请人依旧按照疾病分类的惯性思维选择代码。

（3）依托单位或者公章不一致。前者通常见于填写的合作单位不是基金委的依托单位，而写成了某依托单位下一级单位，如“某某单位心内科”等。后者则多指填写的单位名称与盖章不一致，申请书上没有加盖单位公章，而是加盖单位办公室或科研处印章，或者单位名称简写与公章不符等。

（4）申请人和参与人员涉及问题较广。申请人必须是有依托单位的全职人员；有承担基础研究的经历；具有高级职称或者博士学位，否则需附两名具有高级职称的同行业专家推荐函；参与人员有高级职称者不能超项。申请人和参与者必须在纸质申请书上亲笔签名，代签可能出现名字写错、笔迹不一致等问题，增加初审不合格的风险。另外，申请人用不同单位的身份申请项目，需要加以说明。

（5）附件问题涵盖范围较广。例如，在职博士研究生需提供导师同意函；中级职称无博士学位的申请人需要提供两位同行专家的推荐函；在站博士后需要提供依托单位承诺函；动物或人体实验项目需要提供伦理委员会批件；申请人提供与项目有关的论文不得超过 5 篇；涉及高致病性病原微生物者需要提供生物安全承诺函等[8]。

由于申请人的重视和申请单位主管部门的认真把关，全国基金申请不予受理的总数和比例逐年降低。2020 年度基金委共受理项目申请 267534 项，不予受理项目申请 2137 项，不予受理的的比例仅为 0.798%（2012 年高达 3.00%）

第四节　评审要求和评审三要素

一、评审要求

为了体现国家自然科学基金评审过程的公开、公正和透明，使申请人了解申请书应如何撰写，哪些是评审专家关注的重点，现将基金委对通讯评审专家的要求摘录如下：

×××专家：

您所收到的申请书，经过科学处初审，相关材料齐全，符合申请条件。在评审中要认真阅读申请材料，根据相应项目类型的评议要点，独立、客观、公正地进行评审。评审意见要明确、具体、详细，理由充分。您的评审意见将不具名提供给专家评审组并反馈给申请人，若评审意见过于简单、空泛或草率，将被视为无效评审。

评审意见

（一）简述申请项目的主要研究内容和申请者提出的科学问题或假说。

（二）具体意见

（1）申请项目的预期结果及其科学价值和意义；

（2）科学问题或假说是否明确，是否具有创新性；

（3）研究内容、研究方案及所采用的技术路线；

（4）申请人的研究能力和研究条件；

（5）其他意见或参考建议。

2020 年度，基金委基于四类科学问题属性（①鼓励探索，突出原创；②聚焦前沿，独辟蹊径；③需求牵引，突破瓶颈；④共性导向，交叉融通）对全部面上项目和重点项目的分类评审工作进行试点。通讯评审意见表对选择不同科学问题属性的项目申请书提出了不同的考核内容和标准。因此，无论对于申请人，还是评审专家，认真学习基金委关于科学问题属性的分类和内涵，对于确保基金的顺利申报和评审质量都十分重要。

我们从上述基金委对评审专家的要求，可以了解基金委和评审专家评价一份标书从哪些方面入手，了解评审专家确定标书取舍的主要依据。这些地方需要基金申请人特别关注。

二、评审三要素

从上面的介绍不难看出，评审专家评审基金申请书主要看标书的三个要素：①课题本身

（依据、创新性、技术路线等）；②申请人学术水平；③研究条件（图 2-3）。

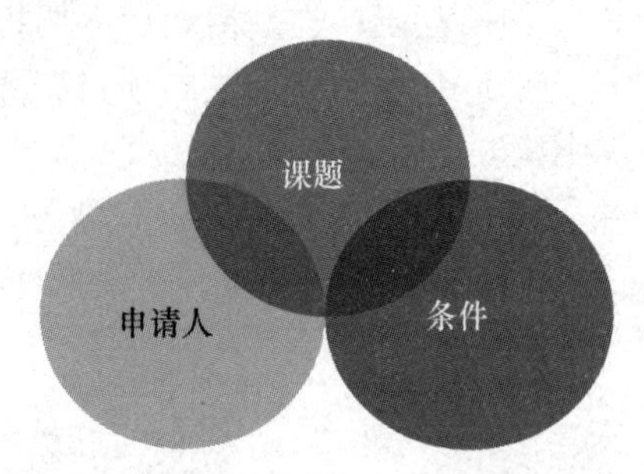

面上项目：有工作基础
青年基金：看创新潜力

依托单位　重点单位？ 重点实验室？
相关 研究条件（设备、模型、病例）
量身定做

图 2-3　评审专家评审基金标书主要关注的三个要素

（1）课题：这是最关键的因素。一个好的课题必须满足三个基本条件，即具有重要性、新颖性和可行性。怎样才能从通讯评审专家处获得 A 的评价，申请的项目必须有重要的科学意义和临床应用前景；学术思想要新颖；理论依据要充分；研究目标要明确；研究内容要具体；研究方案要可行。

（2）申请人：青年基金主要看申请人的创新潜能；面上项目除了项目的创新性外，还注重申请人的前期研究基础和成果，它反映申请人的学术水平。

（3）条件：科研条件必须满足课题顺利实施的需要。如果是国家或省部级重点单位或重点实验室，那显然具备实验条件；否则，应列出开展本项目研究所需的各种仪器设备。

总之，必须选好课题，做好实验，写好标书。内行评价申请书主要看问题，外行常看形式，所以撰写标书要尽量做到规范、具体，并具有可读性。

第三章 2019 年项目申请与资助情况统计及分析

第一节 概　　况

登录国家自然科学基金委员会网址（http://www.nsfc.gov.cn/publish/portal0/tab505/），可以下载或浏览 PDF 文档“2019 年度国家自然科学基金资助项目统计”。

2019 年，基金委共受理申请面上项目 100084 项（涉及总金额 6696911.33 万元）；经过评审，共资助 18995 项（总金额 1112699.00 万元）；从项目数来看，资助率为 18.98%。

2019 年，基金委共受理申请青年科学基金项目 100376 项（涉及总金额 2482007.21 万元）；共资助 17966 项（总金额 420795.00 万元），资助率为 17.90%。

2019 年，基金委共受理申请地区科学基金项目 19896 项（涉及总金额 823566.35 万元），共资助 2960 项（总金额 110486.00 万元），资助率为 13.42%。

2019 年，基金委共受理申请重点项目 3725 项（涉及总金额 1174667.16 万元）；共资助 743 项（总金额 221840.00 万元），资助率为 19.95%。

2019 年，基金委共受理申请国家杰青项目 3159 项（涉及总金额 1084125.00 万元）；共资助 296 项（资助总金额 116120.00 万元），资助率为 9.37%。

2019 年，基金委共受理申请国家优青项目 5623 项（涉及总金额 730990.00 万元）；共资助 600 项（资助总金额 74740.00 万元），资助率为 10.67%。

知己知彼，百战不殆。了解 2019 年项目申请与资助情况，有助于在申报基金时选择合适的类别和制定合理的经费预算。由于面上项目、青年科学基金项目和地区科学基金项目是广大科技工作者踊跃申报的基金项目，也是获得资助数最多的项目，因此，下面主要列举 2019 年这三类基金项目的资助情况并进行分析。

第二节 面 上 项 目

面上项目支持从事基础研究的科学技术人员在科学基金资助范围内自主选题，开展创新性的科学研究，促进各学科均衡、协调和可持续发展。在国家自然科学基金研究项目系列（包括面上项目、重点项目、重大项目、重大研究计划项目）当中，面上项目资助的范围最广，受资助的人数最多。

面上项目申请人应当具备以下条件：①具有承担基础研究课题或者其他从事基础研究的经

历；②具有高级专业技术职务（职称）或者具有博士学位，或者有两名与其研究领域相同、具有高级专业技术职务（职称）的科学技术人员推荐。其他规定详见本书第五章第三节。

基金委公布的2019年面上项目统计资料如表3-1和表3-2所示。表3-1按各科学部申请与资助情况统计。表3-2按申请者年龄、负责人专业技术职务、单位性质、项目组成员统计。

表3-1　2019年面上项目申请与资助情况统计

科学部	受理申请		批准资助					资助率	
	项数	金额/万元	项数	金额/万元	资助金额比例		单项平均资助金额	项数占比	金额占比
					占全委	占学部			
合计	100084	6696911.33	18995	1112699.00	100%	100%	58.58	18.98%	16.62%
数理科学部	6897	457271.35	1750	104210.00	9.37%	100%	59.55	25.37%	22.79%
化学科学部	7954	557319.47	1676	109120.00	9.81%	100%	65.15	21.06%	19.68%
生命科学部	14307	982586.66	3007	174470.00	15.68%	100%	58.02	21.02%	17.76%
地球科学部	7774	566080.77	1887	117210.00	10.53%	100%	62.11	24.27%	20.71%
工程与材料科学部	17893	1195351.70	3261	195669.00	17.59%	100%	60.00	18.23%	16.37%
信息科学部	11342	765612.90	2024	120740.00	10.86%	100%	59.65	17.85%	15.98%
管理科学部	5258	270988.85	807	39160.00	3.52%	100%	48.53	15.35%	14.45%
医学科学部	28659	1911699.63	4584	252120.00	22.66%	100%	55.00	15.99%	13.19%

从受理的申请项数来看，医学科学部、工程与材料科学部和生命科学部在八个科学部中分列前三甲；从项数资助率来看，数理科学部最高（25.37%）。医学科学部基金项目申报最多（28659项），获得的资助率低（15.99%），仅高于管理科学部的（15.35%），远低于各学部的平均资助率（18.98%），说明医学科学部面上项目申请竞争十分激烈。2019年八大科学部面上项目申报和获得资助的排位，总体趋势与2017年相同，但资助率普遍降低，这与全国申报基金的人数逐年增加竞争激烈有关。

表3-2　2019年面上项目按申请者年龄、职务、单位性质和项目组成员的资助情况统计

2019年面上项目资助情况（按负责人年龄统计）

科学部	合计/人	年龄段/岁											
		平均年龄	≤25	26～30	31～35	36～40	41～45	46～50	51～55	56～60	61～65	66～70	≥71
合计	18995	42.80	0	113	3162	5787	3779	2435	2036	1354	285	25	19
占比	100.00%	—	0.00%	0.59%	16.65%	30.47%	19.89%	12.82%	10.72%	7.13%	1.50%	0.13%	0.10%

2019年面上项目资助情况（按负责人专业技术职务统计）

科学部	合计/人	专业技术职务					学位			
		教授	副教授	高工	讲师	助教	博士	硕士	学士	其他
合计	18995	10417	7182	115	1255	26	18512	403	72	8
占比	100%	54.84%	37.81%	0.61%	6.61%	0.14%	97.46%	2.12%	0.38%	0.04%

2019年面上项目资助情况（按单位性质统计）

科学部	合计		高等院校		科研单位		其他	
	项数	金额/万元	项数	金额/万元	项数	金额/万元	项数	金额/万元
合计	18995	1112699.00	15987	932582.80	2794	167990.20	214	12126.00
占比	100.00%	100.00%	84.16%	83.81%	14.71%	15.10%	1.13%	1.09%

续表

2019 年面上项目资助情况（按项目组成员组成统计）							
科学部	项目组成员 / 人						
	总人数	高级人数	中级人数	初级人数	博士后	博士生	硕士生
合计	157346	35069	25969	5417	4007	38189	48695
占比	100%	22.29%	16.50%	3.44%	2.55%	24.27%	30.95%

从表 3-2 不难看出，获得面上项目资助的申请人年龄多为 31～55 岁，其中 36～40 岁是获得资助的黄金年龄段，56 岁以后，申请人获得资助的比例逐年降低，超过 65 岁后几乎没有可能。这种情况和 2017 年基本相同。它提示人们要珍惜时间，早做贡献。

表 3-2 显示，获得 2019 年面上项目资助的申请人（负责人）的专业技术职务主要为教授（54.84%）和副教授（37.81%），从学位来看，绝大多数为博士（97.46%）。这一特点和 2017 年完全相同。

表 3-2 还显示，2019 年面上项目资助单位主要为高等院校（84.16%），其次是科研单位。获得面上项目资助的课题组成员主要为高中级职称和研究生（博士生和硕士生）。这些总体情况和 2017 年也基本相同。

第三节　青年科学基金项目

青年科学基金项目属于国家自然科学基金的人才项目系列（除青年基金外，还包括地区基金、“优青基金”、“杰青基金”、“创新群体基金”和海外及港澳学者合作基金），支持青年科学技术人员在科学基金资助范围内自主选题，开展基础研究工作，培养其独立主持科研项目、进行创新研究的能力，激励其创新思维，提高未来科技竞争力，培育基础研究后继人才。

青年科学基金项目申请人应具备以下条件：①具有从事基础研究的经历；②有高级专业技术职务（职称）或者具有博士学位，或者有两名与其研究领域相同、具有高级专业技术职务（职称）的科学技术人员推荐；③申请当年 1 月 1 日男性未满 35 周岁，女性未满 40 周岁。

基金委公布的 2019 年青年科学基金项目有关申请与资助情况的统计资料，内容与面上项目相似，具体参见表 3-3 和表 3-4。

表 3-3　2019 年青年科学基金项目申请与资助情况统计

2019 年青年科学基金项目资助（申请与资助情况统计）									
科学部	受理申请		批准资助					资助率	
	项数	金额 / 万元	项数	金额 / 万元	资助金额比例		单项平均资助金额 / 万元	项数占比	金额占比
					占全委比例	占学部比例			
合计	100376	2482007.21	17966	420795.00	100%	100%	23.42	17.90%	16.95%
数理科学部	6774	168556.28	1800	45000.00	10.69%	100.00%	25.00	26.57%	26.70%
化学科学部	8015	204316.50	1566	39260.00	9.33%	100.00%	25.07	19.54%	19.22%
生命科学部	13519	341747.25	2428	58240.00	13.84%	100.00%	23.99	17.96%	17.04%
地球科学部	7481	189500.88	1727	43220.00	10.27%	100.00%	25.03	23.09%	22.81%

续表

2019 年青年科学基金项目资助（申请与资助情况统计）									
科学部	受理申请		批准资助					资助率	
					资助金额比例		单项平均资助金额 / 万元		
	项数	金额 / 万元	项数	金额 / 万元	占全委比例	占学部比例		项数占比	金额占比
工程与材料科学部	16460	411863.78	3121	78011.00	18.54%	100.00%	25.00	18.96%	18.94%
信息科学部	8837	220169.73	2134	52154.00	12.39%	100.00%	24.44	24.15%	23.69%
管理科学部	5817	121267.44	865	16230.00	3.86%	100.00%	18.76	14.87%	13.38%
医学科学部	33473	824585.35	4325	88680.00	21.07%	100.00%	20.50	12.92%	10.75%

从表 3-3 可以看出，2019 年青年科学基金项目和面上项目一样，医学科学部、工程与材料科学部和生命科学部的基金申报项数依旧保持前三名；数理科学部的资助率最高（26.57%）。医学科学部基金项目申报最多（33473 项），获得的资助率最低（12.92%），远低于各学部的平均资助率（17.90%），可见，无论是青年科学基金项目，还是面上项目，医学科学部在 8 个科学部中竞争最激烈。这一态势和两年前（2017 年）无区别，只是资助率进一步降低。

表 3-4　2019 年青年科学基金项目按单位性质、隶属关系和申请者职务的资助情况统计

2019 年青年科学基金项目资助（按单位隶属关系统计）										
科学部	合计		教育部		中国科学院		工业、交通、农业、医疗、国防等部门		各省、自治区、市（直）	
	项数	金额 / 万元	项数	金额 / 万元	项数	金额 / 万元	项数	金额 / 万元	项数	金额 / 万元
合计	17966	420795.00	6328	146811.80	1405	34886.70	2323	54597.60	7910	184498.90
占比	100.00%	100.00%	35.22%	34.89%	7.82%	8.29%	12.93%	12.97%	44.03%	43.85%

2019 年青年科学基金项目资助情况（按单位性质统计）								
科学部	合计		高等院校		科研单位		其他	
	项数	金额 / 万元	项数	金额 / 万元	项数	金额 / 万元	项数	金额 / 万元
合计	17966	420795.00	15117	352462.70	2581	62582.30	268	5750.00
占比	100.00%	100.00%	84.14%	83.76%	14.37%	14.87%	1.49%	1.37%

2019 年青年科学基金项目资助情况（按负责人专业技术职务统计）										
科学部	合计 / 人	专业技术职务 / 人					学位 / 人			
		教授	副教授	高工	讲师	助教	博士	硕士	学士	其他
合计	17966	551	2392	123	13454	1446	16882	1067	17	0
占比	100%	3.07%	13.31%	0.68%	74.89%	8.05%	93.97%	5.94%	0.09%	0.00%

表 3-4 显示，2019 年青年科学基金项目和面上项目一样，资助单位主要为高等院校（84.14%），其次是科研单位（14.37%）。得到青年项目资助的隶属单位主要为各省、自治区、市（直）（44.03%）和教育部（35.22%）。主持人多为讲师（74.89%）和副教授（13.31%），其学位绝大多数为博士学位（93.97%）。上述情况和 2017 年大致相同。

2017 年青年科学基金资助项目申请书有研究队伍组成的选项，2019 年已取消这方面的内容，主要看申请人本人的科研能力和学术水平。

第四节　地区科学基金项目

地区科学基金项目支持特定地区（具体详见本书第五章第三节）的部分依托单位的科学技术人员在科学基金资助范围内开展创新性的科学研究，培养和扶植该地区的科学技术人员，稳定和凝聚优秀人才，为区域创新体系建设与经济、社会发展服务。地区科学基金项目申请人应具备的条件与面上项目相同。

从表 3-5 可以看出，与面上项目和青年科学基金项目一样，2019 年，医学科学部申请在地区基金科学项目中竞争最激烈，表现在：申报的项目最多（7054 项），获得的资助率最低（13.00%），低于平均资助率（14.88%）。另外，生命科学部地区科学基金的申报数（4242 项）超过工程与材料科学部（2639 项），位居第二位，与面上项目和青年科学基金项目申报情况不同。数理科学部的资助率依旧最高（20.28%）。

表 3-5　2019 年地区科学基金项目申请与资助情况统计

2019 年地区科学基金项目（按申请与资助情况统计）									
科学部	受理申请		批准资助					资助率	
	项数	金额 / 万元	项数	金额 / 万元	资助金额比例		单项平均资助金额 / 万元	项数占比	金额占比
					占全委比例	占学部比例			
合计	19896	823566.35	2960	110486.00	100%	100%	37.33	14.88%	13.42%
数理科学部	863	34845.51	175	6990.00	6.33%	100.00%	39.94	20.28%	20.06%
化学科学部	1360	57875.95	235	9400.00	8.51%	100.00%	40.00	17.28%	16.24%
生命科学部	4242	182256.53	741	29260.00	26.48%	100.00%	39.49	17.47%	16.05%
地球科学部	1208	52538.34	178	7140.00	6.46%	100.00%	40.11	14.74%	13.59%
工程与材料科学部	2639	111742.26	344	13750.00	12.45%	100.00%	39.97	13.04%	12.31%
信息科学部	1556	64065.54	227	8716.00	7.89%	100.00%	38.40	14.59%	13.60%
管理科学部	974	32242.45	143	4030.00	3.65%	100.00%	28.18	14.68%	12.50%
医学科学部	7054	287999.77	917	31200.00	28.24%	100.00%	34.02	13.00%	10.83%

2019 年地区科学基金项目资助情况（按单位性质统计，按负责人专业技术职务统计，按申请者年龄统计）的变化规律，与面上项目基本相同。但是按项目组成员组成统计则和面上项目有明显不同，主要表现在博士生在项目组成员中的比例上：地区基金仅占 6.68%，而面上项目则高达 24.27%。

第四章 2020年项目申请与资助情况统计及分析

第一节 2020年各类项目申请与资助情况

基金委在“国科金发计〔2020〕64号”文件（2020-9-17）中，首批通告了2020年度国家自然科学基金申请项目的评审结果：

2020年，基金委共接收项目申请269671项，经初审及复审后共受理267541项。根据《国家自然科学基金条例》、国家自然科学基金相关项目管理办法以及专家评审意见，基金委2020年第19次委务会议决定资助面上项目14773项、重点项目737项、重大项目1项、重点国际（地区）合作研究项目102项、青年科学基金项目13771项、优秀青年科学基金项目（含港澳）625项、创新研究群体项目37项、地区科学基金项目2260项、部分联合基金项目（NSAF联合基金、天文联合基金和大科学装置科学研究联合基金）180项，合计32486项。由于面向因抗击疫情延误申请的一线科研人员定向开放申请，上述数据不包括医学领域面上项目、青年科学基金项目和地区科学基金项目。

基金委在（国科金发计〔2020〕77号）文件（2020-9-27）中第二批通告了评审结果：基金委2020年第20次委务会议决定资助医学领域面上项目4584项、青年科学基金项目4505项、地区科学基金项目917项，合计10006项。

根据基金委两次通告提供的数据，可以计算出国家自然科学基金2020年度项目评审的最终结果：

2020年，基金委共接收项目申请269671项，经初审及复审后共受理267541项（2130份申请书未通过形式审查）。最终获得资助申请项目如下：

面上项目14773项（含医学领域4584项）、重点项目737项、重大项目1项、重点国际（地区）合作研究项目102项、青年科学基金项目13771项（含医学领域4505项）、优秀青年科学基金项目（含港澳）625项、创新研究群体项目37项、地区科学基金项目2260项（含医学领域917项）、部分联合基金项目（NSAF联合基金、天文联合基金和大科学装置科学研究联合基金）180项，合计32486项（含医学领域10006项）。

基金委下属8个科学部：数理科学部，化学科学部，生命科学部，地球科学部，工程与材料科学部，信息科学部，管理科学部，医学科学部。医学科学部获得批准资助的项目数占基金委全部中标数的比例分别为：面上项目23.68%；青年科学基金项目24.65%；地区科学基金项目28.86%。可见，医学领域的科学研究得到基金委格外关注和支持。

2019 年度和 2020 年度医学科学部各类项目中标情况及其占比如表 4-1 所示。

表 4-1 2019 年度和 2020 年度国家自然科学基金评审结果的初步比较

项目类别	2019 年度			2020 年度		
	全委中标数	医学中标数	医学中标比例	全委中标数	医学中标数	医学中标比例
面上项目	18995 项	4584 项	24.13%	19357 项	4584 项	23.68%
青年项目	17966 项	4325 项	24.07%	18276 项	4505 项	24.65%
地区项目	2960 项	917 项	30.98%	3177 项	917 项	28.86%
全部项目	41583 项	10068 项	24.21%	42492 项	10006 项	23.55%

从表 4-1 不难看出，基金委 2020 年对医学领域研究项目的资助力度基本维持在上一年度水平，其中面上项目和地区项目的资助项目数不变，青年项目和全部项目略有增减。在 8 个科学部当中，医学科学部获得资助的实际项目总数名列前茅。实际上，随着国家自然科学基金申报人数的逐年增加，基金委资助力度基本不变，各个科学部申请项目的中标率逐年降低，医学科学部表现尤为明显。例如，2019 年度，医学科学部面上项目中标率仅为 15.99%，青年项目更是低至 12.92%。

第二节 2020 年各科学部项目资助情况

在《2021 年国家自然科学基金项目指南》中，列表展示了 2020 年各科学部相关处室面上项目、青年科学基金项目和区科学基金项目获得资助情况。

一、数理科学部

2020 年度数理科学部共接收面上项目申请 7799 项，比 2019 年度增加 902 项，增长率为 13.08%。资助 1750 项，平均资助率为 22.44%，直接费用平均资助强度为 58.91 万元 / 项，其中直接费用平均资助强度按科学处的分布为：数学科学处 51.28 万元 / 项、力学科学处 62.01 万元 / 项、天文科学处 61.97 万元 / 项、物理科学一处 61.98 万元 / 项、物理科学二处 61.85 万元 / 项。

2020 年度数理科学部共接收青年科学基金项目申请 7355 项，资助 1813 项，平均资助率为 24.65%。青年科学研究人才的成长对数理科学的发展尤显重要。数理科学部一贯重视对青年科学研究人员的培养和支持，青年科学基金项目资助率始终高于面上项目资助率。

2020 年度数理科学部共接收地区科学基金项目申请 1015 项，资助 200 项，平均资助率为 19.70%，直接费用平均资助强度为 34.95 万元 / 项。

2020 年数理科学部所辖处有关项目的资助情况如表 4-2 所示。

表 4-2　2020 年数理科学部面上项目、青年科学基金项目和地区科学基金项目资助情况一览表

数理科学部		面上项目			青年科学基金项目			地区科学基金项目		
		资助项数	直接费用/万元	资助率/%	资助项数	直接费用/万元	资助率/%	资助项数	直接费用/万元	资助率/%
数学科学处	数学Ⅰ	237	12153	22.61	261	6240	24.81	45	1440	23.08
	数学Ⅱ	262	13434	22.26	299	7144	24.45	47	1563	17.15
力学科学处	力学中的基本问题和方法	6	374	24.00	5	120	21.74	1	37	25.00
	动力学与控制	71	4423	24.65	60	1432	24.00	7	261	22.58
	固体力学	159	9861	22.88	169	4016	25.61	13	485	20.31
	流体力学	85	5261	21.09	103	2464	25.56	5	187	17.24
	生物力学	24	1475	22.02	23	552	23.47	—	—	—
	爆炸与冲击动力学	38	2354	21.30	44	1048	21.57	1	37	25.00
天文科学处	天体物理	47	2881	22.93	43	1008	25.90	6	212	24.00
	基本天文和技术方法	45	2820	21.95	38	912	23.90	1	37	11.11
物理科学一处	凝聚态物理	227	14100	22.34	219	5224	24.61	26	964	19.55
	原子分子物理	45	2795	22.61	51	1216	25.37	6	224	20.69
	光学	140	8654	22.47	144	3416	24.57	15	548	19.74
	声学	34	2093	22.67	33	792	24.63	3	111	20.00
物理科学二处	基础物理和粒子物理	103	6285	23.00	90	2136	25.94	13	474	20.00
	核物理与核技术及其应用	103	6452	21.96	89	2136	24.22	5	190	19.23
	粒子物理与核物理实验设备	64	3977	20.85	84	2016	23.53	1	38	14.29
	等离子体物理	60	3698	24.59	58	1392	24.58	5	182	21.74
合计或平均值		1750	103090	22.44	1813	43264	24.65	200	6990	19.70
直接费用平均资助强度/（万元/项）			58.91			23.86			34.95	

二、化学科学部

2020 年度化学科学部共接收面上项目申请 8889 项，比 2019 年增加 935 项，增幅 11.76%。资助 1815 项，平均资助率为 20.42%，直接费用平均资助强度为 63.02 万元/项。2020 年化学科学部在保障资助强度的基础上，平均资助率较 2019 年降低 0.64%。化学、化工各主要研究领域的申请和资助数量比 2019 年略有升高，与材料、能源、生命健康、环境资源等交叉领域相关的项目申请数有所增加。

2020 年度化学科学部共接收青年科学基金项目申请 9229 项，比 2019 年增加 1214 项，

增幅 15.15%。资助 1582 项，平均资助率 17.14%，直接费用平均资助强度为 23.73 万元 / 项。2020 年平均资助率比 2019 年降低 2.4%。化学科学部坚持以人为本、培育创新人才的宗旨，发挥青年科学基金的稳定和“育苗”功能，进一步加强对青年科学技术人员的资助力度。青年科学基金项目强调支持有创新思想的研究课题，不鼓励简单延续导师课题的申请，淡化对研究积累的评价权重，以利于青年人才脱颖而出。

2020 年度化学科学部共接收地区科学基金项目申请 1554 项，比 2019 年增加了 194 项，增幅 14.26%。资助 235 项，平均资助率 15.12%，直接费用平均资助强度为 39.94 万元 / 项。2020 年化学科学部在保障资助强度的基础上，平均资助率较 2019 年降低 2.16%。化学科学部将在稳定地区科学基金项目资助规模的前提下，进一步推动地区科学基金项目的研究水平和资助效益的提升，稳定一支从事基础科学研究的人才队伍，不断缩小与发达地区的差距。鼓励地区科学基金项目申请人从事与地区资源相关的科学研究，以促进我国区域经济的协调发展。

2020 年化学科学部所辖学科有关项目的资助情况见表 4-3。

表 4-3　2020 年化学科学部面上项目、青年科学基金项目和地区科学基金项目资助情况一览表

学科	面上项目			青年科学基金项目			地区科学基金项目		
	资助项数	直接费用 / 万元	资助率 /%	资助项数	直接费用 / 万元	资助率 /%	资助项数	直接费用 / 万元	资助率 /%
合成化学	275	17309	20.21	273	6512	17.06	49	1960	15.22
催化与表界面化学	186	11726	20.39	193	4608	17.02	27	1080	15.00
化学理论与机制	115	7247	20.61	80	1896	16.99	10	386	15.87
化学测量学	162	10205	20.66	137	3240	17.23	20	800	15.04
材料化学与能源化学	333	20983	20.45	356	8312	17.44	42	1680	15.16
环境化学	225	14182	20.51	168	4032	16.99	27	1080	15.17
化学生物学	145	9142	20.39	107	2544	17.04	21	840	14.89
化学工程与工业化学	374	23580	20.35	268	6392	17.06	39	1560	15.00
合计或平均值	1815	114374	20.42	1582	37536	17.14	235	9386	15.12
直接费用平均资助强度 /（万元 / 项）		63.02			23.73			39.94	

三、生命科学部

2020 年生命科学部所辖处及学科有关项目的资助情况见表 4-4。

表 4-4　2020 年生命科学部面上项目、青年科学基金项目和地区科学基金项目资助情况一览表

生命科学部		面上项目			青年科学基金项目			地区科学基金项目		
		资助项数	直接费用 / 万元	资助率 /%	资助项数	直接费用 / 万元	资助率 /%	资助项数	直接费用 / 万元	资助率 /%
生物学一处	微生物学	189	10960	21.36	140	3344	18.82	42	1465	17.21
	植物学	211	12238	24.62	146	3504	18.81	67	2347	17.14
	动物学	143	8294	25.54	75	1800	17.08	25	876	17.12

续表

生命科学部		面上项目			青年科学基金项目			地区科学基金项目		
		资助项数	直接费用/万元	资助率/%	资助项数	直接费用/万元	资助率/%	资助项数	直接费用/万元	资助率/%
生物学二处	遗传学与生物信息学	147	8526	25.70	118	2792	19.87	20	690	17.39
	细胞生物学	109	6322	26.85	79	1856	18.24	14	492	17.07
	发育生物学与生殖生物学	75	4350	27.47	52	1208	19.77	8	296	16.33
生物医学科学处	免疫学	80	4640	27.03	60	1416	22.56	7	252	16.67
	神经科学与心理学	146	8468	20.28	124	2960	15.90	16	570	16.84
	生理学与整合生物学	86	4988	25.44	48	1128	18.60	9	330	16.36
交叉融合科学处	生物物理与生物化学	116	6720	27.29	80	1864	21.16	11	396	16.67
	生物材料、成像与组织工程学	106	6148	20.11	99	2336	16.92	10	336	17.86
	分子生物学与生物技术	73	4234	23.86	63	1504	16.71	5	174	17.24
环境与生态科学处	生态学	190	11020	20.77	161	3856	19.83	84	2942	17.14
	林学与草地科学	217	12586	16.93	163	3912	14.25	91	3188	17.14
农学与食品科学处	农学基础与作物学	243	14094	15.49	205	4888	13.70	103	3602	17.17
	食品科学	225	13050	14.06	227	5432	13.07	74	2599	17.09
农业环境与园艺科学处	植物保护学	153	8874	17.75	138	3296	17.23	58	2023	17.21
	园艺学与植物营养学	174	10092	17.33	161	3840	14.74	84	2954	17.07
农业动物科学处	畜牧学	117	6786	15.85	100	2400	1473	51	1801	17.00
	兽医学	144	8352	17.54	119	28240	18.71	43	1489	17.34
	生产学	85	4930	15.54	88	2104	15.25	13	438	17.81
合计或平均值		3029	175672	19.54	2446	58280	16.45	835	29260	17.13
直接费用平均资助强度/（万元/项）			58.00			23.83			35.04	

四、地球科学部

2020 年度地球科学部共接收面上项目申请 8678 项，申请单位 851 个；资助 2000 项，资助直接费用为 116276 万元，直接费用平均资助强度为 58.14 万元/项，平均资助率为

23.05%。2020年度资助的面上项目中，高等学校承担了1315项，占65.75%，科研院所承担了664项，占33.20%；45岁以下科研人员承担项目1511项，占75.55%；跨科学部交叉项目127项，科学部内学科交叉项目284项。2021年度面上项目的直接费用平均资助强度预计与2020年度基本持平。

2020年度地球科学部共接收青年科学基金项目申请8321项，申请单位1031个；高等学校申请5431项，占65.27%；科研院所申请2536项，占30.48%。资助1730项，资助直接费用41112万元，直接费用平均资助强度23.76万元/项，平均资助率20.79%。2020年度资助的青年科学基金项目中，高等学校承担1145项，占66.18%；科研院所承担553项，占31.97%。

2020年度地球科学部共接收地区科学基金项目申请1301项，申请单位168个；高等学校申请1156项，占88.85%；科研院所申请107项，占8.22%。资助204项，资助直接费用7212万元；直接费用平均资助强度35.35万元/项，平均资助率15.68%。2020年度资助的地区科学基金项目中，高等学校承担187项，占91.67%；科研院所承担11项，占5.39%。2021年度地区科学基金项目直接费用平均资助强度预计与2020年度基本持平。

2020年地球科学部所辖处及学科有关项目的资助情况如表4-5所示。

表4-5　2020年地球科学部面上项目、青年科学基金项目和地区科学基金项目资助情况一览表

地球科学部		面上项目			青年科学基金项目			地区科学基金项目		
		资助项数	直接费用/万元	资助率/%	资助项数	直接费用/万元	资助率/%	资助项数	直接费用/万元	资助率/%
一处	地理科学	455	25156	21.98	417	9992	20.81	77	2695	15.75
二处	地质学	345	21131	24.50	311	7392	20.79	21	735	15.22
	地球化学	82	5000	24.19	67	1520	20.94	9	315	15.52
三处	地球物理学和空间物理学	226	13379	25.68	158	3728	20.82	9	315	15.52
	环境地球科学	456	26108	21.12	433	10280	20.79	70	2522	15.73
四处	海洋科学	243	14250	23.55	200	4760	20.75	7	245	15.91
五处	大气科学	193	11252	24.43	144	3440	20.72	11	385	16.18
合计或平均值		2000	116276	23.05	1730	41112	20.79	204	7212	15.68
直接费用平均资助强度/（万元/项）			58.14			23.76			35.35	

五、工程与材料科学部

2020年度工程与材料科学部接收面上项目申请20740项，增幅为15.91%；资助3309项，直接费用192398万元，直接费用平均资助强度为58.14万元/项，平均资助率为15.95%（2019年度为18.23%）。

2020年度工程与材料科学部接收青年科学基金项目申请18771项，增幅为14.04%；资助3127项，直接费用74560万元，直接费用平均资助强度为23.84万元/项，平均资助率为16.66%（2019年度为18.96%）。

2020年度工程与材料科学部接收地区科学基金项目申请2703项，增幅为2.43%；资助393项，直接费用13750万元，直接费用平均资助强度为34.99万元/项，平均资助率为14.54%（2019年度为13.04%）。

2020年度工程与材料科学部所辖学科有关项目资助情况如表4-6所示。

表4-6 2020年工程与材料科学部面上项目、青年科学基金项目和地区科学基金项目资助情况一览表

学科	面上项目			青年科学基金项目			地区科学基金项目		
	资助项数	直接费用/万元	资助率/%	资助项数	直接费用/万元	资助率/%	资助项数	直接费用/万元	资助率/%
金属材料	240	13935	16.43	246	5864	16.27	40	1388	14.08
无机非金属材料	316	18407	16.67	333	7936	17.26	38	1337	14.67
有机高分子材料	222	12957	16.91	241	5720	17.17	21	746	15.33
矿业与冶金工程	366	21296	15.60	343	8176	16.66	49	1720	14.85
机器设计与制造	561	32550	16.23	523	12512	16.99	66	2297	14.32
工程热物理与能源利用	219	12739	16.29	250	5968	16.73	17	597	17.17
电气科学与工程	223	13000	15.65	200	4712	16.22	21	743	14.79
建筑与土木工程	509	29537	15.47	414	9888	16.56	68	2371	13.71
水利工程	151	8780	15.73	149	3552	17.17	29	1025	14.65
环境工程	196	11390	16.18	187	4472	15.73	23	790	15.03
海洋工程	110	6415	13.65	94	2256	15.14	2	71	13.33
交通与运载工程	102	5916	15.96	81	1944	16.60	10	350	15.15
新概念材料与材料共性科学	94	5476	15.88	66	1560	16.71	9	315	14.29
合计或平均值	3309	192398	15.95	3127	74560	16.66	393	13750	14.54
直接费用平均资助强度/（万元/项）		58.14			23.84			34.99	

六、信息科学部

2020年度信息科学部接收面上项目申请12348项，资助2064项，资助直接费用119680万元，平均资助率16.72%。其中，收到教育信息科学与技术领域项目申请270项，资助45项，直接费用平均资助强度48万元/项，资助率为16.67%。2020年度信息科学部接收青年科学基金项目申请9559项，资助2152项，资助直接费用51312万元，平均资助率22.51%。2020年度信息科学部接收地区科学基金项目申请1577项，资助248项，资助直接费用8769万元，平均资助率15.73%。

2020年度信息科学部所辖处及学科有关项目资助情况如表4-7所示。

表 4-7　2020 年信息科学部面上项目、青年科学基金项目和地区科学基金项目资助情况一览表

信息科学部		面上项目			青年科学基金项目			地区科学基金项目		
		资助项数	直接费用/万元	资助率/%	资助项数	直接费用/万元	资助率/%	资助项数	直接费用/万元	资助率/%
一处	电子科学与技术	170	9942	16.43	189	4512	22.61	18	648	15.79
	信息与通信系统	175	10234	17.11	170	4024	22.67	14	517	15.05
	信息获取与处理	159	9123	16.67	169	4016	22.44	19	676	15.83
二处	理论计算机科学、计算机软硬件	94	5287	17.18	77	1848	22.32	10	359	15.15
	计算机应用	189	10746	17.03	152	3624	22.52	29	1043	15.68
	网络与信息安全	207	11769	16.97	170	4064	22.55	32	1115	16.33
三处	自动化	346	20191	16.74	382	9136	22.43	32	1296	15.52
	人工智能	263	15379	16.72	257	6136	22.43	49	1764	15.71
	教育信息科学与技术	45	2160	16.67	30	720	22.39	9	324	15.79
四处	半导体科学与信息器件	168	10029	16.33	231	5480	22.71	13	463	16.05
	信息光学与光电子器件	105	6240	16.67	122	2888	22.89	8	285	15.38
	激光技术与技术光学	143	8580	16.07	203	4864	22.23	11	390	15.94
合计或平均值		2064	119680	16.72	2152	51312	22.51	248	8880	15.73
直接费用平均资助强度/（万元/项）			57.98			23.84			35.81	

七、管理科学部

2020 年度信息科学部所辖处及学科有关项目的资助情况如表 4-8 所示。

表 4-8　2020 年管理科学部面上项目、青年科学基金项目和地区科学基金项目资助情况一览表

管理科学部		面上项目			青年科学基金项目			地区科学基金项目		
		资助项数	直接费用/万元	资助率/%	资助项数	直接费用/万元	资助率/%	资助项数	直接费用/万元	资助率/%
一处	管理科学与工程	221	10620	17.78	225	5392	17.46	31	868	15.50
二处	工商管理	194	9324	16.33	235	5632	15.64	33	924	14.86

续表

管理科学部		面上项目			青年科学基金项目			地区科学基金项目		
		资助项数	直接费用/万元	资助率/%	资助项数	直接费用/万元	资助率/%	资助项数	直接费用/万元	资助率/%
三处	经济科学	151	7259	13.84	216	5176	13.73	37	1036	13.36
	宏观管理与政策	240	11581	13.99	245	5824	13.52	44	1232	13.37
合计或平均值		806	38784	15.39	921	22024	14.91	145	4060	14.11
直接费用平均资助强度/（万元/项）			48.12			23.91			28.00	

八、医学科学部

医学科学部2020年度收到来自1094个依托单位的申请85029项，占全部项目申请（281170项）的30.24%。其中，面上项目申请33691项，占全部面上项目申请（112885项）的29.85%；青年科学基金项目申请38363项，占全部青年科学基金项目申请（112642项）的34.06%；地区科学基金项目申请8170项，占全部地区科学基金项目申请（22222项）的36.77%。

2020年度医学科学部所辖处及学科有关项目的资助情况如表4-9所示。

表4-9　2020年医学科学部面上项目、青年科学基金项目和地区科学基金项目资助情况一览表

医学科学部		面上项目			青年科学基金项目			地区科学基金项目		
		资助项数	直接费用/万元	资助率/%	资助项数	直接费用/万元	资助率/%	资助项数	直接费用/万元	资助率/%
一处	呼吸系统、循环系统、血液系统	526	28946	15.15	477	11400	12.27	99	3347	12.22
二处	消化系统、泌尿系统、内分泌系统/代谢和营养支持、眼科学、耳鼻咽喉头颈科学、口腔颅颌面科学	646	35588	13.24	634	15176	11.22	109	3708	11.28
三处	神经系统、精神卫生与心理健康、老年医学	423	23338	15.43	382	9136	12.24	60	2026	9.65
四处	生殖系统/围生医学/新生儿、医学免疫学、医学遗传学	273	15057	15.82	267	6384	12.42	40	1362	10.87
五处	影像医学/核医学、生物医学工程/再生医学、特种医学、法医学	257	14189	12.83	247	5856	10.33	33	1109	10.15
六处	运动系统、急重症医学、创伤/烧伤/整形、康复医学、医学病毒学与病毒感染、医学病原生物与感染、检验医学	431	23732	12.16	399	9544	10.57	81	2755	10.53

续表

医学科学部		面上项目			青年科学基金项目			地区科学基金项目		
		资助项数	直接费用 / 万元	资助率 /%	资助项数	直接费用 / 万元	资助率 /%	资助项数	直接费用 / 万元	资助率 /%
七处	肿瘤学（血液系统除外）	859	47386	12.84	914	21776	11.59	145	4950	8.86
八处	皮肤病学、放射医学、预防医学	262	14504	17.15	243	5768	15.74	55	1912	14.25
九处	药物学、药理学	274	15152	16.39	320	7600	15.94	60	2029	13.16
十处	中医学、中药学、中西医结合	633	34828	11.64	622	14880	1046	235	8002	12.83
合计或平均值		4584	252720	13.61	4505	107520	11.74	917	31200	11.22
直接费用平均资助强度 /（万元 / 项）			55.13			23.87			34.02	

第三节　2020 年主要类别项目资助情况

一、面上项目

2020 年度共资助面上项目 19357 项，直接费用 1112994 万元，平均资助强度 57.50 万元 / 项，平均资助率为 17.15 %。2020 年度各科学部面上项目资助情况详见表 4-10。

表 4-10　2020 年度面上项目申请与资助情况统计

科学部	申请项数	批准资助				平均资助率 /%
		项数	直接费用 / 万元	平均资助强度 / 万元	直接费用占比 /%	
数理科学部	7799	1750	103090.00	58.91	9.26	22.44
化学科学部	8889	1815	114374.00	63.02	10.28	20.42
生命科学部	15503	3029	175672.00	58.00	15.78	19.54
地球科学部	8678	2000	116276.00	58.14	10.45	23.05
工程与材料科学部	20740	3309	192398.00	58.14	17.29	15.95
信息科学部	12348	2064	119680.00	57.98	10.75	16.72
管理科学部	5237	806	38784.00	48.12	3.48	15.39
医学科学部	33691	4584	252720.00	55.13	22.71	13.61
合计或平均值	112885	19357	1112994.00	57.50	100.00	17.15

二、青年科学基金项目

2020 年度青年科学基金项目共资助 18276 项，资助直接费用 435608 万元，平均资助率为 16.22%。2020 年度各科学部青年科学基金项目资助情况见表 4-11。

表 4-11 2020 年度青年科学基金项目申请与资助情况统计

科学部	申请项目数	批准资助			平均资助率 /%
		项数	直接费用 / 万元	直接费用占比 /%	
数理科学部	7355	1813	43264	9.93	24.65
化学科学部	9229	1582	37536	8.62	17.14
生命科学部	14867	2446	58280	13.38	16.45
地球科学部	8321	1730	41112	9.44	20.79
工程与材料科学部	18771	3127	74560	17.12	16.66
信息科学部	9559	2152	51312	11.78	22.51
管理科学部	6177	921	22024	5.06	14.91
医学科学部	38363	4505	107520	24.68	11.74
合计或平均值	112642	18276	435608	100.00	16.22

三、地区科学基金项目

2020 年度地区科学基金项目共资助 3177 项，资助直接费用 110738 万元，平均资助强度为 34.86 万元 / 项，平均资助率 14.30%。2020 年度各科学部地区科学基金项目资助情况见表 4-12。

表 4-12 2020 年度地区科学基金项目申请与资助情况统计

科学部	申请项数	批准资助				平均资助率 /%
		项数	直接费用 / 万元	平均资助强度 / 万元	直接费用占比 /%	
数理科学部	1015	200	6990	34.95	6.31	19.70
化学科学部	1554	235	9386	39.94	8.48	15.12
生命科学部	4874	835	29260	35.04	26.42	17.13
地球科学部	1301	204	7212	35.35	6.51	15.68
工程与材料科学部	2703	393	13750	34.99	12.42	14.54
信息科学部	1577	248	8880	35.81	8.02	15.73
管理科学部	1028	145	4060	28.00	3.67	14.11
医学科学部	8170	917	31200	34.02	28.17	11.22
合计或平均值	22222	3177	110738	34.86	100.00	14.30

从表 4-10、表 4-11 和表 4-12 不难看出，无论是面上项目，还是青年科学基金项目或地区科学基金项目，医学科学部申报项目和获得资助的项目数量最多，但是中标率却最低，说明医学科学部国家自然科学基金竞争极其激烈。

第五章 《2021年度国家自然科学基金项目指南》选摘与解读

第一节 前 言

党中央高度重视基础研究，习近平总书记指出，“基础研究是整个科学体系的源头，是所有技术问题的总机关”。这段话深刻阐明了基础研究在揭示自然规律、服务经济社会发展、改善民生方面的基础性关键作用和战略定位。科学基金作为国家支持基础研究的主渠道之一，肩负着支撑推动我国基础研究高质量发展的光荣使命。

要准确把握基础研究的时代内涵。基础研究的功能和作用是提出和解决科学问题。科学问题可源自科学家的好奇心，也可源自世界科学前沿、国家重大需求和经济主战场及服务人民生命健康。基础研究可为人类发展贡献新知识，解决经济社会发展所需关键共性技术背后的核心科学问题，更是培养创新人才的重要途径。

要抢抓科研范式变革的机遇。当前新一轮科技革命和产业变革加速演进，科研范式正在发生深刻变革。基础研究的研究内容由静态平均过渡到动态结构，由局部现象扩展到系统行为；研究方法由定性分析向定量预测转变，从单一学科向学科交叉演进，从数据处理向人工智能延伸；研究范畴由学科分割的知识区块向知识体系拓展，从传统理论上升为复杂科学，从追求细节发展到尺度关联，从多层次分科知识向探索共性原理演变。只有顺应科研范式变革的大势，才能够在科技革命中赢得先机。

自2018年以来，基金委根据党中央、国务院决策部署，不断深化科学基金改革，形成以明确资助导向、完善评审机制、优化学科布局为核心，以“加强三个建设、完善六个机制、强化两个重点、优化七方面资助管理”为重要举措的系统性改革方案，取得了阶段性成效。“十四五”期间，基金委将稳步推进，深化改革，发挥科学基金在国家创新体系中的独特作用，夯实中国科技自立自强的根基。图5-1展示了国家自然科学基金深化改革实施方案。

科学性是科学基金的根本，科学研究的资助导向是科学资助机构的首要命题，也是基础研究高质量发展的源头保障。基金委将稳步扩大基于“鼓励探索，突出原创；聚焦前沿，独辟蹊径；需求牵引，突破瓶颈；共性导向，交叉融通”四类科学问题属性的分类评审试点范围，引导广大科研人员凝练和解决科学问题，持续提升科研选题和项目的申请质量。

公正性是科学基金的生命线，公正的评审是科学基金制的立足之本，也是资助高水平基础研究的前提。基金委将稳妥推进“负责任、讲信誉、计贡献”的评审机制改革，努力构建分类、科学、公正、高效的评审机制，既要全面真实客观地体现评审专家的学术水平，引导评审专家积极做出学术贡献，提升项目评审质量；又要持续引导评审专家负责任地评审，不断积累信誉，进而构建良好的评审环境。同时，坚持标本兼治，持续实施学风建设行动计划，围绕“教育、激励、规范、监督、惩戒”五个环节，引导参与科学基金活动的四方主体（申请人 / 负责人、评审专家、依托单位和国家自然科学基金委员会工作人员）开展负责任的科研、评审和管理活动，持续营造良好科学文化氛围（图 5-1）。

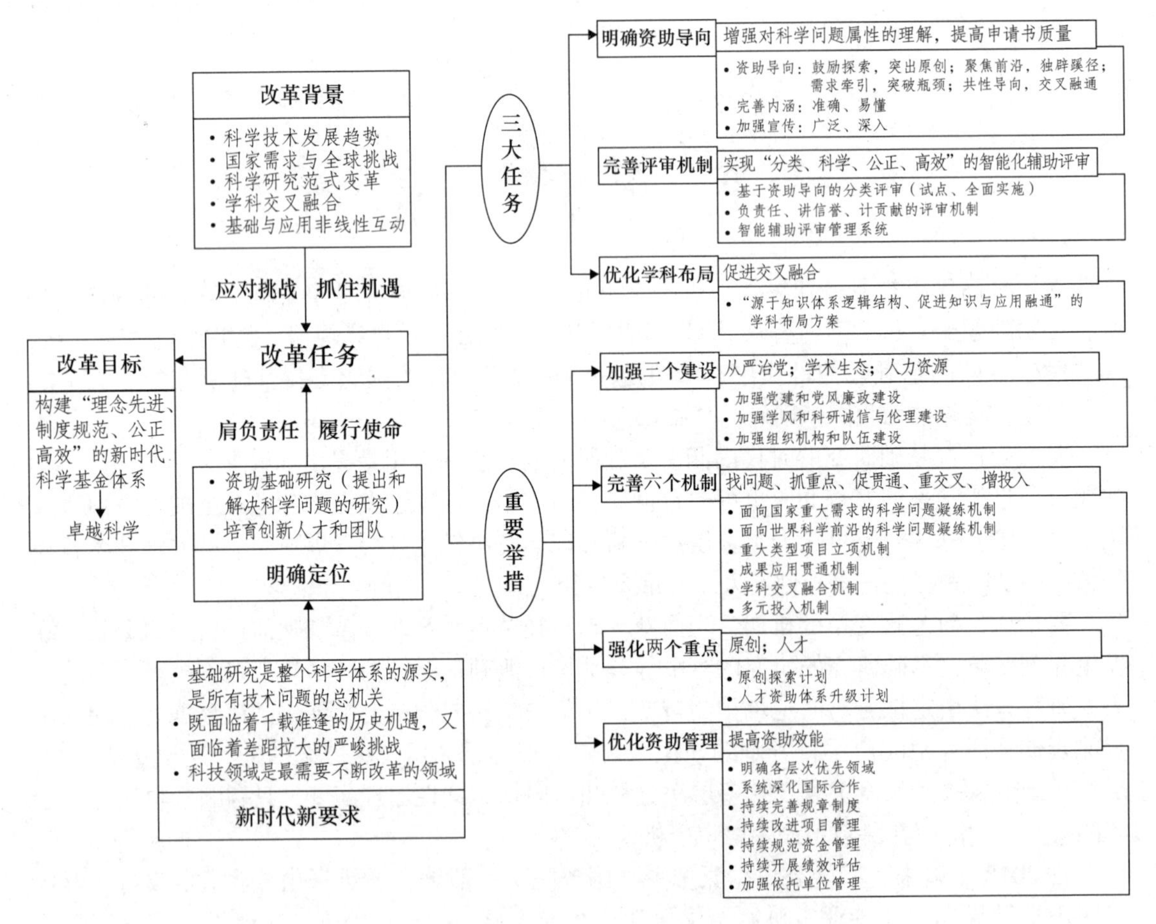

图 5-1　国家自然科学基金深化改革实施方案纲要

学科布局是科研的软基础设施，是促进学科交叉融合、培育原创成果的基础，也是积极应对科研范式变革的关键举措。基金委将全面实施新的申请代码体系，并按照“源于知识体系逻辑结构，促进知识与应用融通，突出学科交叉融合”的原则，稳妥推进国家自然科学基金委员会资助布局深层次改革。

增强我国源头创新能力是科学基金的重要责任。基金委将深入实施原创探索计划，以研究思想的原创性和预期成果的引领性为评价重点，探索、完善符合基础研究规律的项目遴选和管理机制，鼓励和支持具有颠覆性、非共识等特征的原创思想，培育未来重大科学突破。

培养创新人才和团队是科学基金的重要使命。基金委将实行更加积极、开放、有效的人才资助政策，实施全年龄段、多层次的外国学者研究基金项目，持续推动人才资助体系升级，不断加强对青年人才、领军人才和创新团队的支持力度，夯实我国基础研究人才队伍基础。

2021 年是我国开启全面建设社会主义现代化国家新征程、向创新型国家前列目标迈进的起步之年，基金委将以习近平新时代中国特色社会主义思想为指导，全面推进科学基金系统性改革，强化基础研究，不断提升我国源头创新能力，以优异成绩迎接建党 100 周年。

基金委根据《国家自然科学基金条例》和相关管理规章，发布了《2021 年度国家自然科学基金项目指南》(以下简称本《指南》)。其主要内容包括科学基金最新改革举措、申请规定、资助政策、资助领域和方向等。本《指南》对各类项目的定位、申请条件和相关要求分别进行介绍与说明，是科学基金资助工作的重要依据，也是申请人必读的参考文献。

第二节 2021 年度国家自然科学基金改革举措

基金委深入学习贯彻习近平总书记关于科技创新和基础研究的重要论述，加强顶层设计，持续深化改革，在 2021 年推出以下举措：

一、深入实施分类评审

进一步扩大基于“鼓励探索、突出原创；聚焦前沿、独辟蹊径；需求牵引、突破瓶颈；共性导向、交叉融通”四类科学问题属性的分类评审范围，在 2020 年重点项目和面上项目试点工作的基础上，将青年科学基金项目纳入试点范围。申请人应当根据要解决的科学问题和研究内容，选择最相符、最侧重、最能体现申请项目特点的一类科学问题属性，并阐明理由。自然科学基金委将根据申请人所选择的科学问题属性，组织评审专家进行分类评审。

二、优化人才资助体系

持续扩大青年科学基金项目资助规模，提高优秀青年科学基金项目资助强度，调整国家杰出青年科学基金项目管理流程，优化创新研究群体项目的评价机制，稳定基础科学中心项目资助模式。

在继续开放外籍非华裔申请者申请“杰青项目”“优青项目”的基础上，加大吸引和鼓励海外优秀青年人才回国（来华）工作的力度；拓展外国青年学者研究基金项目功能，分层次、全方位资助优秀外国学者。

三、继续实施原创探索计划

为引导和激励广大科研人员投身原创性基础研究工作，遴选出具有非共识、颠覆性、高风险特征的原创项目，2021 年继续实施原创探索计划。在梳理和总结实施经验的基础上，进一步优化原创探索计划项目管理的有关要求，具体情况详见后续发布的《2021 年度国家自然科学基金原创探索计划项目申请指南》。

四、全面实施新的申请代码

坚持“四个面向”，在巩固科学基金优化学科布局第一阶段改革成果的基础上，全面实施新的申请代码，组织开展新申请代码实施运行评估工作，广泛向科学界宣传改革成果，通过多种途径收集科学界对新申请代码运行的意见和建议，及时优化完善。

五、促进学科交叉融合

面向世界科学前沿和国家重大需求，围绕综合性、复杂性问题驱动的多学科交叉研究，探索新的科研范式，培育新的学科增长点；协同解决国家重大需求和人类社会面临挑战中的重大复杂性问题，提升我国交叉科学研究的整体水平和国际影响力，培育有国际影响力的原创成果，培养交叉科学创新人才和团队。

六、继续“负责任、讲信誉、计贡献”（RCC）评审机制试点工作

坚持正面引导和正向激励，稳步推进“负责任、讲信誉、计贡献”评审机制试点工作。通过总结2020年试点工作经验，针对问题加以改进，不断提升项目评审质量。

七、强化多元投入，促进协同创新

目前已有20个省（自治区、直辖市）加入区域创新发展联合基金，已有5个企业加入企业创新发展联合基金，国家自然科学基金委员会与5个行业部门设立新时期行业联合基金，初步形成新时期联合基金资助体系，它已成为科学基金深化改革过程中强化多元投入、促进协同创新等科学基金管理机制的重要载体。2021年，将深化多元投入机制，继续扩大联合基金的范围，探索鼓励社会和个人捐赠支持基础研究的有效机制。

八、推进经费管理改革

在“杰青项目”试点经费使用“包干制”的基础上，将“优青项目”纳入“包干制”试点范围。项目经费不再分为直接费用和间接费用。申请人提交申请书时，不需要编制项目预算。项目负责人在规定范围内自主使用经费。

申请人要根据“目标相关性、政策相符性、经济合理性”的基本原则，结合项目研究实际需要，合理申请预算金额。申请人应合理安排经费使用进度，努力提高资金使用效率，避免资金闲置、浪费。

九、持续简化申请管理要求

科学基金项目全面实施无纸化申请。申请项目时，依托单位只需在线确认电子申请书

及附件材料，无须报送纸质申请书（具体要求详见第三节申请规定）。同时，进一步简化材料报送。

十、加强依托单位管理

完善依托单位准入和退出机制，实现依托单位动态管理；构建依托单位信誉评价体系，将依托单位的信誉评级与间接费用核定及奖惩相关联；建立依托单位分级分类管理体系，针对不同性质和体量的依托单位类群，实行不同的管理模式，促使依托单位更好地履行管理主体责任和监督职责，提升服务效能、规范过程管理、保障资金安全。

十一、深入推进科学基金学风建设行动计划

深入推进“教育、激励、规范、监督、惩戒”五个方面相互支撑、有机融合、标本兼治的科学基金学风建设体系。以教育为根本，以正向激励为引导，以规范为准绳，以监督为抓手、以惩戒为最后手段，坚持远近结合，标本兼治，推进“十四五”时期科学基金科研诚信和作风、学风建设。

第三节 申请规定

申请人在申请 2021 年度科学基金项目之前，应当认真阅读《国家自然科学基金条例》（以下简称《条例》）、本《指南》、相关类型项目管理办法、《国家自然科学基金资助项目资金管理办法》，以及与申请有关的通知、通告等。现行项目管理办法与《条例》和本《指南》有冲突的，以《条例》和本《指南》为准。

一、申请条件与材料

（一）申请条件

（1）依托单位的科学技术人员作为申请人申请科学基金项目，应符合以下条件：

1）具有承担基础研究课题或者其他从事基础研究的经历；

2）具有高级专业技术职务（职称）或者具有博士学位，或者有 2 名与其研究领域相同、具有高级专业技术职务（职称）的科学技术人员推荐。

部分类型项目在此基础上对申请条件还有特殊要求（详见本《指南》正文相关部分）。

依托单位非全职聘用的工作人员作为申请人申请科学基金项目，应当在申请书中如实填写在该依托单位的聘任岗位、聘任期限和每年的工作时间。

地区科学基金项目申请人应当是在指定区域范围内（详见本《指南》正文中地区科学基金项目部分）依托单位的全职工作人员，以及由中共中央组织部派出正在进行三年（含）期以上援疆、援藏的科学技术人员（受援依托单位组织部门或人事部门出具援疆或援藏的证明

材料，并将扫描件作为申请书附件上传）；如果援疆、援藏的科学技术人员所在受援单位不是依托单位，允许其通过受援自治区内可以申请地区科学基金项目的依托单位申请地区科学基金项目。地区科学基金资助范围内依托单位的非全职工作人员、位于地区科学基金资助区域范围内的中央和中国人民解放军所属依托单位的科学技术人员及地区科学基金资助区域范围以外的科学技术人员，不得作为申请人申请地区科学基金项目。

（2）从事基础研究的科学技术人员，无工作单位或者所在单位不是依托单位，经与在基金委注册的依托单位协商同意，可申请面上项目、青年科学基金项目，不得申请其他类型项目。

该类人员作为申请人申请项目时，应当在申请书基本信息表和个人简历中如实填写工作单位信息，并与依托单位签订书面合同，书面合同不需要提交基金委，留依托单位存档备查。

非受聘于依托单位的境外人员，不能作为无工作单位或所在单位不是依托单位的申请人申请各类项目。

（3）正在攻读研究生学位的人员（接收申请截止日期时尚未获得学位）不得作为申请人申请各类项目，但在职攻读研究生学位人员经过导师同意可以通过受聘单位作为申请人申请面上项目、青年科学基金项目和地区科学基金项目（其中，在职攻读硕士研究生学位人员不得申请青年科学基金项目）。申请时应当提供导师同意其申请项目并由导师签字的函件，说明申请项目与其学位论文的关系，以及承担项目后的工作时间和条件保证等，并将函件扫描件作为申请书附件上传。受聘单位不是依托单位的在职攻读研究生学位人员不得作为申请人申请各类项目。

（4）在站博士后研究人员可以作为申请人申请的项目类型包括面上项目、青年科学基金项目、地区科学基金项目和部分其他类型项目（由相应项目指南确定）。

（5）以香港大学、香港中文大学、香港科技大学、香港理工大学、香港城市大学、香港浸会大学、澳门大学和澳门科技大学作为依托单位的申请人仅能申请优秀青年科学基金项目（港澳）。

（6）受聘于依托单位的境外人员，不得同时以境内申请人和境外合作者［指国际（地区）合作研究项目的外方合作者］两种身份申请项目［“优青项目”（港澳）除外］。

海外及港澳学者合作研究基金项目负责人和国际（地区）合作研究项目［包括重点国际（地区）合作研究项目与组织间国际（地区）合作研究项目］境外合作者，在项目结题前不得作为申请人申请其他类型项目［优青项目（港澳）除外］。

境内身份的项目负责人，在项目结题前不得作为境外合作者参与申请国际（地区）合作研究项目［包括重点国际（地区）合作研究项目与组织间国际（地区）合作研究项目］。

（7）为避免重复资助，基金委管理科学部项目与国家社会科学基金项目联合限制申请，具体要求详见本《指南》科学部资助领域和注意事项（管理科学部有关内容）。

（二）申请材料

（1）申请书应当由申请人本人撰写；申请人应当按照撰写提纲要求提交申请材料；申请人和主要参与者的个人简历填写应规范。注意在申请书中不得出现任何违反法律法规或含有涉密信息、敏感信息的内容。申请人应当对所提交申请材料的真实性、合法性负责。

（2）申请人应当根据所申请的项目类型，准确选择或填写“资助类别”“亚类说明”“附注说明”等内容。要求“选择”的内容，只能在下拉菜单中选定；要求“填写”的内容，可以键入相应文字；部分项目“附注说明”需要严格按本《指南》相关要求选择或填写。

（3）2021 年，重点项目、面上项目和青年科学基金项目试点基于四类科学问题属性的分类评审，申请人应当根据要解决的关键科学问题和研究内容，选择科学问题属性，并阐明选择该科学问题属性的理由。申请项目具有多重科学问题属性的，申请人应当选择最相符、最侧重、最能体现申请项目特点的一类科学问题属性。

（4）2021 年，科学基金项目全面实行无纸化申请。申请项目时，依托单位只需在线确认电子申请书及附件材料，无须报送纸质申请书。项目获批准后，依托单位将申请书的纸质签字盖章页装订在资助项目计划书最后，一并提交。签字盖章的信息应与信息系统中提交的最终版电子申请书保持一致。

（5）主要参与者中如有申请人所在依托单位以外的人员（包括研究生），其所在单位即被视为合作研究单位（境外单位不视为合作研究单位）。申请人应当在线选择或准确填写主要参与者所在单位信息。申请书基本信息表中的合作研究单位信息由信息系统自动生成。每个申请项目的合作研究单位不得超过 2 个（特殊说明的除外）。

项目获批准后，申请人和主要参与者本人应当在申请书纸质签字盖章页上签字。主要参与者中的境外人员，如本人未能在纸质申请书上签字，则应通过信件、传真等方式发送本人签字的纸质文件，说明本人同意参与该项目申请和所承担的研究工作，随纸质签字盖章页一并报送。合作研究单位应当在纸质签字盖章页上加盖公章，公章名称应当与申请书中单位名称一致。已经在国家自然科学基金委员会注册为依托单位的合作研究单位，应当加盖依托单位公章；没有注册的合作研究单位，应当加盖该法人单位公章。

（6）简化依托单位项目申请承诺工作程序。依托单位如在 2021 年度申请项目，应提前从信息系统中下载 2021 年度国家自然科学基金依托单位项目申请承诺书，由法定代表人亲笔签名并加盖依托单位公章后，将电子扫描件上传至信息系统（本年度只需上传一次）。依托单位完成上述承诺程序后方可申请项目。

（7）涉及科研伦理与科技安全（如生物安全、信息安全等）的项目申请，申请人应当严格执行国家有关法律法规和伦理准则，并按照相关科学部的要求上传相应附件材料的电子扫描件。

（8）2021 年，全面调整申请代码，不再设置三级申请代码。申请人应当根据所申请的研究方向或研究领域，按照本《指南》中的“国家自然科学基金申请代码”准确选择申请代码，特别注意：

1）选择申请代码时，尽量选择到二级申请代码（4 位数字）。

2）重点项目、重大研究计划项目、联合基金项目等对申请代码填写可能会有特殊要求，详见本《指南》正文相关类型项目部分。

3）申请人在填写申请书简表时，请准确选择“申请代码 1”及其相应的“研究方向”和“关键词”内容。

4）申请人如对申请代码有疑问，请向相关科学部咨询。

（9）具有高级专业技术职务（职称）的申请人或者主要参与者的单位有下列情况之一的，应当在申请书中详细注明：

1）同年申请或者参与申请各类科学基金项目的单位不一致的；

2）与正在承担的各类科学基金项目的单位不一致的。

（10）申请人申请科学基金项目的相关研究内容已获得其他渠道或项目资助的，请务必在申请书中说明受资助情况以及与申请项目的区别与联系，应避免同一研究内容在不同资助机构申请的情况。

申请人同年申请不同类型的科学基金项目时，应在申请书中列明同年申请的其他项目的项目类型、项目名称，并说明申请项目之间的区别与联系。

（11）除特别说明外，申请书中的起始时间一律填写 2022 年 1 月 1 日，结束时间按照各类型项目资助期限的要求填写 20×× 年 12 月 31 日。

（12）申请人及主要参与者均应当使用唯一身份证件申请项目。

申请人在填写本人及主要参与者姓名时，姓名应与使用的身份证件一致；姓名中的字符应规范。

曾经使用其他身份证件作为申请人或主要参与者获得过项目资助的，应当在申请书相关栏目中说明，依托单位负有审核责任。

（三）关于申请不予受理情形的说明

按照《条例》规定，申请科学基金项目时有以下情形之一的将不予受理：

（1）申请人不符合《条例》、本《指南》和相关类型项目管理办法规定的；

（2）申请材料不符合本《指南》要求的；

（3）申请项目数量不符合限项申请规定的。

二、限项申请规定

（一）各类型项目限项申请规定

（1）申请人同年只能申请 1 项同类型项目［其中：重大研究计划项目中的集成项目和战略研究项目、专项项目中的科技活动项目、国际（地区）合作交流项目除外；在联合基金项目中，同一名称联合基金为同一类型项目］。

（2）上年度获得面上项目、重点项目、重大项目、重大研究计划项目（不包括集成项目和战略研究项目）、联合基金项目（指同一名称联合基金）、地区科学基金项目资助的项目负责人，本年度不得作为申请人申请同类型项目。

（3）申请人同年申请国家重大科研仪器研制项目（部门推荐）和基础科学中心项目，合计限 1 项。

（4）正在承担国际（地区）合作研究项目的负责人，不得作为申请人申请国际（地区）合作研究项目。

（5）作为申请人申请和作为项目负责人正在承担的同一组织间协议框架下的国际（地区）合作交流项目，合计限 1 项。

（二）连续两年申请面上项目未获资助后暂停面上项目申请 1 年

2019 年度和 2020 年度连续两年申请面上项目未获资助的项目（包括初审不予受理的项

目）申请人，2021 年度不得作为申请人申请面上项目。

（三）申请和承担项目总数的限制规定

除特别说明外，申请当年资助期满的项目不计入申请和承担总数范围。

1. 高级专业技术职务（职称）人员申请和承担项目总数

具有高级专业技术职务（职称）的人员，申请（包括申请人和主要参与者）和正在承担（包括负责人和主要参与者）以下类型项目总数合计限为 2 项：面上项目，重点项目，重大项目，重大研究计划项目（不包括集成项目和战略研究项目），联合基金项目，青年科学基金项目，地区科学基金项目，优青项目，杰青项目，重点国际（地区）合作研究项目，直接费用大于 200 万元 / 项的组织间国际（地区）合作研究项目（仅限作为申请人申请和作为负责人承担，作为主要参与者的项目数量不限），国家重大科研仪器研制项目（含承担国家重大科研仪器设备研制专项项目），基础科学中心项目，资助期限超过 1 年的应急管理项目、原创探索计划项目以及专项项目［特别说明的除外；应急管理项目中的局（室）委托任务及软课题研究项目、专项项目中的科技活动项目除外］。

具有高级专业技术职务（职称）的人员作为主要参与者正在承担的 2019 年（含）以前批准资助的项目不计入申请和承担总数范围，2020 年（含）以后批准（包括负责人和主要参与者）项目计入申请和承担总数范围。

2. 不具有高级专业技术职务（职称）人员申请和承担项目总数

（1）作为申请人申请和作为项目负责人正在承担的项目数合计限为 1 项。

（2）在保证有足够的时间和精力参与项目研究工作的前提下，作为主要参与者申请或者承担的各类型项目数量不限。

（3）晋升为高级专业技术职务（职称）后，原来作为负责人正在承担的项目计入申请和承担项目总数范围，原来作为主要参与者正在承担的项目不计入。

3. 计入申请和承担项目总数的部分项目类型的特殊要求

（1）优秀青年科学基金项目和国家杰出青年科学基金项目

“优青项目”和“杰青项目”申请时不计入申请和承担总数范围；正式接收申请到基金委做出资助与否决定之前，以及获得资助后的项目，计入申请和承担总数范围。

（2）基础科学中心项目和创新研究群体项目

基础科学中心项目申请时不计入申请和承担总数范围；正式接收申请到基金委做出资助与否决定之前，以及获得资助后的项目，计入申请和承担总数范围。

具有高级专业技术职务（职称）的人员，同年申请和参与申请创新研究群体项目和基础科学中心项目，合计限 1 项。

正在承担创新研究群体项目的项目负责人和具有高级专业技术职务（职称）的参与者，不得申请或参与申请创新研究群体项目和基础科学中心项目，但在资助期满当年可以申请或参与申请基础科学中心项目。

基础科学中心项目负责人及主要参与者（骨干成员）在资助期满前不得申请或参与申请除杰青、优青以外的其他类型项目。

退出创新研究群体项目和基础科学中心项目的参与者，2 年内不得申请或参与申请创新研究群体项目和基础科学中心项目。

（3）国家重大科研仪器研制项目

具有高级专业技术职务（职称）的人员，同年申请和参与申请的国家重大科研仪器研制项目数量合计限1项。

正在承担国家重大科研仪器研制项目的负责人和具有高级专业技术职务（职称）的主要参与者，在准予结题前不得申请或参与申请国家重大科研仪器研制项目。

国家重大科研仪器研制项目（部门推荐）获得资助后，项目负责人在准予结题前不得作为申请人申请除杰青以外的其他类型项目。

具有高级专业技术职务（职称）的人员，申请（包括申请人和主要参与者）和正在承担（包括负责人和主要参与者）国家重大科研仪器研制项目（含承担国家重大科研仪器设备研制专项项目），以及科技部主管的国家重点研发计划“重大科学仪器设备开发”重点专项、国家重大科学仪器设备开发专项项目总数合计限1项。

（4）原创探索计划项目

原创探索计划项目申请时不计入申请和承担总数范围，获资助后计入申请和承担总数范围（资助期限1年及以下的项目除外）。

申请人同年只能申请1项原创探索计划项目（含预申请）。

（四）作为项目负责人限制获得资助次数的项目类型

（1）青年科学基金项目、“优青项目”、“杰青项目”、“创新研究群体项目”：同类型项目作为项目负责人仅能获得1次资助。

（2）地区科学基金项目：自2016年起，作为项目负责人获得资助累计不超过3次，2015年以前（含2015年）批准资助的地区科学基金项目不计入累计范围。

（五）不受申请和承担项目总数限制的项目类型

创新研究群体项目、海外及港澳学者合作研究基金项目、数学天元基金项目、直接费用小于或等于200万元/项的组织间国际（地区）合作研究项目、国际（地区）合作交流项目、重大研究计划项目中的集成项目和战略研究项目、外国学者研究基金项目、应急管理项目中的局（室）委托任务及软课题研究项目、专项项目中的科技活动项目、资助期限1年及以下的其他类型项目，以及项目指南中特别说明不受申请和承担项目总数限制的项目等。

（六）补充说明

（1）除原创探索计划项目外，处于评审阶段（基金委做出资助与否决定之前）的申请，计入本限项申请规定范围之内。

（2）申请人即使受聘于多个依托单位，通过不同依托单位申请和承担项目，其申请和承担项目数量仍然适用于本限项申请规定。

（3）现行项目管理办法中，有关申请项目数量的要求与本限项申请规定不一致的，以本规定为准。

三、预算编报要求

（一）总体要求

（1）申请人要严格按照中央文件精神和《国家自然科学基金资助项目资金管理办法》《财政部、国家自然科学基金委员会关于国家自然科学基金资助项目资金管理有关问题的补充通知》《国家自然科学基金委员会关于国家自然科学基金资助项目资金管理的补充通知》《国家自然科学基金委员会、财政部关于进一步完善科学基金项目和资金管理的通知》《国家自然科学基金项目预算表编制说明》等的要求，认真如实编报项目预算。依托单位要按照有关规定认真进行审核。

（2）预算编报要坚持“目标相关性、政策相符性、经济合理性”的基本原则，所有预算支出科目、支出项目和支出标准等都要符合上述三个基本原则的精神。

（二）预算科目

科学基金项目资金分为直接费用和间接费用。申请人只编报直接费用预算；间接费用按依托单位单独核定。

（1）设备费，是指在项目研究过程中购置或试制专用仪器设备，对现有仪器设备进行升级改造，以及租赁外单位仪器设备而发生的费用。

（2）材料费，是指在项目研究过程中消耗的各种原材料、辅助材料、低值易耗品等的采购及运输、装卸、整理等费用。

（3）测试化验加工费，是指在项目研究过程中支付给外单位（包括依托单位内部独立经济核算单位）的检验、测试、化验及加工等费用。

（4）燃料动力费，是指在项目实施过程中直接使用的相关仪器设备、科学装置等运行发生的水、电、气、燃料消耗费用等。

（5）差旅 / 会议 / 国际合作与交流费，是指在项目研究过程中开展科学实验（试验）、科学考察、业务调研、学术交流等所发生的外埠差旅费、市内交通费用；为了组织开展学术研讨、咨询以及协调项目研究工作等活动而发生的会议费用；以及项目研究人员出国及赴港澳台、外国专家来华及港澳台专家来内地（大陆）工作的费用。其中，本科目不超过直接费用10% 的，不需要提供预算测算依据；超过 10% 的，需要提供必要的测算说明。

（6）出版 / 文献 / 信息传播 / 知识产权事务费，是指在项目研究过程中，需要支付的出版费、资料费、专用软件购买费、文献检索费、专业通信费、专利申请及其他知识产权事务等费用。

（7）劳务费，是指在项目研究过程中支付给参与项目研究的研究生、博士后、访问学者以及项目聘用的研究人员、科研辅助人员等的劳务费用，以及项目聘用人员的社会保险补助费用。

（8）专家咨询费，是指在项目研究过程中支付给临时聘请的咨询专家的费用。

（9）其他支出，是指在项目研究过程中发生的除上述费用之外的其他支出。

在计划书填报阶段，项目预算表中直接费用各科目金额原则上不应超过申请书各科目金额。在项目执行过程中，除设备费总额调增以外的直接费用各科目预算如需调整的，由项目负责人提出申请，报依托单位审批。

（三）定额补助式资助项目

（1）除了重大项目和国家重大科研仪器研制项目以外的其他科学基金项目都是定额补助式资助项目。定额补助式资助项目填写国家自然科学基金项目预算表（定额补助）和预算说明书（定额补助）。

（2）国家自然科学基金项目预算表（定额补助），填写申请科学基金予以资助的直接费用金额、各科目预算情况。直接费用各科目均无比例限制，由申请人根据项目研究需要，按照有关科目定义、范围和标准等如实编列。

（3）预算说明书（定额补助），填写对项目预算表中各科目预算所做的必要说明，以及对合作研究是否外拨资金、外拨资金金额，单笔总额超过 10 万元（含）的设备费、测试化验加工费等内容所做的必要说明。

（四）成本补偿式资助项目（略）

（五）合作研究外拨资金（略）

（六）依托单位主体责任

依托单位是科学基金项目资金管理的责任主体，应当建立健全“统一领导、分级管理、责任到人”的项目资金管理体制和制度，完善内部控制和监督约束机制，加强对项目资金的管理和监督，认真审核项目预算、支出和决算，认真审批预算调整，做到“账表一致、账实相符”，确保各项支出“真实、合法、有效”。项目负责人是项目资金使用的直接责任人，对资金使用的合规性、合理性、真实性和相关性承担法律责任。

（七）结余资金收回

科学基金项目资金是专门用于资助科学技术人员开展基础研究和科学前沿探索，支持人才和团队建设的专项资金。依托单位和项目负责人要严格按照《国家自然科学基金资助项目资金管理办法》等有关规定管理使用资金，提高资金使用效率和效益，减少项目结余资金。结余资金 2 年内（自验收结论下达后次年的 1 月 1 日起计算）由依托单位统筹安排用于基础研究的直接支出，依托单位应制定项目结余资金使用管理办法。2 年后仍有剩余的应当原渠道退回基金委。未通过结题验收和整改后通过结题验收的，或依托单位信誉评价为差的，结余资金应当在验收结论下达后 30 日内退回基金委。

（八）其他应注意的问题

（1）根据中共中央办公厅、国务院办公厅《关于进一步完善中央财政科研项目资金管理等政策的若干意见》精神，差旅费、会议费支出标准由依托单位按照实事求是、精简高效、厉行节约的原则确定。申请人须根据所在依托单位制定的相关内部标准和规定编制差旅费、会议费预算。

（2）对于成本补偿式资助项目，基金委将对预算进行专项评审，根据项目的实际需要确定资助金额。

（3）“杰青项目”和“优青项目”［“优青项目”（港澳）除外］试点经费使用“包干制”，无须编制项目预算。

（4）预算数据以“万元”为单位，精确到小数点后面两位。各类标准或单价以“元”为单位，精确到个位。外币需按中国人民银行公布的即期汇率折合成人民币。

四、科研诚信要求

为加强科学基金科研诚信建设，进一步加强基础信息管理，防范科学基金项目申请中的科研不端行为，现就有关科研诚信和科研伦理注意事项做出以下说明和要求。

（一）关于个人信息

（1）科学基金项目应当由申请人本人申请，严禁冒名申请，严禁编造虚假的申请人及主要参与者。

（2）申请人及主要参与者应当如实填报个人信息并对其真实性负责；同时，申请人还应当对所有主要参与者个人信息的真实性负责。严禁伪造或提供虚假信息。

（3）申请人及主要参与者填报的学位信息，应当与学位证书一致；学位获得时间应当以证书日期为准。

（4）申请人及主要参与者应当如实、准确填写依托单位正式聘用的职称信息，严禁伪造或提供虚假职称信息。

（5）无工作单位或所在单位不是依托单位的申请人应当在申请书基本信息表中如实填写工作单位和聘用信息，严禁伪造信息。

（6）申请人及主要参与者应当如实、规范填写个人履历，严禁伪造或篡改相关信息。

（7）申请人应当如实填写研究生导师和博士后合作导师姓名，不得错填漏填。

（二）关于研究内容

（1）申请人应当按照本《指南》、申请书填报说明和撰写提纲的要求填写申请书报告正文，如实填写相关研究工作基础和研究内容等，严禁抄袭剽窃或弄虚作假，严禁违反法律法规、伦理准则及科技安全等方面的有关规定。

（2）申请人及主要参与者在填写论文、专利和奖励等研究成果时，应当严格按照申请书撰写提纲的要求，规范列出研究成果的所有作者（发明人或完成人等）署名，准确标注，不得篡改作者（发明人或完成人等）顺序，不得隐瞒共同第一作者或通讯作者信息，不得虚假标注第一作者或通讯作者。

（3）申请人及主要参与者应严格遵循科学界公认的学术道德、科研伦理和行为规范，涉及人的研究应按照国家、部门（行业）和单位等要求提请伦理审查；不得使用存在伪造、篡改、抄袭剽窃、委托“第三方”代写或代投以及同行评议造假等科研不端行为的研究成果作为基础申请科学基金项目。

（4）不得同时将研究内容相同或相近的项目以不同项目类型、由不同申请人或经不同依托单位提出申请；不得将已获资助项目重复提出申请。

（5）申请人申请科学基金项目的相关研究内容已获得其他渠道或项目资助的，须在申请书中说明受资助情况以及与所申请科学基金项目的区别和联系，不得将同一研究内容向不同资助机构提出申请。

（三）其他有关要求

（1）依托单位与合作研究单位要贯彻落实中共中央办公厅、国务院办公厅《关于进一步加强科研诚信建设的若干意见》《关于进一步弘扬科学家精神加强作风和学风建设的意见》的具体部署，按照《科技部、自然科学基金委关于进一步落实国家科技计划（专项、基金等）任务承担单位科研作风学风和科研诚信主体责任的通知》的要求，建立和完善科研诚信教育、管理监督制度，加强对申请材料审核把关，杜绝夸大不实、弄虚作假等行为。

（2）申请人应当将申请书相关内容及科研诚信要求告知主要参与者，确保主要参与者全面了解申请书相关内容并对所涉及内容的真实性、完整性及合规性负责。

（3）申请人和依托单位在提交项目申请前应按要求做出相应承诺，不从事任何可能影响科学基金评审公正性的活动，并在项目申请和评审过程中严格遵守承诺。

五、依托单位职责

（1）依托单位应当严格按照《条例》、本《指南》、《国家自然科学基金依托单位基金工作管理办法》、有关申请的通知通告、相关类型项目管理办法和《国家自然科学基金资助项目资金管理办法》及补充通知等文件要求，组织本单位的项目申请工作。

（2）依托单位应切实贯彻落实《国家自然科学基金委员会关于进一步加强依托单位科学基金管理工作的若干意见》，认真履行管理主体责任，加强和规范科学基金管理。

（3）依托单位应建立完善的科研伦理审查机制，防范伦理风险。按照有关法律法规和伦理准则，建立健全科研伦理管理制度；加强伦理审查机制和过程监管；强化宣传教育和培训，提高科研人员在科研伦理方面的责任感和法律意识。

（4）依托单位应建立完善的科技安全审查机制，不得提交含有涉密或敏感信息的项目申请。按照有关法律法规，建立健全科技安全管理制度；强化生物安全、信息安全等科技安全责任制；加强宣传教育和培训，提高科研人员在科技安全等方面的责任感和法律意识。

（5）依托单位应当对申请人的申请资格负责，并对申请材料的真实性和完整性进行审核。依托单位如果允许《条例》第十条第二款所列的无工作单位或者所在单位不是依托单位的科学技术人员通过本单位申请项目，应当按照《国家自然科学基金依托单位基金工作管理办法》第十三条的要求履行相关职责，并签订书面合同。书面合同无须提交基金委，留依托单位存档备查。

（6）依托单位应及时在线上传由法定代表人亲笔签名、加盖依托单位公章的2021年度国家自然科学基金项目申请承诺书电子扫描件，确保申请人能够及时在线填写并提交项目申请。

六、责任追究

（1）依托单位疏于管理，未按要求对申请材料的真实性和完整性履行审查职责的，或依托单位和合作研究单位违反承诺的，国家自然科学基金委员会将按照《条例》《科技部、国家自然科学基金委员会关于进一步压实国家科技计划（专项、基金等）任务承担单位科研作风学风和科研诚信主体责任的通知》《科研诚信案件调查处理规则（试行）》和本《指南》等规定，视情节轻重给予相应处理。

（2）申请人及主要参与者违反本《指南》或其他科学技术活动相关要求和承诺的，一经发现，基金委将按照《条例》和本《指南》等相关规定，视情节轻重予以终止评审等相应处理；对涉嫌违背科研诚信要求的行为，将移交基金委监督委员会予以调查，对存在问题的将严肃处理。

（3）对于发现和收到涉及违纪违法的线索和举报，将按照管理权限移交相关纪检监察部门处理。

第四节　各科学部资助领域和注意事项

一、数理科学部

数理科学部所涉及学科（包括数学、力学、天文、物理 I 和物理 II）是自然科学的重要基础，是当代科学发展的先导和基础。各学科间差异大，独立性强，既有纯理论研究（如数学、理论物理等），又有实验研究；“大科学”的学科多，如粒子物理、核物理、天体物理、高温等离子体物理等。

数理科学在自身发展的同时，还为其他学科的发展提供理论、方法和手段等，数理科学的研究成果在推动基础学科和应用学科的发展中起着重要作用。

数理科学与其他科学有着广泛的交叉，例如数学与信息科学、生命科学、管理科学，物理学与材料科学、生命科学、信息科学、化学，天文学与地球科学，力学与工程科学、材料科学、地球科学等都有大量的交叉。数理科学与其他学科的广泛交叉和渗透，促使一系列交叉学科、边缘学科和新兴领域不断涌现，同时数理科学研究的对象和领域也在不断扩展。

数理科学部将继续加大力度支持以推进学科发展、促进原始创新、培养高水平研究人才和适应国家长期发展需求为主要目标的基础研究项目，以及科学部内和跨科学部的学科交叉项目。

2020 年度数理科学部接收面上、青年和地区科学基金项目的汇总情况参见第四章表 4-2。

2021 年度数理科学部面上项目和地区科学基金项目直接费用平均资助强度预计与 2020 年度基本持平。

二、化学科学部

化学是研究物质的组成与结构、转化与机制、性质与功能的科学，是支撑并与其他学科密切交叉和相互渗透的中心科学。化学也是自然科学中唯一具有产业特征（化工）的基础学科，利用物质和能量的传递与转化原理，实现规模化制造，构建人类与社会赖以生存和发展的物质基础。

化学科学部以提升我国化学与化工学科基础研究整体水平和在国际上的地位，培育一批有国际影响的化学化工研究创新人才和团队为目标，支持原子、分子、分子聚集体及凝聚态体系的反应、过程与功能的多层次、多尺度研究，以及复杂化学体系的研究，实现化学合成、过程及功能的精准控制和规律认知；针对国民经济、社会发展、国家安全和可持续发展中提出的重大科学问题，在生物、材料、能源、信息、资源、环境和人类健康等领域，发挥化学与化工科学的作用。化学科学部项目强调微观与宏观相结合、静态与动态相结合、化学理论研究与发展实验方法和精准分析测试技术相结合、基础实验与过程工程相结合，鼓励吸收其他学科的最新理论、技术和成果，倡导源头创新与学科交叉，瞄准学科发展前沿，推动化学与化工学科的可持续发展。

化学科学部将继续大力支持学科前沿的高水平创新研究，关注深入、系统的研究工作，鼓励和优先支持在学科交叉融合基础上提出的研究课题，强调研究思想、研究方向、研究内容的多元化，避免研究的趋同性和同质化。对于有较大风险的原创性研究，将采取措施给予支持，以突破中国化学化工创新引领乏力的瓶颈，实现从量的扩张到质的提升的转变与跃升。评审工作将始终贯彻科学价值的理念，注重研究领域的均衡、协调和可持续发展，将中国化学化工基础研究推向国际前沿。

2020 年度化学科学部接受面上、青年和地区项目的汇总情况参见第四章表 4-3。

2021 年度面上项目和地区科学基金项目直接费用平均资助强度预计与 2020 年度基本持平。

注意事项：

对于研究内容相同或相近的项目，不得由不同申请人重复提出申请。

三、生命科学部

生命科学是探索生命现象及其基本规律的科学，是最为活跃的现代科学前沿领域之一，是保障国家人口健康、粮食安全、食品安全以及生态文明、技术进步和产业发展的重要支撑，生命科学研究与国民经济、社会发展关系密切，兼具推动科学探索和支撑国家战略需求的双重属性。

生命科学部积极鼓励开展具有创新性学术思想和新技术、新方法的研究，特别重视原创性的、对学科发展有重要推动作用的申请项目，鼓励在长期研究基础上提出的新理论和新假说的申请项目。生命科学部将继续关注生命科学研究中的重要前沿和新兴领域，本着“鼓励探索，突出原创；聚焦前沿，独辟蹊径；需求牵引，突破瓶颈；共性导向，交叉融通”的原则，对高质量完成科学基金项目的负责人所申请的项目，在同等条件下给予优先资助。

鉴于近年来由各种致病微生物导致的传染病和人畜共患病频发，对社会经济发展及人民健康造成了极大危害，因此加强相关领域基础研究尤为迫切。尽管生命科学部在既往的资助工作中对涉及病毒和其他致病微生物的起源、进化、传播、遗传变异、感染与疫苗研发等领域有过多项资助，但对病毒和新的致病微生物的认知还非常匮乏，相关研究亟待深入。生命科学部将在今后的资助工作中，积极鼓励科研人员围绕病毒学、病原微生物学以及免疫学等领域开展系统研究，也将在资助工作中对上述鼓励研究领域给予重点关注及稳定支持。

自 2021 年起，生命科学部各学科申请代码统一设置为只含一级申请代码和二级申请代码的二级结构，在二级申请代码下分别设置若干研究方向，请申请人注意选择二级申请代码下的研究方向。

注意事项：

（1）生命科学部各科学处及学科部分，具体说明了学科资助范围和不予受理的内容，请申请人认真阅读拟申请学科的项目指南。

（2）对于涉及高致病性病原生物操作的研究项目，申请者必须严格遵守国家有关规定，在具备相应的生物安全条件下方可申请。

（3）涉及动物实验的项目，需遵守国家动物伦理与福利的相关规定和要求。

（4）申请面上项目、青年科学基金项目和地区科学基金项目的，申请代码 1 请选择至二级申请代码，凡是只选择到学科一级申请代码的，一律不予受理。

此外，生命科学部对从事生物医学研究中涉及伦理学的申请项目提出以下要求：

（1）从事科学研究必须遵守国家法律法规。在开展生物医学领域的研究活动中遵守国家有关规定，尊重国际公认的生命伦理准则，遵守国家有关伦理学研究的相关要求。

（2）涉及人体组织、器官、细胞等的生物医学研究必须在申请书中提供依托单位或者其上级主管部门提供的伦理委员会审查意见。

（3）多单位参与的涉及伦理学研究的申请需分别提供各参与单位或上级主管部门伦理委员会审查批准的证明文件。

（4）境外机构或者个人与国内医疗卫生机构合作开展涉及人的伦理学相关研究，应当出具国内合作研究单位提供的伦理委员会审查批准的证明文件。

（5）研究项目需要签署知情同意书的需在申请书中说明知情同意书的签署程序。

（6）涉及伦理学相关的项目获批准后如若在执行期间更改研究计划的，需按以上要求重新向自然科学基金委提交更改研究计划后的伦理委员会审查意见证明。

请申请人按照本《指南》和申请书填写要求撰写申请书，凡未按要求撰写的申请书将不予受理。

2020 年生命科学部面上、青年和地区科学基金项目资助情况如表 4-4 所示。

2021 年度生命科学部面上和地区科学基金项目平均直接资助强度预计与 2020 年度基本持平。

四、地球科学部

地球科学主要研究行星地球系统的形成和演化，其核心和基础包括地理科学、地质学、地球化学、地球物理学和空间物理学、大气科学、海洋科学和环境地球科学。

地球科学部通过面上项目的资助激励原始创新，拓展科学前沿，对接国家需求，推动学科交叉，为促进地球科学各学科均衡、协调和可持续发展打下全面而坚实的基础。

2021 年度，面上项目按照以下原则进行遴选：①项目的创新性和学术价值；②申请人的研究能力；③项目构思是否合理，科学问题是否明确；④是否具备必要的研究基础与条件。项目遴选高度重视基础学科或传统学科，关注基本数据的积累；切实加强薄弱学科或“濒危”学科，促进我国相对薄弱但属国际主流领域的发展；加强前沿性学科，鼓励学科间交叉和渗透融合，特别是地球科学与其他学科的交叉；保持我国优势学科和领域的国际地位；扶持与实验、观测、数据集成和模拟密切相关的分支学科的发展。在倡导创新性研究的同时，注重研究性工作的积累。对以往研究工作已有较好积累、近期研究工作完成质量较高、申请延续研究资助的面上项目，在同等条件下给予优先资助；要求申请书论述与已完成项目的关系。尊重基础研究探索性、不可预见性和长期性的特点，鼓励科学家勇于面向极具挑战性的科学选题，积极开展探索性研究。

持续稳定地造就和培养优秀青年科学家人才队伍是科学基金资助的重要目标之一。青年科学基金项目主要发挥“育苗”功能，将资助重点逐步前移，为即将独立开展基础科学研究的青年学者提供及时资助，在他们成才的关键时期给予支持，扶持他们尽快成长。

注意事项：

（1）2021 年度地球科学部将全面试行新的二级申请代码体系，请仔细研读本《指南》中的申请代码列表及其相关简介说明，选择填报符合申请书内容的申请代码。所填写的申请代码一般应细化至二级申请代码。

（2）请认真阅读并遵守本《指南》申请规定中有关科研诚信的相关要求。投稿阶段的学术论文不要列出。

（3）地球科学部涉及伦理学的申请项目要求按照本《指南》中生命科学部和医学科学部的有关规定执行。

2020 年地球科学部面上项目、青年科学基金项目和地区科学基金项目获得资助情况如表 4-5 所示。

2021 年度地球科学部面上项目和地区科学基金项目平均直接资助强度预计与 2020 年度基本持平。

五、工程与材料科学部

工程与材料科学是保障国家安全、促进社会进步与经济可持续发展和提高人民生活质量的重要科学基础和技术支撑。工程与材料科学基础研究坚持立足学科前沿，密切结合国家社会进步与经济发展的重大战略需求，以国家目标导向和前沿领域探索的有机结合为切入点，积极推进基础研究与工程实践相结合，加强自主创新和源头创新，有所发现、有所发明、有所创造，推动学科交叉与融合的可持续发展，不断提高我国在工程与材料领域的科学与技术水平和国际影响力。

2021 年，工程与材料科学部在总结优化申请代码设置试点的基础上，继续优化学科布局，按照调整后的“申请代码”“研究方向”“关键词”来规范项目申请，申请人应认真查询相应的一级申请代码并选择恰当的二级申请代码。鼓励开展学科前沿领域的探索研究，特别是开展原始创新研究，注重从工程应用实践中提炼关键科学问题和提出基础研究内容，特别是具有我国特色的、对促进我国相关产业发展和提高我国国际影响力有重大意义的基础研究及关键技术研究。在选题方面，优先资助具有重要科学研究价值和重大应用前景，并有可能成为新的知识生长点的基础研究，优先资助能够带动学科发展、结合国情并有可能形成自主知识产权的研究项目。进一步加强学风和科研诚信建设，营造良好的学术生态环境。

注意事项：

（1）根据基金委关于申请代码改革工作的试点要求，工程与材料科学部公布的申请代码仅含有一级申请代码和二级申请代码，不再设置三级申请代码（即原来的 6 位数申请代码）。申请人须认真仔细阅读各学科的相关说明及资助范围，准确选择恰当的二级申请代码以及研究方向和关键词。

（2）申请人要确保申请书中所有信息的准确性和完整性。注意如实填报申请人和主要参与者的个人简历、各类项目资助情况以及发表学术论文情况。特别是申请人在填写代表作时，务必按照申请书填报说明与撰写提纲的要求并请参阅本《指南》申请规定中有关科研诚信的要求，学部将对项目申请人在申请书中提供的代表作进行严格审查，标注不实的申请项目将视问题严重程度给予相应处理。

（3）鼓励申请人提出具有创新学术思想和有特色的项目申请，开展实质性的学科交叉和合作研究，促进本学科和相关学科领域的高水平发展。但必须指出的是，项目申请必须有所申请学科的具体科学问题。

（4）注意项目申请的基础性和创新性，注重凝练关键科学问题，研究内容应集中，突出研究重点。申请不同类别项目时，请参阅相关项目管理办法，准确把握项目定位。

（5）对于承担过科学基金项目并已经结题的项目负责人，要求提供取得的具体研究成果或项目进展。所提供的基本情况务必客观和实事求是，否则将直接影响申请项目的评审结果。

（6）请参考各类项目资助强度，提出合理的申请金额，并根据实际需要对各项开支给出合理预算。

2020 年度工程与材料科学部有关项目资助的汇总情况如表 4-6 所示。

2021 年度工程与材料科学部面上和地区项目平均直接资助强度预计与 2020 年度基本持平。

六、信息科学部

信息科学部支持信息的产生、获取、存储、传输、处理、显示及其创新应用等基础研究。信息科学是以信息论、控制论和系统论为基础理论，以信息科学方法论为主要研究方法，以计算机、集成电路、光电子器件等为主要软硬件平台和技术手段的一门综合性学科。

根据学科发展趋势及社会发展需要，信息科学部优先支持电子学、通信与网络、电子器件与集成电路、计算机科学、自动化科学、人工智能、光电子与微电子、网络安全、量子信息等前沿基础理论研究；对从国家需求出发、推动国民经济及学科发展具有重要意义的基础研究将给予优先支持。

鉴于信息领域中的科学和技术问题具有明显跨学科的特点，信息科学部重视信息与数理、化学、生命、农学、医学、材料、工程、地学、管理等学科的交叉研究，鼓励具有不同专业知识背景的科研人员在智慧城市、智慧农业、健康医学、服务科学、教育信息技术科学等领域合作研究，提出跨学科交叉研究项目。鼓励科研人员理论与实际相结合，对国民经济和国家安全有重要潜在应用前景的基础理论和关键技术进行探索研究。鼓励科研人员开展国家重大需求牵引的基础理论和关键技术研究，促进产学研深度融合。鼓励科研人员进行实质性国际合作研究，以发挥我国科学家与国外科学家各自优势，共同解决国际前沿科学和技术问题。

2021 年度信息科学部继续鼓励有别于传统研究思路的创新性基础研究，欢迎研究人员积极开展基于新概念、新理论、新方法、新技术的基础科学研究。

注意事项：

（1）涉及科研伦理与科技安全（如生物信息安全等）的项目申请，必须在申请书中提供依托单位或者其上级主管部门提供的伦理委员会审查意见。

（2）认真遵守本《指南》申请规定中有关科研诚信的相关要求，实事求是地填写申请人信息和代表作等信息。

2020 年度信息科学部有关项目资助情况如表 4-7 所示。

2021 年度信息科学部面上和地区项目平均直接资助强度预计与 2020 年度基本持平。

七、管理科学部

管理科学部主要资助人类社会组织管理及经济活动客观规律方面的研究，其研究成果可为人类高效率地使用有限资源提供理论及方法支撑。管理科学部下设 3 个科学处，分别受理与评审管理科学与工程、工商管理、经济科学和宏观管理与政策等 4 个学科的项目申请。

“十四五”期间，管理科学部更加鼓励原创性研究，鼓励在中国管理实践的基础上凝练具有一定普适意义的科学问题加以研究，鼓励面向国家重大需求的管理科学问题开展研究，以不断丰富管理科学的知识体系和提高服务管理实践的能力。

科学基金支持的管理科学研究项目强调运用“科学方法”来探索管理与经济活动的客观规律，不资助一般管理工作的研究。本科学部鼓励通过实验、观察、测量等手段获取“数据”，从而观察和发现新的管理现象的“实验研究”项目；也鼓励通过建模、计算、归纳、演绎等手段来分析与解释管理现象，从而为管理问题的解决方案提供科学依据的“理论研究”项目。对于确实需要进行大量、长期数据采集处理和实地调查、具有高性能计算 / 实验等特点的“实验研究”项目，本科学部将给予高于平均资助强度的资金支持。

本科学部积极支持具有不同知识背景的科学家从事管理科学研究，共同探索管理科学的基础规律、理论方法，但不受理纯人文社会科学研究领域以及在基金委其他科学部申请代码中明确标明研究领域的项目申请。

2021 年，管理科学部根据基金委的统一部署对四个学科的申请代码进行了调整，各学科的定位和侧重点更为明确，请申请人准确选择申请项目的代码。

注意事项：

1．避免与国家社会科学基金重复资助

为优化国家科学基金资源配置，保证项目负责人有精力完成好已承担的国家项目，除相关指南特别说明之外，2021 年度本科学部不受理下列申请人的项目申请（“杰青项目”申请人除外）：

（1）作为项目负责人近 5 年（2016 年 1 月 1 日后）已经获得国家社会科学基金资助，但在当年国家自然科学基金项目申请截止日期前，尚未获得全国哲学社会科学工作办公室颁发的结项证书者。

注：已获得全国哲学社会科学工作办公室颁发的结项证书且 2021 年作为申请人申请国家自然科学基金（G 字头申请代码）项目的，请以附件方式在线提交加盖依托单位法人公章的结项证书电子版扫描件。

以前年度申请国家自然科学基金项目曾经报送过结项证书材料，本年度申请无须再次报送。

（2）2021 年度作为申请人申请管理科学部项目、同年又作为负责人申请国家社会科学基金项目。

2．申请信息的准确和完整性

申请人要确保申请书中所有信息的准确性、完整性、可靠性。依托单位要对相关信息进行认真的审核。除其他有关规定外，申请书填写要严格遵从以下要求：

（1）申请人应详细论述与本申请相关的前期工作基础，前期工作已发表的论著，应在申请书中详细写明，5 篇代表性论著应是已公开发表的论著（含在线发表）。申请人在填写代表作时，请认真阅读申请书模板中关于代表作的填写要求，实事求是地按照要求填写。

（2）本科学部不支持将相同或基本相同的项目申请书在不同的资助机构（或不同科学部）间以同一申请人或者不同申请人的名义多处申请。对于申请人在以往科学基金项目基础上提出新的项目申请，应在申请书中详细阐明以往获资助项目的进展情况，以及新项目申请与以往获资助项目的区别、联系与发展；新申请项目与申请人已承担或参加的其他机构（如科技部、教育部、国家社会科学基金、地方基金等）资助项目研究内容相关的，应明确阐述二者的异同、继承与发展关系。

3．近期启动的在研项目负责人的新申请

为敦促申请人认真做好在研项目的研究工作，本科学部对近两年，即 2019 年度、2020 年度（特别是 2020 年度）获资助的项目负责人，2021 年度再次提出的项目申请将从严掌握。

4．与已完成项目绩效挂钩

在结题一年后，本科学部坚持对面上项目、青年科学基金项目、地区科学基金项目进行绩效评估，并在本科学部的网页上公布评估结果。对高质量完成项目的负责人所提出的新申请，在同等条件下将予以优先资助；对以往项目执行不力的负责人所提出的新申请，将从严掌握。

本规定适用于申请管理科学部的各类项目。

2020 年度管理科学部面上、青年和地区项目的资助情况如表 4-8 所示。

2021 年度管理科学部面上和地区项目平均直接资助强度预计与 2020 年度基本持平。

八、医学科学部

医学科学部坚持面向世界科技前沿、面向经济主战场、面向国家重大需求、面向人民生命健康，重点支持以防病、控病和治病中的科学问题为目标，针对机体的结构、功能、发育、遗传和免疫异常以及疾病发生、发展、转归、诊断、治疗和预防等开展的基础研究，支持科研人员在基础医学、临床医学、预防医学、药理学、中医中药、医工交叉等领域开展创新性研究，以提高我国医学科学研究水平。

基础研究是认识自然现象、揭示自然规律的研究活动，是提出和解决科学问题的研究。

医学科学部鼓励从医学实践中发掘和凝练科学问题，提出创新的学术思想和研究方法，开展深入的基础研究；鼓励对重要科学问题进行原创性和系统性研究；鼓励基础医学和临床医学相结合的转化医学研究；鼓励利用多学科、多层面、多尺度的新技术、新方法、新范式，从分子、细胞、组织、器官、整体及群体等不同层面，针对疾病的发生、发展与转归机制开展深入、系统的整合医学研究；鼓励在已有发现和前期研究证据的基础上，提出具有创新思想的深入研究；鼓励与其他领域交叉融合的新的学科生长点研究；鼓励开展实质性的国际交流与合作研究。重点资助关系国计民生的重大疾病、突发/新发公共卫生问题、危害人民群众健康的常见病和多发病的基础研究，同时，支持特色领域方向研究，扶持相对薄弱的研究领域，保障各领域均衡、协调和可持续发展。

注意事项：

1．申请人需注意的问题和相关事项

（1）鼓励针对科学问题开展深入的基础研究，强调研究的原创性；对获得较好前期研究结果的项目，鼓励开展持续深入的系列研究工作。避免无创新性思想而盲目追求使用高新技术和跟踪热点问题的项目申请。

（2）重视预期成果的科学意义和潜在临床价值。在申请书立项依据中阐释与项目申请有关的研究动态和最新研究成果，以及在此基础上有理有据地凝练出科学问题或科学假说，阐释研究的理论和应用价值。

（3）重视研究内容、研究方案及所采用的技术路线是否能验证所提出的科学问题或假说，注重科学性、可行性和逻辑性；要求研究内容适当，研究方案翔实，技术路线清晰，资金预算合理。

（4）详细论述与本项目申请直接相关的前期工作基础。如果是对前一资助项目的延展，请阐释深入研究的科学问题和创新点；前期已经发表的工作，请列出发表论文；尚未发表的工作，应提供相关实验资料，如实验数据、图表、照片等。

（5）保证提供的信息和申请书内容准确可靠。本着科学和求实的态度，按照有关要求认真撰写申请书。注意如实填报申请人和主要参与者的个人简历、各类项目资助情况以及发表学术论文情况。发表学术论文情况请按照申请书填报说明与撰写提纲的要求填写，获得专利和奖励情况请按照申请书中所列格式及要求填写。

（6）由于医学科学研究对象的特殊性，涉及人的生物医学研究请申请人和依托单位注意在项目申请及执行过程中严格遵守针对相关医学伦理和患者知情同意等问题的有关规定和要求，包括在申请书中提供所在单位或上级主管单位伦理委员会的审核证明（电子申请书应附扫描件），未按要求提供上述证明的申请项目将不予资助。

（7）涉及病原微生物研究的项目申请，应严格执行国务院关于《病原微生物实验室生物安全管理条例》和有关部委关于“伦理和生物安全”的相关规定；涉及人类遗传资源研究的项目申请应严格遵守《中华人民共和国人类遗传资源管理条例》相关规定；涉及高致病性病原微生物的项目申请，应具备生物安全设施条件，随申请书提交依托单位或合作研究单位生物安全保障承诺，未按要求提供上述证明的申请项目将不予资助。

（8）进一步重视对资助项目的后期管理工作，加强绩效考核，加强对系统性和延续性研究项目的持续资助，对前期研究项目完成良好的负责人提出的申请给予优先关注。

（9）为使科学家集中精力开展研究工作，2020 年度获得高强度项目［如重点项目、重点国际（地区）合作研究项目、高强度组织间国际（地区）合作研究项目、重大项目、重大研究计划或联合基金中的重点支持项目、国家重大科研仪器研制项目等］资助的项目或课题负责人，以及申请项目与申请人承担的其他国家科技计划研究内容有重复者，2021 年度申请面上项目时原则上不再给予支持。

（10）申请人需在提交的电子版申请书附件中提供不超过 5 篇与申请项目相关的代表性论著的 PDF 文件（仅附申请人的代表作）。

2．医学科学部近几年的申请情况与依托单位需注意的问题

医学科学部成立以来，医学领域各类项目申请数量持续增长。项目申请量的快速增长增加了评审和管理的成本，为了科学基金事业和医学科学研究的健康、稳定和可持续发展以及保障科学基金项目评审和管理工作的质量，依托单位在科学基金项目申请过程中，应当严格按照《国家自然科学基金依托单位基金工作管理办法》的要求，认真履行管理主体责任，进一步加强组织管理，提高申请项目质量，减少低水平项目申请。

3．申请代码及注意事项

医学科学部共设 35 个一级申请代码（H01～H35）及相应的二级申请代码。申请代码体系的基本特点是：①一级申请代码主要是以器官、系统为主线，从科学问题出发，将基础医学和临床医学相融合，把各“学科”“科室”共性的科学问题放在一个申请和评审体系中；②二级申请代码按照从基础到临床，从结构、功能及发育异常到疾病状态的顺序设立，兼顾疾病相关的基础研究。

请申请人认真查询一级申请代码并选择相应的二级申请代码。特别注意 2021 年一级和二级申请代码的变化情况。

特别提醒申请人注意：

医学科学部单独设立肿瘤学学科，除血液系统肿瘤、肿瘤流行病学、肿瘤药理学、肿瘤影像医学、肿瘤中医药学外，各类肿瘤相关的医学科学问题均请选择肿瘤学（H18）下相应的二级申请代码。血液系统肿瘤请选择血液系统（H08）下相应的二级申请代码，肿瘤流行病学列入非传染病流行病学（H3010）；肿瘤药理学列入抗肿瘤药物药理（H3505）；肿瘤的影像医学与生物医学工程研究可选择影像医学 / 核医学（H27）与生物医学工程 / 再生医学（H28）下相应的二级申请代码；肿瘤的中医药学研究请选择中医学（H31）、中药学（H32）和中西医结合（H33）下相应的二级申请代码。

放射医学（H29）主要涉及放射病理、放射防护及非肿瘤放射治疗领域，不资助放射诊断学以及肿瘤放射治疗申请；放射诊断学请选择影像医学 / 核医学（H27）下相应的二级申请代码；肿瘤放射治疗请选择申请代码（H1816）。

老年医学（H19）仅资助衰老机制相关的疾病发生机制及干预研究，单一器官和系统的研究以及与衰老机制无关的老年医学科学问题请选择其相应器官或系统的申请代码。

新生儿疾病列入生殖系统 / 围生医学 / 新生儿（H04）申请代码，儿科其他科学问题请选择其相应系统的申请代码。

性传播疾病请选择医学病原生物与感染（H22）下相应的二级申请代码（H2208）。

4．资助情况与预算

2021 年度各类项目直接费用平均资助强度预计与 2020 年度基本持平。请申请人根据工作实际需要，合理申请资金，填写资金预算表。

5．面上项目专项（源于临床实践的科学问题探索研究）指南及注意事项

源于临床实践的科学问题探索研究，既是实现从基础研究到改善临床实践的重要路径，也是提出重大医学科学问题的源泉。从临床诊疗实践出发，基于临床发现的新现象，针对疾病的发生、发展、诊断与防治，创新研究方法开展研究，发现新规律、阐释新机制，提升医学创新水平，促进基础研究成果走向临床实践，具有十分重要的价值。

医学科学部鼓励临床实践与基础研究结合，鼓励学科交叉及临床研究方法创新，推动我国临床研究和医学科学发展，完善医学研究资助格局。2021 年拟在面上项目设立“源于临床实践的科学问题探索研究”专项，计划资助约 50 项，直接费用平均约 80 万元 / 项。支持开展如下研究：①基于临床实践发现的临床现象和临床问题，从中凝练出重要的科学问题，而非单纯来自文献的科学问题研究。②借助于临床试验严格条件收集的临床组织样本，深入探讨和发现相关机制，对疾病诊疗和预防等有重要指导意义的研究。③基于前期基础研究原创成果转化的临床探索性研究。

申请人根据所申请项目的研究领域，自主选择 H01～H35 各一级申请代码下的二级申请代码，并在申请书附注说明栏中注明“源于临床实践的科学问题探索研究”。研究方向应符合上述三个研究方向，申请书中应明确阐述临床发现的新现象或者前期基础研究成果可转化为临床新发现，阐述研究的原创性和创新性，并应有自主知识产权。本专项不资助医院和企业已经开展的临床研究。涉及临床研究的项目，依托单位需要有药物临床试验机构资质。该专项仅限于面上项目。

2020 年度医学科学部面上项目、青年科学基金项目和地区科学基金项目的资助情况如表 4-9 所示。

2021 年度医学科学部面上和地区项目平均直接资助强度预计与 2020 年度基本持平。

九、交叉科学部

经中央编办复字〔2020〕46 号文件批准，基金委于 2020 年 11 月成立交叉科学部，负责统筹国家自然科学基金交叉科学领域整体资助工作；组织拟定跨科学部领域的发展战略和资助政策；提出交叉科学优先资助方向，组织编写项目指南；负责受理、评审和管理跨科学部交叉科学领域项目；负责相关领域重大国际合作研究的组织和管理；负责相关领域专家评审系统的组织与建设；承担交叉科学相关问题的咨询。

交叉科学部以重大基础科学问题为导向，以交叉科学研究为特征，统筹和部署面向国家重大战略需求和新兴科学前沿交叉领域研究，建立健全学科交叉融合资助机制，促进复杂科学技术问题的多学科协同攻关，推动形成新的学科增长点和科技突破口，探索建立交叉科学研究范式，培养交叉科学人才，营造交叉科学文化。

交叉科学部下辖四个处，每个处具体主管的资助范围如下：

1. 交叉科学一处

交叉科学一处的资助范围为物质科学领域。基于数学、物理、化学、生命等基础学科的交叉科学研究，面向国际科学前沿和国家重大需求，解决材料、能源、环境、信息等领域的核心基础科学问题，取得重大突破或形成新的交叉学科增长点。

2. 交叉科学二处

交叉科学二处的资助范围为智能制造领域。基于大数据、人工智能、网络空间、信息技术等领域的交叉科学研究，面向国家重大需求和经济主战场，解决我国经济转型过程中与复杂系统相关的控制工程、精密制造、先进制造等关键科学与技术问题以及工程与制造领域中的重大瓶颈问题。

3. 交叉科学三处

交叉科学三处的资助范围为生命与健康领域。基于理学、工学、医学等领域的交叉科学研究，面向人民生命健康，揭示生命现象背后的科学原理，阐明与生命、健康相关的复杂系统多层次作用机制，应对人类健康与疾病防治中的重大挑战。

4. 交叉科学四处

交叉科学四处的资助范围为融合科学领域。基于自然科学与人文、社会、管理等领域的交叉科学研究，面向宏观复杂系统以及经济发展过程中的资源开发利用、生态文明建设、人居环境提升等问题，探究人类文明演化的自然规律和历史嬗变的科学成因、自然与社会的互馈机制、人地系统的动态结构等，解决人类可持续发展中的重大科学问题。

第五节 面上项目、青年基金和地区基金的申报须知

《2021 年度国家自然科学基金项目指南》全面介绍了面上项目、青年科学基金项目、地区科学基金项目、重点项目、重大研究计划项目、优秀青年科学基金项目、国家杰出青年科学基金项目、创新研究群体项目、基础科学中心项目、数学天元基金项目、国家重大科研仪器研制项目、国际（地区）合作研究与交流项目和联合基金项目的定位、申请条件和相关要求。本书由于篇幅有限，仅选录广大基金申请者关注的面上项目、青年科学基金项目和地区科学基金项目相关信息。

一、面上项目

面上项目支持从事基础研究的科学技术人员在科学基金资助范围内自主选题，开展创新性的科学研究，促进各学科均衡、协调和可持续发展。

面上项目申请人应当具备以下条件：

（1）具有承担基础研究课题或者其他从事基础研究的经历；

（2）具有高级专业技术职务（职称）或者具有博士学位，或者有两名与其研究领域相同、具有高级专业技术职务（职称）的科学技术人员推荐。

正在攻读研究生学位的人员不得申请面上项目，但在职攻读研究生学位人员经过导师同意可以通过其受聘单位申请。

面上项目申请人应当充分了解国内外相关研究领域发展现状与动态，能领导一个研究组开展创新性研究工作；申请人应当按照面上项目申请书撰写提纲撰写申请书，申请的项目有重要的科学意义和研究价值，立论依据充分，学术思想新颖，研究目标明确，研究内容合理、具体，研究方案可行。面上项目合作研究单位不得超过 2 个，资助期限为 4 年。仅在站博士后研究人员可以根据在站时间灵活选择资助期限，不超过 4 年，获资助后不得变更依托单位。

2021 年，全部面上项目试点基于四类科学问题属性的分类评审，申请人应当根据要解决的关键科学问题和研究内容，选择科学问题属性，并阐明选择该科学问题属性的理由。申请项目具有多重科学问题属性的，申请人应当选择最相符、最侧重、最能体现申请项目特点的一类科学问题属性。国家自然科学基金委员会根据申请人所选择的科学问题属性，组织评审专家进行分类评审。

2021 年度面上项目直接费用平均资助强度预计与 2020 年度基本持平。关于面上项目资助范围、近年资助状况和有关要求参见“科学部资助领域和注意事项”部分。请申请人参考相关科学部的资助强度和说明提出申请。

二、青年科学基金项目

青年科学基金项目支持青年科学技术人员在科学基金资助范围内自主选题，开展基础研究工作，特别注重培养青年科学技术人员独立主持科研项目、进行创新研究的能力，激励青年科学技术人员的创新思维，培育基础研究后继人才。

青年科学基金项目申请人应当具备以下条件：

（1）具有从事基础研究的经历；

（2）具有高级专业技术职务（职称）或者具有博士学位，或者有 2 名与其研究领域相同、具有高级专业技术职务（职称）的科学技术人员推荐；

（3）申请当年 1 月 1 日男性未满 35 周岁［1986 年 1 月 1 日（含）以后出生］，女性未满 40 周岁［1981 年 1 月 1 日（含）以后出生］。

符合上述条件的在职攻读博士研究生学位的人员，经过导师同意可以通过其受聘单位申请。作为负责人正在承担或者承担过青年科学基金项目的（包括资助期限 1 年的小额探索项目以及被终止或撤销的项目），不得作为申请人再次申请。

青年科学基金项目重点评价申请人本人的创新潜力。申请人应当按照青年科学基金项目申请书撰写提纲撰写申请书。青年科学基金项目资助期限为 3 年。仅在站博士后研究人员可以根据在站时间灵活选择资助期限，不超过 3 年，获资助后不得变更依托单位。

特别提醒申请人注意：

（1）青年科学基金项目中不再列出参与者。

（2）2021 年，青年科学基金项目继续按固定额度资助，每项资助直接费用为 24 万元，间接费用为 6 万元（资助期限为 1 年的，直接费用为 8 万元，间接费用为 2 万元；资助期限为 2 年的，直接费用为 16 万元，间接费用为 4 万元）。

（3）2021 年，青年科学基金项目试点基于四类科学问题属性的分类评审，申请人应当根据要解决的关键科学问题和研究内容，选择科学问题属性，并阐明选择该科学问题属性的理由。申请项目具有多重科学问题属性的，申请人应当选择最相符、最侧重、最能体现申请项目特点的一类科学问题属性。自然科学基金委根据申请人所选择的科学问题属性，组织评审专家进行分类评审。

2020 年度青年科学基金项目共资助 18276 项，资助直接费用 435608 万元，平均资助率 16.22%（资助情况见表 4-11）。

三、地区科学基金项目

地区科学基金项目支持特定地区的部分依托单位的科学技术人员在科学基金资助范围内开展创新性的科学研究，培养和扶植该地区的科学技术人员，稳定和凝聚优秀人才，为区域创新体系建设与经济、社会发展服务。

地区科学基金项目申请人应当具备以下条件：

（1）具有承担基础研究课题或者其他从事基础研究的经历；

（2）具有高级专业技术职务（职称）或者具有博士学位，或者有 2 名与其研究领域相同、具有高级专业技术职务（职称）的科学技术人员推荐。

符合上述条件，隶属于内蒙古自治区、宁夏回族自治区、青海省、新疆维吾尔自治区、新疆生产建设兵团、西藏自治区、广西壮族自治区、海南省、贵州省、江西省、云南省、甘肃省、吉林省延边朝鲜族自治州、湖北省恩施土家族苗族自治州、湖南省湘西土家族苗族自治州、四川省凉山彝族自治州、四川省甘孜藏族自治州、四川省阿坝藏族羌族自治州、陕西省延安市和陕西省榆林市依托单位的全职科学技术人员，以及按照国家政策由中共中央组织部派出正在进行三年（含）期以上援疆、援藏的科学技术人员，可以作为申请人申请地区科学基金项目。如果援疆、援藏的科学技术人员所在受援单位不是依托单位，允许其通过受援自治区内可以申请地区科学基金项目的依托单位申请地区科学基金项目。援疆、援藏的科学技术人员应提供依托单位组织部门或人事部门出具的援疆或援藏的证明材料，并将证明材料扫描件作为申请书附件上传。

上述地区的中央和中国人民解放军所属依托单位及上述地区以外的科学技术人员，以及地区科学基金资助范围内依托单位的非全职人员，不得作为申请人申请地区科学基金项目，但可以作为主要参与者参与申请。正在攻读研究生学位的人员不得作为申请人申请地区科学基金项目，但在职攻读研究生学位人员经过导师同意可以通过其受聘单位申请。无工作单位或者所在单位不是依托单位的人员不得作为申请人申请地区科学基金项目。

为均衡扶持地区科学基金资助范围内的科学技术人员，引导和鼓励上述人员参与面上项目等其他类型项目的竞争，提升区域基础研究水平，自 2016 年起，作为项目负责人获得地区科学基金项目资助累计已满 3 项的科学技术人员不得作为申请人申请地区科学基金项目，2015 年以前（含 2015 年）批准资助的地区科学基金项目不计入累计范围。

地区科学基金项目申请人应当按照地区科学基金项目申请书撰写提纲撰写申请书。地区科学基金项目的合作研究单位不得超过2个，资助期限为4年。仅在站博士后研究人员可以根据在站时间灵活选择资助期限，不超过4年，获资助后不得变更依托单位。

2020年度地区科学基金项目平均资助强度为34.86万元/项，平均资助率14.30%。

2021年度地区科学基金项目直接费用平均资助强度预计与2020年度基本持平。请申请人参考相关科学部的直接费用资助强度，实事求是地提出申请。

其他项目（略）。

有兴趣者请登录基金委网址：http://www.nsfc.gov.cn/publish/portal0/。

第六节　国家自然科学基金申请代码

一、2021年申请代码的构成特点和填报要求

自2021年起，申请代码仅含有一级申请代码（2位数申请代码）和二级申请代码（4位数申请代码），不再设置三级申请代码（6位数申请代码）。在二级申请代码下，分别设置若干研究方向。有的科学部，申请代码变动较大，申请人应认真学习和分析，以便正确选择申请代码。

申请人在填写申请书简表时，需准确选择“申请代码1”及其相应的“研究方向”和“关键词”内容。申请代码1请选择至二级申请代码，凡是只选择到学科一级申请代码的，一律不予受理。

二级申请代码、研究方向和关键词是基金委将申请书提交具体科学部、处和选择评审专家的重要依据。

由于本书的篇幅有限，只列出各个科学部的一级申请代码，欲详细了解二级申请代码，请登录基金委网站（http://www.nsfc.gov.cn/publish/portal0/tab938/）。

A．数理科学部

A01 代数与几何
A02 分析学
A03 微分方程与动力系统
A04 统计与运筹
A05 计算数学
A06 数学与其他学科的交叉
A07 动力学与控制
A08 固体力学
A09 流体力学
A10 生物力学
A11 物理力学
A12 爆炸与冲击动力学
A13 环境力学
A14 宇宙学与星系
A15 恒星与星际介质
A16 太阳物理
A17 行星科学
A18 基本天文学
A19 天文技术与方法
A20 凝聚态物理
A21 原子分子物理
A22 光学
A23 声学
A24 量子调控
A25 基础物理
A26 粒子物理
A27 核物理
A28 加速器、反应堆与探测器
A29 等离子体物理
A30 核技术及其应用

B．化学科学部

B01 合成化学
B02 催化与表界面化学
B03 化学理论与机制

B04 化学测量学
B05 材料化学
B06 环境化学
B07 化学生物学
B08 化学工程与工业化学
B09 能源化学

C. 生命科学部

C01 微生物学
C02 植物学
C03 生态学
C04 动物学
C05 生物物理与生物化学
C06 遗传学与生物信息学
C07 细胞生物学
C08 免疫学
C09 神经科学与心理学
C10 生物材料、成像与组织工程学
C11 生理学与整合生物学
C12 发育与生殖生物学
C13 农学基础与作物学
C14 植物保护学
C15 园艺学与植物营养学
C16 林学与草学
C17 畜牧学
C18 兽医学
C19 水产学
C20 食品科学
C21 分子生物学与生物技术

D. 地球科学部

D01 地理科学
D02 地质学
D03 地球化学
D04 地球物理学与空间物理学
D05 大气科学
D06 海洋科学
D07 环境地球科学

E. 工程与材料科学部

E01 金属材料
E02 无机非金属材料
E03 有机高分子材料
E04 矿业与冶金工程
E05 机械设计与制造
E06 工程热物理与能量利用
E07 电气科学与工程
E08 建筑与土木工程
E09 水利工程
E10 环境工程
E11 海洋工程
E12 交通与运载工程
E13 新概念材料与材料共性科学

F. 信息科学部

F01 电子学与信息系统
F02 计算机科学
F03 自动化
F04 半导体科学与信息器件
F05 光学与光电子学
F06 人工智能
F07 交叉学科中的信息科学

G. 管理科学部

G01 管理科学与工程
G02 工商管理
G03 经济科学
G04 宏观管理与政策

H. 医学科学部

H01 呼吸系统
H02 循环系统
H03 消化系统
H04 生殖系统 / 围生医学 / 新生儿
H05 泌尿系统
H06 运动系统
H07 内分泌系统 / 代谢和营养支持
H08 血液系统
H09 神经系统
H10 精神卫生与心理健康
H11 医学免疫学
H12 皮肤病学
H13 眼科学
H14 耳鼻咽喉头颈科学
H15 口腔颅颌面科学

H16 急重症医学
H17 创伤 / 烧伤 / 整形
H18 肿瘤学
H19 老年病学
H20 康复医学
H21 医学病毒学与病毒感染
H22 医学病原生物与感染
H23 医学遗传学
H24 特种医学
H25 法医学
H26 检验医学
H27 影像医学 / 核医学
H28 生物医学工程 / 再生医学
H29 放射医学
H30 预防医学
H31 中医学
H32 中药学
H33 中西医结合
H34 药物学
H35 药理学

二、选择二级代码、研究方向和关键词的具体事例

下面以生命科学部为例，说明申请人应如何进行二级代码、研究方向和关键词选择。

例如，申请人在“C. 生命科学部”选择了新一级代码“C11”（生理学与整合生物学）后，在线申请书将出现如下下拉式新二级代码：

C1101 循环与血液生理
C1102 内分泌、泌尿与生殖生理
C1103 呼吸与消化生理
C1104 感觉器官与运动生理
C1105 整合生理学与整合生物学
C1106 衰老与生物节律
C1107 营养与代谢生理学
C1108 特殊环境生理与比较生理学
C1109 病理生理学

申请人如果继续选择了新二级代码“C1101”（循环与血液生理）后，将在线出现如下下拉式研究方向的菜单供申请人选择：

（1）心肌结构、功能与重塑；
（2）血管结构、功能与重塑；
（3）心血管活动的调控机制；
（4）心血管组织修复与再生；
（5）微循环与血管新生；
（6）血细胞功能、调控及异常；
（7）造血、发育调控及异常；
（8）凝血和血栓。

如果申请人选择的研究方向为：“心血管组织修复与再生”，则有如下关键词供申请人选择：心脏发育，心脏再生，心脏修复，分化潜能，细胞治疗，间充质干细胞，心肌分化，移植，心肌细胞，血管内皮细胞，成纤维细胞，平滑肌细胞，巨噬细胞，胞外基质，心肌增殖，转分化，去分化，心肌成熟，炎症反应，旁分泌，内分泌，神经调节，动脉，静脉，毛细血管，淋巴管，基因治疗，免疫治疗，类器官，组织工程，基因编辑，外泌体，非编码 RNA，DNA 损伤，染色体多倍性，细胞双核化，细胞谱系示踪，心外膜，旁分泌作用。

第七节　2021 年交叉科学部项目申请指南

2021 年 1 月 28 日，基金委网站发布了《2021 年度国家自然科学基金委员会交叉科学部项目申请指南》（http://www.nsfc.gov.cn/publish/portal0/tab434/info79804.htm）。内容如下：

一、2021 年度接收申请的项目类型

（1）在项目申请集中接收期间，交叉科学部接收申请的项目类型包括：优青项目、杰青项目、创新研究群体项目和基础科学中心项目。集中接收工作于 2021 年 3 月 20 日 16 时截止。

（2）在项目申请集中接收期外，交叉科学部接收申请的项目类型包括：国家重大科研仪器研制项目（部门推荐）、重大项目、重大研究计划项目、组织间国际（地区）合作研究项目和专项项目。其中，国家重大科研仪器研制项目（部门推荐）的指南已包含在《2021 年度国家自然科学基金项目指南》中；其他类型项目的指南将另行在基金委网站发布。

二、申请条件

除符合《2021 年度国家自然科学基金项目指南》中要求的申请条件外，交叉科学部项目申请还应当满足以下条件：

（1）拟开展的研究工作必须具有明显的交叉科学研究特征，具有开展交叉科学研究的必要性；

（2）申请人具备至少两个不同一级学科的教育背景（包括本科、硕士、博士阶段）或者具有开展跨学科交叉科学研究的经历，并在其中起过关键作用。

三、申请材料

除符合《2021 年度国家自然科学基金项目指南》中对申请材料的要求外，交叉科学部的项目申请材料还应当满足以下要求：

（1）交叉科学部所有项目申请须使用交叉科学部专用申请书。

（2）申请交叉科学部项目，申请人应当首先选择受理代码，然后选择申请代码。

1）2021 年，交叉科学部只设置四个领域的受理代码，分别是 T01（物质科学领域）、T02（智能制造领域）、T03（生命与健康领域）和 T04（融合科学领域）。申请人应当根据所申请的研究领域选择其中 1 个受理代码。

2）交叉科学部不设置单独的申请代码。申请代码详见《2021 年度国家自然科学基金项目指南》中“国家自然科学基金申请代码”部分。申请人应当从中准确选择不超过 5 个申请代码，特别注意：

① 选择申请代码时，尽量选择到二级申请代码（4 位数字）。

② 申请人在填写申请书简表时，请准确填写“研究方向”和“关键词”内容。

③ 申请人如对受理代码和申请代码有疑问，请向交叉科学部咨询。

四、其他注意事项

（1）填写申请书时，请仔细阅读各类型项目相关的填报说明和撰写提纲。

（2）基础科学中心项目可由一位申请人单独申请或两位申请人共同申请：

1）共同申请时，两位申请人分别为第一申请人和第二申请人。

2）第二申请人与第一申请人不是同一单位的，第二申请人所在的境内单位视为合作研究单位。

3）共同申请时，科学基金网络信息系统中申请书的在线填写、提交均由第一申请人和所在依托单位完成。

（3）科学基金网络信息系统中交叉科学部优秀青年科学基金项目、国家杰出青年科学基金项目、创新研究群体项目的填报系统于 2021 年 2 月 10 日开放，基础科学中心项目的填报系统于 2021 年 3 月 1 日开放。

（4）联系方式

国家自然科学基金委员会交叉科学部。

联系人：戴亚飞。

联系电话：010-62328382。

第六章 基金申请指导与技巧（《标书歌》解析）

第一节 《标书歌》

一、《标书歌》的产生过程

为了便于中药方剂的学习和记忆，清朝汪昂编撰了《汤头歌》这部医方名作，流传至今，为中医的发扬光大做出了很大的贡献。

为了帮助准备申请基金的年轻人和申报未果的落选者，根据本人多年申报和评审国家自然科学基金的经验和体会，经过一段时间的酝酿，本人仿照《汤头歌》，以顺口溜的形式写了一首《标书歌》(每句7个字，4句为一段话)。每段话谈及标书撰写中需注意的一类事项。

2012年2月13日，科学网编辑部开办了“2012年基金标书如何写”的在线访谈节目。本人有幸被邀请为访谈嘉宾。此前一天，我把《标书歌》发表在科学网本人的博客中（http://blog.sciencenet.cn/blog-69051-536655.html)。《标书歌》发表后，立即受到读者的广泛关注和欢迎，迄今已有26013人阅读了该文。

后来，经过不断的学习和思考，本人又对《标书歌》做了进一步的补充。

二、《标书歌》全文

在学习《标书歌》之前，读者首先需要了解国家自然科学基金申请书的内容。

国家自然科学基金申请书主要内容如表6-1所示。

表6-1 国家自然科学基金申请书

科学问题属性
简表
项目名称
关键词
中英文摘要
经费申请表
报告正文
（一）立项依据与研究内容（4000～8000字）
1. 项目的立项依据（研究意义、国内外研究现状及发展动态分析，需结合科学研究发展趋势来论述科学意义；或结合国民经济和社会发展中迫切需要解决的关键科技问题来论述其应用前景。附主要参考文献目录）

续表

2．项目的研究内容、研究目标，以及拟解决的关键科学问题（此部分为重点阐述内容）
2.1　研究内容
2.2　研究目标
2.3　拟解决的关键科学问题
3．拟采取的研究方案及可行性分析（包括研究方法、技术路线、实验手段、关键技术等说明）
3.1　技术路线
3.2　可行性分析
4．本项目的特色与创新之处
5．年度研究计划及预期研究结果
（二）研究基础与工作条件
1．研究基础（与本项目相关的研究工作积累和已取得的研究工作成绩）
2．工作条件

《标书歌》基本按申请书的上述顺序和内容，以顺口溜的形式（四句一段）进行编写，力求朗朗上口，通俗易懂。全文如下：

《标书歌》

巧妇难为无米炊，科研处处需经费，学科建设人为本，基金助力论文飞。
"科学属性"很重要，基金评审分跑道，倘若填错生遗憾，属性内涵要记牢。
找准问题定方向，学习愚公将山搬，创新假说预实验，不达目的誓不还。
题目摘要关键词，三脚临门开新篇，新颖奇特印象深，一路高歌成美谈。
题目醒目夺眼球，画龙点睛开新篇，简明具体新颖好，切忌假大空旧全。
关键词需仔细选，摘要露脸新颖显，有助组织选评委，中标成败甚关键。
字斟句酌写摘要，恰如名片金光闪，四百字中信息多，依据假说方法全。
创新科研生命线，内外动态记心间，文献检索需仔细，层层扒皮见新颜。
斟酌选好切入点，博览书海思路宽，做点试验提假说，倘若实现君领先。
参考文献尽量全，二三十篇很普遍，莫遗最新和己作，中英文献齐并肩。
研究目标树宏图，研究内容来实现，科研设计需缜密，实验方法细道全。
技术路线重要显，框图清晰入法眼，各种对照标杆立，结论可信四海传。
关键问题深思度，扫除障碍奔向前，认真归纳特色新，理论可行方法鲜。
年度计划巧安排，轻重缓急分得开，切勿专门读文献，步步深入喜讯来。
前期基础预实验，SCI论文敲门砖，成员个个武艺精，中标捷报可期盼。
无关论文少放好，实事求是记心间，首次发现需慎用，评委有秤好评添。
主动出击传酒香，重要部分画粗线，图文并茂效果好，君影业绩遍通篇。
经费预算仔细填，款款有据预知先，出国会议可调剂，超过总额应避免。
国家规定莫违反，时间扣除礼拜天，劳务费给研究生，合作勿忘签协议。
认真书写无错字，语言流畅喜心田，层次分明多瞩目，印象良好多美言。
九大硬伤拦路虎，难登大雅获资助，同类研究无创新，没有假说拨迷雾。
立项依据文献少，内容过大经费无，设计不严分组差，技术难点阻征途。
基础缺少预实验，SCI缺乏频添堵，标书凌乱错字多，驱虎疗伤展宏图。
百花采蜜勤学习，红花绿叶并蒂莲，精雕细刻无懈击，中标概率顿时添。

“枫叶红”本才艺浅，班门弄斧神不安，惟望学子多中标，神州腾飞心甘甜。

为了帮助读者加深对每段内容的理解，在本章的第二节“申请书撰写要点和技巧”中，以图文并茂的形式，逐段对《标书歌》的相关内容进行进一步的剖析和解释，希望有助于读者提高标书的撰写质量。

第二节　申请书撰写要点和技巧

一、申请基金的重要性

巧妇难为无米炊，科研处处需经费，
学科建设人为本，基金助力论文飞。

我们为什么要申请基金？它对我们有什么意义和价值？

道理很简单，基金是学科建设和个人发展的垫脚石和助推器。

众所周知，科研基金，尤其是国家自然科学基金，是评估学校、学科和个人业绩的重要指标。国家自然科学基金、SCI 收录论文（影响因子和他引率）和科研奖励（省部级以上），无论对学校的排名，还是对于学科评估和个人发展（例如，职称的评定、研究生导师的遴选等），都是考核的硬指标。

提到基金申请的重要意义，必须分析科研、课题和人才的关系（图 6-1）。

图 6-1　科研、课题和人才的关系

除了搞好教学或医疗等本职工作外，学科建设还要确定科研方向并加以实施：撰写和发表高水平科研论文，申请和中标科研课题，申报各级科研奖项和专利。上述活动都要人来完成，所以人才培养更重要。开展科学研究，必须购买各种试剂、耗材、动物甚至仪器；发表论文，需要支付审稿费和版面费；申报科研奖项，需要支付查新费和评审费。这些活动，无不需要经费支持。常言道，巧妇难为无米之炊。没有研究经费，上述活动很难进行。可见，基金申请是多么重要。

总之，科研基金可以为我们提供科研经费，有利于人才培养和学科建设。

二、怎样选择科学问题属性

“科学属性”很重要，基金评审分跑道，
倘若填错生遗憾，属性内涵要记牢。

按项目的“科学问题属性”进行申报和评审，是国家自然科学基金委员会（基金委）“明确资助导向”改革的新举措。2020 年，基金委在面上项目和重点项目全部推行按科学问题属性进行网上申报和网上评审。

基金委将科学问题属性分为四类并在申请书中给出如下说明：

“鼓励探索，突出原创”：科学问题源于科研人员的灵感和新思想，且具有鲜明的首创性特征，旨在通过自由探索产出从无到有的原创性成果。

“聚焦前沿，独辟蹊径”：科学问题源于世界科技前沿的热点、难点和新兴领域，且具有鲜明的引领性或开创性特征，旨在通过独辟蹊径取得开拓性成果，引领或拓展科学前沿。

“需求牵引，突破瓶颈”；科学问题源于国家重大需求和经济主战场，且具有鲜明的需求导向、问题导向和目标导向特征，旨在通过解决技术瓶颈背后的核心科学问题，促使基础研究成果走向应用。

“共性导向，交叉融通”：科学问题源于多学科领域交叉的共性难题，具有鲜明的学科交叉特征，旨在通过交叉研究产出重大科学突破，促进分科知识融通发展为完整的知识体系。

在国家自然科学基金的评价系统中，上述四种科学问题属性的评价标准彼此不同。

对于科学问题属性选择“鼓励探索，突出原创”的申请书，基金委要求评审专家主要评价：①该申请项目的研究内容是否具有原创性并值得鼓励尝试？请针对创新点（如新思想、新理论、新方法、新技术等）详细阐述判断理由；②请评述申请项目所提出创新点的科学价值及对相关领域的潜在影响；③请结合申请人的学术背景及研究方案评述开展该原创性研究的可能性；④其他建议。

对于科学问题属性选择“聚焦前沿，独辟蹊径”的申请书，基金委要求评审专家主要评价：①该申请项目的研究思想或方案是否具有新颖性和独特性？请详细阐述判断理由；②请评述申请项目所关注问题的科学价值以及对相关前沿领域的潜在贡献；③请评述申请人的研究基础与研究方案的可行性；④其他建议。

对于选择 " 需求牵引，突破瓶颈” 的申请书，基金委要求评审专家主要评价；①该申请项目是否面向国家需求并试图解决技术瓶颈背后的基础问题？请结合应用需求详细阐述判断理由；②请评述申请项目所提出的科学问题与预期成果的科学价值；③请评述申请人的研究基础及研究方案的创新性和可行性；④其他建议。

对于科学问题属性选择“共性导向，交叉融通”的项目，基金委则要求评审专家主要侧重于：①该申请项目所关注的科学问题是否源于多学科领域交叉的共性问题，具有明确的学科交叉特征？请详细阐述判断理由并评价预期成果的科学价值；②请针对学科交叉特点评述申请项目研究方案或技术路线的创新性和可行性；③请评述申请人和 / 或参与者的多学科背景和研究专长；④其他建议。

由此可见，除了共有的“④其他建议”外，基金委对选择上述四类不同科学问题属性的项目申请书，前三项的评审要求和侧重点不尽相同。

评审专家需按照申请人选择的科学问题属性进行针对性评审，并对每份标书做出综合评价（A、优；B、良；C、中；D、差），给出资助意见（A、优先资助　B、可资助　C、不予资助）。如果申请人选择的项目科学问题属性不对或不合适，显然会影响评审结果，甚至落选，错失科研时机，心生遗憾。

《标书歌》是本书的重要内容和精髓。本书在《标书歌》中又增加一段：

科学属性很重要，基金评审分跑道，倘若填错生遗憾，属性内涵要记牢。

无论申请人，还是评审专家，都应认真学习基金委关于科学问题属性的分类和内涵，以便双方取得共识。显然，申请人熟悉每种科学问题属性的内涵，才能选对合适的项目科学问题属性，万里长征起好步，为基金的成功申请奠定基础；同样，只有熟悉每种科学问题属性的内涵，评审专家才能不辱使命，将符合基金委要求的创新性项目“按质保量”地评选出来。

在参加 2020 年国家自然科学基金的评审工作过程中，我发现一些申请人对项目科学问题属性的分类和内涵学习了解不够。在本人评审的项目中，四种科学问题属性（“鼓励探索，突出原创”、“聚焦前沿，独辟蹊径”、“需求牵引，突破瓶颈”、“共性导向，交叉融通”）均有人选，但实际上绝大多数项目仅符合“聚焦前沿，独辟蹊径”这个属性。科学问题属性选错，显然会影响申请项目的评分。

哈尔滨医科大学 2020 年申报国家自然科学基金各类项目合计 979 项，中标 139 项（获资助 7502 万），平均中标率 14.20 %；其中申报面上项目 475 项，中标 71 项（占全部中标的 51.08 %，获资助 3918 万），中标率为 14.95 %。科学问题属性选择为“聚焦前沿，独辟蹊径”的中标面上项目占全部中标面上项目的半壁江山还多（表 6-1）。

表 6-1　哈尔滨医科大学 2020 年国家自然科学基金面上项目中标项目科学问题属性情况分析

科学问题属性	中标数	占中标总数的百分比
“鼓励探索，突出原创”	2	2.80 %
“聚焦前沿，独辟蹊径”	42	59.15 %
“需求牵引，突破瓶颈”	18	25.35 %
“共性导向，交叉融通”	9	12.68 %
合计	71	100.00 %

虽然上述统计样本数少，很难代表总体的实际情况，但是，麻雀虽小，五脏俱全，它也可以反映整体的大趋势。

为了提高国家自然科学基金项目申报的效率，我们必须了解课题研究的“首创性、原创性”、“引领性、开创性”的准确定义什么？它们有何区别和联系？学科交叉的准确含义是什么？学科交叉是指一级学科之间的交叉，还是指同一个一级学科底下的二级学科、三级学科之间的交叉？诸如此类，恐怕每个人的理解和看法不尽相同，可谓“仁者见仁，智者见智”。为了保证国家自然科学基金项目评审的公平、公正，建议基金委组织专家进行讨论，给出明确的定义和判定标准，使每位申请人和评审专家都做到“心中有数”，因为它对于基金申请人的成功申报和评审专家的公正评审至关重要。

总之，国家自然科学基金申请人和评审专家都要学习和熟悉科学问题属性的分类、内涵和判定标准。

三、科研选题的原则

找准问题定方向，学习愚公将山搬，
创新假说预实验，不达目的誓不还。

国家自然科学基金主要资助基础研究和应用基础研究。为了获得基金资助，标书的立题依据必须充分。拟开展的研究一定要有意义、有需求、有创新、有假说和前期实验基础。例如，某一疾病的发病率和死亡率极低，目前的治疗方法效果极佳，这种疾病的研究价值就不大，相关研究就不易得到资助。再如，如果申请人提不出具有创新性的假说，或者虽有假说但无支撑的实验数据，也难以得到资助；反之，则容易获得基金的资助。

开展卓有成效的科研工作和取得一定科研成果（如论文、专利等），是成功申报国家自然科学基金的基础和前提。很难设想，一个没有科研实践和科研成果的人会获得基金的资助。为了获得科研成果，我们必须瞄准学科的前沿或亟待解决的科技关键点，找准问题，明确方向，积极实践。科研方向一旦确定下来，不要轻易变动。一个人工作的时间也就几十年，在科研方面真正做好一两件事情，也就不枉此生了。中国人民解放军海军军医大学的孙学军教授，独树一帜，从 1997 年以来一直潜心研究氢气在医学和生物学中的作用和相关机制，在相应研究领域居国内外领先水平。只要我们坚持稳定的科研方向，不断和国际最新研究成果（理论和方法）相结合和碰撞，就会产生更多的学术火花，发表更多的相关论文，这样申报基金中标的可能性就会加大。

国家自然科学基金的资助率，前些年为 10%～15%，现在已提高到 20% 左右。尽管这样，每年中标的幸运儿还是少数人。有些人连续申报几年未中标，就丧失信心，进而放弃申报。显然，这种做法不妥。因为申报就有中标的可能，反之，则与基金资助无缘。只要我们像愚公移山一样，锲而不舍，年年申报，并根据评审意见不断改进，终会修成正果。科学网有许多博友发表博文，记录自己五年磨一剑甚至十年磨一剑的故事。我头两个中标的课题，都是连续 5 年申报才获成功的。后来，由于科研方向稳定，每年都有 2～5 篇 SCI 收录论文发表，本课题组的国家自然科学基金申请走上年年都有收获的良性循环轨道。

课题选得好，方向对头，可以捷足先登，后来居上；而选题不当，方向有误，则可能久攻不克，或事倍功半，或劳而无获。一般说来，为了取得较佳研究业绩，研究领域最好选择荒区（空白领域），避免疑区（存在学术分歧）、误区（理论体系错误）和禁区（难以攻克的难关）。当然，这也不是绝对的。科研选题时不要一味跟风，要“扬长避短”，要结合自己研究基础和单位的条件去解决关键的科学问题。

著名心血管病和老年病专家黎健教授建议，选题应注意和遵循以下原则：

（1）选择自己熟悉的有工作基础的领域；

（2）借鉴顶尖期刊的文章设计自己的项目；

（3）以问题为导向而不要以技术为导向；

（4）选择近年来的国家自然科学基金资助热点。

总之，选题要满足需求性、创新性、前瞻性、可行性和合理性等原则。

应用研究效果先，阐明机理锦花添，国民经济显身手，助力卫星飞九天。

浩瀚宇宙理论路，标新立异君为先，揭开表象探奥秘，层层扒皮见真颜。

锲而不舍愚公志，科海探秘扬风帆，坚持不懈与时进，返航硕果堆满船（图 6-2）。

图 6-2　科海竞技

四、填写简表的关注点

题目摘要关键词，临门三脚开新篇，
新颖奇特印象深，一路高歌成美谈。

评审专家在评审各种不同类型国家自然科学基金项目时，首先看到的是申请书简表。简表虽然只有一页纸，但是它的作用却是举足轻重的。评审专家在认真审阅了标书简表后，会对整个申请书的含金量有大概的了解，甚至可以初步决定标书的命运。

在简表中，哪些内容最关键？显而易见，申请书的题目、摘要和关键词最重要，因为评审专家从中可以判断申请的项目是否新颖，是否具有理论意义、应用前景和创新性。所以，申请人对这三部分内容要认真思考和仔细推敲。如果标书的题目、摘要和关键词写得不好，像一杯没有颜色和味道的白开水，都是老生常谈，没有新意，显然不能给评委留下深刻印象，其命运可想而知。

申请书的题目、摘要和关键词具体应该怎样写？申请者需要注意什么问题？有哪些技巧？下面将详细阐述这些内容。

五、如何编写标书的题目

题目醒目夺眼球，画龙点睛开新篇，
简明具体新颖好，切忌假大空旧全。

我们一生中要接触许多人，初次见面时的第一眼印象十分重要。例如，相亲时第一眼感觉往往可以决定男女双方相处过程是否继续。

在国家自然科学基金的评审过程中，首先落入评审专家眼帘的就是标书封面上的题目。宛如影院张贴的海报一样，课题的题目是整个标书的“戏眼”，其重要性显而易见。如果题目新颖、醒目，就能吸引评审专家的目光，使之兴致盎然地读下去，这就为评审专家同意资助奠定了情感基础。否者，则可能为项目“被毙”埋下了伏笔。

当然，基金评审不同于看电影和戏剧。除了题目醒目外，更应注意题目的科学性和先进性。因此，标书的题目要尽量做到“简明、具体、新颖、醒目”，不落俗套，避免“假、大、空、旧”。既不能“老生常谈”“骨瘦如柴”“索然无味”“懒婆娘的裹脚布又臭又长”，也不能“哗众取宠”。例如，题目“肺动脉高压发生机制的研究”就属于“假、大、空、旧”和“骨瘦如柴”，缺乏新意；而题目“尾加压素Ⅱ相关肽诱导平滑肌细胞增殖和血管收缩促进肺动脉高压形成机制研究”就起得比较好。

西安交通大学汪南平教授在哈尔滨医科大学做基金申请辅导讲座时，列举了当年哈尔滨医科大学中标的不同层次国家自然科学基金项目题目：①线粒体融合蛋白1/2在缺氧肺血管稳态失衡、重构中的作用及分子机制（重大计划：血管稳态与重构）；② ABCA1调节上皮细胞钠通道诱发高血压的机制研究（面上项目）；③钙敏感受体调节自噬参与动脉粥样硬化斑块内新生血管生成（青年基金），并解释这些题目起得好的原因。

六、怎么选择关键词

关键词需仔细选，摘要露脸新颖显，
有助组织选评委，中标成败甚关键。

无论基金申请书，还是科研论文，都有关键词，可见关键词的重要。项目名称、关键词、中（英）文摘要，三者均为国家自然科学基金申请书简表的主要内容。

基金评委可从关键词了解本文（项目）的主要研究内容、研究对象、研究方法和创新性。

基金委选择评审专家，主要依据学科代码，同时也参考关键词。如果申请人选择的关键词偏向于临床，基金委可能会选择临床医生作为评审专家；如果关键词偏向于医学基础研究，基金委则可能选择从事基础医学研究的教师或科研工作者作为评审专家。

申请者应该仔细研读《指南》，洞悉各专业领域倾斜性项目和优先资助方向。准确定位自己所报内容相应的学科代码。填错代码，形式审查时，申请书就通不过。

当申报项目涉及多学科时，应该选择优势学部、学科进行申报，尽量选择针对性更强、研究基础更加牢固和本人（或导师）有知名度的领域申报。尽量避重就轻，在竞争不很激烈的领域申请。

过去申请代码设定为三级：一级（区分科学部的特定字母＋2位数）；二级（特定字母＋4位数）；三级（特定字母＋6位数）。2021年的申请指南，取消了三级代码，代之以研究方向。目前，二级申请代码、研究方向和关键词是基金委将申请书提交具体科学部和选择评审专家的重要依据。具体内容可参见第五章。一言以蔽之：

一级代码科学部，二级代码定学科，研究方向划范围，遴选评委关键词。

七、关键的摘要如何写

字斟句酌写摘要，恰如名片金光闪，
四百字中信息多，依据假说方法全。

在现代社会里，人们交流的方式多种多样，如电话、短信、电子邮件、QQ、微信等。其中，交换名片也是一种重要交流方式，可互相了解对方联系方式、身份、地位、职业等信息。

在基金的申请和评审过程中，摘要是对整个标书的高度概括，可发挥名片一样的作用。由于摘要字数有限，评委一眼就能看出标书的含金量。每位通讯评审专家通常会收到许多份标书（例如，本人每年大概收到 20～40 份标书），既要认真看标书，又要忙于写评语。有时候，为了证实项目的创新性，还要进行检索。评委的工作量很大，有时工作一忙，后面看得可能不那么仔细了。由于标书摘要限制在 400 字以内，又位于标书的开篇，所以，评审专家对这部分看得很仔细。毫不夸张地说，标书摘要这张学术名片很珍贵，字字值千金。

因此，课题申请人要对标书摘要字斟句酌，使评委从中了解本研究的立题依据、研究方法、研究内容、预期结果、理论意义和应用前景，尤其要突出研究的创新性。由于摘要的字数有限，评委还可从中看出申请人的归纳总结和驾驭语言文字的能力。

在我评审过的标书中，有的摘要反复出现相同的字词，给人印象不好。有的摘要写得过于马虎，不到 200 字就结束了；有的摘要不着边际，写了一大堆无关紧要的东西，别人不知道申请人要干什么[18]。

新疆农业大学毛培宏老师归纳的摘要书写格式："采用……方法，进行……研究，阐明……机制或揭示……规律，为……奠定基础 / 提供……思路"，简明扼要，值得效仿。本人中标的 7 份标书，基本上也是按这样的套路写的。

西安交通大学医学部汪南平教授在哈尔滨医科大学基金辅导讲座中总结了摘要的写作方法（图 6-3）。

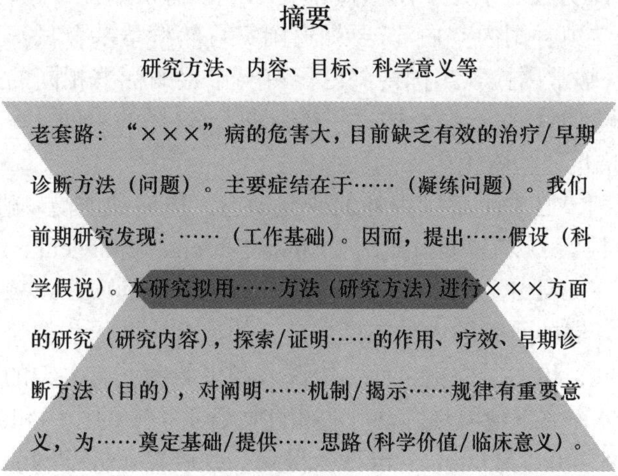

摘要

研究方法、内容、目标、科学意义等

老套路："×××"病的危害大，目前缺乏有效的治疗/早期诊断方法（问题）。主要症结在于……（凝练问题）。我们前期研究发现：……（工作基础）。因而，提出……假设（科学假说）。本研究拟用……方法（研究方法）进行×××方面的研究（研究内容），探索/证明……的作用、疗效、早期诊断方法（目的），对阐明……机制/揭示……规律有重要意义，为……奠定基础/提供……思路（科学价值/临床意义）。

图 6-3　摘要的写作方法示范

2010 年，我中标了一项国家自然科学基金面上项目（钙敏感受体在大鼠缺氧性肺动脉收缩和血管重构中的作用和分子机制，81070123，2011—2013 年，34 万）。它的摘要是这样写的：

肺动脉高压（PAH）可导致右心肥大、衰竭甚至死亡。PAH 确切机制尚未阐明，多认为与肺动脉收缩和重构所致的外周阻力增大有关。钙敏感受体（CaSR）是 G 蛋白偶联受体。本课题组首次发现心肌组织有 CaSR 存在，并证实它参与心肌缺血再灌注损伤、细胞凋亡和心肌肥大的发生。但是，CaSR 与 PAH 发生、发展的关系，迄今国内外尚无报道。在前期研究中，我们发现大鼠肺动脉有 CaSR 的功能表达，并在预实验中观察到缺氧时 CaSR 表达增加。我们推测缺氧时肺动脉 CaSR 表达增加可诱导肺血管收缩和重构，这可能是缺氧性肺动脉高压的一个新机制。为证实这一假说，我们将复制急性和慢性大鼠缺氧模型，采用分子生物学、流式细胞仪等技术，从整体、血管环、细胞三个层次，观察 CaSR 表达增加或活化对肺动脉张力、血管重构的影响及其信号传导通路。本课题将从新的视角阐明 PAH 发生的分子机制，并为 PAH 的防治提供新靶点。

由于标书摘要的含金量高，写得好就抓住了评委的心，中标可能性显著提高；写得不好，则在评委的心里已经落选了。因此，基金申请人一定要写好申请书的摘要。

八、创新性的重要意义

创新科研生命线，内外动态记心间，
文献检索需仔细，层层扒皮见新颜。

创新性是科研的灵魂和生命线，也是国家自然科学基金中标的关键。评审专家判定所审的项目是否有创新性，主要看申请人在标书的“立题依据”部分及“项目的特色和创新之处”部分如何阐述。

为了立题依据充分，我们在选题时一定要认真查新，力求拟开展的研究有意义、有需求、有创新、有假说、有预实验支持。有些人对自己的科研选项缺乏自信，总希望在国际期刊中找到类似研究来证明自己不是“闭门造车”和“心血来潮”。殊不知倘若如此，我们的研究充其量也只能是“填补国内空白”。要知道国家自然科学基金只资助“第一”而非“第二”。在评审过程中，常常因检索出国内外已经有与申报的标书相同的研究报道（有时甚至仅有 1 篇），该申请就因创新性不强而被“一票否决”。这样的实例，屡见不鲜。因此，申请人在提交标书之前，应反复检索国内外的数据库。

为了确保选题新颖，必须了解国内外的研究动态、进展和前沿，进行仔细的文献检索。本人建议：申请人要检索万方、中国知网（China National Knowledge Infrastructure，CNKI）等国内重要数据库、“PubMed”和国家自然科学基金历年资助项目，采取关键词组合、层层扒皮的方法，证明拟开展的研究国内外未见报道。如果有一两篇相关研究论文，那就请你说明你的研究与他们不同，你的研究更全面、更深入和更新颖。有兴趣的人不妨参考一下我的一份标书（钙敏感受体在大鼠缺氧性肺动脉收缩和血管重构中的作用和分子机制，http://blog.sciencenet.cn/blog-69051-404572.html），也许会得到一些启发。科学网前一阶段有关三氧化二砷的“李饶之争”，也充分说明了国内数据库检索的重要性。

北京大学唐朝枢教授在基金辅导讲座中，用根（动脉粥样硬化，脂蛋白转运胆固醇）、干（HDL 转运胆固醇机制）、枝（叶）（硝基化修饰对高密度脂蛋白转运胆固醇的影响）形象地解读了以“层层扒皮见新颜”的方法进行创新性研究的事例。

我们在选题时切记“千万不要一窝蜂”，要结合本人和单位的条件，扬长避短，选择适合自身情况的创新性课题。一旦找到突破口，就要坚守阵地，不断扩大成果，形成研究优势。

2001 年，我到加拿大王睿教授的实验室做访问学者，双方合作，我们率先开展了心脏钙敏感受体（CaSR）的研究。迄今为止，本课题组 10 多年来一直坚持心血管系统 CaSR 研究方向，和最新国际研究成果（理论和方法）结合，不断碰撞出新的科研火花。我们（包括分配到外单位的研究生）已发表 CaSR 相关 SCI 收录论文 35 篇，中标国家自然科学基金 15 项，走上了良性循环的轨道。

申请人提出的科研假说，是项目创新性的集中体现，是申请书的核心。该假说的提出，应依据课题组的前期工作基础，避免从文献分析中“构思”和“类推”，避免裁判文献中的两派“争议”。

在申请书的立题依据部分，申请人最好将科学设想以完整的故事和示意图的形式表现出来。比如，将公认的知识点用实线连接，关键切入点用问号表示，申请人推测的假说用虚线（或另外颜色）表示。这样，本研究的创新性和科学假说一目了然，会给评审专家留下深刻印象。

总之，我们要勤于学习，不断探索，持之以恒，不唯上，不唯书，敢为人先。

九、立题依据的核心

斟酌选好切入点，博览书海思路宽，
做点试验提假说，倘若实现君领先。

创新是科学基金的灵魂，申请者在立项依据中需对拟开展研究的创新性给出科学的、符合逻辑的和严密的论证，采用 4W1H 研究法：明确拟开展的研究究竟是个什么样的问题（what）；为什么要研究它（why）；从何处入手（where）；有何对策、如何破解（how）；谁来做最合适（who）[13]。项目的立项依据，类似于科研论文的引言，但两者的写法不完全一样。立项依据要紧紧围绕着关键科学问题的提出、分析和解决的主线来写[13]。

若想获得国家自然科学基金的资助，立题依据必须充分，选好拟开展研究的切入点。有意义、有需求、有创新、有假说、有基础，这是我们选择申报课题切入点的总体原则。

（1）选题要有重要理论意义或应用前景，不是无的放矢。换句话说，我们的研究是为了解决国民经济和社会发展中亟待解决的关键科技问题，例如，某种严重影响人类健康的心脑血管疾病、肿瘤等。

（2）目前人们对这一重要问题的认识欠深入，缺少切实有效的解决方法。例如，在简单概述目前的几种观点的基础上，进一步说明上述疾病的发生机制尚未阐明，需要从新的视角加以解释，寻找新的治疗靶点。

（3）要求我们的研究要富有创新性，要提出自己的假说。为了使我们立题有新意，必须了解国内外的研究现状及发展动态，这就要求我们广泛阅读文献，博览群书。“熟读唐诗三百首，不会作诗也会吟”。文献读得多，得到的启发就多，研究思路就广，更易提出自己的假说。为了证实拟开展研究的创新性，还要进行国内重要数据库、“PubMed”和国家自然科学基金历年资助项目的查新检索。检索结果和结论会给评委留下深刻印象。

（4）为了证明我们提的假说不是转眼即逝的海市蜃楼，需要进行一些预实验，取得一些实验数据（如果有 1～2 篇相关论文发表更好），同时简述一下未来的研究方案。

总之，为了让评委认可项目选题新颖、依据充分，必须凝练科学问题，应清楚并圆满回答以下问题：本研究涉及什么问题？目前人们的认识（前人工作）是什么？需要解决什么具体科学问题（瓶颈）？提出什么科学假说？有什么依据？有何科学意义和应用价值？

为此，申请人必须紧密围绕主题，做好以下事情：

（1）从科学问题切入，逐步阐述问题和研究背景，由浅入深，环环相扣。

（2）围绕关键问题，论述以往的研究结果和当前的现状。避免写成综述，因为同行评议专家基本上是小同行，不需要给他们普及基础性科学知识[17]。

（3）提出目前尚未解决的问题和申请人的科学假说（立题依据的核心）。科学假说应依据前期的研究基础（预实验结果），而不是从文献分析中“构思”和“类推”，避免“撒大网”和裁判文献中的“争议”。最好用简明的示意图表示，实线表明已知（公认或已完成），虚线（或问号）表明未知（推测），整体构成一个完整的故事。虚线（或问号）部分恰恰是申请人提出的科学假说，它可体现课题的创新点。

著名生理学家和心血管专家唐朝枢教授建议立题依据分 3 段阐述：

（1）将重要临床问题凝练（升华）为科学问题——基础或应用基础研究；

（2）从文献中梳理未解决的问题（热点和焦点问题），注意不要“炒冷饭”（因为任何研究都具有时效性，昔日的研究热点，随着时间的推移和研究的进展，如今已风光不再）；

（3）梳理自己的前期工作，提出更深入的问题，注意避免“没有前期工作基础”。

最后，用一句话概括这段内容：

博览群书思路宽，瓶颈选为切入点，基于实验提假说，创新特色金光闪。

十、选择参考文献的注意事项

参考文献尽量全，二三十篇很普遍，
莫遗最新和已作，中英文献齐并肩。

在立项依据中需列出参考文献，有的人对此不够重视，这显然不好。在立题依据阐述中，参考文献同样很重要。评委可从参考文献中了解申请人的立项依据、科研思路和所提假说的创新性。如何选择参考文献？有何原则？多少为宜？不同的人可能有不同的理解和观点。

我个人的观点是：

（1）参考文献应尽量全面，充分展现申请人提出立题依据和科研假设的来龙去脉；

（2）参考文献以近年发表的为主，那些表述某项研究历史的文献或经典研究方法的文献发表的年代可以久远些；

（3）为了说明申请人熟悉和掌握国内外相关研究的发展趋势和最新动态，参考文献应包括反映最新成果的最新文献，例如申报基金当年或前一年发表的论文；

（4）为了增强论述观点的可信性和权威性，尽量引用本研究领域的权威性期刊发表的文章，例如，心血管系统的 *Circulation*、*Circulation research* 等；

（5）为了使评审专家对申请人留下深刻的印象，参考文献最好有申请人及其课题组发表的相关研究论文；

（6）参考文献以英文文章（SCI 收录论文）为主，但要有部分中文论文，要知道审稿专家绝大多数都是国内专家，我们不能数典忘祖；

（7）参考文献一般以 20～30 篇为宜，如果太少，说明申请人文献读得不够全面；

（8）参考文献必须在立项依据中标注出具体引用处，便于评委核对。

南华大学唐小卿教授关于参考文献的观点和本人一致，读者可参阅其发表在科学网的博文[15]。

十一、研究目标和研究内容的关系

研究目标树宏图，研究内容来实现，
科研设计需缜密，实验方法细道全。

立项依据与研究内容是国家自然科学基金申请书的报告正文的主要组成部分。在《标书歌》的前几节，我已经阐述了应如何撰写项目的立项依据。下面谈一下本人对编撰研究内容的一些看法。

正文的撰写说明明确提出，“2．项目的研究内容、研究目标以及拟解决的关键科学问题（此部分为重点阐述内容）”，可见这部分内容的正确填写十分重要。

许多年轻的朋友向我反映说：不知道如何填写研究内容和研究目标。其实，我在开始申报国家自然科学基金的初始阶段，也不知道应如何填写这两部分内容，常常互相搞混，张冠李戴。其实，研究内容和研究目标的关系十分密切，互相呼应。研究目标是宏观的，研究内容则是微观的；研究目标是我们的理想（证实我们提出的科学假设，以便实现我们研究的价值和意义），研究内容则是为实现目标所采取具体措施（包括缜密的科研设计和实验方法）；研究目标高度概括，研究内容更具体，但要提纲挈领，点到为止，不过分展开。

既要胸怀大志有理想，又要脚踏实地，说的就是研究目标和研究内容的关系。为了帮助年轻的朋友更好地理解两者的关系，特展示本人几年前中标的一份标书（大鼠心肌多胺代谢规律和“双刃剑”作用机制的研究，30470688，2005—2007 年，可在网址 http://blog.sciencenet.cn/blog-69051-404572.html 下载标书的全文）中有关内容。

1．研究内容

（1）采用反相 - 高效液相色谱法检测正常大鼠心脏不同部位组织多胺（精胺、精脒和腐胺）的含量；采用液闪计数仪检测多胺代谢标志酶的活性；给予多胺合成酶抑制剂（例如，鸟氨酸脱羧酶的特异性抑制剂 DFMO），观察心功能的变化。了解多胺系统在正常大鼠心肌组织的分布、代谢及生理作用。

（2）采用朗根多夫（Langendorf）离体器官灌流装置，通过预灌注→旷置→复灌复制大鼠离体心脏缺血再灌注模型，并检测不同时期心肌组织多胺各组分含量和多胺代谢标志酶的活性，同时检测心电图、心功能、代谢（如 LDH）和超微结构的变化，从而揭示心肌缺血再灌注损伤和心肌组织多胺代谢稳态破坏两者之间的内在联系。根据多胺变化情况，增补或减少多胺（恢复多胺稳态），并观察有关效果，力求首创出一种防治心肌缺血再灌注损伤的新方法，并为抗心肌缺血再灌注损伤新药的筛选提供一个新的技术平台。

（3）大鼠离体心脏灌注不同剂量精胺，观察是否有自由基和细胞内钙离子增加，可否造成心肌损伤（酶学、心功能、心电图、超微结构、分子生物学方法），并检测 Fas、Fas-L、Caspase-8、Bcl-2、Bax、Caspase-3 等 mRNA 和蛋白质表达的变化，以揭示外源性精胺致心肌损伤的机制和信号传导途径。

（4）精胺引起心肌细胞内游离钙浓度增加的机制及信号传导途径（研究方法参见后面实验方案 1，并采用膜片钳技术，观察精胺对大鼠心肌细胞离子电流的影响）。

（5）用后面实验方案 2 提及的思路，进一步探讨高浓度精胺引起心肌细胞内游离钙离子骤然剧升，导致细胞内钙离子外溢和心肌细胞发生不可逆性损伤的机制，验证我们提出的“钙爆炸”假说。

2．研究目标

（1）揭示多胺系统（包括精胺、精脒和腐胺）在正常大鼠心肌组织的分布、代谢及生理功能。

（2）观察心肌缺血再灌注对心肌组织内源性多胺代谢的影响（多胺组分和关键限速酶的消长规律），探讨心肌缺血再灌注损伤和多胺含量变化的内在联系。

（3）观察低浓度外源性精胺的心肌保护作用，同时揭示高浓度外源性精胺致心肌损伤的机制和信号传导途径。

（4）证实本课题首次提出的“多胺是把双刃剑”的假说，从新的视角揭示心肌缺血再灌注损伤的发生机制，并为其防治提供新靶点。

本研究发表 SCI 收录论文 7 篇，影响因子（IF）累计 18.5，被 SCI 收录论文引用 84 次；PubMed 收录 6 篇；发表国内核心期刊 11 篇，累计影响因子 5.23。2011 年本课题获得了黑龙江省政府自然科学二等奖。

3．研究内容和研究目标之间的关系

关于研究内容和研究目标之间的关系，西安交通大学医学部汪南平教授的观点是：

（1）研究目标：研究目标围绕假说设定，以证明或证伪假说；列出 3～4 个研究目标，逻辑上互相关联；从不同层次或角度解决关键科学问题。老套路：探索……问题，明确……关系，揭示……规律，阐明……原理（机制），建立……方法等。

（2）研究内容：要紧扣目标，做到内容适当，重点突出，与目标相辅相成。避免内容过多、分散，不能集中阐明研究目标。

（3）研究方法：具体细致，以便查阅。

北京大学唐朝枢教授的观点清楚地展现在下面的 PPT 截图上（图 6-4）。

北京大学唐朝枢教授和西安交通大学医学部汪南平教授关于研究目标和研究内容的精辟

目标：具体、明确、新颖（可以是假说）
内容：为完成本课题（论证假说），从不同方向（角度、层次）
研究（紧扣目标，层次分明，逻辑性强）
例如，在……（模型，细胞）对象上，进行……干
预，用……方法，观察……指标，以探讨（认证）……
研究思路：不是拼盘，是一个故事，注意深度与工作量
内容与方案喻为"盖房的设计院与施工队"

图 6-4　研究内容与目标的关系

论述，值得科学基金申请人仔细品味，深刻理解，进而正确填写有关内容。

南华大学唐小卿教授归纳了撰写研究内容时常见的问题：①没有紧扣科学问题；②研究内容与研究方案相互脱节；③研究内容不呼应选题；④研究内容"大"而"空"，重点不突出；⑤研究内容过于简单；⑥把研究方法当研究内容来写[14]。所提及的这些问题，应当引起我们注意和重视。

值得指出的是，通过研究内容证明申请人提出的假说固然重要，皆大欢喜，没有证明而是证伪该假说，同样十分有意义。我们曾推测内源性精胺增多引起"钙爆炸"是心肌缺血再灌注的重要机制，实验结果恰恰相反，内源性精胺并没增多而是减少，但进一步证明这种多胺代谢紊乱同样是心肌缺血再灌注的重要机制，所以说，证明和证伪同样重要。

十二、技术路线的重要性和设计

技术路线重要显，框图清晰面面观，
各种对照标杆立，结论可信四海传。

评审专家审视标书的实验设计时主要关注：①研究目标：是否有创新、意义和内涵；②研究内容：能否实现研究目标；③研究方案：能否实施研究内容；④预期结果：能否得到符合目标（假说）的结论。上述四方面的内容，可通过技术路线简明地展现出来。

技术路线可清楚地反映课题申请人的设计是否严谨，研究方法是否先进，观察指标是否全面，科研假设是否成立。因此，技术路线是决定申请书是否中标的另一个关键因素。

笔者建议：技术路线以框架图形式为宜。根据内容的多寡，框架图的排列可采用由左到右的方式或由上到下的方式。评审专家对本项目的研究对象、建模方法、实验分组（正常、模型、各种处理因素）、观察指标、检测方法和研究目标一目了然。CaSR 在大鼠慢性缺氧肺动脉高压中的作用的技术路线如图 6-5 所示。

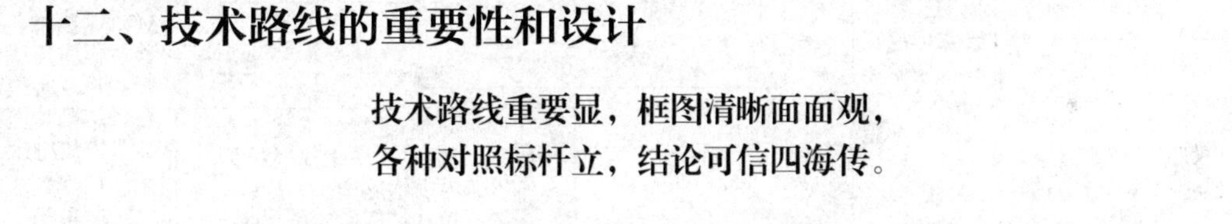

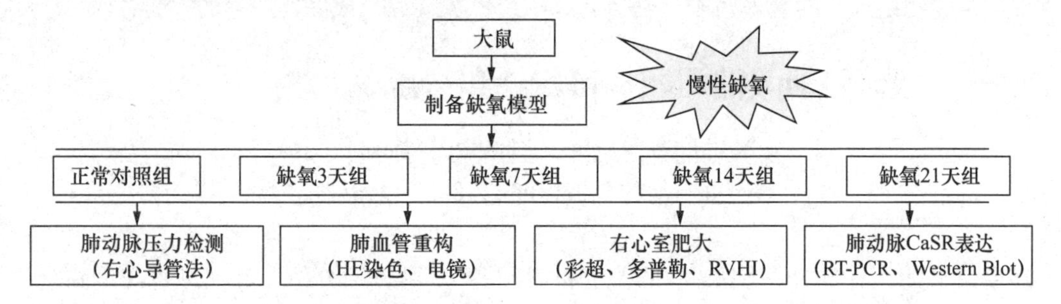

图 6-5　CaSR 在大鼠肺动脉高压发生中的作用

根据研究内容和研究对象，必要时可将技术路线设立一张简略总图和若干分图。

切记，不要用文字通篇累赘地描述技术路线；切忌把框架图搞成“八卦图”和“迷魂阵”，因为这样会使评审专家眼花缭乱，心烦意乱，容易犯困，无所适从，结果可想而知。下图的技术路线示意图就属于“八卦图”和“迷魂阵”（图 6-6）。

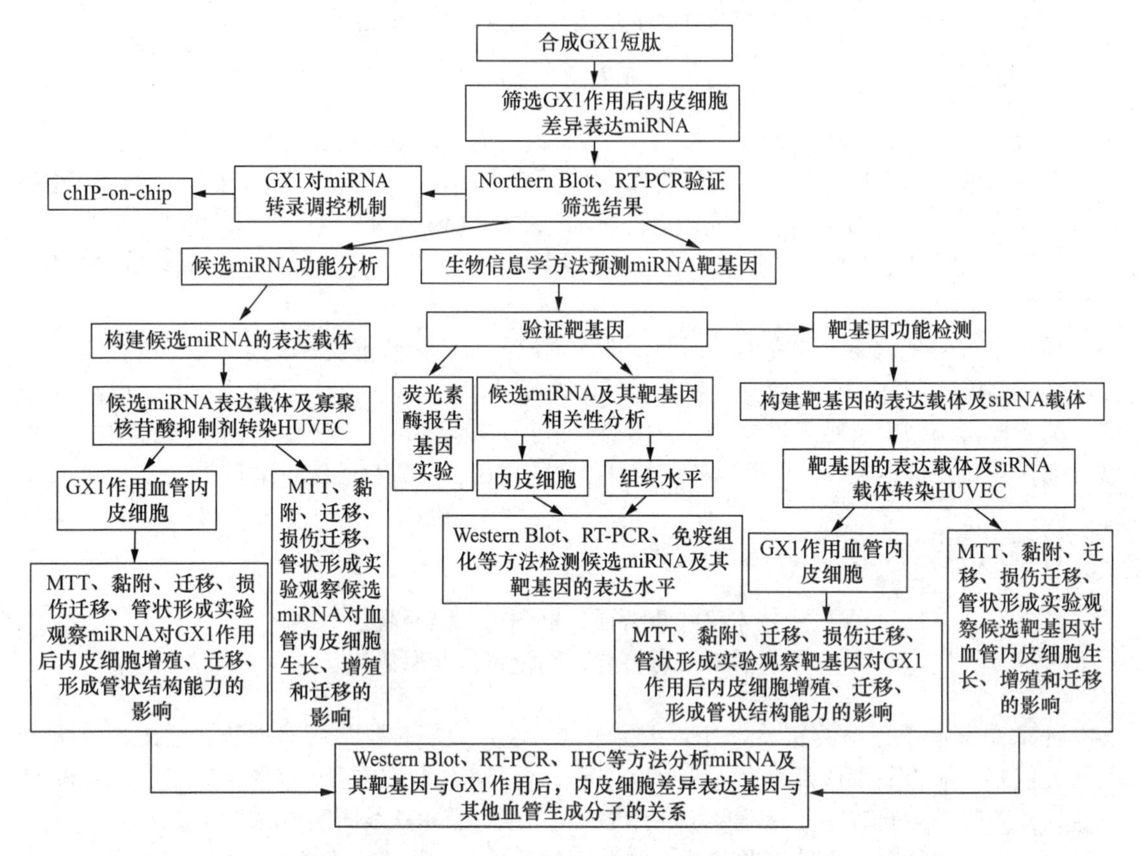

图 6-6　miRNA 及其靶基因与 GX1 作用后，内皮细胞差异表达基因与其他血管生成分子的关系

众所周知，随机、对照和重复是科研设计必须遵循的三大原则。因此，在科研设计中，要注意设立各种对照组，这样得出的结论才可信、可靠。

研究方法是否先进和可靠也很重要，因此要认真选择。在描述实验方法时，要尽量具体，尤其对未接触过的方法。如果曾有相关文章发表，可适当简略，但要标注该文献。

要注意课题组成员的合理搭配，确保有课题组成员掌握完成课题所需的实验方法。

十三、如何归纳关键问题、可行性和特点

关键问题深思度，扫除障碍奔向前，
认真归纳特色新，理论可行方法鲜。

在申请书的正文部分，“拟解决的关键科学问题”“可行性分析”和“特色与创新之处”比较难写。基础科学研究不仅关心现象“是什么”，更关心“为什么”会产生这种现象。观

察到的表面现象并不是关键科学问题，揭示现象背后的原因和机制才是关键[13]。下面，谈谈个人不成熟的看法。

“拟解决的关键科学问题”指本研究领域的热点和瓶颈问题（理论或方法），其解决对于学科的发展举足轻重，不宜过多，1～2条即可。标书中应简述对策，即拟通过何种方法解决这些阻碍研究深入的瓶颈问题。

“可行性分析”不是指项目而是指方案的可行性。申请人要对研究方案和技术路线加以分析，从理论、方法、预实验和研究队伍等方面，说明本项目可顺利实施，确保课题的完成。必要时，列出备选方案，确保万无一失。临床研究要注意伦理问题和与受试者签订知情同意书。喻海良教授认为：研究可行性要重点介绍申请人前期相关研究基础，证明自己是最适合负责该课题的人[17]。

“特色”指本项目在技术路线和方法等方面与众不同或有胜过他人之点，不宜过多，既可分别加以说明，亦可揉在一起描述。“系统研究”“全面总结”“集成研究”等空洞的语言作为特色，难获专家认可。创新之处，通常指本项目提出的新假说。

需注意：学术思想的创新（不是跟风）；技术方法的创新（不是引进）；研究新模式创新（内在），尽量避免使用“率先、首先、填补空白”等字眼和“综合研究、多层次研究”等空洞提法。创新点不要太多（1～2条即可，应小于4条），合理利用查新结果进行说明。这些提法是北京大学唐朝枢教授的观点。

十四、年度计划和预期成果

年度计划巧安排，轻重缓急分得开，
切勿专门读文献，步步深入喜讯来。

1．年度研究计划

过简或过繁均不好。一般每年4～6行，层次分明，研究内容点到为止。不要用专门时间“购买试剂、查阅文献、预试验”和“结题、整理实验资料、撰文”等。周期长的研究内容要早安排，如动物模型的制备和病人入选等。

2．预期研究结果

要切合实际；“申请”时要想到“结题”验收。

一般要证明或证伪申请人所提的科学假说，即与研究目标相呼应（1～3条）。

成果体现：发表SCI收录论文（影响因子）若干篇，或申报专利若干项，或申报科研奖项；人才培养，培养研究生若干名；（国际）学术交流。

注意：SCI收录论文影响因子不宜太低、数量太少，否则说明申请人的学术水平和能力低；又不能写得太高、太多，因为一旦不能实现，基金申请人会给人留下执行能力欠佳的不良印象。

十五、努力夯实前期基础

前期基础预实验，SCI论文敲门砖，
成员个个武艺精，中标捷报可期盼。

除了立题依据充分（课题创新性强）和技术路线可行外，课题申请人及其团队的学术水平和前期研究基础，就成了课题是否中标的另一个关键因素。

项目申请书是科技写作、学术内容和学术积累的统一。科技写作是“载体”，学术内容是“内核”，学术积累则是“背景”。评审专家重点关注选题（是否具有创新性、重要性、可行性和潜在的应用价值？）和申请人的学术背景（研究基础如何？是否从事过相关课题研究并发表过相关系列论文？）[13]。

对于基础研究来说，SCI 收录论文（影响因子、他引率、H 指数）是反映申请人学术水平的一个比较客观的指标。

有时评审专家对所评标书不予推荐的理由，就是因为申请人无第一作者 SCI 论文发表（反映学术水平不高）；无课题组其他成员情况介绍（无法判断团队组成是否合理）；缺少预实验结果等[19]。

因此，为了获得国家自然科学基金的资助，课题申请人一定要浓缩科学问题，提出创新性科研假设和完善的技术路线。与此同时，必须打好前期研究基础，发表高影响因子的 SCI 收录论文，组建优良的研究梯队。课题组成员熟悉和掌握研究内容涉及的各种技术（有相应论文发表）。

十六、申请人简历如何填写

无关论文少放好，实事求是记心间，
首次发现需慎用，评委有秤好评添。

工作基础（相关研究成果积累和成绩）：其目的是让评审人了解申请人的学术积累，进而判断其是否有能力做好申请的课题。为此，申请人要展示自己在相关研究领域以及在这个课题上的积累，证明自己在该领域开展了系统研究，发表了系列论文（得到同行的正面引用），在国际学术会议做邀请报告，有资质研究这个课题。要注意突出研究的系统性和相关性，不相关的论文可以不提。要有目的地凝练，而不能堆砌材料[13]。

北京大学唐朝枢教授主张分三个层次介绍工作基础：

（1）相关工作基础：在“根”层次做的工作（概括简介）。

（2）直接工作基础：①在“干”层次做的工作（稍细）；②在“枝叶”层次做的工作及学术界影响力（较细）；③发表的直接相关文章目录。

（3）初步预实验结果：反映关键科学问题的指标，关键或高难度技术指标；详细的实验结果，附图表，图表标题明确，5～8 幅就可以了，要客观和实事求是。

申请人简介：填写时注意学历、科研工作简历，不是指工作经历和社会任职与荣誉等。

发表论文：先概述（总数，SCI 论文，引用率，国际学术会议邀请报告），后列代表作目录。突出研究系统性和相关性，凝练材料，不相关论文可以不提。注意：在填写论文、专利和奖励等研究成果时，一定规范列出研究成果的所有作者署名（注意是所有作者署名），准确标注，不得篡改作者顺序，不得虚假标注第一或者通讯作者。

申请队伍：注意学科搭配，尤其涉及临床时，不要采用“名人效应”，避免超项，青年基金科研队伍不宜过大，避免“保姆现象”。2017 年中标的青年基金项目统计结果显示：青年科学基金项目成员的合理组成应以博士生、硕士生和中级职称成员为主，也应有一定比例的高级职称人员（仅为 12.7%）（图 6-7）。从 2020 年开始，青年科学基金项目不需要列出项目参与者。

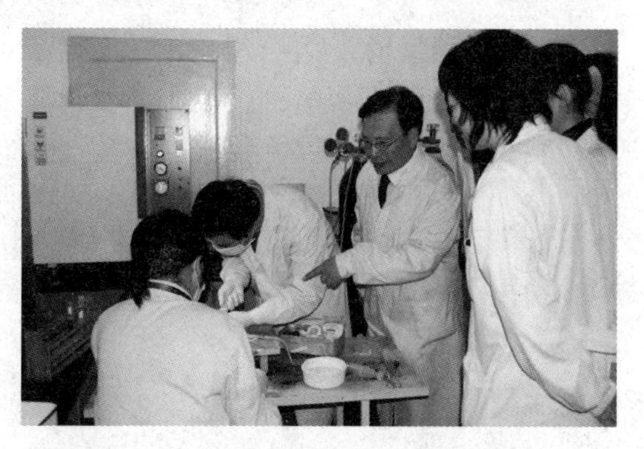

图 6-7　青年科学基金项目成员的合理组成

在成果描述过程中，尽量避免使用“我们率先、首先、填补空白”等字眼，因为评委们都是“小同行”和“大专家”，非常熟悉相关研究领域，稍有不妥，项目有“被毙”的可能。

十七、加深评委印象的策略

主动出击传酒香，重要部分画粗线，
图文并茂效果好，君影业绩遍通篇。

过去有句老话：“酒香不怕巷子深”，说的是“货好不愁卖”。现在是信息时代，那句老话已失去往日的光彩。

为了让评审专家投下“赞同票”，申请人要主动出击，推销有方。比如，拟解决的关键问题、申请人提出的科研假说、已取得的研究进展、预实验结果、本研究的特色等处用加粗黑体字标出，附上几个关键数据的可视性图片，在参考文献中引用课题组已发表的论文等，这样可吸引评审专家的眼球。

由于在标书的不同地方都能看到申请人及其课题组的身影，自然会加深评审专家对本课题的印象和好感，潜移默化，为评委同意资助奠定基础。

笔者做通讯评审专家时，对于这样的本子也是倍加喜欢。

十八、重视经费预算的编撰

经费预算仔细填，款款有据预知先，
出国会议可调剂，超过总额应避免。

早先申请人在预算编制上花的时间最少，也很少有专家关注这一部分内容。但随着财务制度的逐步规范，基金委越来越严格要求按照预算执行经费支出，评审人也开始关注这方面问题。现在的财务制度既宽松又严格，前者给了申请人使用经费的自由，在人员费、劳务费、国际合作经费使用方面有了很多松动；后者则要求按照预算执行经费。因此，申请项目要认真编撰经费预算，做一个真正可执行的预算[18]。

《2021 年度指南》对预算编报做了明确规定，申请人必须熟悉和执行它。项目申请人只需编报直接费用预算（设备费、材料费、测试加工费、燃料动力费等），间接费用按依托单位单独核定。预算编报要坚持“目标相关性、政策相符性、经济合理性”的基本原则。需要注意的是，差旅费、会议费、国际合作与交流费不超过直接费用 10%，不需要提供预算测算依据。其他的直接费用，可根据实际情况编制。

科学研究本身和价格因素均具有不确定性，预算和实际支出不可能做到一成不变。但是，我们必须根据技术路线和研究方案及目前的价格编制项目预算，列出预算明细表和依据。预算数据以“万元”为单位，精确到小数点后面两位。各类标准或单价以“元”为单位，精确到个位。否则，无法通过形式审查。

十九、学好《指南》和有关规定

国家规定莫违反，时间扣除礼拜天，
劳务费给研究生，合作勿忘协议签。

《国家自然科学基金项目指南》（简称《指南》）为申报科学基金指明了方向和航道，违反基金委有关规定是不予资助的重要原因。因此，在撰写申请书之前，要认真阅读当年《指南》和《条例》以及管理办法等文件，不要违反基金委的有关规定。

对一些看来似乎不太重要的事情，也不能掉以轻心，注意合情合理，要诚信为先。例如，将劳务费发给在职老师；课题组成员从事研究时间每年多达 12 个月；未按要求列出作者（尤其第一作者和通讯作者）的顺序；国外课题组成员无知情同意书；人员超项等。这些都可能成为项目被毙的理由[19]。

前面列举的申请书形式审查不合格的常见原因，尤其要引起我们的格外注意，千万不要“出师未捷身先死”。

二十、精雕细刻写本子

认真书写无错字，语言流畅喜心田，
层次分明多瞩目，印象良好多美言。

评审标书主要看创新性、技术路线和工作基础。尽管如此，申请人对其他方面也不能掉以轻心。近年来，符合上述条件的标书越来越多，尤其在大量海外留学人员回国效力的浪潮中。但是，基金的资助比例有限，在这种情况下，评审专家有时只好“鸡蛋里挑骨头”。

基金申请书的读者主要是项目管理人员和评审专家。前者是有专业背景的技术官员，后者来自同行（有的是“小同行”，有的是“大同行”）。一份好标书要把复杂的问题说得通俗易懂，让项目管理人员和“大同行”看懂，又让“小同行”认为有水平[18]。

因此，申请人应对申请书“精雕细刻”，反复检查，力争“无懈可击”[19]。例如，消灭错别字，语言流畅，条理清晰等，这些会使评审专家对申请人产生科学严谨的良好印象。如果标书中错别字很多，废话连篇，语法不通，显然不利于基金的申报。

在标书中，避免出现低级错误，比如，项目组成员漏签名，合作单位漏盖章，甚至是几个错别字都会葬送之前的全部努力，使中标的希望付诸东流。记得本人申报的一项科学基金标书（钙敏感受体在 2 型糖尿病大鼠胰岛素抵抗中的作用和机制），评委们不同意资助的理由之一是“书写不规范，2 型糖尿病和Ⅱ型糖尿病混用”（详见第七章，本书已做修改）。对于笔者的教训，希望申请人引以为戒。

二十一、标书常出现的硬伤

九大硬伤拦路虎，难登大雅获资助，
同类研究无创新，没有假说拨迷雾。
立项依据文献少，内容过大经费无，
设计不严分组差，技术难点阻征途。
基础缺少预实验，SCI 缺乏频添堵，
标书凌乱错字多，驱虎疗伤展宏图。

在申请书提交前的这段时间里，每位申请人都在积极思考：如何写好标书，改好标书，提高中标率。为了在国家自然科学基金申请的竞赛中获胜，申请人首先要认真学习当年的申报指南，熟悉基金申请的有关规定和要求（尤其与往年不同的变动之处），不要犯标书形式审查不合格的各类错误。要熟悉申请书出现哪些硬伤可使评审专家做出不予资助的提议。

著名心血管病和老年病学专家黎健教授在哈尔滨医科大学做的“国家自然科学基金申请的模式化与精确性”的辅导讲座中，将项目可能被毙的原因归纳为九大硬伤。

1．PubMed 检索，国内外已有同类研究

创新性是科研的生命线，基金委只资助第一，不资助第二。在这种情况下，需要寻找新的切入点（瓶颈问题），提出新假说。可采取本人提出的“关键词组合，层层扒皮”的方法，或北京大学唐朝枢教授主张的“根、干、叶”逐渐深入的分析方法，用检索的结果说明你的选题内容新颖。

2．没有科学假设，做到哪里算哪里

科学假设是课题的魂，是项目的根，也是研究目的之所在。做到哪里算哪里，说明申请人研究缺乏深度，没有明确的科学假说，这样就丧失评审专家和基金委同意资助的理由。所以，申请人在提交标书前，需要做点有深度、能反映机制的预实验，提出明确的科学假设。

3．立项依据综述严重不全，参考文献过少或陈旧

这个问题通过认真修改可以解决。立题依据充分的关键是选好切入点和提出明确的科学假设：选题要有意义（重要理论意义或应用前景），有需求（瓶颈问题：认识欠深入，缺少有效解决方法），有创新（提出科学假说，检索为证），有基础（前期研究和预实验），一般4～5 页为宜。参考文献的标注原则，本人的观点是：“参考文献尽量全，二三十篇很普遍，莫遗最新和已作，中英文献齐并肩”。

4．研究内容过大，时间、经费有限，无法完成

这种情况多见于青年基金项目，有的申请人提出的研究内容和技术路线与面上项目没有差别。青年基金项目的特点是时间短（3 年）、经费少（20 多万）、课题组成员少（主要靠

申请人亲力亲为)，显然很难按期限保证质量地完成预定计划。解决的方法是削减研究内容，集中力量解决 1～2 个关键问题即可。

5．实验设计不严密，分组有问题

实验设计主要体现在技术路线上，它是决定申请书是否合格的一个关键因素。技术路线可清晰地反映申请人的设计是否严谨（尤其实验分组），研究方法是否先进，观察指标是否全面，科研假设是否成立。本人建议：技术路线以框架图为宜。根据研究内容的多寡，其排列可采用由左到右或由上到下（必要时可由总图和分图组成），评审专家对本项目的研究对象、造模方法、实验分组（正常、模型、各种处理因素）、观察指标、检测方法和研究目标一目了然。

6．技术方法不适用，技术难点无法解决

我们在立题时应以问题为中心，不应以方法为中心。但是，技术方法作为研究手段和工具，同样十分重要。常言道：一把钥匙开一把锁。例如，我们在探讨某种受体在生理过程或疾病中的作用和机制，可以采用激动剂或抑制剂进行干预，但由于其缺乏绝对的特异性，其结论便打了折扣；而采用基因过表达或敲除的方法，其结论说服力更强。如果申请人缺少相应的经验和条件，不妨请专业的公司帮助解决。

7．研究基础不足，缺少预实验结果

如果申请人本人前期研究基础不足，可以采取“背靠大树好乘凉”的方法，将自己有机地融入大课题组的研究背景中。如果缺少预实验结果，则必须在标书提交前的这段宝贵时间，做一些实验，获得一些支撑申请人提出的科学假说的数据，做到有图有真相。

8．申请人以往无 SCI 等高水平文章，背景不足

这个问题很难在短期内得到解决，只能采取抓紧时间选好题（有意义、有需求、有假说、有基础的热点和难点问题），快马加鞭做实验，总结数据写论文，也可采取选择发表高水平 SCI 文章的人作为课题组成员的方法作为救急。

9．标书中有严重文字错误，反映科学态度不端正

为了避免发生显而易见的文字错误，提交前需反复检查，最好请认真负责的其他人审校。申请人常常因想当然的惯性思维，多次检查也发现不了文字错误。

在撰写标书过程中，基金申请人可能出现上述九种情况，这些是评审专家不同意资助的常见理由（换句话说，是项目中标的拦路虎）。因此，每位申请人必须高度重视，不犯类似错误，争取早日中标。

二十二、团结互助多讨教

百花采蜜勤学习，红花绿叶并蒂莲，
精雕细刻无懈击，中标概率顿时添。

科学研究是一种集体行为，必须提倡协作精神。成员之间互相帮助，必然促进研究的进展，产生加法甚至乘法效应。这样一来，每位课题组成员除了少许第一作者的论文外，还会有许多非第一作者的文章，所谓“红花自己栽，绿叶大家配”。由于研究基础的增强，势必增加中标的概率。

俗话说得好：“好铁打好钢”“没有金刚钻，不揽瓷器活”。这些经验之谈提示我们，本子质量的好坏是决定项目是否中标的基础和前提。创新性、技术路线和研究基础是决定一份标书是否中标的关键要素。当然，一些相对次要的因素也不能忽视，要精雕细刻，因为基金的评审是优中选优。新手在写标书之前，多看一些中标的申请书，从中汲取一些经验；在提交标书之前，请有经验的专家（有中标或评审的经历）帮助看看标书，提提意见，肯定有好处，可以锦上添花。

复旦大学马臻教授也持同样的看法：申请人可以把项目申请书给有经验的同事、同行看一看，请他们提提意见。如果能根据同事、同行的“模拟评审意见”进行修改，这将有助于提高项目申请书的质量和命中率[13]。

二十三、殷切期望和鼓励

“枫叶红”本才艺浅，班门弄斧神不安，
惟望学子多中标，神州腾飞心甘甜。

笔者近 20 年曾获得 7 项国家自然科学基金面上项目资助（图 6-8），参加过国家自然科学基金各类项目的通讯评审。根据笔者基金申请人和评审专家双重身份的经历和体会，我在科学网发表了 30 多余篇有关基金申请的博文和帖子（包括本人中标的 4 份标书和《标书歌》），其中 20 多篇被科学网精选，其访问总量超过 43 万次，中标标书被下载超过 3.6 万次，受到读者的广泛欢迎和好评。有的内容还登载在《科技导报》等期刊上，我曾在科学网在线访谈节目中做过特邀嘉宾，并应邀到全国 30 余所高等院校、科研单位和医院做基金申请辅导讲座（图 6-9）。许多阅读我的博文和收听我的讲座后中标的年轻教师和研究生，纷纷来函致谢。

(1) 氧自由基对单个心肌细胞跨膜电位和离子电流的影响　(1996—1998)；
(2) 大鼠心肌细胞钙敏感受体的生物学活性及其在心肌缺血再灌注损伤中的作用　(2004—2006)；
(3) 大鼠心肌多胺代谢规律和“双刃剑”作用机制的研究　(2005—2007)；
(4) 外源性精胺心肌保护作用的电生理机制研究　(2007—2008)；
(5) 钙敏感受体对动脉粥样硬化大鼠急性心肌梗死易感性的影响和保护研究　(2009—2011)；
(6) 钙敏感受体在大鼠缺氧性肺动脉收缩和血管重构中的作用和分子机制　(2011—2013)；
(7) 多胺稳态失衡在心力衰竭中的作用和外源性精胺心肌保护机制　(2013—2016)；

图 6-8　笔者承担的国家自然科学基金项目

为了让更多的人从中获益，我把有关博文的内容汇集、整理和加工成《国家自然科学基金申请指导与技巧》一书，希望这本书对年轻的基金申请者有所帮助。

齐齐哈尔医学院

海南医学院

昆明医科大学科学技术处

关于举办国家自然科学基金项目申请培训讲座的通知

各部处室、学院、附属医院、中心：

为进一步提升2018年国家自然科学基金项目申请质量，学校科技处邀请了哈尔滨医科大学徐长庆教授来我校进行国家自然科学基金项目申请书撰写的指导讲座，现将有关事项通知如下：

一、时间

2018年1月5日下午2:00

二、地点

呈贡校区学术交流中心第二报告厅

昆明医科大学

吉林师范大学

图 6-9　笔者应邀到高校和医院做基金申请辅导讲座

长春中医药大学

南华大学附属第一医院

深圳市第二人民医院

图 6-9（续）

第七章　一份广为下载的成功标书

第一节　钙敏感受体在大鼠缺氧性肺动脉收缩和血管重构中的作用和分子机制

“钙敏感受体在大鼠缺氧性肺动脉收缩和血管重构中的作用和分子机制”[(81070123，2011—2013)，34万]是笔者2010年申报的国家自然科学基金面上项目，该项目获得了基金委的资助。该标书2011年被上传到科学网（供免费下载）后，受到读者的热烈欢迎。迄今，已下载15389次。这份广为下载的成功标书如下所述，也可参见国家自然科学基金委员会网站的相关内容。

一份好的基金申请书，应具备如下特点：

（1）申请书的题目准确、简洁和清晰，尽量做到“题目醒目夺眼球”；

（2）摘要是申请书的高度概括，申请人要字斟句酌地概括出立题依据、研究方法、研究内容、预期结果、理论意义和应用前景，突出创新性；

（3）文献综述全面且重点突出，做到立题依据充分；

（4）科学问题鲜明且具创新性，力求有意义、需求、创新、假说和前期基础；

（5）研究内容具体、针对性强；

（6）研究方案清晰、操作性强，技术路线最好以框架图形式展现研究对象、建模方法、实验分组、观察指标、检测方法和研究目标；

（7）科学目标明确且适度，提出科学假说；

（8）研究团队组成合理且专业互补；

（9）经费预算规范、有据和可行。

这份标书基本具备上述这些特点。

申请代码	H0203
受理部门	
收件日期	
受理编号	

国家自然科学基金

申　请　书

（2010 版）

资助类别： 面上项目

亚类说明：

附注说明：

项目名称： 钙敏感受体在大鼠缺氧性肺动脉收缩和血管重构中的作用和分子机制

申 请 人： 徐长庆　**电　　话：** 0451—86674548

依托单位： 哈尔滨医科大学

通信地址： 哈尔滨市南岗区保健路 157 号

邮政编码： 150086　**单位电话：** 0451—86669470

电子邮箱： xucq45@126.com

申报日期： 2010 年 3 月 6 日

国家自然科学基金委员会

基本信息

<table>
<tr><td rowspan="7">申请人信息</td><td>姓 名</td><td>徐长庆</td><td>性 别</td><td>男</td><td>出生年月</td><td>1945 年 4 月</td><td>民族</td><td>汉族</td></tr>
<tr><td>学 位</td><td>学士</td><td>职 称</td><td colspan="2">教授</td><td colspan="2">每年工作时间（月）</td><td>4</td></tr>
<tr><td>电 话</td><td colspan="2">0451—86674548</td><td colspan="2">电子邮箱</td><td colspan="3">xucq45@126.com</td></tr>
<tr><td>传 真</td><td colspan="2">0451—86674548</td><td colspan="2">国别或地区</td><td colspan="3">中国</td></tr>
<tr><td>个人通信地址</td><td colspan="7">哈尔滨市南岗区保健路 157 号</td></tr>
<tr><td>工作单位</td><td colspan="7">哈尔滨医科大学 / 基础医学院病理生理教研室</td></tr>
<tr><td>主要研究领域</td><td colspan="7">心肌缺血再灌注损伤的发生机制和保护</td></tr>
<tr><td rowspan="3">依托单位信息</td><td>名 称</td><td colspan="7">哈尔滨医科大学</td></tr>
<tr><td>联 系 人</td><td colspan="2">郭松</td><td colspan="2">电子邮箱</td><td colspan="3">guosong@ems.hrbmu.edu.cn</td></tr>
<tr><td>电 话</td><td colspan="2">0451—86669470</td><td colspan="2">网站地址</td><td colspan="3">http://61.158.20.195/</td></tr>
<tr><td rowspan="3">合作研究单位信息</td><td colspan="8">单位名称</td></tr>
<tr><td colspan="8">[在此录入修改]</td></tr>
<tr><td colspan="8">[在此录入修改]</td></tr>
<tr><td rowspan="7">项目基本信息</td><td>项目名称</td><td colspan="7">钙敏感受体在大鼠缺氧性肺动脉收缩和血管重构中的作用和分子机制</td></tr>
<tr><td>资助类别</td><td colspan="3">面上项目</td><td colspan="2">亚类说明</td><td colspan="2"></td></tr>
<tr><td>附注说明</td><td colspan="7"></td></tr>
<tr><td>申请代码</td><td colspan="3">H0203：心肌细胞 / 血管细胞损伤、修复、重构和再生</td><td colspan="4">H0109：肺循环及肺血管疾病</td></tr>
<tr><td>基地类别</td><td colspan="7">科技部和黑龙江省生物医药工程重点实验室 \ 部门开放</td></tr>
<tr><td>研究年限</td><td colspan="3">2011 年 1 月—2013 年 12 月</td><td colspan="2">研究属性</td><td colspan="2">基础研究</td></tr>
<tr><td></td><td colspan="7"></td></tr>
<tr><td>摘 要</td><td colspan="8">（限 400 字）：肺动脉高压（PAH）可导致右心肥大、衰竭甚至死亡。PAH 确切机制尚未阐明，多认为与肺动脉收缩和重构所致的外周阻力增大有关。钙敏感受体（CaSR）是 G 蛋白偶联受体。本课题组首次发现心肌组织有 CaSR 存在，并证实它参与心肌缺血再灌注损伤、细胞凋亡和心肌肥大的发生。但是，CaSR 与 PAH 发生、发展的关系，迄今国内外尚无报道。在前期研究中，我们发现大鼠肺动脉有 CaSR 的功能表达，并在预实验中观察到缺氧时 CaSR 表达增加。我们推测缺氧时肺动脉 CaSR 表达可诱导肺血管收缩和重构，这可能是缺氧性肺动脉高压的一个新机制。为证实这一假说，我们将复制大鼠急性和慢性缺氧模型，采用分子生物学、流式细胞仪等技术，从整体 - 血管环 - 细胞三个层次，观察 CaSR 表达增加或活化对肺动脉张力、血管重构的影响及其信号传导通路。本课题将从新的视角阐明 PAH 发生的分子机制，并为 PAH 的防治提供新靶点。</td></tr>
<tr><td colspan="2">关键词（用分号分开，最多 5 个）</td><td colspan="7">缺氧性肺动脉高压；钙敏感受体；肺动脉平滑肌；血管重构；大鼠</td></tr>
</table>

项目组主要参与者

（注：项目组主要参与者不包括项目申请人，国家杰出青年科学基金项目不填写此栏。）

编号	姓名	出生年月	性别	职称	学位	单位名称	电话	电子邮箱	项目分工	每年工作时间（月）
1	席玉慧	1976-12-19	女	讲师	硕士	哈尔滨医科大学	0451-86674548	xyhui77@126.com	分子生物学	4
2	李鸿珠	1978-03-08	女	讲师	博士	哈尔滨医科大学	0451-86674548	lihongzhu19780308@126.com	细胞内钙测定	4
3	李光伟	1970-03-05	男	博士生	硕士	哈尔滨医科大学	0451-86674548	liguangwei6@sohu.com	肺血管重构的信号传导	6
4	郝静辉	1984-11-18	女	硕士生	学士	哈尔滨医科大学	0451-86674548	haojinghui11@126.com	肌张力检测	6
5	王欣燕	1975-12-22	女	主治医师	硕士	哈尔滨医科大学	0451-86674548	wxylyf11@163.com	免疫组化	3
6	孙健	1975-8-1	女	博士生	硕士	哈尔滨医科大学	0451-86674548	mdjsunjian@126.com	细胞周期	6
7	孔凡娟	1985-7-28	女	硕士生	学士	哈尔滨医科大学	0451-86674548	kfj_850728@sina.com	生化测定	4
8	贾洪丽	1984-2-8	女	硕士生	学士	哈尔滨医科大学	0451-86674548	jiahongli@126.com	模型制备	6
9	吴博	1978-10-15	女	助教	硕士	哈尔滨医科大学	0451-86674548	wubow@163．com	分子生物学	4

总人数	高级	中级	初级	博士后	博士生	硕士生
10	1	3	1		2	3

说明：高级、中级、初级、博士后、博士生、硕士生人员数由申请人负责填报（含申请人），总人数由各分项自动加和产生。

经费申请表

（金额单位：万元）

科目	申请经费	备注（计算依据与说明）
一．研究经费	29.6400	
1．科研业务费	7.2000	
（1）测试/计算/分析费	2.2000	mRNA测序、引物合成、图像分析、流式细胞仪、电镜检查费等
（2）能源/动力费		
（3）会议费/差旅费	1.9000	学术会议0.4×4人次，科研调研差旅费0.3
（4）出版物/文献/信息传播费	2.3000	国内外期刊论文发表费1.5，文献资料费0.3，答辩评审费0.3，信息传播费0.3
（5）其他	0.8000	不可预见费
2．实验材料费	20.7000	
（1）原材料/试剂/药品购置费	18.5000	RNA试剂盒、RT-PCR试剂、各种抗体、化学试剂、PCR引物的设计、各种耗材
（2）其他	2.2000	标准实验动物购买及饲养
3．仪器设备费	0.9400	
（1）购置	0.9400	氮气发生器
（2）试制		
4．实验室改装费	0.8000	
5．协作费		
二．国际合作与交流费	3.8000	
1．项目组成员出国合作交流	2.4000	参加国际会议1人次
2．境外专家来华合作交流	1.4000	境外专家短期来华合作交流国际旅费和生活费
三．劳务费	3.8000	参加课题的研究生和博士后的劳务和生活补助费
四．管理费	1.9600	按基金委规定：经费5%为管理费
合计	39.2000	

与本项目相关的其他经费来源		
与本项目相关的其他经费来源	国家其他计划资助经费	
	其他经费资助（含部门匹配）	
	其他经费来源合计	0

查看报告正文撰写提纲

报 告 正 文

（一）立项依据与研究内容

1．项目的立项依据

肺动脉高压（pulmonary arterial hypertension，PAH）是不同病因导致的以肺动脉压力和肺血管阻力升高为特点的一组疾病或临床综合征，发病率和死亡率很高，其发病机制主要为血管收缩、血管重构和血栓形成[1, 2]。如果PAH不加治疗，最终导致右心衰竭、容量负荷增加直至死亡[3]。通常肺动脉高压的判定标准为：平均肺动脉压力在静息状态下＞25 mmHg，运动状态下＞30 mmHg。

PAH有多种分类方法。1998年前，仅分为原发性肺动脉高压（PPH）和继发性肺动脉高压（SPH）两大类。2003年第3届威尼斯PAH会议，将PAH进一步分为：①特发性PAH（IPAH）；②家族性PAH（FPAH）；③获得性PAH（APAH）；④与重要静脉或毛细血管相关的PAH；⑤新生儿持续性PAH（PPHN）。根据美国疾控中心的资料，各类型PAH患病率已超过30～50人/100万人[4, 5]。

许多慢性呼吸系统疾病或缺氧可引起低氧性PAH：①阻塞性肺疾病：慢性阻塞性肺疾病（COPD）、囊泡性纤维化/支气管扩张等；②间质性肺病：特发性间质性肺炎等；③肺泡换气不足：肥胖通气不良综合征、神经肌肉病等；④睡眠障碍性呼吸：睡眠呼吸暂停综合征等；⑤久居高山或高原；⑥发育异常/新生儿肺疾患[6]。

PAH的发生机制复杂。特发性和家族性PAH主要与BMPR2等基因突变有关[7]。众所周知，肺血管收缩是PAH的早期成因，由细胞内钙离子增加触发，信号传导通路主要包括PKC、Rho激酶和环磷酸腺苷（cAMP和cGMP）、钙库操纵性钙通道和电压门控性钙通道（图7-1）[8]。

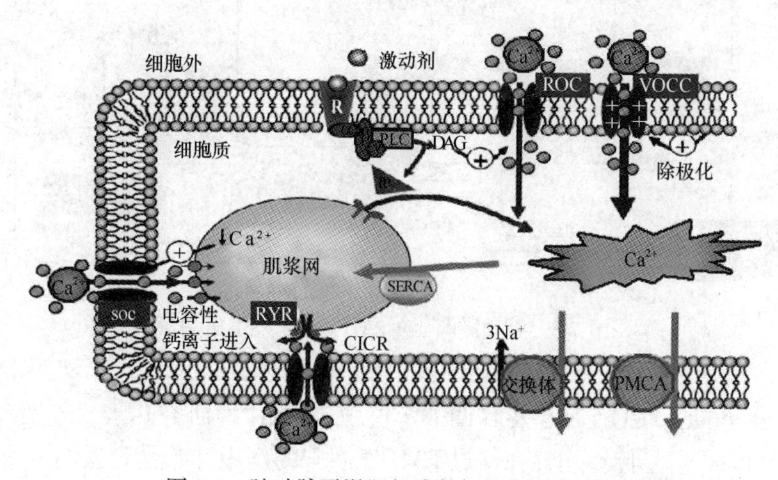

图7-1　肺动脉平滑肌细胞的钙稳态调节机制

在肺血流增加、低氧、毒物等病理条件下，血管内皮细胞、平滑肌细胞、成纤维细胞以及血小板和单核巨噬细胞分泌血管活性介质的平衡失调，可促进血管收缩、血管重构以及血栓形成（图7-2）[1]。

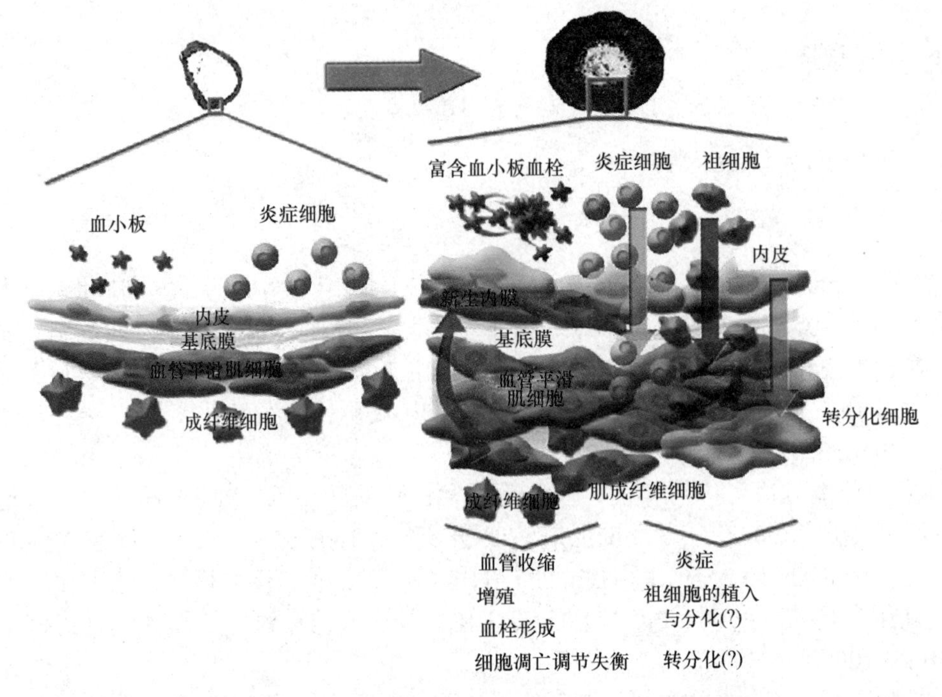

图 7-2 各种细胞在肺动脉高压时血管重构中的作用

PAH 发生的分子机制与血管舒张和收缩因子失衡、骨形态发生蛋白Ⅱ型受体（BMPR Ⅱ）信号通路激活、弹性蛋白酶活化、钾通道功能障碍、线粒体异常、瞬时受体电位钙通道（TRPC）激活、AMPK 激活血管壁促炎反应等有关（图 7-3）[9]。

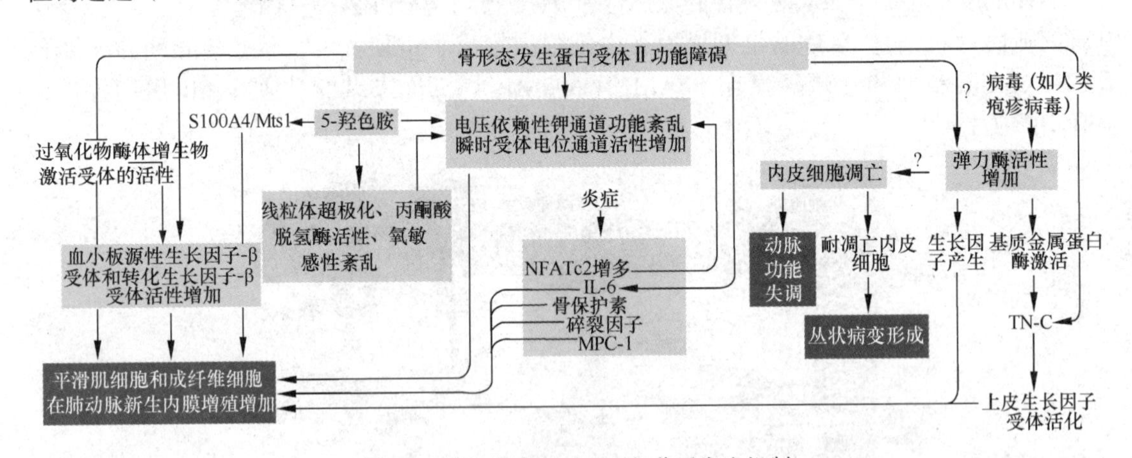

图 7-3 肺动脉高压（PAH）分子发生机制

注：—表示阻滞；→表示激活

气体信号分子 NO、CO、H_2S 及其调节等已成为 PAH 的研究热点[7]，杜军保等已开展了系列研究。Notch3 信号传导途径在促进 PAH 发展中的作用开始受到人们重视（Li X D，et al，Nature Medicine，2009；15：1289-1299）。近年来，哈尔滨医科大学朱大岭等对 15-HETE 在低氧性 PAH 中的作用和机制进行了系统研究[10, 11]。

根据 PAH 发生的分子机制，人们采用弹性蛋白酶抑制剂、K_v 开放剂、TRP 通道抑制剂、负性生存素、他汀类药物、PPARγ 激动剂、各种生长因子受体的抑制剂、肾上腺髓质素、

Rho 激酶抑制剂、内皮祖细胞、环孢霉素 A 等治疗 PAH[9]。

国内对 PAH 的研究方兴未艾。笔者以“肺动脉高压”为检索主题词检索基金委网站，结果显示：最近 5 年内得到基金委资助的有关“肺动脉高压”研究项目合计 37 项，呈逐年增加趋势（2005 年 3 项，2006 年 4 项，2007 年 7 项，2008 年 9 项，2009 年 14 项），研究内容主要涉及上述提到的有关因素[7-11]。

肺动脉高压的研究虽有 100 多年的历史，但是其发病机制至今尚未阐明[1, 7, 12]。尽管现代化的治疗明显改善了 PAH 患者的生理功能和延长了寿命，但其死亡率仍高达 50%[13]。这就要求人们从新的视角，进一步阐明肺动脉高压的发生机制，以便为其有效防治提供新靶点。

钙敏感受体（calcium-sensing receptor，CaSR）是 G 蛋白偶联受体的 C 家族成员。1993 年，Brown 等人首次从牛甲状旁腺克隆出 CaSR。CaSR 由氨基胞外域（ECD）、7 个跨膜螺旋的跨膜域（TCD）和胞内羧基尾部所组成（图 7-4）。CaSR 主要分布在参与钙稳态调节的甲状旁腺、肾肠道、骨组织和肾组织以及其他细胞（例如，中枢和外周神经，肝脏，血细胞，胰腺 β 细胞等）。其功能主要是维持 Ca^{2+} 和其他金属离子稳态，尚可调节细胞增殖、分化、离子通道开启、激素分泌等。细胞外 Ca^{2+} 是 CaSR 的主要配体，Mg^{2+}、Gd^{3+}、新霉素、精胺（spermine）等多价阳离子亦是 CaSR 的激动剂[14]。

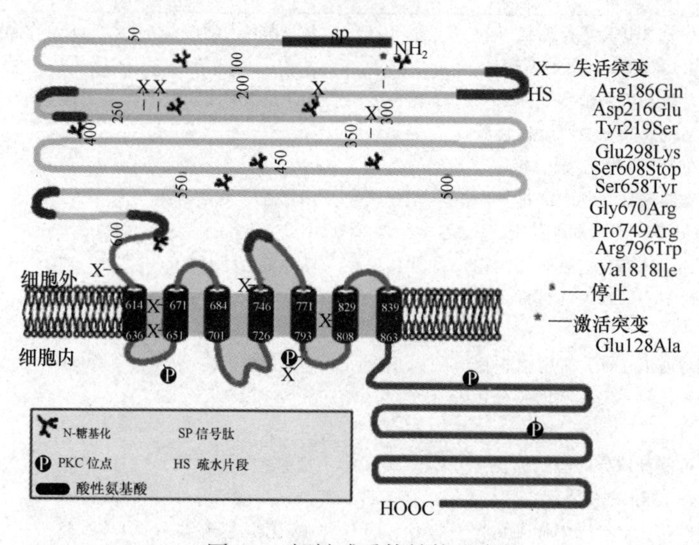

图 7-4　钙敏感受体结构示意图

心血管领域 CaSR 的研究开展较晚。项目申请人与加拿大王睿教授合作，首次在国际上证明了大鼠心肌有 CaSR 表达（WANG R，XU C Q，ZHAO W M，et al．Calcium and polyamine regulated calcium-sensing receptors in cardiac tissues［J］. Eur J Biochem，2003，270：2680-2688）[15]。迄今，该文被 SCI 引用 31 次。

2006 年，Tfelt-Hansen 等人报告，CaSR 在新生大鼠心室肌细胞也有功能性表达[16]。近年来，其他实验小组也提供了一些证据，表明 CaSR 在主动脉等血管的内皮细胞和平滑肌有功能性表达[17, 18]。最近，Masihul Alam 等证实肾功能衰竭时的血管钙化伴有血管平滑肌细胞功能性钙敏感受体的丢失[19]。

2004 年以来，笔者获得了 3 项国家自然科学基金资助：①“大鼠心肌细胞钙敏感受体的生物学活性及其在心肌缺血再灌注损伤中的作用”（30370577，2004—2006）；②“大鼠心肌多胺代谢规律和“双刃剑”作用机制的研究”（30470688，2005—2007）；③“钙敏感受体对动脉粥样硬化大鼠急性心肌梗死易感性的影响和保护研究”（30871012，2009—2011）。

在上述项目的资助下，本课题组首次发现：① CaSR 在大鼠心肌组织中存在以及不同鼠龄大鼠 CaSR 表达规律；② CaSR 激活通过 G 蛋白 -PLC-IP3 通路引起［Ca^{2+}］$_i$ 增加，导致钙超载；③ CaSR 在心肌缺血再灌注时的表达规律，可通过线粒体通路、Fas 死亡受体通路和内质网应激通路诱导心肌细胞凋亡；④ PKCε 介导 CaSR 活性改变，参与了缺血后适应；⑤ CaSR 通过神经钙调磷酸酶参与 Ang Ⅱ诱导的大鼠心肌肥大；⑥ CaSR 表达增加可使动脉粥样硬化大鼠对心肌梗死的敏感性增加［15, 20-28］。迄今，已发表相关论文 30 余篇，其中 SCI 收录 12 篇（详见下面研究基础）。国家自然基金项目“大鼠心肌细胞钙敏感受体的生物学活性及其在心肌缺血再灌注损伤中的作用”已获 2008 年黑龙江省政府自然科学二等奖（申请人排名第一）。

CaSR 目前已成为国际学术研究热点，在我国也开始得到关注。迄今为止，基金委资助有关 CaSR 的研究项目共 9 项（表 7-1）。

表 7-1　基金委有关 CaSR 研究项目统计表

项目批准号 / 申请代码 1	项目名称	项目负责人	依托单位	批准金额	项目起止年月
30070352/H0503	钙受体在 SHPT 发病机制中的作用及 Calcimimetics 的调控	王笑云	南京医科大学	15	2001-01 至 2003-12
30370577/H0206	大鼠心肌细胞钙敏感受体的生物学活性及其在心肌缺血再灌注损伤中的作用	徐长庆	哈尔滨医科大学	19	2004-01 至 2006-12
30671009/H0726	甲状旁腺激素和钙在促进骨形成中的协同作用及机制研究	苗登顺	南京医科大学	27	2007-01 至 2009-12
30700288/H0206	钙敏感受体和蛋白激酶 C 的相互作用与心肌缺血后处理保护作用的关系	张伟华	哈尔滨医科大学	17	2008-01 至 2010-12
30860338/H3109	人参皂苷 Rgl 对人脐带血造血干细胞迁移、归巢和增殖分化影响的研究	余丽梅	遵义医学院	26	2009-01 至 2011-12
30872387/H1006	免疫抑制剂诱导的心肌损伤与钙敏感受体的关系研究	尹新华	哈尔滨医科大学	35	2009-01 至 2011-12
30871012/H0206	钙敏感受体对动脉粥样硬化大鼠急性心肌梗死易感性的影响和保护研究	徐长庆	哈尔滨医科大学	33	2009-01 至 2011-12
30901528/H0605	钙敏感受体（CaSR）介导甲状旁腺素加速骨折愈合的机制研究	任永信	南京医科大学	17	2010-01 至 2012-12
30960110/C090303	钙敏感受体在缺氧诱导 Aβ 过量生成中的作用及其分子机制	罗友根	井冈山大学	24	2010-01 至 2012-12

尽管国内外学者在心血管系统的钙敏感受体（CaSR）方面开展了一些研究，但是肺动脉平滑肌细胞有无 CaSR 的功能表达及其病理生理意义，迄今未见 PubMed 收录论文发表。

2010 年 3 月 6 日，笔者在网上检索了 PubMed。在“题目 / 摘要”范畴内，以“肺动脉高压”“肺动脉平滑肌”“肺动脉平滑肌细胞”“钙敏感受体”为检索词，分别检出 8106、1314、472、1274 篇论文，但是将“钙敏感受体”与其他检索词联合检索，则检索结果均为“0”（表 7-2）。

表 7-2　PubMed 钙敏感受体检索结果

Search	Most Recent Queries	Time	Result
#7	Search #4 AND #1Field：Title/Abstract	06：18：43	0
#6	Search #4 AND #2Field：Title/Abstract	06：17：42	0
#5	Search #4 AND #3Field：Title/Abstract	06：16：49	0
#4	Search calcium sensing receptor Field：Title/Abstract	06：13：48	1274
#3	Search pulmonary arterial smooth muscle cell Field：Title/ Abstract	06：12：32	472
#2	Search pulmonary arterial smooth muscle Field：Title/Abstract	06：11：13	1314
#1	Search pulmonary arterial hypertension Field：Title/Abstract	06：04：18	8106
Less History	Clear History		

Mo-Jun Lin 等观察到，慢性缺氧时瞬时受体电位（TRPC）基因负责编码的钙库操纵性阳离子通道和受体操纵性阳离子通道在肺动脉平滑肌表达上调，并认为这可能是缺氧性 PAH 的一个新机制[29]。

鉴于 CaSR 普遍在机体各系统、器官、组织和细胞中有表达，而且 CaSR 引起细胞内钙升高的机制也是通过钙库操纵性钙通道（SOCC）和受体操纵性钙通道（ROCC），因此，我们推测 CaSR 在肺动脉平滑肌细胞有功能表达，并可能参与缺氧性肺动脉高压的发生。这种假说已在预实验中得到了初步证实（详见工作基础，图 7-5）：

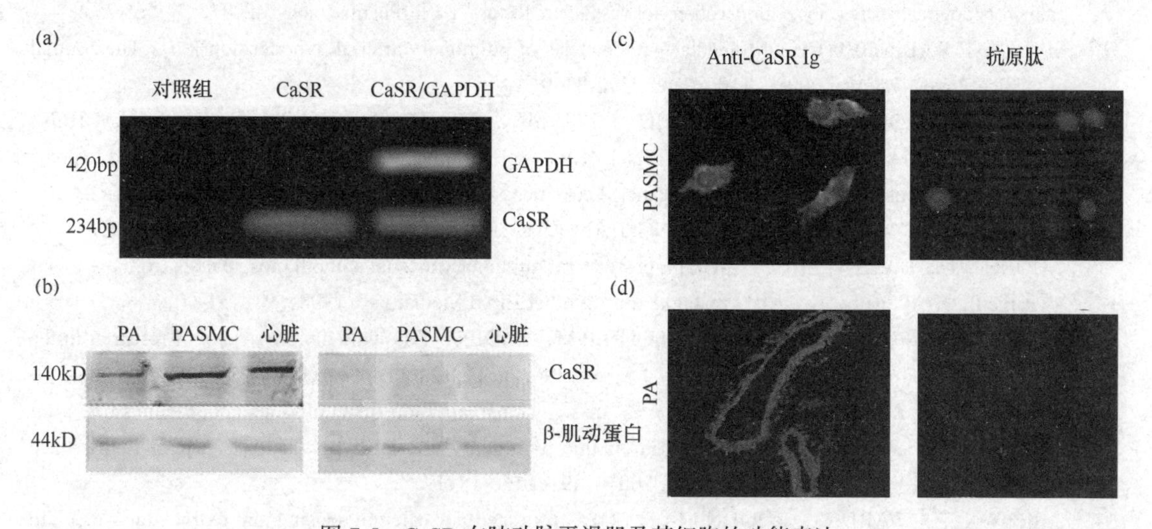

图 7-5　CaSR 在肺动脉平滑肌及其细胞的功能表达

我们研究小组和华中科技大学同济医学院胡清华研究小组在国内同时开展了肺动脉 CaSR 的研究，并分别证明肺动脉有 CaSR 的表达：胡清华教授的博士研究生罗友根发表了他的学位论文《新的细胞外钙感受机制在缺氧引起肺动脉平滑肌细胞胞浆钙离子浓度变化中的作用》(2009 年 5 月 23 日)；笔者的博士研究生李光伟在第七届海峡两岸心血管科学研讨会（2009 年 8 月 14-17 日，昆明）也做了“钙敏感受体在大鼠肺动脉平滑肌细胞的功能性表达”的学术报告，目前英文稿件已投出[30]。

慢性呼吸系统疾病或缺氧情况在临床上很常见。例如，慢性阻塞性肺疾病（chronic obstructive pulmonary disease，COPD）在我国的北方地区（尤其农村）十分常见。慢性支气管炎→阻塞性肺气肿→缺氧性肺动脉高压→右心肥大→右心衰竭，几乎成了疾病发生、发展的规律。缺氧性 PAH 的发展，对疾病的进展起着推波助澜的作用。慢性阻塞性肺疾病不仅给患者带来了巨大的痛苦，也给家庭和社会带来了沉重的经济负担。我们的研究将进一步揭示缺氧性肺动脉高压的发生机制，为其有效防治提供新理论和药物新靶点。

参考文献

[1] CHAN S Y，LOSCALZO J. Pathogenic mechanisms of pulmonary arterial hypertension [J]. J Mol Cell Cardiol，2008，44（1）：14-30.

[2] STENMARK K R，MCMURTRY I F. Vascular remodeling versus vasoconstriction in chronic hypoxic pulmonary hypertension：a time for reappraisal? [J]. Circ Res，2005，97：95-98.

[3] FARBER H，LOSCALZO J. Pulmonary arterial hypertension [J]. N Engl J Med，2004，351：1655-1665.

[4] 张颖，刘双，杨京华. 肺动脉高压诊断及分类 [J]. 心肺血管病杂志，2008，27（3）：191-193.

[5] 王伟，王玉林. 肺动脉高压发病机制研究进展 [J]. 实用儿科临床杂志，2008，23（13）：1036-1038.

[6] REDA E GIRGIS，STEPHEN C MATHAI. Pulmonary hypertension associated with chronic respiratory disease [J]. Clin Chest Med，2007，28：219–232 .

[7] MAINALI PRABHA，JIN HONG-fANG，TIAN YUE，TANG CHAO-SHU，DU JUN-BAO. Mechanisms responsible for pulmonary hypertension [J]. Chin Med J，2008，121（24）：2604-2609.

[8] ANGEL COGOLLUDO，LAURA MORENO，EDUARDO VILLAMOR. Mechanisms controlling vascular tone in pulmonary arterial hypertension：implications for vasodilator therapy [J]. Pharmacology，2007，79：65-75.

[9] MARLENE RABINOVITCH. Molecular pathogenesis of pulmonary arterial hypertension [J]. The Journal of Clinical Investigation，2008，118（7）：2372-2379.

[10] LEI GUO，XIAOBO TANG，XIAOJIE CHU，LIHUA SUN，LEI ZHANG，ZHAOPING QIU，SHUO CHEN，YUMEI LI，XIAODONG ZHENG，DALING ZHU. Role of protein kinase C in 15-HETE-induced hypoxic pulmonary vasoconstriction [J]. Prostaglandins，Leukotrienes and Essential Fatty Acids，2009，80：115-123.

[11] SHUANG WANG，YALI WANG，JING JIANG，RUIFANG WANG，LISA LI，ZHAOPING QIU，HONG WU，DALING ZHU. 15-HETE protects rat pulmonary arterial smooth muscle cells from apoptosis via the PI3K/Akt pathway [J]. Prostaglandins & other Lipid Mediators，1998，91：51-60.

[12] ZAIMAN A，FIJALKOWSKA I，HASSOUN P M，TUDER R M. One hundred years of research in the pathogenesis of pulmonary hypertension [J]. Am J Respir Cell Mol Biol，2005，33：425-431.

[13] WANG X X，ZHANG F R，SHANG Y P，et al. Transplantation of autologous endothelial progenitor cells may be beneficial in patients with idiopathic pulmonary arterial hypertension：a pilot randomized controlled trial [J]. J Am Coll Cardiol，2007，49：1566-1571.

[14] BROWN，EDWARD M，R JOHN MACLEOD. Extracellular calcium sensing and extracellular calcium signaling [J]. Physiol Rev，2001，81：239-297.

[15] WANG R，XU C Q，ZHAO W M，et al. Calcium and polyamine regulated calcium-sensing receptors in cardiac tissues [J]. Eur J Biochem，2003，270：2680-2688.

[16] TFELT-HANSEN J，HANSEN J L，SMAJILOVIC S，et al. Calcium receptor is functionally expressed in rat neonatal ventricular cardiomyocytes [J]. Am J Physiol Heart Circ Physiol，2006，290（3）：1165-1171.

[17] ROY C ZIEGELSTEIN，YALI XIONG，CHAOXIA HE，et al. Expression of a functional extracellular calcium-sensing receptor in human aortic endothelial cells [J]. Biochemical and Biophysical Research Communications，2006，342：153-163.

[18] SANELA SMAJILOVIC，JAKOB LERCHE HANSEN，TUE H CHRISTOFFERSEN，et al. Extracellular calcium sensing in rat aortic vascular smooth muscle cells [J]. Biochemical and Biophysical Research Communications，2006，348：1215-1223.

[19] MASIHUL ALAM，JOHN PAUL KIRTON，FIONA L WILKINSON，et al. Calcification is associated with

loss of functional calcium-sensing receptor in vascular smooth muscle cells [J]. Cardiovascular Research, 2009, 81: 260-268.

[20] 孙轶华，张力，徐长庆（✉），李弘，时飒，赵雅君，韩丽萍，张红雨. 不同鼠龄大鼠心肌组织中钙敏感受体的表达及与缺氧 - 再灌注损伤的关系 [J]. 中国病理生理杂志，2006，22（8）：1506-1509.

[21] ZHANG W H, FU S B, XU C Q (✉), et al. Involvement of calcium –sensing receptor in ischemia/reperfusion- induced apoptosis in rat cardiomyocytes [J]. Biochemical and Biophysical Research Communications, 2006, 347: 872-881.

[22] SUN Y H, LIU M N, XU C Q (✉), et al. Calcium-sensing receptor induces rat neonatal ventricular cardiomyocyte apoptosis [J]. Biochemical and Biophysical Research Communications, 2006, 350: 942-948.

[23] JIANG C M, HAN L P, XU C Q (✉), et al. Calcium-sensing receptors induce apoptosis in cultured neonatal rat ventricular cardiomyocytes during simulated ischemia/reperfusion [J]. Cell Biology International, 2008. 32: 792-800.

[24] 吴博，张伟华，徐长庆（✉），等. 钙敏感受体对大鼠心肌缺氧 - 复氧损伤时细胞凋亡的影响 [J]. 中国病理生理杂志，2007，23（7）：1249-1253.

[25] LU F, TIAN Z, ZHANG W, ZHAO Y, BAI S, REN H, CHEN H, YU X, WANG J, WANG L, Li H, PAN Z, TIAN Y, YANG B, WANG R, XU C Q (✉). Calcium-sensing receptors induce apoptosis in rat cardiomyocytes via the endo (sarco) plasmic reticulum pathway during hypoxia/reoxygenation [J]. Basic Clin Pharmacol Toxicol, 2009, 106: 396-405.

[26] ZHANG W H, LU F H, ZHAO Y J, WANG L N, TIAN Y, PAN Z W, LV Y J, WANG Y L, DU L J, SUN Z R, YANG B F, WANG R, XU C Q (✉). Post-conditioning protects rat cardiomyocytes via PKC-mediated calcium-sensing receptors [J]. Biochemical and Biophysical Research Communications, 2007, 361: 659-664.

[27] WANG L N, WANG C, LIN Y, XI Y H, ZHANG WH, ZHAO Y J, LI H Z, TIAN Y, LU Y J, YANG B F, XU C Q (✉). Involvement of calcium-sensing receptor in cardiac hypertrophy-induced by angiotensin Ⅱ through calcineurin pathway in cultured neonatal rat cardiomyocytes [J]. Biochemical and Biophysical Research Communications, 2008, 369 (2): 584-589.

[28] GUO J, LI H Z, ZHANG W H, WANG LC, WANG LN, ZHANG L, LI G W, LI H X, YANG, B F, WU L Y, WANG R, XU C Q (✉). Increased expression of calcium-sensing receptors induced by ox-LDL amplifies apoptosis of cardiomyocytes during simulated ischaemia–reperfusion [J]. Clinical and Experimental Pharmacology and Physiology, 2010, 37: 128-135.

[29] MO JUN LIN, GEORGE P H LEUNG, WEI MIN ZHANG, et al. Chronic hypoxia–induced upregulation of store-operated and receptor-operated Ca^{2+} channels in pulmonary arterial smooth muscle cells – a novel mechanism of hypoxic pulmonary hypertension [J]. Circ Res, 2004, 95: 496-505.

[30] LI G W, WANG Q S, HAO J H, XING W J, GUO J, LI H Z, BAI S Z, LI H X, YANG B F, WU L Y, WANG R, XU C Q (✉). Functional expression of the extracellular calcium-sensing receptor in rat pulmonary artery smooth muscle cells [J]. J Biomed Sci, 2011, 18 (1): 16.

2. 项目的研究内容、研究目标以及拟解决的关键科学问题

（1）研究内容

1）大鼠肺动脉平滑肌钙敏感受体的分布、表达和功能（已基本完成）。

用组织化学方法和免疫荧光技术确定 CaSR 在大鼠肺动脉平滑肌和细胞的分布特点；采用 PR-PCR 和 Western Blot 技术，观察 CaSR 在大鼠肺动脉平滑肌组织和细胞的表达情况；采用激光共聚焦技术，确定 CaSR 激活引起肺动脉平滑肌细胞 $[Ca^{2+}]_i$ 增加的机制和途径；采用血管环检测技术，观察 CaSR 对肺动脉平滑肌张力的影响。缜密分组，应用各环节激动剂或抑制剂，以确保结论可靠。

2）缺氧时大鼠肺动脉平滑肌钙敏感受体表达的变化及其对血管收缩和重构的影响。

以大鼠整体缺氧模型和细胞缺氧模型作为研究对象，采用上述各种实验技术，观察不同时间急慢性缺氧对大鼠肺动脉平滑肌的 CaSR 表达、肌张力、组织重构（细胞增殖和细胞凋亡）的影响，揭示 CaSR 表达增加和激活对肺血管收缩、血管重构的影响及其信号传导途径，以便阐明 CaSR 在缺氧性肺动脉高压中的作用和分子机制。CaSR 表达、肌张力和 $[Ca^{2+}]_i$ 测定的方法同上；用细胞增殖和细胞凋亡作为反映血管重构的指标，观察形态学、增殖或凋亡率、相应信号传导通路关键分子表达的变化。具体的研究内容、方法和路线，详见下面的研究方案。

（2）研究目标

1）证实大鼠肺动脉平滑肌有功能性钙敏感受体（CaSR）的表达。

2）揭示缺氧时肺动脉平滑肌 CaSR 表达增加，通过促进血管收缩、血管重构参与缺氧性肺动脉高压（PAH）的形成，从新的视角揭示其分子机制，为缺氧性 PAH 的防治提供新思路和新靶点。

（3）拟解决的关键科学问题

1）肺动脉平滑肌有功能性钙敏感受体（CaSR）的表达，这是探讨 CaSR 在肺动脉高压发生中的作用以及后续研究的前提和基础。根据 K. 温纳伯格（K. Wonneberger）等人的文献，欲判断某组织是否存在 CaSR 需用分子生物学方法和功能性检验证实：① $[Ca^{2+}]_o$ 增加可引起 $[Ca^{2+}]_i$ 增加；② $[Ca^{2+}]_i$ 增加来源于钙库动员；③外钙内流需经非电压依赖性钙通道；④ Gd^{3+} 和 Ca^{2+} 是激动剂；⑤ CaSR 转录和表达的存在（用 PT-PCR，免疫组化，Northern blot，Western blot 等证实）（K WONNEBERGER，M A SCOFIELD，P WANGEMANN. Evidence for a calcium-sensing receptor in the vascular smooth muscle cells of the spiral modiolar artery [J]. J Membr Biol，2001，175（3）：203-212）。我们通过研究内容（1）所示各种相关实验，将充分证实肺动脉平滑肌细胞有 CaSR 的功能性表达。

2）一般认为，肺血管收缩、重构和原位血栓形成是肺动脉高压（PAH）发生、发展的重要病理生理基础。本实验拟通过实验证实缺氧（尤其慢性缺氧）能使肺动脉平滑肌 CaSR 表达增多，后者又通过细胞内钙离子浓度增加促进肺血管收缩，通过调节细胞凋亡和细胞增殖引起血管重构，进而导致缺氧性 PAH 的发生、发展。如果上述假设得到证实，这将为肺动脉高压的“CaSR 激动假说”提供坚实的实验依据。研究成果将具有重要理论意义和潜在的应用前景。

3．拟采取的研究方案及可行性分析

本项目的科研设计将依据随机、对照和可重复的三大原则，根据不同情况，分别采用组间对照和自身前后对照，并进行相应的统计分析。

（1）实验设计和技术路线

1）正常大鼠肺动脉平滑肌 CaSR 的功能性表达。

① 实验动物：Wistar 大鼠，体重 200～250 g，雌雄不拘，清洁级，哈尔滨医科大学实验动物中心提供。每组 *n* 为 7～13（视具体情况而定）。

② 重要试剂的使用浓度：

CaSR 激动剂：$GdCl_3$ 0.3～1 mmol/L；

CaSR 抑制剂：NPS2390 10 μmol/L；

肌浆网（SR）钙泵抑制剂：Thapsigargin 10 μmol/L；

磷脂酶 C（PLC）抑制剂：U73122 10 μmol/L；

U73122 的类似物：U73343 10 μmol/L；
钠钙交换体抑制剂：$NiCl_2$ 10 mmol/L；
L 型钙通道抑制剂：$CdCl_2$ 0.2 mmol/L；
SR 钙库耗竭剂：咖啡因 10 mmol/L。
③ 具体实验方法：后面有详细论述。
④ 技术路线：技术路线如图 7-6 所示。

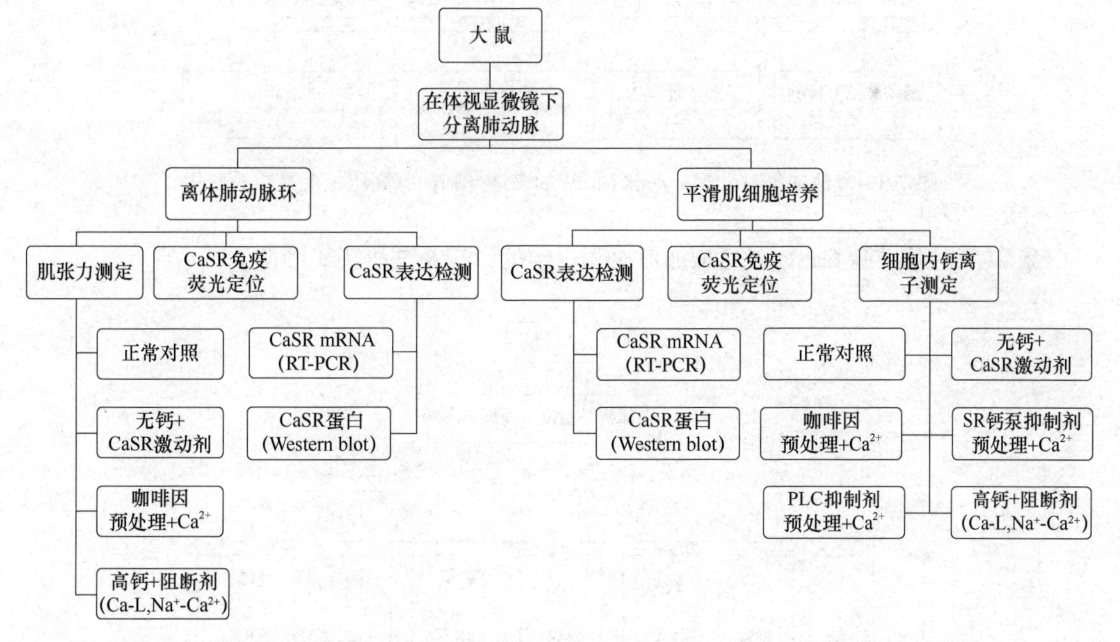

图 7-6　正常大鼠肺动脉和肺动脉平滑肌细胞 CaSR 的表达、定位、功能检测和机制探讨

2）慢性缺氧大鼠肺动脉平滑肌 CaSR 表达变化及其与肺动脉高压的关系
① 实验动物：同上。
② 重要试剂的使用浓度：同上。
③ 具体实验方法：后面有详细论述。
④ 技术路线：
A．CaSR 激活对缺氧性肺动脉收缩的影响（图 7-7）。

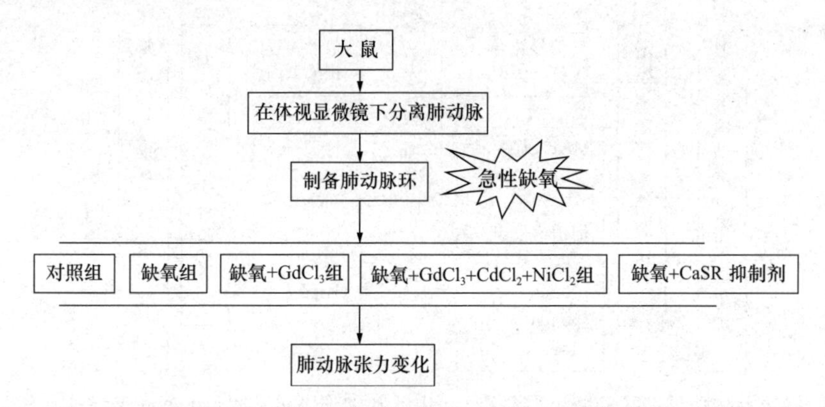

图 7-7　CaSR 激动剂和抑制剂对急性缺氧条件下肺动脉环肌张力的影响

B．慢性缺氧大鼠肺动脉 CaSR 表达与肺动脉高压的相关性（图 7-8）。

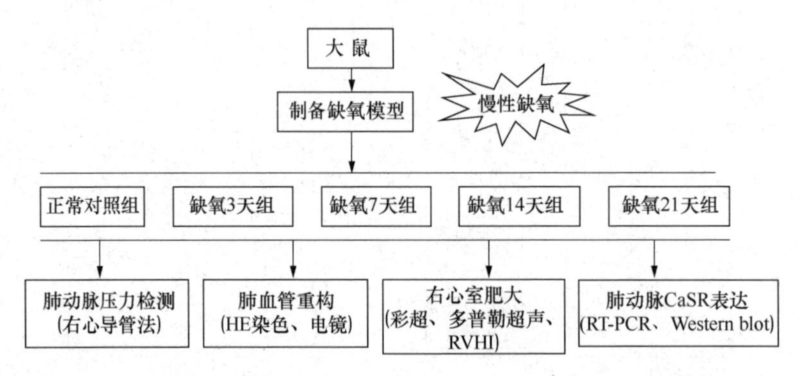

图 7-8　慢性缺氧时大鼠肺动脉 CaSR 的表达与肺动脉高压相关参数的变化

C．缺氧时肺动脉 CaSR 表达增加对血管重构的影响及其机制（图 7-9）。

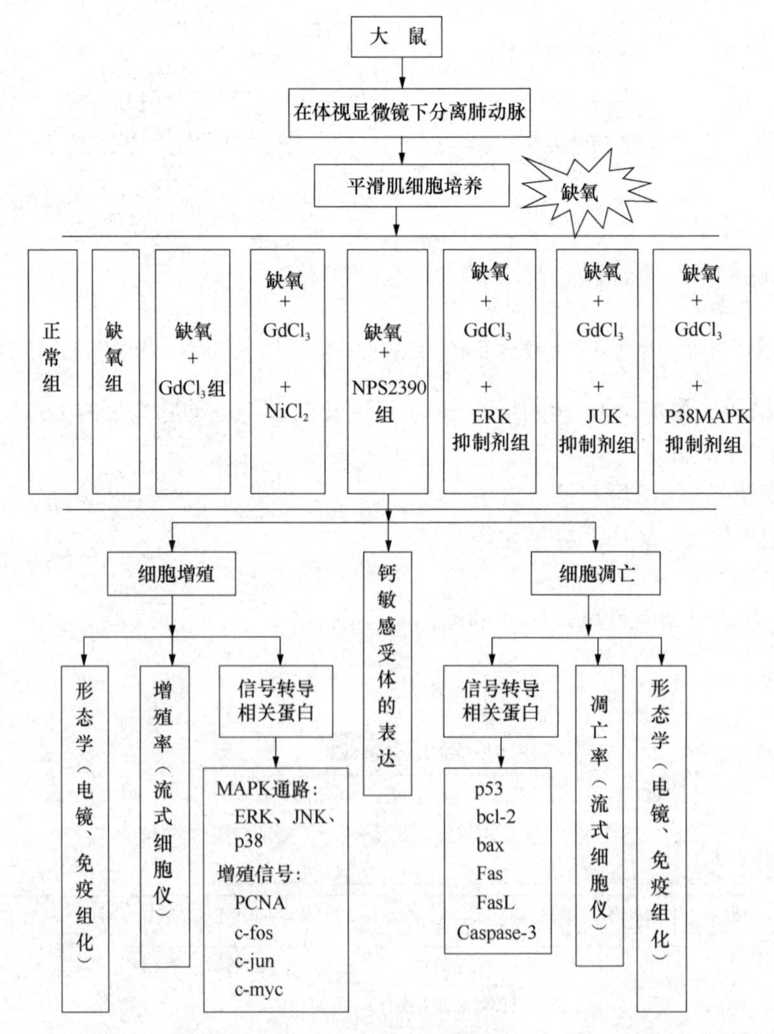

图 7-9　缺氧对培养肺动脉平滑肌细胞 CaSR 表达和细胞增殖及凋亡的影响及其信号传导通路

（2）研究方法

1）肺动脉血管张力的测定。

按 2 mg/kg 剂量给 Wistar 大鼠腹腔注射 2% 戊巴比妥钠麻醉。开胸取心脏和肺脏，立即置于 4℃盛有 Hepes 液的培养皿中，在体视显微解剖镜下，游离直径 0.3～0.7 mm 肺内肺动脉，除去血管周围脂肪和结缔组织，剪成长度约为 3 mm 血管环，悬挂在两根钨丝三角环上，一端挂在塑料支架下面的铁钩上，置于盛有 4 mL Krebs 液恒温浴槽内，另一端挂在张力换能器的电极上，持续通以 95%O_2 与 5%CO_2 混合气。在 30 min 内逐渐给肺动脉环负荷 0.3 g 的基础张力，平衡 1 h 后，分别测定不同条件下的血管张力。

【参见：ZHU D，EFFROS R M，HARDER D R，ROMAN R J，JACOBS E R．Tissue sources of cytochrome P450 4A and 20-HETE synthesis in rabbit lungs［J］．Am J Respir Cell Mol Biol，1998，19：121-128.】

2）肺动脉平滑肌细胞的原代及传代培养。

采用Ⅱ型胶原酶消化法培养肺动脉平滑肌细胞的方法[2]，即取 200 g 左右的大鼠，用 2 mL 水合氯醛麻醉。将麻醉后的大鼠固定于手术台，用酒精棉对大鼠表面皮肤进行消毒。沿着大鼠剑突部位剪开胸腔，暴露心脏和肺部，用镊子轻提心脏，沿气管处取下肺部，置于 PBS 缓冲液中。将肺叶固定于硅胶板上，用显微手术剪在体式显微镜下取出远端肺动脉，去内皮后用剪刀将血管剪成碎块，置于Ⅱ型胶原酶中消化成絮状。用 20%DMEM 高糖培养液终止消化后，以 2000 r/min 转速离心 5 min，取下层沉淀，用培养液重悬，放于培养瓶中培养。隔天进行换液，一周后进行鉴定。

原代培养细胞长满瓶底 80%～90% 即可传代培养，取第 2～4 代生长良好的细胞用于实验。传代培养的肺动脉平滑肌细胞长至 60% 左右融合时，换无血清培养基培养 24 h，进行实验。

【参见：LÜ CHANG LIAN，YE HONG，TANG XIAO BO，ZHU DA LING．ERK1/2 signaling pathway is involved in 15-hydroxyeicosatetraenoic acid-induced hypoxia pulmonary vasoconstriction［J］．Acta Physiologica Sinica，2005，57（5）：606-611.】

3）肺动脉平滑肌细胞鉴定（抗 α - 肌动蛋白免疫组化染色）。

取正常培养、未加任何处理的肺动脉平滑肌细胞，在多聚赖氨酸处理的盖玻片上培养，用纯丙酮固定 15 min 后，用 PBS 清洗，用 0.5%H_2O_2 稀释的甲醇在室温下作用 20 min，灭活内源性酶，用 PBS 清洗两次。滴加正常山羊血清，在室温下作用 20 min。滴加抗鼠 α - 肌动蛋白抗体（1∶100），在 4℃条件下过夜。用 PBS 清洗 3 次，滴加生物素标记的山羊抗兔二抗，在 37℃条件下孵育 30 min，用 PBS 洗 3 次。滴加 SABC，在 37℃条件下孵育 20 min，用 DAB 显色 10 min。用自来水冲洗，用苏木素复染，用二甲苯透明，封片，光镜下观察摄片。

4）大鼠缺氧细胞模型的复制。

培养的肺动脉平滑肌细胞置于自制的可封闭的有机玻璃盒中培养 24 h，盒内持续通以 95%N_2、2%O_2、3%CO_2 的混合气体，将玻璃盒浸于 37℃恒温浴箱中。

5）大鼠缺氧在体模型的复制。

健康雄性大鼠，体重为 150～350 g，正常组吸入大气，氧气分数（FiO_2）为 21.0%。缺氧组大鼠置于缺氧培养箱中，其吸入氧浓度为 10%，连续饲养 3 d、7 d、14 d、21 d。

缺氧箱上有通气孔，可使缺氧箱内外空气相通，用氧气监控器检测缺氧箱内氧浓度，并自动控制氮气流入量，以保持箱内氧气分数（FiO_2）为 10.0%，低氧箱内风扇可调匀气体。

空气经通气管进入 SPB-3 全自动空气源，经 SPB-3 全自动空气源的出气管进入 SPN-300 氮气发生器，再经过一系列的过滤过程产生氮气，氮气经出气管进入缺氧箱，氮气的量由氧气监控器根据氧气分数的大小自动控制。CO_2 及水蒸气等多余气体由通气孔排出。大鼠连续置于缺氧箱内 9 d，缺氧箱内大鼠呼出的 CO_2、水蒸气分别用氧化钙和无水氯化钙吸收，排出的氨气用硼酸吸收，大鼠自由采食和饮水，即成为缺氧模型。氧化钙、无水氯化钙、硼酸的量自行掌握，不要出现雾气、气味为宜（图 7-10）。

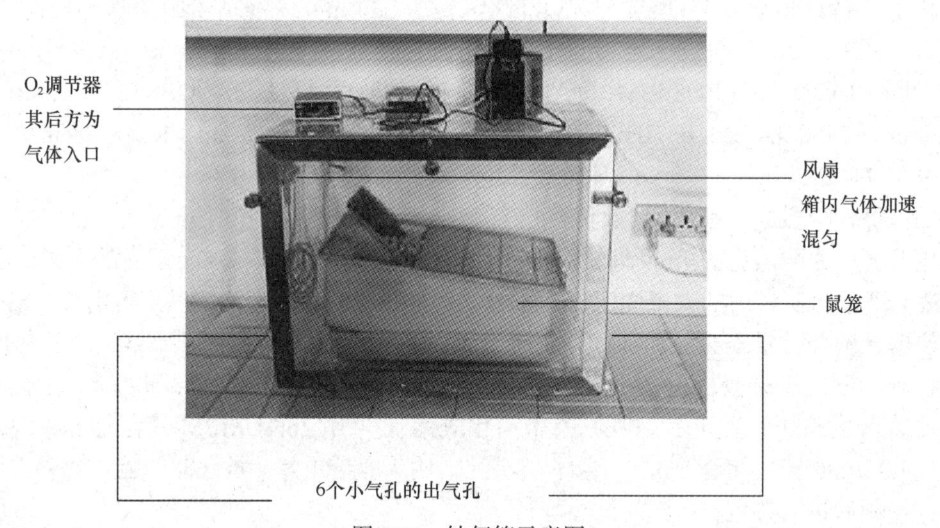

图 7-10　缺氧箱示意图

【参见：BAKER E J，BOERBOOM L E，OLINGER G N，et al. Tolerance of the developing heart to ischemia：impact of hypoxemia from birth［J］. Am J Physiol，1995，268：1165-11731.】

我们选择大鼠缺氧时间为 3、7、14、21 d，依据以下文献报道：缺氧 3 d，大鼠虽有一定程度缺氧，但无平均肺动脉压力明显升高和缺氧性肺血管重塑，处于代偿阶段；缺氧 7 d，大鼠平均肺动脉压力已较前升高，出现一定程度缺氧性肺血管重塑，但尚未累及右心，右心室无肥大性改变；缺氧 14 d 和 21 d，大鼠平均肺动脉压力进一步增加，缺氧性肺血管重塑进一步加重，右心受累，出现右心室肥大性改变。

【参见：胡瑞成，戴爱国，谭双香，等. 缺氧性肺动脉高压发病中肺动脉平滑肌细胞增殖与凋亡变化［J］. 南华大学学报，2001，29（5）：445-448.】

检测模型复制成功的标准：

① HE 染色观察肺动脉管壁结构的改变。

② 用透射电镜观察肺动脉管壁超微结构的变化。

③ 以右心导管法测定肺动脉压力：大鼠处于低氧环境后，麻醉，固定于手术台上，将聚乙烯导管从右颈外静脉插入右心室及肺动脉，导管的另一端经压力传感器与 Power Lab 多导生理记录系统相连，描记肺动脉压力曲线，测定肺动脉平均压。

④ 右心室肥大指数测定：测定肺动脉压力后，将大鼠放血处死，取出心脏，用中性缓冲液福尔马林固定 48 h，沿房室沟除去心房及大血管根部，再沿前后室间沟将右心室游离壁分离，吸干水分后，用电子天平称量右心室游离壁质量及室间隔＋左室壁质量，计算出右心

室肥大指数（right ventricular hypertrophy index，RVHI）：RVHI＝右心室游离壁质量 /（室间隔＋左心室壁质量）×100%。

⑤ 肺小血管重塑观察及图像处理：大鼠左侧肺组织经中性缓冲液福尔马林固定，石蜡包埋切片，HE 染色，光镜下观察肺小血管重塑情况。取直径 100 μm 左右的肺动脉，用 ICM-100 细胞图像分析系统进行形态计量分析，以血管壁横断面积占血管横断面积比值作为衡量缺氧性肺血管重塑的指标。

【参见：李荣，别毕华，张珍祥，等 . 胰岛素样生长因子在低氧性肺动脉高压大鼠心肺内表达的观察［J］. 中华结核和呼吸杂志，1999，22（7）：422.】

6）用 Western blot 分析各种蛋白的表达。

肺动脉放在组织匀浆器中，在冰上匀浆后，加入蛋白裂解液及 PMSF，在冰上放置 40 min，在 4℃条件下以 12000 r/min 离心 40 min，取上清液。以 BSA 为标准，用 Bradford 法对上清液进行蛋白定量。取 20 μg 蛋白样品，在 10% SDS - PAGE 中电泳，在 100 V 条件下转移 1 h 至硝酸纤维素薄膜，放入封闭液中，在 37℃条件下封闭 1 h；加入一抗，放入 4℃冰箱过夜。同时，另 1 张用不含抗体 TBS-T 液孵育，作为阴性对照。反复洗膜后，将膜与碱性磷酸酶（AP）标记的抗 IgG 抗体孵育，室温轻摇 1 h，洗膜后，用 Western blot 印迹观察，用图像分析测定各带吸光度（*A*）值做定量分析。

参见我们已发表的论文：

［1］ ZHANG W H，FU S B，XU C Q（✉），et al. Involvement of calcium-sensing receptor in ischemia/ reperfusion –induced apoptosis in rat cardiomyocytes［J］. Biochemical and Biophysical Research Communications，2006，347：872-881.

［2］ LU F，ZHANG W，XU C Q（✉），et al. Calcium-sensing receptors induce apoptosis in rat cardiomyocytes via the endo（sarco）plasmic reticulum pathway during hypoxia/ reoxygenation［J］. Basic Clin Pharmacol Toxicol，2009，106：396-405.

［3］ ZHANG W H，LU F H，XU C Q（✉），et al. Post-conditioning protects rat cardiomyocytes via PKC-mediated calcium-sensing receptors［J］. Biochemical and Biophysical Research Communications，2007，361：659-664.

［4］ WANG L N，WANG C，XU C Q（✉），et al. Involvement of calcium-sensing receptor in cardiac hypertrophy-induced by angiotensin Ⅱ through calcineurin pathway in cultured neonatal rat cardiomyocytes［J］. Biochemical and Biophysical Research Communications，2008，369（2）：584-589.

［5］ GUO J，LI H Z，XU C Q（✉），et al. Increased expression of calcium-sensing receptors induced by ox-LDL amplifies apoptosis of cardiomyocytes during simulated ischaemia–reperfusion［J］. Clinical and Experimental Pharmacology and Physiology，2010，37：128-135.

7）用 RT-PCR 技术检测 CaSR mRNA 的表达

肺动脉经低温充分匀浆后，用 Trizol 试剂抽提总 RNA，取总 RNA 5 μl，在 20 μl 逆转录体系中合成 cDNA，以 5 μl cDNA 为模板加入靶基因上下游引物，在 50 μl 体系中进行 PCR 扩增。

参见我们已发表的论文：

ZHANG W H，FU S B，XU C Q（✉），et al. Involvement of calcium –sensing receptor in ischemia/ reperfusion –induced apoptosis in rat cardiomyocytes［J］. Biochemical and Biophysical Research Communications，2006，347：872-881.

GUO J，LI H Z，XU C Q（✉），et al. Increased expression of calcium-sensing receptors induced by ox-LDL amplifies apoptosis of cardiomyocytes during simulated ischemia–reperfusion［J］. Clinical and Experimental Pharmacology and Physiology，2010，37：128-135.

8）用免疫荧光技术检测 CaSR 蛋白表达的组织定位和细胞定位。

① 细胞定位（肺动脉平滑肌细胞）：培养的肺动脉平滑肌细胞在经 4% 多聚赖氨酸预处理的盖玻片上（盖玻片放置于 6 孔培养板内）培养，用预冷的 0.1 mol/L PBS 冲洗，用 4% 的多聚甲醛固定 30 min，在 37℃条件下，用山羊血清封闭 30 min；用一抗孵育，在 4℃ 条件下过夜，阴性对照用 0.1 mol/L PBS 代替一抗；用 0.1 mol/L PBS 冲洗 3 次； FITC- 标记的抗鼠 IgG，在 37℃条件下孵化 1 h；用 PBS 冲洗 3 次，在荧光显微镜下观察。

② 组织定位（肺动脉）：体式显微镜下分离肺动脉，放在预先制备好的 1 cm×1 cm×1 cm 锡箔纸模具中，模具中充满冰冻包埋剂，迅速置于液氮中，用冰冻切片机切片，经丙酮固定 20～30 min 后，用 PBS 清洗，在室温条件下，用 0.5% H_2O_2 稀释的甲醇作用 20 min，灭活内源性酶，用 PBS 清洗两次。用山羊血清封闭，在室温条件下作用 20 min。滴加一抗，在 4℃条件下过夜。用 PBS 清洗 3 次，滴加生物素标记的山羊抗兔二抗，在 37℃条件下孵育 30 min，用 PBS 洗 3 次，用抗荧光淬灭剂封片。在荧光显微镜下观察。

9）用流式细胞技术检测平滑肌增殖和凋亡情况。

分别取各组培养的肺动脉平滑肌细胞，经 0.25% 胰蛋白酶消化后，用 PBS 洗涤 2 次，调整细胞密度为 1×10^6 个 /L，制成单细胞悬液，加入 100 μl 结合缓冲液和 FITC 标记的 Annexin-V（20 μg/ml）10 μl，室温避光 30 min，再加入 PI（50 μg/ml）5 μl，避光反应 5 min 后，加入 400 μl 结合缓冲液，立即用 FACSCAN 进行流式细胞术定量检测。根据细胞增殖指数（proliferation index）公式 $PI=(S+G_2/M)/(S+G_2/M+G_0/G_1)$，计算细胞增殖指数。同时观察细胞凋亡情况。

10）用激光扫描共聚焦显微镜检测心肌细胞游离钙浓度。

将膜通透性 Ca^{2+} 敏感染料 Fluo-3 AM 作为检测肺动脉平滑肌细胞（PASMCs）游离钙的荧光探针，观察 CaSR 不同的激动剂及缺氧条件对细胞内钙离子的影响。PASMCs 首先在室温下用 5～10 pmol/L Fluo-3 AM（先用二甲基亚砜溶解后，再溶于正常台氏液）孵育 30 min。正常台氏液含有：137 mmol/L NaCl，5.4 mmol/L KCl，2 mmol/L $CaCl_2$，1 mmol/L $MgCl_2$，10 mmol/L HEPES，10 mmol/L 葡萄糖，pH7.4（用 NaOH 调节）。然后，PASMCs 用台氏液彻底冲洗，以便移除细胞外 Fluo-3 AM，并置于细胞池静置 15～30 min，使染料脱脂。最后用 Zeiss LSM-510 倒置激光显微镜采集激光图像。用 488 nm 氩激光激发，在 505 nm 波长下测量。用行扫描模式（扫描速度：0.075 μm/ 像素，512 像素 / 行，2 ms 间隔），在加药前后对同一培养皿不同细胞的图像进行采集。通过声光可调滤波器将激光减弱到最大功率（25 mW）的 1%，使漂白作用和激光对细胞的损伤降到最低。实验结束时丢弃含有 10 mmol/L Ca^{2+} 和 0.5 mmol/L 咖啡因不发生反应的细胞。所有的实验均在室温下进行。

参 见：WEI-MIN ZHANG，MO-JUN LIN，JAMES S K. Endothelin-1 and IP3 induced Ca^{2+} sparks in pulmonary arterial smooth muscle cells［J］. J Cardiovasc Pharmacol，2004，44（suppl 1）：121-124.

（3）可行性分析

1）理论可行性。

一般认为，血管收缩、血管重构以及血栓形成是肺动脉高压形成的主要病理生理基础。文献报道，慢性缺氧时瞬时受体电位（TRPC）基因负责编码的钙库操纵性阳离子通道和受体操纵性阳离子通道在肺动脉平滑肌表达上调，可能是缺氧性肺动脉高压的一个新机制（LIN M J，ZHANG W M，MOJUN LIN，et al．Chronic hypoxia-induced upregulation of store-operated and receptor-operated Ca^{2+} channels in pulmonary arterial smooth muscle cells – a novel mechanism of hypoxic pulmonary hypertension［J］．Circ Res．2004，95：496-505）。最新证据显示，线粒体源活性氧升高及伴随来自 ryanodine 敏感钙库的 Ca^{2+} 释放是启动缺氧性肺血管收缩的关键事件，但是激活途径和 Ca^{2+} 进入通路的分子机制尚不清楚（WARD J P，MCMURTPY I F．Mechanisms of hypoxic pulmonary vasoconstriction and their roles in pulmonary hypertension：new findings for an old problem［J］．Current Opinion in Pharmacology，2009，9：287-296）。CaSR 激活导致细胞内钙升高的机制，也是通过钙库操纵性钙通道（SOCC）和受体操纵性钙通道（ROCC）。我们前期的研究表明：CaSR 表达增加可引起心肌细胞内钙超载和心肌肥大；CaSR 在肺动脉平滑肌细胞有功能表达；预实验也初步证实缺氧能使肺动脉平滑肌 CaSR 表达增多。

因此，我们提出的“CaSR 通过促进肺血管收缩和重构而参与缺氧性肺动脉高压的发生”的假说在理论上是可行的。

2）方法可行性。

课题组所在单位具有开展本研究所需的一切仪器设备（见下面的工作条件项）。拟采用的所有实验手段和技术，均为课题组成员所熟悉和掌握[15，20-28]。

3）人员可行性。

项目申请人徐长庆教授为博士和硕士研究生导师，在心血管 CaSR 研究方面有一定建树（见研究基础）。现有博士研究生 8 人，硕士研究生 5 人。课题组成员除本教研室教师和研究生外，还有从事多年肺纤维化发生机制研究的临床医生（研究生）参加，这些人员构成完全能满足开展实验的要求。

4．本项目的特色与创新之处

（1）研究领域的创新

无论在国内还是在国外，心血管系统 CaSR 的研究已逐渐形成热点，但主要都集中在心脏和体循环系统，对肺动脉的研究还是一片“处女地”（参考前面立题依据中的检索结果）。我们小组和胡清华教授小组同时开展了肺动脉 CaSR 研究，分别证明肺动脉有 CaSR 功能表达，我们小组揭示了激活 CaSR 引起细胞内钙增加和肺动脉收缩的机制（信号通路）[30]。我们国内这两个小组的研究首次证明肺动脉平滑肌有功能性钙敏感受体的表达，这不仅填补了国内外的研究空白，也拓宽了 CaSR 的知识内涵，为后续研究奠定了理论和实验基础。

（2）揭示缺氧性肺动脉高压发生机制的新靶点

在缺氧性肺动脉高压的发生、发展过程中，CaSR 是否发挥重要作用，目前国内外还没有相关的研究。胡清华教授的博士研究生罗友根副教授去年中标一项国家自然科学基金课题“钙敏感受体在缺氧诱导 Aβ 过量生成中的作用及其分子机制”（2010—2012）。本课题以大鼠慢性在体缺氧模型和肺动脉平滑肌细胞（PASMCs）缺氧模型为研究对象，观察缺氧时肺动脉平滑肌 CaSR 的表达变化与血管张力、血管重构（细胞增殖和细胞凋亡）的关系及其相关信号传导通路。我们的课题和罗友根副教授的课题的研究大方向相同，但是研究的内容和侧重点不同，可谓“优势互补，相得益彰”。我们的研究成果有望成为揭示缺氧性肺动脉高压发生的一种新机制，也将为缺氧性肺动脉高压的防治提供药物作用新靶点。

5．年度研究计划及预期研究结果（包括拟组织的重要学术交流活动、国际合作与交流计划等）

2011 年 1 月—2011 年 12 月

检测 CaSR 在大鼠肺动脉平滑肌和细胞的表达和定位，确定 CaSR 激活引起 $[Ca^{2+}]_i$ 增加的途径，明确 CaSR 激动剂对肺动脉平滑肌张力的影响（补充部分实验）；同时完成大鼠慢性缺氧模型的制备和相应指标检测。

2012 年 1 月—2012 年 12 月

继续完成大鼠慢性缺氧模型的制备和相应指标检测，同时制备肺动脉平滑肌细胞缺氧模型，观测 CaSR 表达规律，揭示它与血管张力、血管重构（细胞增殖和细胞凋亡）的关系及其信号传导通路。

2013 年 1 月—2013 年 12 月

继续进行肺动脉平滑肌细胞缺氧模型方面的实验，并根据研究开展情况，随时进一步补充相应实验，力求在理论上有所发现、突破和建树。拟利用暑期时间在哈尔滨医科大学主办 1 次心血管系统钙敏感受体的国际学术研讨会。最后利用 2～3 个月时间进行课题总结、论文撰写和成果申报工作。

预期研究结果：

（1）首次证实在大鼠肺动脉平滑肌组织和细胞内有钙敏感受体的功能性表达存在。

（2）揭示缺氧时肺动脉平滑肌 CaSR 表达增加及促进血管收缩和血管重构的机制，从而从新的视角阐明缺氧性肺动脉高压的发生机制。

（3）预期发表研究论文 4～6 篇，其中至少 2 篇以上 SCI 收录论文，并申报科技成果奖。

（二）研究基础与工作条件

1．工作基础

项目申请人所在的哈尔滨医科大学病理生理教研室，曾承担国家“七五”“八五”攻关课题、863 课题和近 20 项国家自然科学基金课题，发表论文 300 余篇，获省部级自然奖、科技进步奖近 20 次。

（1）心肌钙敏感受体（CaSR）研究的部分成果

在多项国家自然科学基金项目资助下，本课题组以大鼠离体心脏灌流模型、冠脉结扎模型、酶解心肌细胞和原代培养乳鼠心肌细胞为对象，采用高效液相色谱、流式细胞仪、膜片钳、激光共聚焦、Western blot、RT-PCR、免疫荧光、TUNEL 染色等方法，2003 年以来在心肌 CaSR 的研究中取得了一些研究成果[15.20-28]：

1）首次发现 CaSR 在大鼠心肌组织中存在及其在不同鼠龄大鼠中的表达规律（图 7-11）；

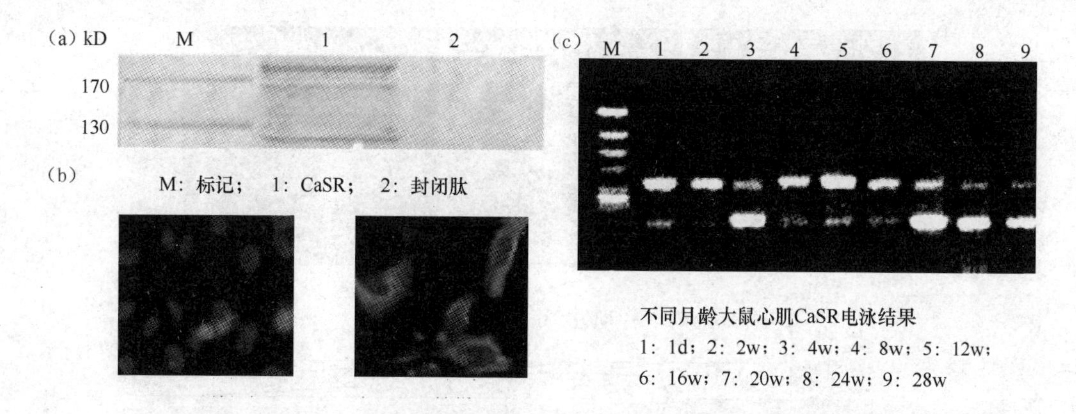

图 7-11 CaSR 在成年大鼠（a、b）和不同鼠龄大鼠（c）心肌组织的表达

2）首次发现 CaSR 激活通过 G 蛋白 -PLC-IP_3 通路引起细胞内钙增加，参与心肌钙稳态和兴奋 - 收缩偶联的调控，并是细胞钙超载的发生机制之一（图 7-12）。

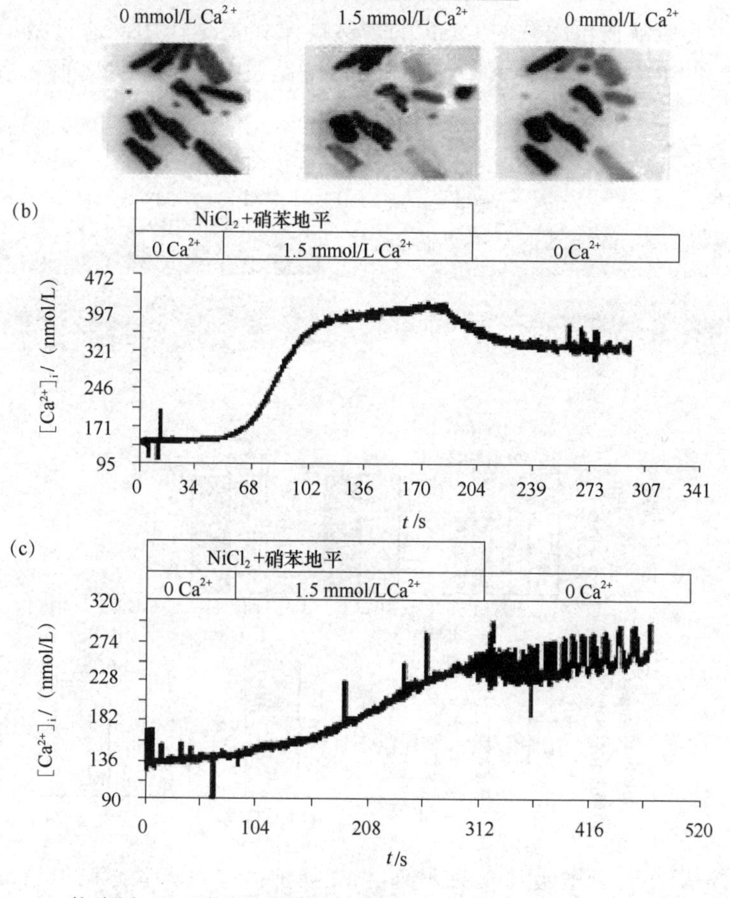

图 7-12 CaSR 激动剂、L 型钙通道抑制剂和钠 - 钙交换抑制剂对心肌细胞［（a）～（c）为急性分离心肌细胞，（d）～（e）为原代培养心肌细胞］内钙离子变化的影响

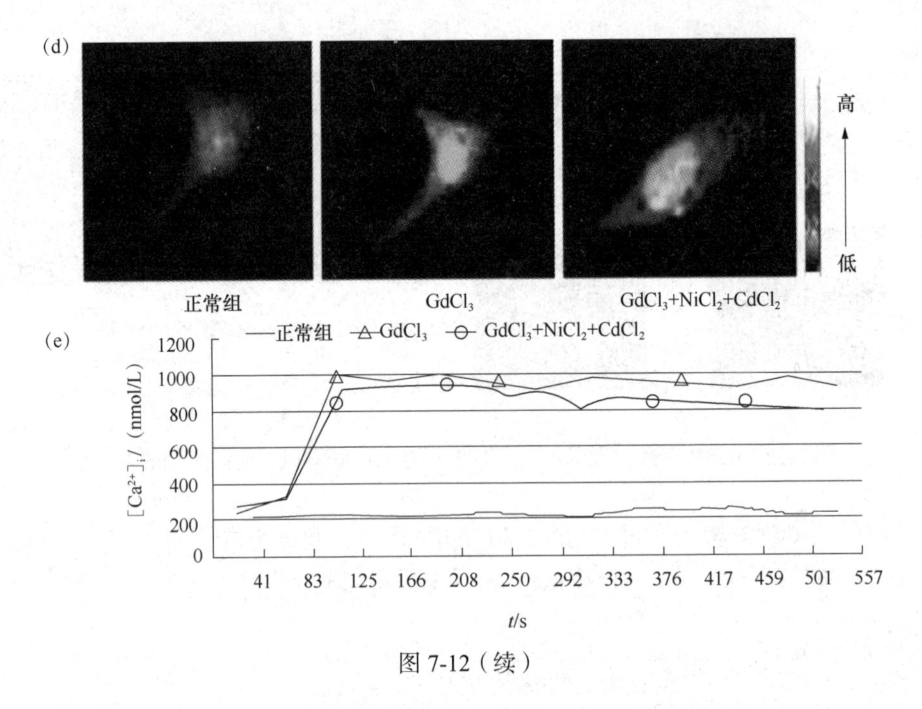

图 7-12（续）

3）首次揭示心肌缺血再灌注时 CaSR 的表达规律和关键作用，通过激活 MAPKs（包括 p38 MAPK、JNK 和 ERK）- 细胞色素 C - Caspase-3 通路及 Fas 受体死亡通路，诱导心肌细胞凋亡（图 7-13）。

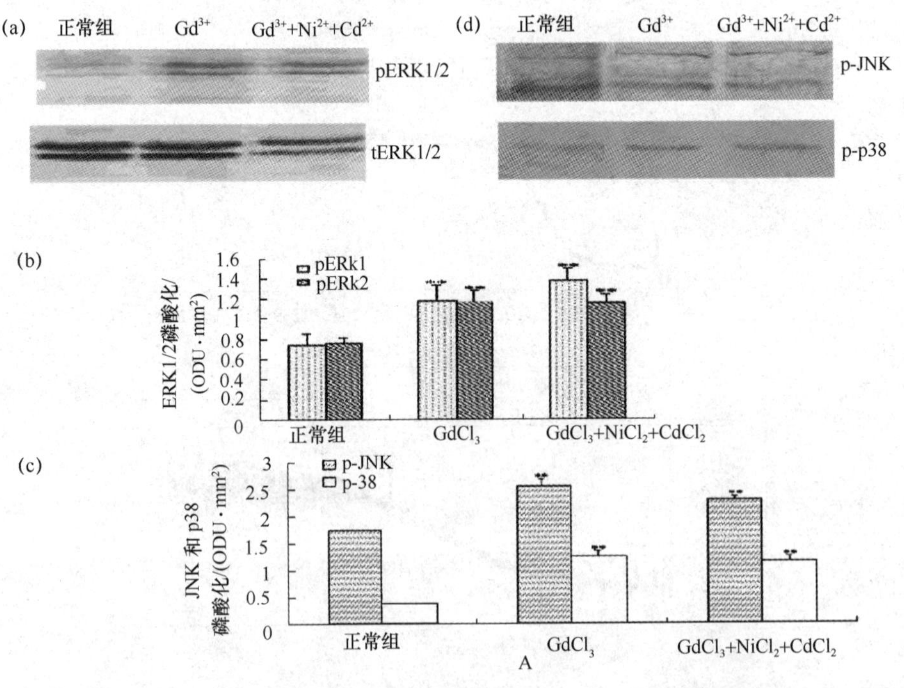

图 7-13 CaSR 激动剂、L 型钙通道抑制剂和钠 - 钙交换抑制剂对大鼠心肌细胞 p38 MAPK、JNK 和 ERK 表达（A）及其形态学变化（B）的影响

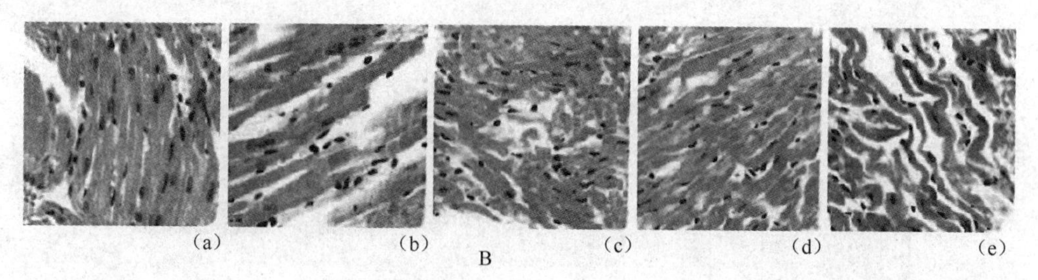

在图 7-13 B 中，(a) 对照组；(b) 缺氧组；(c) A/R；(d) $NiCl_2+CdCl_2+A/R$；(e) $GdCl_3+NiCl_2+CdCl_2+A/R$

图 7-13 (续)

4）首次发现 PKCε 介导的 CaSR 活性改变并参与了缺血后适应的心肌保护作用（图 7-14）。

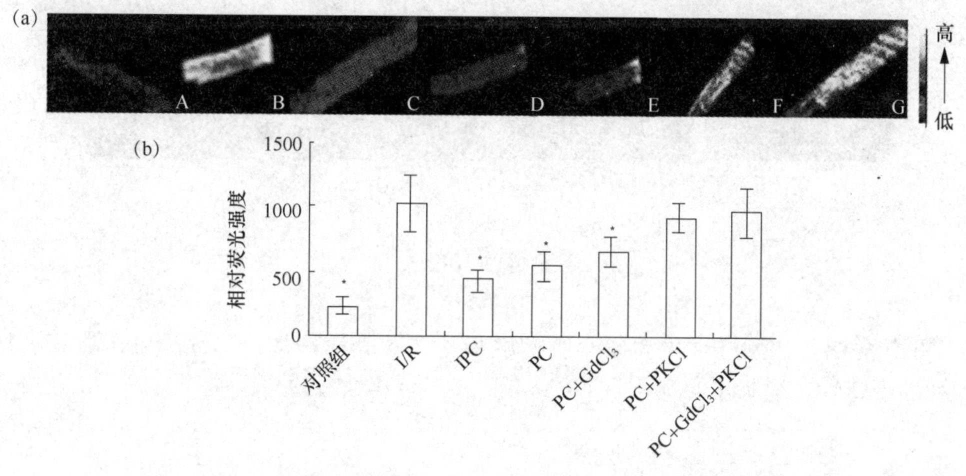

图 7-14　PKCε 抑制剂、CaSR 激动剂、缺血预适应和缺血后适应对大鼠心肌细胞缺血再灌注时细胞内钙变化的影响

5）首次发现 CaSR 通过神经钙调磷酸酶（CaN）参与 AngII 诱导的大鼠心肌肥大（图 7-15）；

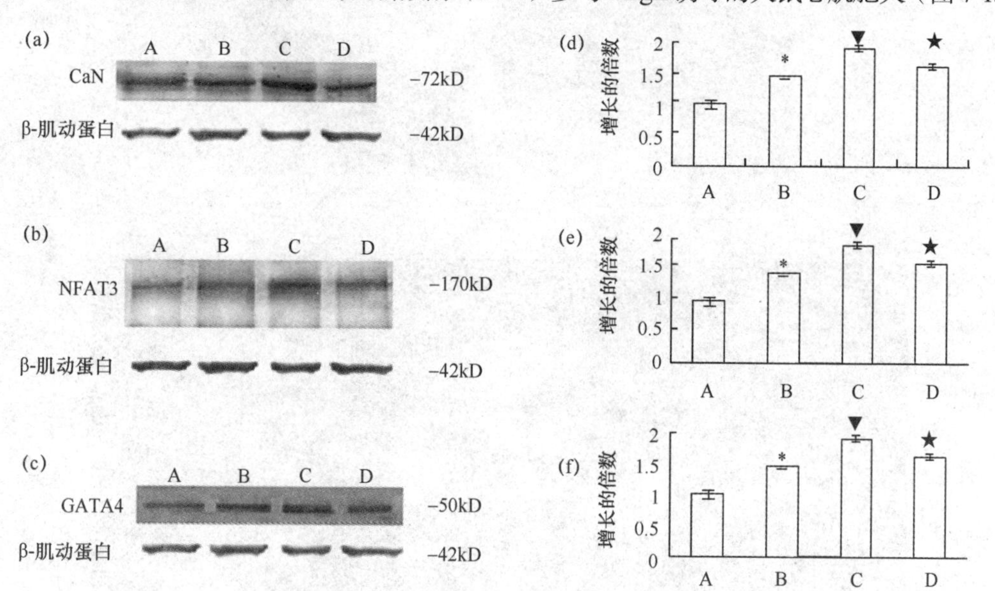

A．对照组；B．Ang Ⅱ模型组；C．Ang Ⅱ＋CaSR 激动剂组；D．Ang Ⅱ＋CaSR 抑制剂组

图 7-15　CaSR 通过神经钙调磷酸酶（CaN）参与 Ang Ⅱ诱导的大鼠心肌细胞肥大

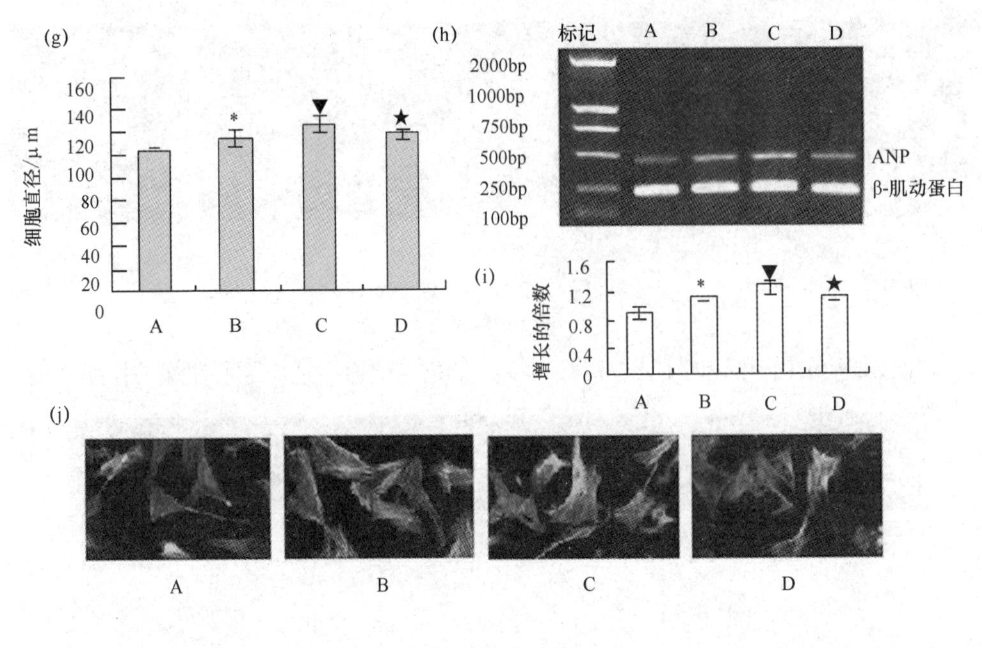

图 7-15 （续）

6）首次发现动脉粥样硬化大鼠心肌钙敏感受体的表达增加，可促进细胞凋亡，增加对心肌梗死的敏感性（图 7-16）。

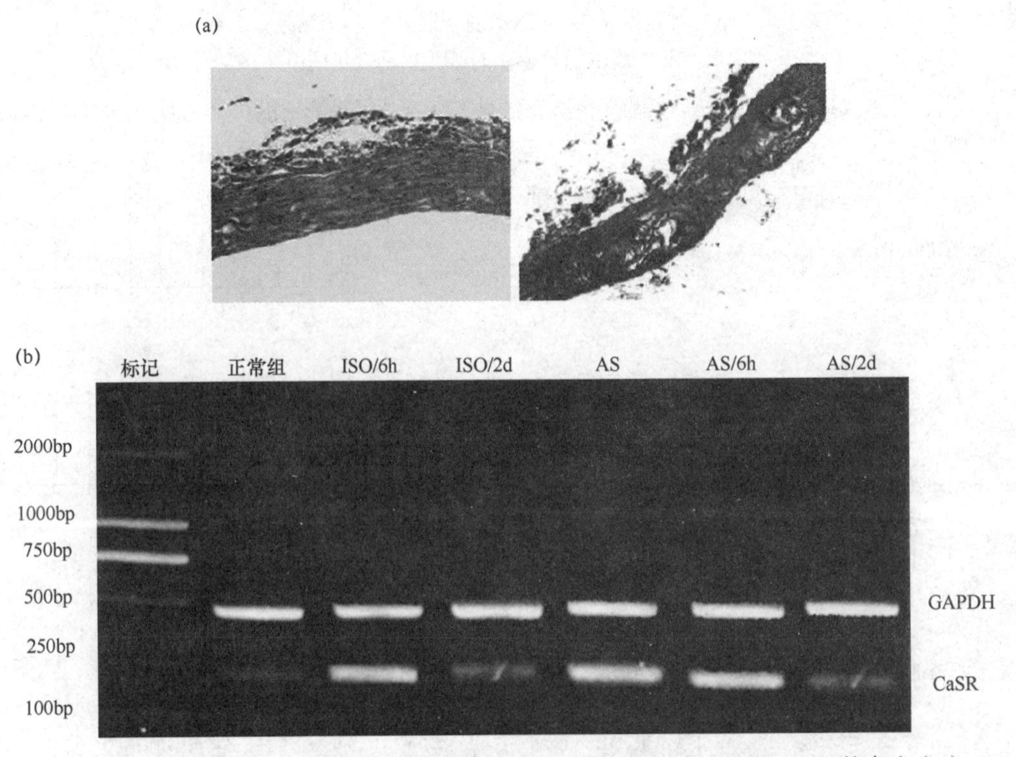

图 7-16　动脉粥状硬化（AS）大鼠主动脉平滑肌 HE 染色（a）和心肌 CaSR 的表达（b）

迄今，已发表相关论文 40 余篇，其中 SCI 收录 16 篇（详见申请人简介）。其中国家自然基金项目“大鼠心肌细胞钙敏感受体的生物学活性及其在心肌缺血再灌注损伤中的作用”已获 2008 年黑龙江省政府自然科学二等奖（图 7-17）。

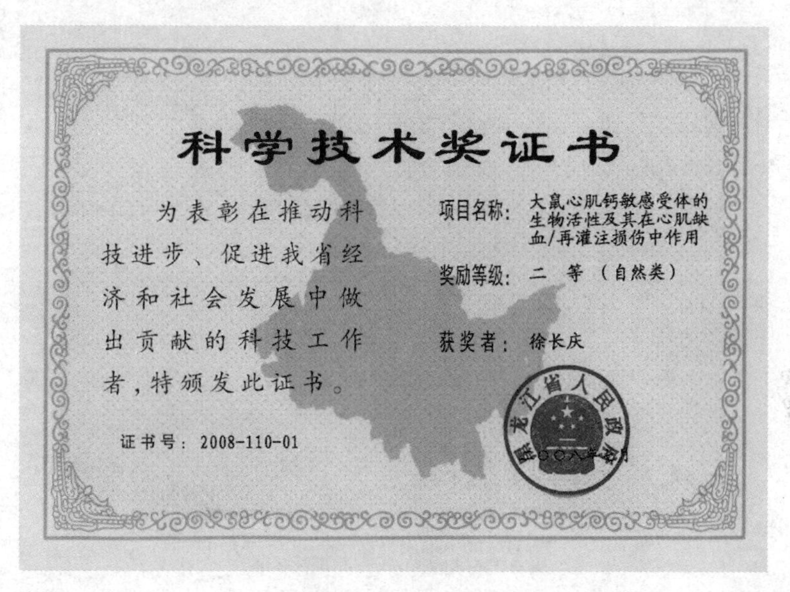

图 7-17　获奖证书

（2）有关肺动脉 CaSR 的前期实验和预实验结果

为了证实我们的有关“CaSR 在肺动脉平滑肌细胞有功能表达并参与缺氧性肺动脉高压的发生”的假设，本课题开展了有关肺动脉平滑肌细胞有 CaSR 功能表达的前期实验，并对 CaSR 在大鼠缺氧肺动脉收缩及重构做了部分初步预实验，结果如下：

1）通过免疫荧光、RT-PCR 和 Western blot（图 7-18）观察到大鼠肺动脉和肺动脉平滑肌细胞有 CaSR 表达，且在阻断钠钙交换和 L 型钙通道的情况下，Ca^{2+}（呈剂量依赖性）引起肺动脉平滑肌肌张力升高（图 7-19）。

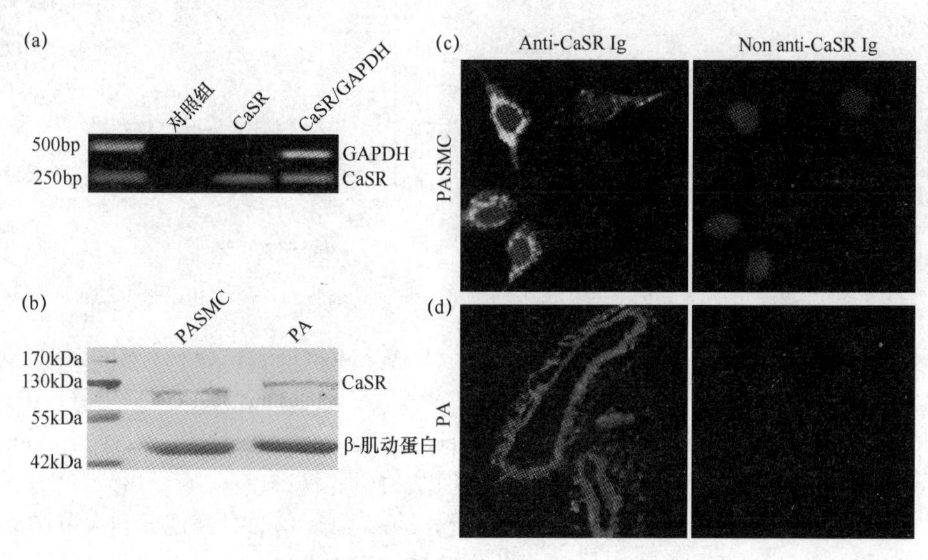

图 7-18　大鼠肺动脉及其平滑肌细胞 CaSR 的表达

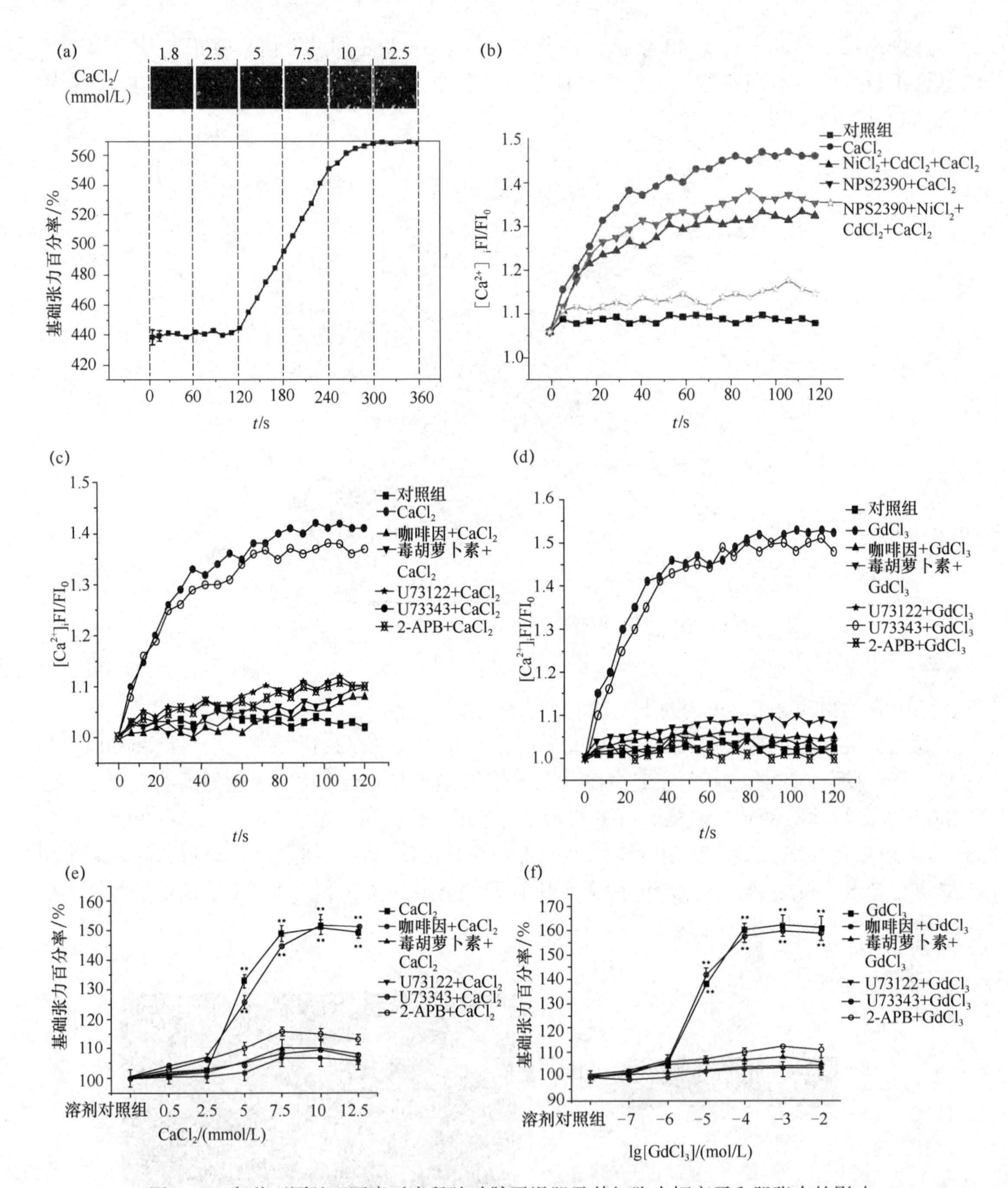

图 7-19　各种不同处理因素对大鼠肺动脉平滑肌及其细胞内钙离子和肌张力的影响

上述结果已写成论文，投往国际期刊［LI G W，WANG Q S，HAO J H，XING W J，GUO J，LI H Z，BAI S Z，LI H X，YANG B F，WU L Y，WANG R and XU C Q（✉）. Functional expression of the extracellular calcium-sensing receptor in rat pulmonary artery smooth muscle cells. Journal of Biomedical Science，2011，18（1）：16］。

2）采取上述方法，在急性缺氧 1～5 h 或慢性缺氧 12～48 h 时，观察到大鼠肺动脉平滑肌细胞 CaSR 表达均有增加（图 7-20）。另外用 MTT 和细胞增殖核抗原（PCNA）检测等方法，初步观察到缺氧和 CaSR 激活均可促进细胞增殖（图 7-21）。

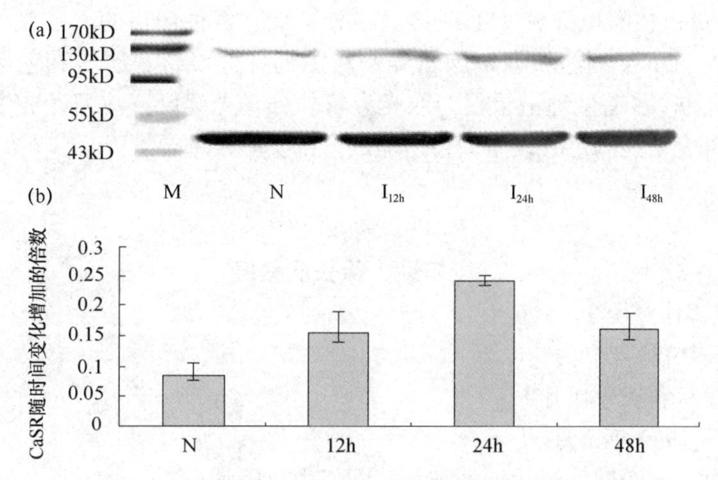

图 7-20　不同缺氧时间大鼠肺动脉平滑肌 CaSR 的表达

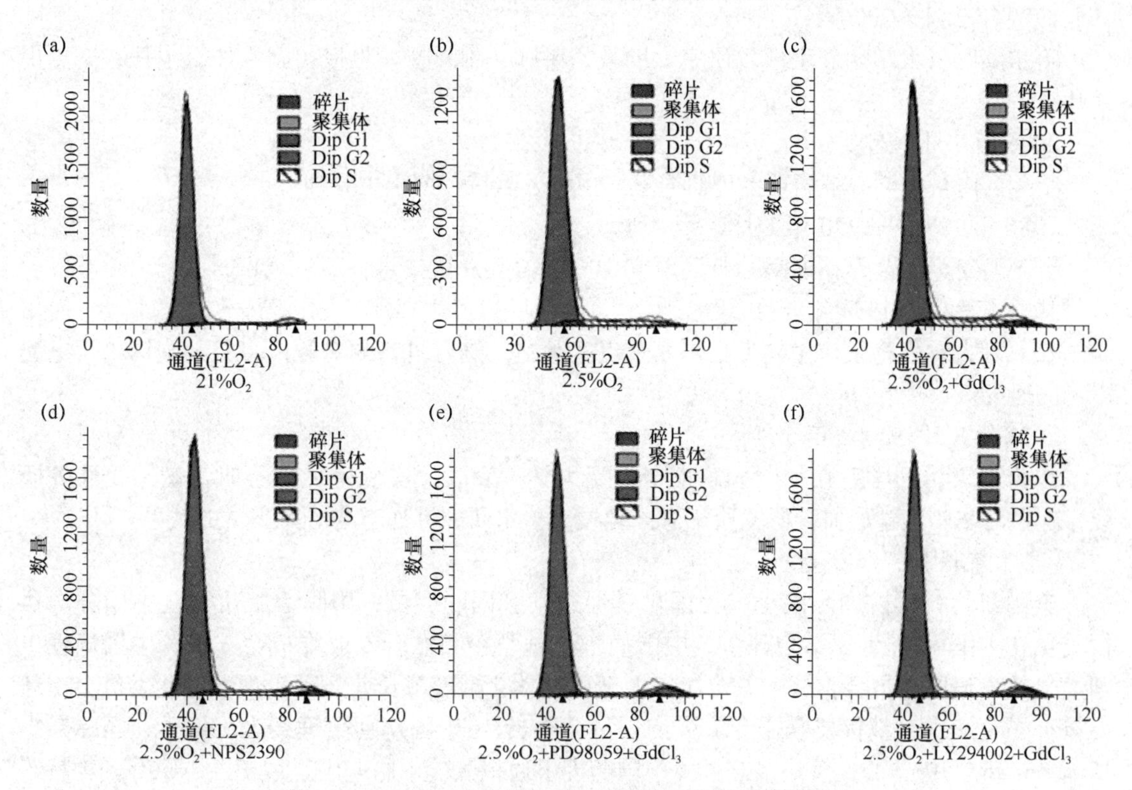

图 7-21　CaSR 对大鼠肺动脉平滑肌细胞生长周期的影响

上述这些研究成果，为本项目的顺利实施创造了条件，打下了良好的基础。

2．工作条件

申请者所在的实验室为黑龙江省和科学技术部共建国家重点实验室培育基地。

本单位有流式细胞仪，高效液相色谱仪，激光扫描荧光成像仪，离子电流测定配套设备（如膜片钳仪、基因钳仪、数模转换仪、电极拉制器、倒置显微镜、三维液压推进器、恒温控制系统等以及 pclamp 软件等），电子显微镜，分子生物学检测的配套相应设备（如 PCR 仪、全自动蛋白核酸电泳仪、毛细管电泳分析仪、各种规格的离心机、不同温度的冰箱、DNA 合成仪、DNA 测序仪、细胞培养室所需的各种设备、层析和色谱技术所需的各种设备、制冰机等），多道生理记录仪，双光束紫外分光光度仪，液闪计数仪等进口仪器。

上述工作条件完全能满足开展本项目所需的全部实验技术要求。

3．申请人简介

申请人徐长庆教授

【学历和研究工作经历】

1965 年 8 月—1970 年 7 月

就读于哈尔滨医科大学医疗系；

1970 年 7 月—1979 年 2 月

在黑龙江省拜泉县医院、绥化地区结核医院任内科医师；

1979 年 2 月—2006 年 6 月

哈尔滨医科大学病理生理教研室　助教、讲师、副教授、教授；副主任、主任；博士生导师；

2006 年 6 月—迄今

哈尔滨医科大学心脏病理生理研究室　主任、教授、博士生导师；

1988 年 12 月—1990 年 1 月

获 WHO 奖学金，在苏联心脏病研究中心学习膜片钳技术；

1994 年 3 月—1994 年 8 月

在北京大学生物膜与生物工程国家重点实验室，进行丹参酮对豚鼠心肌细胞钙离子电流影响的研究；

2001 年 8 月—2002 年 5 月

作为高级访问学者在加拿大萨斯卡彻温大学王睿教授实验室从事心肌钙敏感受体等研究，在蒙特利尔大学心血管研究所王志国教授实验室研究钾通道与心律失常的关系。

【学术兼职】

美国纽约科学院国际院士；美国科学促进学会国际会员；国际心脏研究会中国分会执行委员；中国病理生理学会理事；中国病理生理学会心血管专业委员会委员；中国病理生理学会教育工作委员会委员；黑龙江省生理科学学会副理事长兼病理生理学专业委员会主任委员；黑龙江省对俄科技合作专家咨询委员会委员；《中国病理生理杂志》编委；国际杂志 *Heart Vessels*、《中华心血管病杂志》、《中国药理学通报》、《中国应用生理学杂志》等刊物特约审稿专家；国家 863 项目评审专家；国家自然科学基金课题评审专家；卫生部（中华医学）科技奖评审委员；国家教育部科技进步奖评审专家；黑龙江省优秀中青年专家。入选世界名人录（Who's Who in the World）。

【承担课题】

主持国家自然科学基金课题 5 项：

（1）钙敏感受体对动脉粥样硬化大鼠急性心肌梗死易感性的影响和保护研究，在研（30871012，2009—2011 年）；

（2）外源性精胺心肌保护作用的电生理机制研究，已结题（NSFC-RFBR 项目 30811120280，2007—2008 年）；

（3）大鼠心肌多胺代谢规律和“双刃剑”作用机制的研究，已结题（30470688，2005—2007 年）；

（4）大鼠心肌细胞钙敏感受体的生物学活性及其在心肌缺血再灌注损伤中的作用，已结题（30370577，2004—2006 年）；

（5）氧自由基对单个心肌细胞跨膜电位和离子电流的影响，已结题（39570305，1996—1998 年）。

主持教育部博士点基金 1 项：

钙敏感受体在大鼠动脉粥样硬化模型诱发的急性心肌梗死中的作用及机制，在研（20070226012，2008—2010 年）。

主持其他省、厅级课题 5 项：略。已结题。

【获奖情况】

获各级科技进步奖 20 项（其中省部级 9 项）：

（1）徐长庆、张伟华、孙怡华、赵雅君、姜春明：大鼠心肌细胞钙敏感受体的生物学活性及其在心肌缺血再灌注损伤中的作用（黑龙江省自然科学二等奖，2008，第一名）；

（2）杜智敏、杨宝峰、周晋、孙建平、张波、徐长庆：IK1 调节剂对改善心功能的研究（黑龙江省科技进步二等奖，2004，第六名）；

（3）徐长庆、朱世军、王孝铭、杨宝峰、傅国辉：氧自由基在心肌缺血再灌注损伤中的中心作用及心肌保护研究（黑龙江省自然科学二等奖，2003，第一名）；

（4）杨宝峰、罗大力、周晋、何树庄、王志国、徐长庆：抗心律失常中药最佳作用靶点的研究（中国高校自然科学一等奖，2001，第六名）；

（5）徐长庆、李哲泓、李玉荣、杨宝峰、娄延平：丹参制剂抗缺血再灌注性心律失常的电生理机制研究（黑龙江省科技进步三等奖，2000，第一名）；

（6）杨宝峰、何树庄、周晋、李玉荣、徐长庆：青蒿素等中药活性成分与钾通道关系的研究（黑龙江省科技进步三等奖，2000，第五名）；

（7）杨宝峰、李玉荣、徐长庆、杜智敏、罗大力：几种中药抗心律失常作用与钾离子通道关系的研究（卫生部科技进步三等奖，1999，第三名）；

（8）李玉荣、杨宝峰、徐长庆、杜智敏、李宝馨：几种中药抗心律失常作用与钾离子通道亚型关系的研究（黑龙江省科技进步三等奖，1999，第三名）；

（9）王孝铭、张力、付国辉、徐长庆、李相忠：丹参对心肌保护作用的细胞及分子机理研究（黑龙江省科技进步三等奖，1993，第四名）。

【论文发表情况】

5 年来，在国内外核心期刊发表科研论文 60 余篇，其中 SCI 收录 20 篇：

[1] LU F，TIAN Z，ZHANG W，ZHAO Y，BAI S，REN H，CHEN H，YU X，WANG J，WANG L，LI H，PAN Z，TIAN Y，YANG B，WANG R，XU C Q（✉）. Calcium-sensing receptors induce apoptosis in rat cardiomyocytes via the endo（sarco）plasmic reticulum pathway during hypoxia/reoxygenation [J]. Basic Clin Pharmacol Toxicol，2009，106：396-405. （SCI 收录，IF 2.118）

[2] CAO Q, ZHANG L, YANG G, XU C Q, WANG R. Butyrate stimulated H_2S production in colon cancer cell [J]. Antioxid Redox Signal, 2010, 12 (9): 1101-1109.
(SCI 收录，IF 6.19)

[3] GUO J, LI H Z, ZHANG W H, WANG L C, WANG L N, ZHANG L, LI G W, LI H X, YANG B F, WU L Y, WANG R, XU C Q (✉). Increased expression of calcium-sensing receptors induced by ox-LDL amplifies apoptosis of cardiomyocytes during simulated ischaemia–reperfusion [J]. Clinical and Experimental Pharmacology and Physiology, 2010, 37: 128-135. (SCI 收录，IF 2.196)

[4] LIN Y, LIU J C, ZHANG X J, LI G W, WANG L N, XI Y H, LI H Z, ZHAO Y J, XU C Q (✉). Downregulation of the ornithine decarboxylase/polyamine system inhibits angiotensin-induced hypertrophy of cardiomyocytes through the NO/ cGMP-dependent protein kinase type-I pathway [J]. Cell Physiol Biochem, 2010, 25: 441-448. (SCI 收录，IF 3.459)

[5] HAN L P, XU C Q (✉), GUO Y M, LI H Z, JIANG C M, ZHAO Y J. Polyamine metabolism in rat myocardial ischemia-reperfusion injury [J]. International Journal of Cardiology, 2009, 132 (1): 142–144. (SCI 收录，IF 3.121)

[6] LI H, SHI S, SUN Y H, ZHAO Y J, LI Q F, LI H Z, WANG R, XU C Q (✉). Dopamine D_2 receptor stimulation inhibits angiotensin II-induced hypertrophy in cultured neonatal rat ventricular myocytes [J]. Clinical and Experimental Pharmacology and Physiology, 2009, 36, 312-318. (SCI 收录，IF 2.196)

[7] ZHAO Y J, ZHANG W H, XU C Q (✉), LI H Z, WANG L N, LI H, SUN Y H, LIN Y, HAN L P, ZHANG L, TIAN Y, WANG R, YANG B F, LI W M. Involvement of the ornithine decarboxylase/polyamine system in precondition-induced cardioprotection through an interaction with PKC in rat hearts [J]. Mol Cell Biochem, 2009, 332: 135-144.
(SCI 收录，IF 2.01)

[8] SHI S, LI Q S, LI H, ZHANG L, XU M, CHENG J L, PENG C H, XU C Q, TIAN Y. Anti-apoptotic action of hydrogen sulfide is associated with early JNK inhibition [J]. Cell Biology International, 2009, 33: 1095-1101. (SCI 收录，IF 1.619)

[9] ZHANG W H, XU C Q (✉). Calcium sensing receptor and heart diseases [J]. Pathophysiology, 2009, 16: 317-323. (SCI 收录，IF 1.828)

[10] JIANG C M, HAN L P, LI H Z, QU Y B, ZHANG Z R, WANG R, XU C Q (✉), LI W M. Calcium-sensing receptors induce apoptosis in cultured neonatal rat ventricular cardiomyocytes during simulated ischemia/ reperfusion [J]. Cell Biology International, 2008, 32: 792-800. (SCI 收录，IF 1.619)

[11] LI H Z, HAN L P, JIANG C M, LI H, ZHAO Y J, GAO J, LIN Y, MA S X, TIAN Y, YANG B F, XU C Q (✉). Effect of dopamine receptor 1 on apoptosis of cultured neonatal rat cardiomyocytes in simulated ischaemia/reperfusion [J]. Basic & Clinical Pharmacology & Toxicology, 2008, 102, 329-336. (SCI 收录，IF 1.821)

[12] WANG L N, WANG C, LIN Y, XI Y H, ZHANG W H, ZHAO Y J, LI H Z, TIAN Y, LV Y J, YANG B F, XU C Q (✉). Involvement of calcium-sensing receptor in cardiac hypertrophy-

induced by angiotensin Ⅱ through calcineurin pathway in cultured neonatal rat cardiomyocytes [J]. Biochemical and Biophysical Research Communications，2008，369（2）：584-589.（SCI 收录，IF 2.749）

[13] LIN Y，WANG L N，XI Y H，LI H Z，XIAO F G，ZHAO Y J，TIAN Y，YANG B F，XU C Q（✉）. L-arginine inhibits isoproterenol-induced cardiac hypertrophy through nitric oxide and polyamine pathways [J]. Basic & Clinical Pharmacology & Toxicology，2008，103（2）：124- 30.（SCI 收录，IF 1.821）

[14] ZHANG W H，LU F H，ZHAO Y J，WANG L N，TIAN Y，PAN Z W，LV Y J，WANG Y L，DU L J，SUN Z R，YANG B F，WANG R，XU C Q（✉）. Post-conditioning protects rat cardiomyocytes via PKC-mediated calcium-sensing receptors [J]. Biochemical and Biophysical Research Communications，2007，361：659-664.（SCI 收录，IF 2.87）

[15] HAN L P，XU C Q（✉），JIANG C M，LI H Z，ZHANG W H，ZHAO Y J，ZHANG L，ZHANG Y Q，ZHAO W M，YANG B F. Effects of polyamines on apoptosis induced by simulated ischemia/reperfusion injury in cultured neonatal rat cardiomyocytes [J]. Cell Biology International，2007. 31：1345-1352.（SCI 收录，IF 1.547）

[16] ZHAO Y J，XU C Q（✉），ZHANG W H，ZHANG L，BIAN S L，HUANG Q，SUN H L，LI Q F，ZHANG Y Q，TIAN Y，WANG R，YANG B F，LI W M. Role of polyamines in myocardial ischemia/reperfusion injury and their interactions with nitric oxide [J]. European Journal of Pharmacology，2007，562：236-246.（SCI 收录，IF 2.477）

[17] XU C Q（✉），ZHANG W H，JIANG C M，SUN Y H，WANG R. Involvement of calcium sensing receptor in myocardial ischemia/reperfusion injury and apoptosis [J]. Journal of Molecular and Cellular Cardiology，2007，42：80-81.

[18] ZHANG W H，FU S B，LU F H，WU B，GONG D M，PAN Z W，LV Y J，ZHAO YJ，LI Q F，WANG R，YANG B F，XU C Q（✉）. Involvement of calcium –sensing receptor in ischemia/ reperfusion –induced apoptosis in rat cardiomyocytes [J]. Biochemical and Biophysical Research Communications，2006，347：872-881.（SCI 收录，IF 2.855）

[19] SUN Y H，LIU M N，LI H，SHI S，ZHAO Y J，WANG R，XU C Q（✉）. Calcium-sensing receptor induces rat neonatal ventricular cardiomyocyte apoptosis [J]. Biochemical and Biophysical Research Communications，2006，350：942-948.（SCI 收录，IF 2.855）

[20] HUANG Y，WU L，XU C，YANG B，WANG R. Increased HO-1 expression and decreased iNOS expression in the hippocampus from adult spontaneously hypertensive rats [J]. Cell Biochem Biophys，2006，46（1）：35-42.（SCI 收录，IF 2.138）

[21] WANG R，XU C，ZHAO W，ZHANG J，CAO K，YANG B，WU L. Calcium and polyamine regulated calcium-sensing receptors in cardiac tissues [J]. Eur J Biochem，2003，270：2680-2688.（SCI 收录，IF 3.26）

[22] 徐长庆（✉），张伟华. 心血管系统钙敏感受体的研究进展 [J]. 中国病理生理杂志，2010，26（2）：409-413.

[23] 郭津，徐长庆（✉），李鸿珠，裴天仙，王丽娜，张力，张伟华，徐曼，林岩，田野. 异丙肾性心肌梗死大鼠钙敏感受体的表达和凋亡通路变化 [J]. 中国病理生理杂志，

2009，25（1）：48-53.

[24] 林岩，徐长庆（✉），赵雅君，王丽娜，席玉慧，李鸿珠，李光伟. 多胺在异丙肾上腺素所致大鼠心肌肥厚中的作用及意义[J]. 中国病理生理杂志，2009，25（3）：417-421.

[25] 林岩，徐长庆（✉），王丽娜，李鸿珠，赵雅君，席玉慧，王国忠. 多胺在 *L*- 精氨酸抑制异丙肾上腺素诱导的大鼠心肌肥厚中的作用[J]. 中国病理生理杂志，2009，25（11）：2099-2104.

[26] 张婧媛，张艳桥，张一娜，裴丽春，徐长庆，杨微. PPAR-Y 激动剂减轻缺氧性大鼠神经细胞损伤的作用机制[J]. 中国病理生理杂志，2009，25（1）：89-92.

[27] 王艳丽，孙智睿，杜丽娟，于雪，王景晓，赵雅君，徐长庆，张伟华. 缺氧后适应中蛋白激酶 C 与钙敏感受体相互作用对乳鼠心肌细胞的保护作用[J]. 中国病理生理杂志，2009，25（8）：1457-1462.

[28] 孙敏. 李鸿珠，王丽岩，杨狄，郭津，田野，徐长庆（✉）. 脂微球前列腺素 E_1 对大鼠离体心肌缺血 - 再灌注损伤的保护作用和机制[J]. 中华临床医师杂志，2009，3（10）：1670-1677.

[29] 张卓然，王鲁川，李鸿珠，郭津，王丽娜，张伟华，徐长庆（✉）. 丹参对 ox – LDL 孵育的乳鼠心肌细胞缺氧 - 复氧所致细胞凋亡的保护作用[J]. 中医药学报，2009，37（5）：19-23.

[30] 韩丽萍，徐长庆（✉），姜春明，李鸿珠，赵雅君，龚永生，杜友爱，郭益民. 多胺代谢与大鼠心肌缺血再灌注损伤关系的实验研究[J]. 中华心血管病杂志，2008，36（4）：346.

[31] 郭津，徐长庆（✉），李鸿珠，王丽娜，王鲁川，张力，张伟华，李光伟，田野. 动脉粥样硬化对大鼠心肌钙敏感受体的表达和细胞凋亡的影响[J]. 中华心血管病杂志，2008，36（12）：1101-1105.

[32] 裴天仙，徐长庆（✉），于靖，李鸿珠，郭津，高秀香，赵炜明，杨宝峰. 槲皮素抗阿霉素诱导的培养心肌细胞的凋亡[J]. 中国药理学通报，2008，24（4）：534-538.

[33] 孙智睿，王艳丽，杜丽娟，赵雅君，王丽娜，徐长庆，张伟华. 钙敏感受体表达增加诱发内质网应激在缺氧 - 复氧性心肌损伤中的作用[J]. 中国病理生理杂志，2008，24（7）：1249 - 1253.

[34] 张伟才，张伟华，吴博，赵雅君，李全凤，徐长庆. 钙敏感受体与缺血再灌注损伤诱发心肌细胞凋亡的线粒体途径的关系[J]. 中华心血管病杂志，2007，35（8）：740-744.

[35] 吴博，张伟华，李全凤，高秀香，张力，杨金霞，王秀丽，张明爽，张卓然，徐长庆（✉）. 钙敏感受体对大鼠心肌缺氧 - 复氧损伤时细胞凋亡的影响[J]. 中国病理生理杂志，2007，23（7）：1249-1253.

[36] 姜春明，韩丽萍，李鸿珠，徐长庆（✉），孙轶华，赵炜明. 钙敏感受体在大鼠心肌缺血再灌注损伤的表达变化及与心肌损伤关系[J]. 中国病理生理杂志，2007，23（6）：1084-1087.

[37] 张伟华，傅松滨，吴博，龚冬梅，赵雅君，李全凤，张力，徐长庆（✉）. 钙敏感受

体参与心肌缺血再灌注损伤诱发细胞凋亡的机制［J］．中国地方病学杂志，2007，26（4）：363-366.

［38］韩丽萍，姜春明，李鸿珠，王莞，孙铁华，徐长庆（✉）．精胺对大鼠在体心肌缺血再灌注损伤的保护作用及机制初探［J］．中国病理生理杂志 2007，23（5）：839-843.

［39］李弘，徐长庆（✉），孙铁华，时飒，李全凤，赵雅君．多巴胺系统及 L 精氨酸 / 一氧化氮通路在大鼠心肌肥大中的作用研究［J］．中国地方病学杂志，2007，26（4）：367-371.

［40］李鸿珠，徐长庆（✉），韩丽萍，姜春明，李弘，赵雅君，孙铁华，徐晨光，赵炜明．大鼠心肌多巴胺受体在缺氧 - 复氧时的表达变化及其意义［J］．中国病理生理杂志，2007，23（12）：2322-2326.

［41］裴天仙，徐长庆（✉），李滨，张卓然，高秀香，于靖，李鸿珠，杨宝峰．槲皮素对阿霉素致小鼠心肌损伤的保护作用及其机制［J］．药学学报，2007，42（10）：1029-1033.

［42］张卓然，徐长庆（✉），韩丽萍，裴天仙，杨金霞，张明爽，王秀丽，吴博，张力．白藜芦醇对小鼠阿霉素性心肌损伤的保护作用及机制［J］．中国药理学通报，2007，23（6）：769-773.

［43］李志伟，张艳桥，范鹰，李呼伦，张一娜，徐长庆．磷酸化 PKC δ 参与 6 - OHDA 诱导的多巴胺能神经细胞凋亡［J］．中国病理生理杂志，2007，23（6）：1145-1148.

［44］卢方浩，刘伟，胡永波，张伟华，张晓宇，刘云霞，李全凤，赵雅君，吴博，刘莉，徐长庆．热休克蛋白 70 抑制 c-Jun 氨基末端激酶通路对 H_2O_2 诱导心肌细胞凋亡的保护作用［J］．中国地方病学杂志，2007，26（5）：537-539.

［45］孙丽红，李鸿珠，韩丽萍，姜春明，赵雅君，高秀香，田野，徐长庆（✉）．青蒿素对离体大鼠心肌缺血再灌注损伤的保护作用［J］．中国中药杂志，2007，32（15）：1547-1551.

［46］孙铁华，张力，徐长庆（✉），李弘，时飒，赵雅君，韩丽萍，张红雨．不同鼠龄大鼠心肌组织中钙敏感受体的表达及其在心肌缺血再灌注损伤中的改变［J］．中国病理生理杂志，2006，22（8）：1506-1509.

［47］孙铁华，徐长庆（✉），李弘，时飒，张伟华，赵雅君，张艳桥，韩伟民，韩丽萍，姜春明，李全凤，RUI WANG．大鼠心肌钙敏感受体蛋白的表达及与心肌细胞凋亡的关系［J］．中华心血管病杂志，2006，34（8）：739-743.

［48］李弘，徐长庆（✉），孙铁华，时飒，赵雅君，张力．多巴胺受体蛋白在大鼠心肌肥厚时的表达变化［J］．中国病理生理杂志，2006，22（7）：1373-1377.

［49］张红雨，徐长庆（✉），李宏霞，李鸿珠，韩丽萍，孙铁华，李宝馨，杨宝峰．白藜芦醇抗心律失常和抗心肌缺血作用研究［J］．中国药理学通报，2006，22（3）：383-384.

［50］赵雅君，徐长庆（✉），李全凤，马丽英．应用反相高效液相色谱分析离体心脏灌流大鼠心肌组织中的多胺［J］．中国病理生理杂志，2005，21（2）：412-413.

［51］赵雅君，徐长庆（✉），时飒，孙宏力，王宁，李宝馨，王玲，杨宝峰，RUI WANG．多

胺对大鼠缺氧 - 复氧心肌细胞内钙的影响［J］. 中国病理生理杂志，2005，21（10）：1938-1941.

［52］赵雅君，王丽娜，李鸿珠，张力，徐长庆（✉），孙轶华，WANG RUI. 大鼠心肌多胺代谢限速酶 ODC、SSAT 活性分析［J］. 中国药理学通报，2005； 21（5）：555-559.

［53］张艳桥，张一娜，吴江，朱秀英，徐长庆. 过氧化物酶体增殖物激活受体 γ 在缺氧缺血性神经细胞死亡中的作用［J］. 中华医学杂志，2005，85（10）：684-688.

［54］徐咏梅，李文志，薄玉龙，吕湘崎，崔晓光，徐长庆. 异丙酚对大鼠肺缺血再灌注损伤的作用［J］. 中华麻醉学杂志，2005，25（3）：219-220.

［55］李鸿珠，徐长庆（✉），韩丽萍，张红雨，杨宝峰，张艳桥. 青蒿素对大鼠血管平滑肌肌张力的影响［J］. 中草药，2005，36（5）：732-734.

［56］张伟华，王丽娜，李全凤，徐长庆. 热休克蛋白 70 对 H_2O_2 诱发大鼠心肌细胞凋亡的保护作用［J］. 中国病理生理杂志，2004，20（3）：402-406.

［57］张艳桥，陈仁武，徐长庆，GRAHAM H STEVEN. 环加氧酶 -2 在大鼠原代皮质神经细胞缺氧损伤中的作用［J］. 中国病理生理杂志，2004（12）：2280-2283.

［58］徐曼，李全凤，张伟华，张淑芹，徐长庆，王孝铭. 复方丹参滴丸对培养的乳鼠心肌细胞缺氧及缺氧 - 复氧时 Fas-FasL 蛋白表达的影响［J］. 中国病理生理杂志，2003，19（4）：499-502.

［59］张伟华，张伟才，王丽娜，李全凤，周令望，高彦辉，徐长庆. 热诱导延迟损伤大鼠心肌细胞凋亡机理的探讨［J］. 中国地方病学杂志，2003，22（4）292-294.

［60］GUANGWEI LI，QIUSHI WANG，JINGHUI HAO，WENJING XING，JIN GUO，HONGZHU LI，SHUZHI BAI，HONGXIA LI，BAOFENG YANG，LINGYUN WU，RUI WANG，CHANGQING XU（✉）. Functional expression of the extracellular calcium-sensing receptor in rat pulmonary artery smooth muscle cells. Journal of Biomedical Science，2011，18（1）：16.

【研究生培养情况】

培养博士后 11 名（在读博士后 5 名），博士研究生 18 名（在读研究生 8 名），硕士研究生 25 名（在读研究生 6 名）。

【在本项目中承担的任务】

负责课题总体设计、指导和总结，并参加膜片钳等部分实验。

课题组主要成员

李鸿珠

【学习和工作经历】

2008 年 9 月—至今　哈尔滨医科大学病理生理学教研室　讲师

2005 年 8 月—2008 年 7 月　哈尔滨医科大学病理生理学　博士

2002 年 8 月—2005 年 7 月　哈尔滨医科大学病理生理学　硕士

1997 年 8 月—2002 年 7 月　牡丹江医学院临床专业　学士

自 2002 年在哈尔滨医科大学读硕士以来，一直从事心肌缺血再灌注损伤机制的研究，掌握了细胞培养、分子克隆、RT-PCR、Western blot、转染、膜片钳、原位杂交、免疫荧光等技术，共发表论文32篇，其中SCI论文11篇。

【发表论文】

（1）SCI收录文章11篇

［1］ HONG-ZHU LI，LI-PING HAN，CHUN-MING JIANG，HONG LI，YA-JUN ZHAO，JUN GAO，YAN LIN，SHU-XIA MA，YE TIAN，BAO-FENG YANG，CHANG-QING XU. Effect of dopamine receptor-1 on apoptosis of cultured neonatal rat cardiomyocytes in simulated ischemia/reperfusion［J］. Basic & Clinical Pharmacology & Toxicology，2008，102（3）：329-336. （IF 2.073）

［2］ GUO J，LI H Z（并列第一作者），ZHANG W H，WANG L C，WANG L N，ZHANG L，LI G W，LI H X，YANG，B F，WU L Y，WANG R，XU C Q，et al. Increased expression of calcium-sensing receptors induced by ox-LDL amplifies cardiomyocyte apoptosis during simulated ischemia/reperfusion［J］. Clin Exp Pharmacol Physiol，2010，37：128-135. （IF 2.196）

［3］ LIN Y，LIU J C，ZHANG X J，LI G W，WANG L N，XI Y H，LI H Z，ZHAO Y J，XU C Q. Downregulation of the ornithine decarboxylase/polyamine system inhibits angiotensin-induced hypertrophy of cardiomyocytes through the NO/ cGMP-dependent protein kinase type-I pathway［J］. Cell Physiol Biochem，2010，25：441-448. （IF 3.459）

［4］ LIPING HAN，CHANGQING XU，YIMIN GUO，HONGZHU LI，CHUNMING JIANG，YAJUN ZHAO. Polyamine metabolism in rat myocardial ischemia-reperfusion injury［J］. International Journal of Cardiology，2009，132（1）：142-144. （IF 3.121）

［5］ ZHAO Y J，ZHANG W H，XU C Q，LI H Z，WANG L N，LI H，SUN YH，LIN Y，HAN LP，ZHANG L，TIAN Y，WANG R，YANG B F，LI W M. Involvement of the ornithine decarboxylase/polyamine system in precondition-induced cardioprotection through an interaction with PKC in rat hearts［J］. Mol Cell Biochem，2009，332：135-144. （IF 2.01）

［6］ LI H，SHI S，SUN Y H，ZHAO Y J，LI Q F，LI H Z，WANG R，XU C Q. Dopamine D_2 receptor stimulation inhibits angiotensin Ⅱ-induced hypertrophy in cultured neonatal rat ventricular myocytes［J］. Clin Exp Pharmacol Physiol，2009，36（2）：312-318. （IF 2.196）

［7］ CHUN-MING JIANG，CHANG-QING XU，LI-PING HAN，HONG-ZHU LI. Calcium-sensing receptor induces apoptosis of cultured neonatal rat ventricular cardiomyocytes in simulated ischemia/reperfusion［J］. Cell Biology International，2008，32（5）：792-800. （IF 1.619）

［8］ YAN LIN，LI-NA WANG，YU-HUI XI，HONG-ZHU LI，FENG-GANG XIAO，CHANG-QING XU. L-arginine inhibits isoproterenol-induced cardiac hypertrophy through nitric oxide and polyamines pathways［J］. Basic & Clinical Pharmacology & Toxicology，2008，103（10）：124-130. （IF 2.073）

［9］ WANG L N，WANG C，LIN Y，XI Y H，ZHANG W H，ZHAO Y J，LI H Z，TIAN

Y，LV Y J，YANG B F，XU C Q. Involvement of calcium-sensing receptor in cardiac hypertrophy-induced by angiotensin II through calcineurin pathway in cultured neonatal rat cardiomyocytes［J］. Biochem Biophys Res Commun，2008，369（5）：584-589.（IF 2.648）

［10］LIPING HAN，CHANGQING XU，CHUNMING JIANG，HONGZHU LI，WEIHUA ZHANG，YAJUN ZHAO，LI ZHANG，YANQIAO ZHANG，WEIMING ZHAO，BAOFENG YANG. Effects of polyamines on apoptosis induced by simulated ischemia/reperfusion injury in cultured neonatal rat cardiomyocytes［J］. Cell Biology International，2007，31（11）：1345-1352.（IF 1.619）

［11］GUANGWEI LI，QIUSHI WANG，JINGHUI HAO，WENJING XING，JIN GUO，HONGZHU LI，et al. Functional expression of the extracellular calcium-sensing receptor in rat pulmonary artery smooth muscle cells［J］. Journal of Biomedical Science，2011，18（1）：16.

（2）国内期刊发表文章 21 篇

［1］李鸿珠，徐长庆，韩丽萍，姜春明，李弘，赵雅君，孙铁华，徐晨光，赵炜明. 大鼠心肌多巴胺受体在缺氧 - 复氧时的表达变化及其意义［J］. 中国病理生理杂志，2007，23（12）：2322-2326.

［2］李鸿珠，徐长庆，韩丽萍，张红雨，杨宝峰，张艳桥. 青蒿素对大鼠血管平滑肌肌张力的影响［J］. 中草药杂志，2005，36（5）：732-734.

［3］郭津，徐长庆，李鸿珠，裴天仙，王丽娜，张力，张伟华，徐曼，林岩，田野. 异丙肾性心肌梗死大鼠钙敏感受体的表达和凋亡通路的变化［J］. 中国病理生理杂志，2009，25（1）：48-53.

［4］林岩，徐长庆，赵雅君，王丽娜，席玉慧，李鸿珠，李光伟. 多胺在异丙肾上腺素所致大鼠心肌肥厚中的作用及意义［J］. 中国病理生理杂志，2009，25（3）：417-421.

［5］林岩，徐长庆，王丽娜，李鸿珠，赵雅君，席玉慧，王国忠. 多胺在 *L*- 精氨酸抑制异丙肾上腺素诱导的大鼠心肌肥厚中的作用［J］. 中国病理生理杂志，2009，25（11）：2099-2104.

［6］孙敏，李鸿珠，王丽岩，杨狄，郭津，田野，徐长庆. 脂微球前列腺素 E_1 对大鼠离体心肌缺血再灌注损伤的保护作用和机制［J］. 中华临床医师杂志，2009，3（10）：1670-1677.

［7］张卓然，王鲁川，李鸿珠，郭津，王丽娜，张伟华，徐长庆. 丹参对 ox – LDL 孵育的乳鼠心肌细胞缺氧 - 复氧所致细胞凋亡的保护作用［J］. 中医药学报，2009，37（5）：19-23.

［8］张卓然，李鸿珠，郭津，高君，徐长庆. 丹参注射液抑制大鼠心肌缺血再灌注损伤诱导的细胞凋亡［J］. 中医药学报，2009，37（4）：14-17.

［9］郭津，徐长庆，李鸿珠，王丽娜，王鲁川，张力，张伟华，李光伟，田野. 动脉粥样硬化对大鼠心肌钙敏感受体表达和细胞凋亡的影响［J］. 中华心血管病杂志，2008，36（12）：1101-1105.

［10］裴天仙，徐长庆，于靖，李鸿珠，郭津，高秀香，赵炜明，杨宝峰. 槲皮素抗阿霉素

诱导的培养心肌细胞的凋亡 [J]. 中国药理学通报，2008，24（4）：534-538.
[11] 韩丽萍，徐长庆，姜春明，李鸿珠，赵雅君，龚永生，杜友爱，郭益民. 多胺代谢与大鼠心肌缺血再灌注损伤关系的实验研究 [J]. 中华心血管病杂志，2008，36（4）：346.
[12] 李舒曼，李鸿珠，徐长庆. 疏血通联合低分子肝素钙治疗频发短暂性脑缺血发作的临床观察 [J]. 哈尔滨医科大学学报，2008，42（1）：28-30.
[13] 孙丽红，李鸿珠，韩丽萍，姜春明，赵雅君，高秀香，田野，徐长庆. 青蒿素对离体大鼠心肌缺血再灌注损伤的保护作用 [J]. 中国中药杂志，2007，32（15）：1547-1551.
[14] 王云英，李鸿珠，王雨，林岩，郭津，高秀香，裴天仙，施建华，徐长庆. 脐带血对心肌缺血再灌注损伤的保护作用 [J]. 哈尔滨医科大学学报，2007，41（6）：563-565.
[15] 姜春明，韩丽萍，李鸿珠，徐长庆，孙铁华，赵炜明. 钙敏感受体在大鼠心肌缺血再灌注损伤的表达变化及与心肌损伤关系 [J]. 中国病理生理杂志，2007，23（6）：1084-1087.
[16] 韩丽萍，姜春明，李鸿珠，王莞，孙铁华，徐长庆. 精胺减轻大鼠在体心肌缺血再灌注损伤的作用及机制 [J]. 中国病理生理杂志，2007，23（5）：839-843.
[17] 张红雨，徐长庆，李宏霞，李鸿珠，韩丽萍，孙铁华，李宝馨，杨宝峰. 白藜芦醇抗心律失常和抗心肌缺血作用的研究 [J]. 中国药理学通报，2006，22（3）：383-384.
[18] 姜春明，徐长庆，曲颖波，韩丽萍，李鸿珠. 钙敏感受体在大鼠心肌缺血再灌注损伤中的作用 [J]. 中国小儿急救医学，2006，13（6）：546-548.
[19] 张红雨，徐长庆，李鸿珠，韩丽萍，李宝馨，张艳桥，张一娜. 白藜芦醇对大鼠离体胸主动脉环的舒张作用 [J]. 中国中药杂志，2005，30（16）：1283-1286.
[20] 赵雅君，王丽娜，李鸿珠，张力，徐长庆，孙铁华，WANG RUI. 大鼠心肌多胺代谢限速酶 ODC、SSAT 活性分析 [J]. 中国药理学通报，2005，21（5）：555-559.
[21] 韩丽萍，徐长庆，李鸿珠，刁桂杰，张艳桥，张一娜. 槲皮素对大鼠离体心脏钙反常损伤的保护作用 [J]. 中医药学报，2004，32（1）：55-56.

【承担科研项目情况】

（1）黑龙江省卫生厅科研课题：2 类多巴胺受体（DR2）对大鼠心肌缺血再灌注损伤的影响（NO.2009—2014，2010 年 1 月—2011 年 12 月，负责人）；

（2）哈尔滨医科大学研究生创新基金项目：多巴胺受体在心肌缺血再灌注损伤中的作用和机制研究（NO. HCXB2007005，2007 年 1 月—2009 年 12 月，负责人）；

（3）国家自然科学基金课题：多胺在缺血预适应心肌保护中的作用及细胞和分子机制（NO. 30770878，2008 年 1 月—2010 年 12 月，第二负责人）；

（4）国家自然科学基金合作研究项目 NSFC-RFBR（中俄）：外源性精胺心肌保护作用的电生理机制研究（NO. 30610247，2007 年 1 月—2008 年 12 月，第五参加人）；

（5）国家自然科学基金课题：大鼠心肌多胺代谢规律和“双刃剑”作用机制的研究（NO. 30470688，2005 年 1 月—2007 年 12 月，第七参加人）；

（6）国家自然科学基金课题：钙敏感受体对动脉粥样硬化大鼠急性心肌梗死易感性的影

响和保护研究（ NO. 30871012，2009 年 1 月—2011 年 12 月，第十参加人）。

【在本项目中承担的任务】

负责分课题的设计，具体参加分子生物学等方面的实验。

王欣燕

【学习和工作经历】

2005 年 8 月— 迄今　哈尔滨医科大学　呼吸内科　主治医师

2006 年 9 月— 迄今　哈尔滨医科大学　呼吸内科　博士研究生

2001 年 9 月— 2004 年 7 月　哈尔滨医科大学　呼吸内科　硕士

1994 年 9 月— 1999 年 7 月　东南大学医学院　临床专业　学士

【发表论文】

［1］ 王欣燕，吴晓梅，黄昆，康小文，李波，陈复辉，白露 . 骨髓间质干细胞移植对实验性肺纤维化的治疗作用［J］. 中国康复，2009，24（3）：149-152.

［2］ 王欣燕，吴晓梅，康小文，黄昆，李波，陈复辉，白露. 骨髓间质干细胞移植对博来霉素诱导大鼠肺纤维化的治疗作用［J］. 中国呼吸与危重病监护杂志，2009，8（1）：57-62.

［3］ 吴晓梅，白露，王欣燕. 螺旋 CT 引导下三维重建、多点定位自动活检枪经皮到肺或纵隔活检［J］. 哈尔滨医科大学学报，2007，41（5）：463-465.

［4］ 吴晓梅，白露，王欣燕. CT 引导下自动活检枪经皮到肺活检肺小结节［J］. 中国现代医学杂志，2006，16（22）：3486-3488.

［5］ 吴晓梅，武士杰，王欣燕. 蛋白多糖 Decorin 对实验性肺纤维化大鼠抗纤维化作用研究［J］. 中国实用内科杂志，2006，26（19）：1514-1516.

［6］ 王欣燕，吴晓梅，赵红. 盐酸氨溴索对实验性肺纤维化的干预作用［J］. 中华结核和呼吸杂志，2004，27（4）：282-284.

［7］ 吴晓梅，王欣燕，周丹. 特发性肺纤维化患者支气管肺泡灌洗液中细胞因子研究［J］. 中国现代医学杂志，2004，14（16）：6-9.

［8］ 王欣燕，吴晓梅，陈复辉. 特发性肺纤维化患者支气管肺泡灌洗液中细胞因子研究［J］. 哈尔滨医科大学学报，2003，37（6）：491-493.

［9］ 吴晓梅，王欣燕，陈复辉. 两种细胞因子与特发性肺纤维化的关系［J］. 中国危重病急救医学，2003，15（6）：362-364.

【获奖情况】

1. 细胞因子对特发性肺纤维化的诊断意义

2006 年获黑龙江省政府科技进步二等奖，第三获奖人

2. 雾化吸入治疗特发性肺纤维化

2006 年获黑龙江省卫生厅医疗新技术二等奖，第二获奖人

在课题中主要负责免疫组化等方面的实验。

4. 承担科研项目情况

课题名称	课题负责人	项目来源	起止年限	资助金额	项目编号
钙敏感受体对动脉粥样硬化大鼠急性心肌梗死易感性的影响和保护研究	徐长庆	国家自然科学基金	2009 年 1 月—2011 年 12 月	33 万	30871012
钙敏感受体在大鼠动脉粥样硬化模型诱发的急性心肌梗死中的作用及机制	徐长庆	教育部博士点基金	2008 年 1 月—2010 年 12 月	6 万	
2 类多巴胺受体（DR2）对大鼠心肌缺血再灌注损伤的影响	李鸿珠	黑龙江省卫生厅	2007 年 1 月—2009 年 12 月	1 万	
钙敏感受体在大鼠肺动脉平滑肌细胞的表达及其与肺动脉高压的关系	李光伟	黑龙江省研究生创新资金	2009 年 7 月—2011 年 12 月	2 万	

5. 完成自然科学基金项目情况

（1）项目概况

课题名称	课题主持人	项目来源	起止年限	资助金额	项目编号
大鼠心肌细胞钙敏感受体的生物学活性及其在心肌缺血再灌注损伤中的作用	徐长庆	国家自然科学基金面上项目	2004—2006 年	19 万	30370577
大鼠心肌多胺代谢规律和“双刃剑”作用机制的研究	徐长庆	国家自然科学基金面上项目	2005 年 1 月—2007 年 12 月	21 万	30470688

（2）项目完成情况（原定研究计划和目标）

1）项目（30370577）：钙敏感受体（CaSR）在大鼠心肌组织的分布和生理作用；CaSR 激活引起心肌细胞内游离钙浓度增加的机制及信号传导途径；缺血再灌注对大鼠心肌组织 CaSR 表达的影响； CaSR 激活与心肌细胞凋亡的关系及引起心肌细胞“钙爆炸”的可能机制。预期在国内外核心期刊发表 6 篇以上论文（其中 SCI 收录 2 篇以上），申报省部级科技奖 1 项。

2）项目（30470688）：观察大鼠心肌缺血再灌注心肌组织多胺含量、多胺代谢限速酶（鸟氨酸脱羧酶和精脒 / 精胺乙酰转移酶）mRNA、蛋白质表达和活性变化，揭示多胺代谢的变化规律和生理病理意义；观察不同剂量外源性精胺对大鼠心肌细胞的形态结构、离子电流、细胞凋亡和信号转导途径的影响，揭示高浓度精胺引发“钙爆炸”的发生规律和机制，验证我们提出的“多胺是把双刃剑”的假说，为心肌缺血再灌注损伤的防治提供了一种新靶点。预期在国内外核心期刊发表 4～6 篇论文，至少 SCI 收录 2 篇，并申报部省级科技进步奖。

实际完成情况

我们如期超额完成了这两个密切相关课题的预定任务。迄今为止，本课题组在国内外核心期刊已发表署名国家自然科学基金项目资助的研究论文 36 篇（SCI 收录 14 篇），发表文摘 20 篇。另外，在国际和全国学术会议作大会报告、专题报告 16 人次。上述成果使我国心肌钙敏感受体研究水平目前处于国际领先地位。

“大鼠心肌细胞钙敏感受体的生物学活性及其在心肌缺血再灌注损伤中的作用”已获黑

龙江省政府自然科学二等奖（2008年）、黑龙江省高校自然科学一等奖（2008年）。

以这两个项目为依托，共培养博士后2名、博士研究生9名和硕士研究生3名（详见结题报告）。张伟华博士在第五届国际病理生理大会上获得十大杰出壁报贡献奖，第六届国际病理生理学会理事长韩启德院士亲自为她颁奖（北京，2006年）。王丽娜博士在国际心脏研究会（ISHR）中国分会第十届学术会议青年优秀论文的评选中获"卢杨"基金三等奖（温州，2008年）。

本项目与上述两个项目关系密切，前者是后者的深入和延伸。已结题的两个项目主要是揭示钙敏感受体在心肌缺血再灌注损伤、细胞凋亡、急性心肌梗死和心肌肥大中的作用。本项目拟观察钙敏感受体在肺动脉高压中的作用，而肺动脉高压则是右心肥大乃至右心衰竭的重要机制。结题项目的研究方法、思路等对申请的研究项目的顺利实施有很大的帮助。

【附：结题报告】

（1）大鼠心肌细胞钙敏感受体的生物学活性及其在心肌缺血再灌注损伤中的作用（30370577）

缺血再灌注损伤是急性心肌梗死的主要原因，其机制尚未完全清楚，亟待寻找新的治疗靶点。钙敏感受体（CaSR）已成为国际研究热点。2003年我们首次证明大鼠心肌细胞有CaSR表达，但CaSR生理功能及与心肌缺血再灌注损伤的关系，未见报道。

本课题创新点在于首次发现或揭示了：①不同鼠龄大鼠心肌CaSR的表达规律；② CaSR激活G蛋白-PLC-IP3通路，参与心肌钙稳态和兴奋-收缩偶联的调控，导致钙超载；③ CaSR通过激活MAPKs（包括p38 MAPK、JNK和ERK）-细胞色素C-Caspase-3通路，诱导心肌细胞凋亡，在心肌缺血再灌注损伤中发挥重要作用；④急性心肌缺血可诱发心肌多胺应激反应，再灌注发生明显的多胺代谢紊乱（其特点是腐胺增加，精脒和精胺减少），它与*L*-Arg/NO通路上调有关；⑤心肌多胺代谢稳态至关重要，精胺浓度过高和过低均可导致心肌细胞损伤，是一把双刃剑；⑥低浓度外源性精胺对心肌缺血再灌注损伤和细胞凋亡均具有保护作用；⑦在国内建立检测心肌多胺含量和代谢限速酶活性的方法；⑧ CaSR和多胺代谢通路可成为心肌再灌注损伤的防治新靶点。

（2）大鼠心肌多胺代谢规律和"双刃剑"作用机制的研究（30470688）

本研究采用高效液相色谱、膜片钳、激光共聚焦、分子生物学、流式细胞仪和电镜等手段和在体、离体和细胞水平的大鼠心肌缺血再灌注损伤模型，首次发现：①高浓度精胺可引起分离的大鼠心肌细胞发生钙爆炸（10 mmol/L）、原代培养乳鼠心肌细胞发生凋亡（1～5 mmol/L）或坏死（10 mmol/L），其机制与细胞内钙超载、自由基增加、能量障碍、炎症介质释放有关；②急性心肌缺血可诱导多胺应激反应；③心肌缺血再灌注时，多胺代谢关键酶——鸟氨酸脱羧酶和精脒/精胺乙酰转移酶表达增加、活性增强，多胺总代谢池减小，腐胺增多，精脒、精胺明显减少；④再灌注时精胺减少与*L*-Arg/NO通路上调（NOS升高，NO增加）有关，参与心肌再灌注损伤的发生；⑤低剂量外源性精胺（10 μmol/L～1 mmol/L）可明显减轻大鼠心肌再灌注损伤，机制与其能抑制L-型钙通道、减轻细胞内钙超载、抗氧化、减轻氧自由基损伤和抑制细胞凋亡等有关；⑥多胺代谢与心肌肥大有关，L-精氨酸可通过影响多胺和NO信号传导通路关键酶预防和减轻心肌肥大的发生。上述结果证实了我们提出的"多胺是双刃剑"的假说，为心肌缺血再灌注损伤的防治提供一个新靶点。

上述已结题的两个项目关系极其密切，因为多胺（尤其精胺）是钙敏感受体的激动剂，而且项目执行的时间有两年重合，故我们的多数研究成果标注获得这两个项目的同时资助。

因此，下面将研究成果统一列出。

【发表论文（均标注国家自然科学基金项目资助）】

[1] LIN Y，LIU J C，ZHANG X J，LI G W，WANG L N，XI Y H，LI H Z，ZHAO Y J，XU C Q（✉）. Downregulation of the ornithine decarboxylase/polyamine system inhibits angiotensin-induced hypertrophy of cardiomyocytes through the NO/ cGMP-dependent protein kinase type-I pathway [J]. Cell Physiol Biochem，2010，25：441-448.
（SCI 收录，IF 3.459）

[2] GUO J，LI H Z，ZHANG W H，WANG L C，WANG L N，ZHANG L，LI G W，LI H X，YANG，B F，WU L Y，WANG R，XU C Q（✉）. Increased expression of calcium-sensing receptors induced by ox-LDL amplifies apoptosis of cardiomyocytes during simulated ischaemia–reperfusion [J]. Clinical and Experimental Pharmacology and Physiology，2010，37，128-135.
（SCI 收录，IF 2.196）

[3] LU F，TIAN Z，ZHANG W，ZHAO Y，BAI S，REN H，CHEN H，YU X，WANG J，WANG L，LI H，PAN Z，TIAN Y，YANG B，WANG R，XU C Q（✉）. Calcium-sensing receptors induce apoptosis in rat cardiomyocytes via the endo（sarco）plasmic reticulum pathway during hypoxia/reoxygenation [J]. Basic Clin Pharmacol Toxicol. 2009，106：396-405.
（SCI 收录，IF 2.118）

[4] LIPING HAN，CHANGQING XU（✉），YIMIN GUO，HONGZHU LI，CHUNMING JIANG，YAJUN ZHAO. Polyamine metabolism in rat myocardial ischemia-reperfusion injury [J]. International Journal of Cardiology，2009，132（1）：142–144.
（SCI 收录，IF 2.878）

[5] 郭津，徐长庆（✉），李鸿珠，裴天仙，王丽娜，张力，张伟华，徐曼，林岩，田野. 异丙肾性心肌梗死大鼠钙敏感受体的表达和凋亡通路变化 [J]. 中国病理生理杂志，2009，25（1）：48-53.

[6] CHUN-MING JIANG，LI-PING HAN，HONG-ZHU LI，YING-BO QU，ZHUO-RAN ZHANG，RUI WANG，CHANG-QING XU（✉），WEI-MING LI. Calcium-sensing receptors induce apoptosis in cultured neonatal rat ventricular cardiomyocytes during simulated ischemia/reperfusion [J]. Cell Biology International，2008，32：792-800.
（SCI 收录，IF 1.547）

[7] HONG-ZHU LI，LI-PING HAN，CHUN-MING JIANG，HONG LI，YA-JUN ZHAO，JUN GAO，YAN LIN，SHU-XIA MA，YE TIAN，BAO-FENG YANG，CHANG-QING XU（✉）. Effect of dopamine receptor 1 on apoptosis of cultured neonatal rat cardiomyocytes in simulated ischaemia/reperfusion [J]. Basic & Clinical Pharmacology & Toxicology，2008，102：329-336.
（SCI 收录，IF 1.821）

[8] LI-NA WANG，CHAO WANG，YAN LIN，YU-HUI XI，WEI-HUA ZHANG，YA-JUN ZHAO，HONG-ZHU LI，YE TIAN，YAN-JIE LV，BAO-FENG YANG，CHANG-QING XU（✉）. Involvement of calcium-sensing receptor in cardiac hypertrophy-induced by angiotensin Ⅱ through calcineurin pathway in cultured neonatal rat cardiomyocytes [J]. Biochemical and Biophysical Research Communications，2008，369（2）：584-589.
（SCI 收录，IF 2.749）

[9] LI H, SHI S, SUN Y H, ZHAO Y J, LI Q F, LI H Z, WANG R, XU C Q（✉）. Dopamine D_2 receptor stimulation inhibits hypertrophy induced by angiotensin Ⅱ in cultured neonatal rat ventricular myocytes [J]. Clin Exp Pharmacol Physiol, 2009, 36: 312-318.
（SCI 收录，IF 2.038）

[10] YAN LIN, LI-NA WANG, YU-HUI XI, HONG-ZHU LI, FENG-GANG XIAO, YA-JUN ZHAO, YE TIAN, BAO-FENG YANG, CHANG-QING XU（✉）. L-arginine inhibits isoproterenol-induced cardiac hypertrophy through nitric oxide and polyamine pathways [J]. Basic & Clinical Pharmacology & Toxicology, 2008, 103（2）: 124-130.
（SCI 收录，IF 1.821）

[11] 韩丽萍，徐长庆（✉），姜春明，李鸿珠，赵雅君，龚永生，杜友爱，郭益民. 多胺代谢与大鼠心肌缺血再灌注损伤关系的实验研究 [J]. 中华心血管病杂志，2008，36（4）：346.

[12] 孙智睿，王艳丽，杜丽娟，赵雅君，王丽娜. 钙敏感受体表达增加诱发内质网应激在缺氧复氧性心肌损伤中的作用 [J]. 中国病理生理杂志，2008，24（7）：1249-1253.

[13] 郭津，徐长庆（✉），李鸿珠，王丽娜，王鲁川，张力，张伟华，李光伟，田野. 动脉粥样硬化对大鼠心肌钙敏感受体的表达和细胞凋亡的影响 [J]. 中华心血管病杂志，2008，36（12）：1101-1105.

[14] WEI-HUA ZHANG, FANG-HAO LU, YA-JUN ZHAO, LI-NA WANG, YE TIAN, ZHEN-WEI PAN, YAN-JIE LV, YAN-LI WANG, LI-JUAN DU, ZHI-RUI SUN, BAO-FENG YANG, RUI WANG, CHANG-QING XU（✉）. Post-conditioning protects rat cardiomyocytes via PKC-mediated calcium-sensing receptors [J]. Biochemical and Biophysical Research Communications, 2007, 361: 659-664.
（SCI 收录，IF 2.87）

[15] LIPING HAN, CHANGQING XU（✉）, CHUNMING JIANG, HONGZHU LI, WEIHUA ZHANG, YAJUN ZHAO, LI ZHANG, YANQIAO ZHANG, WEIMING ZHAO, BAOFENG YANG. Effects of polyamines on apoptosis induced by simulated ischemia/reperfusion injury in cultured neonatal rat cardiomyocytes [J]. Cell Biology International, 2007, 31: 1345-1352.
（SCI 收录，IF 1.544）

[16] YA-JUN ZHAO, CHANG-QING XU（✉）, WEI-HUA ZHANG, LI ZHANG, SHU-LING BIAN, QI HUANG, HONG-LI SUN, QUAN-FENG LI, YAN-QIAO ZHANG, YIE TIAN, RUI WANG, BAO-FENG YANG, WEI-MIN LI. Role of polyamines in myocardial ischemia/reperfusion injury and their interactions with nitric oxide [J]. European Journal of Pharmacology, 2007, 562: 236-246.
（SCI 收录，IF 2.477）

[17] XU C Q（✉）, ZHANG W H, JIANG C M, SUN Y H, WANG R. Involvement of calcium sensing receptor in myocardial ischemia/reperfusion injury and apoptosis [J]. Journal of Molecular and Cellular Cardiology, 2007, 42（1）: 80-81.
（SCI 收录，IF 4.859）

[18] 吴博，张伟华，李全凤，高秀香，张力，杨金霞，王秀丽，张明爽，张卓然，徐长庆（✉）. 钙敏感受体对大鼠心肌缺氧 - 复氧损伤时细胞凋亡的影响 [J]. 中国病理生理杂志，2007，23（7）：1249-1253.

[19] 韩丽萍，姜春明，李鸿珠，王莞，孙铁华，徐长庆（✉）. 精胺对大鼠在体心肌缺血

再灌注损伤的保护作用及机制初探［J］. 中国病理生理杂志，2007，23（5）：839 – 843.

［20］姜春明，韩丽萍，李鸿珠，徐长庆（✉），孙铁华，赵炜明. 钙敏感受体在大鼠心肌缺血再灌注损伤的表达变化及与心肌损伤关系［J］. 中国病理生理杂志，2007，23（6）：1084-1087.

［21］李弘，徐长庆（✉），孙铁华，时飒，李全凤，赵雅君. 多巴胺系统及 *L* 精氨酸 / 一氧化氮通路在大鼠心肌肥大中的作用研究［J］. 中国地方病学杂志，2007，26（4）：367-371.

［22］张伟华，傅松滨，吴博，龚冬梅，赵雅君，李全凤，张力，徐长庆（✉）. 钙敏感受体参与心肌缺血再灌注损伤诱发细胞凋亡的机制［J］. 中国地方病学杂志，2007，26（4）：363-366.

［23］杨金霞，徐长庆（✉），王秀丽，高秀香，张明爽，张卓然，吴博，张伟华. 外源性精胺对大鼠离体胸主动脉环的收缩作用［J］. 哈尔滨医科大学学报，2007，42（2）：98-101.

［24］YI-HUA SUN，MEI-NA LIU，HONG LI，SA SHI，YA-JUN ZHAO，RUI WANG，CHANGQING XU（✉）. Calcium-sensing receptor induces rat neonatal ventricular cardiomyocyte apoptosis［J］. Biochemical and Biophysical Research Communications，2006，350：942-948.（SCI 收录，IF 3.0）

［25］WEIHUA ZHANG，SONG-BIN FU，FANG-HAO LU，BO WU，DONG-MEI GONG，ZHEN-WEI PAN，YAN-JIE LV，YA-JUN ZHAO，QUAN-FENG LI，RUI WANG，BAO-FENG YANG，CHANGQING XU（✉）. Involvement of calcium-sensing receptor in ischemia/reperfusion-induced apoptosis in rat cardiomyocytes［J］. Biochemical and Biophysical Research Communications，2006，347：872-881.（SCI 收录，IF 3.0）

［26］孙铁华，徐长庆（✉），李弘，时飒，张伟华，赵雅君，张艳桥，韩伟民，韩丽萍，姜春明，李全凤，王睿. 大鼠心肌钙敏感受体蛋白的表达及与心肌细胞凋亡的关系［J］. 中华心血管病杂志，2006，34（8）：739-743.

［27］孙铁华，张力，徐长庆（✉），李弘，时飒，赵雅君，韩丽萍，张红雨. 不同鼠龄大鼠心肌组织中钙敏感受体的表达及与缺氧 - 再灌注损伤的关系［J］. 中国病理生理杂志，2006，22（8）：1506-1509.

［28］李弘，徐长庆（✉），孙铁华，时飒，赵雅君，张力. 多巴胺受体蛋白在大鼠心肌肥厚时的表达变化［J］. 中国病理生理杂志，2006，22（7）：1373-1377.

［29］姜春明，徐长庆，王竹颖. 细胞外钙敏感受体的研究进展［J］. 国际儿科学杂志，2006，33（2）：131-133.

［30］姜春明，徐长庆（✉），曲颖波，韩丽萍，李鸿珠. 钙敏感受体在大鼠心肌缺血再灌注损伤中的作用［J］. 中国小儿急救医学，2006，13（6）：546-548.

［31］李宏霞，徐长庆（✉），张红雨，赵雅君，张力，杨宝峰，高秀香. 外源性精胺致大鼠乳鼠心肌细胞损伤机制的初步探讨［J］. 哈尔滨医科大学学报，2006，40（2）：85-91.

［32］赵雅君，王丽娜，李鸿珠，张力，徐长庆（✉），孙铁华，王睿. 大鼠心肌多胺代谢限速酶 ODC、SSAT 活性分析［J］. 中国药理学通报，2005，21（5）：555-559.

［33］赵雅君，徐长庆（✉），李全凤，马丽英. 应用反向高效液相色谱分析离体心脏灌流

大鼠心肌组织中的多胺［J］. 中国病理生理杂志，2005，21（2）：412-413.
［34］ 赵雅君，徐长庆（✉），时飒，孙宏力，王宁，李宝馨，王玲，杨宝峰，王睿. 多胺对大鼠缺氧 - 复氧心肌细胞内钙的影响［J］. 中国病理生理杂志，2005，21（10）：1938-1941.
［35］ 宁春平，聂春磊，徐长庆 . 不同浓度 $NiCl_2$ 对离体大鼠心脏功能的影响［J］. 哈尔滨医科大学学报，2005，39（6）：62-64.
［36］ 聂春磊，宁春平，徐长庆. 精胺预处理对大鼠离体心脏缺血再灌注损伤的心功能保护作用［J］. 哈尔滨医科大学学报，2005，39（6）：65-67.

签字和盖章页（此页自动生成，打印后签字盖章）

申请人：徐长庆　　　　　　　　　　依托单位：哈尔滨医科大学

项目名称：钙敏感受体在大鼠缺氧性肺动脉收缩和血管重构中的作用和分子机制

资助类别：面上项目　　　　　　　　　　亚类说明：

附注说明：

申请人承诺：

我保证申请书内容的真实性。如果获得资助，我将履行项目负责人职责，严格遵守国家自然科学基金委员会的有关规定，切实保证研究工作时间，认真开展工作，按时报送有关材料。若填报失实和违反规定，本人将承担全部责任。

签字：

项目组主要成员承诺：

我保证有关申报内容的真实性。如果获得资助，我将严格遵守国家自然科学基金委员会的有关规定，切实保证研究工作时间，加强合作、信息资源共享，认真开展工作，及时向项目负责人报送有关材料。若个人信息失实、执行项目中违反规定，本人将承担相关责任。

编号	姓名	工作单位名称	项目分工	每年工作时间（月）	签字
1	席玉慧	哈尔滨医科大学	分子生物学	4	
2	李鸿珠	哈尔滨医科大学	细胞内钙测定	4	
3	李光伟	哈尔滨医科大学	肺血管重构的信号传导	6	
4	郝静辉	哈尔滨医科大学	肌张力检测	6	
5	王欣燕	哈尔滨医科大学	免疫组化	3	
6	孙健	哈尔滨医科大学	细胞周期	6	
7	孔凡娟	哈尔滨医科大学	生化测定	4	
8	贾洪丽	哈尔滨医科大学	模型制备	6	
9	吴博	哈尔滨医科大学	分子生物学	4	

依托单位及合作研究单位承诺：

已按填报说明对申请人的资格和申请书内容进行了审核。申请项目如获资助，我单位保证对研究计划实施所需要的人力、物力和工作时间等条件给予保障，严格遵守国家自然科学基金委员会有关规定，督促项目负责人和项目组成员以及本单位项目管理部门按照国家自然科学基金委员会的规定及时报送有关材料。

依托单位公章　　　　　　　　合作研究单位公章 1　　　　　　　　合作研究单位公章 2

日期：　　　　　　　　　　　日期：　　　　　　　　　　　　　　日期：

第二节　同行评议意见和作者自省

一、同行评议意见

徐长庆先生：

您好！

您申请的科学基金项目，已经科学部初审、通讯评审和专家评审组评审，经委务会审批获得资助。现反馈给您申请项目的“同行评议意见”和“学科专家评审组意见”。请您仔细阅读，并按照已发送给您的“项目资助和提交项目计划书”的通知邮件要求，在规定时间内完成提交计划书的工作。

请不要直接回复此邮件，此为系统自动电子邮件地址。

如有问题请与国家自然科学基金委员会医学一处联系。

联系电话：010-62327214；010-62326994。

E-mail:sunrj@mail.nsfc.gov.cn。

（一）三位同行专家评议意见

第一位同行专家的评议意见

本项目拟建立大鼠急性和慢性缺氧模型，从整体 - 血管环 - 细胞三个层次观察钙敏感受体表达增加或活化对肺动脉张力、肺血管重构的影响及其信号传导通路。选题创新性好，总体研究方案合理、可行，研究重点突出，所选择关键问题准确，且有较好的前期研究工作基础及基本的预试验结果，项目主持人具备较强科研能力，课题组人员层次搭配合理，从主要人员的研究能力到实验室条件均能满足本课题要求。经费预算合理。

第二位同行专家的评议意见

申请人前期工作表明功能性钙敏感受体存在于肺血管，本项目拟研究钙敏感受体在大鼠缺氧性肺动脉收缩和血管重构中的作用和机制，申请人在相关研究领域有丰富的经验，本项目立题新颖，技术路线可行，研究内容略显庞大，也缺乏钙敏感受体如何抑制肺动脉收缩和血管重构可能机制的科学假说及预实验，鉴于申请人学术论文发表情况良好，可期待本项目能获得有意义的成果。

第三位同行专家的评议意见

该课题选题新颖，创新明显，研究内容合适、重点突出，总体方案可行，研究基础较好，同意资助。建议：在动物实验中干预钙敏感受体，更能充分说明其作用；申请者已主持多项自然基金课题，希望能产出更高质量的 SCI 文章。

（二）专家评审组意见

经评审组评议、投票，建议予以资助。

国家自然科学基金委员会
医学科学部医学一处
电子邮箱：physio@mail.nsfc.gov.cn
（ISIS584763SN:2083885）

二、作者自省

（一）标书公开后的读者点评

2011 年，本人在科学网发表了《献丑了，晒晒我的标书、进展和结题报告》的博文（http://blog.sciencenet.cn/blog-69051-404572.html，2011-1-14）和《献丑了，晒晒我中标的几份国家自然科学基金标书》的帖子（http://bbs.sciencenet.cn/thread-202073-1-1.html，2011-2-6）（图 7-22）。

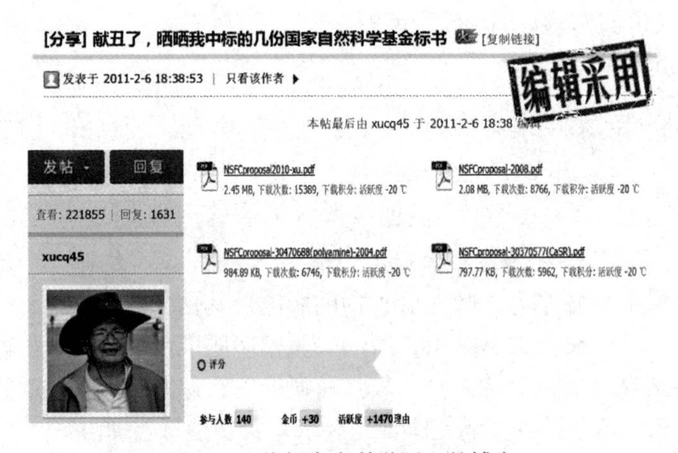

图 7-22　徐长庆在科学网上的博客

截至 2018 年 2 月 9 日，前者已有 41627 人阅读，55 人发表评论；后者有 221854 人查看，1631 人回复。博文和帖子的总访问量已达 263481 次，1686 人发表评论意见。仅在帖子中上传的本人 4 份中标申请书就被读者下载 36863 次，其中项目标书（钙敏感受体在大鼠缺氧性肺动脉收缩和血管重构中的作用和分子机制）被读者下载 15389 次。

可见，本人将自己中标的国家自然科学基金申请书上传到科学网后，受到广大读者的关注和欢迎。下面是部分读者评论：

（1）谢谢徐老师的分享，很感动！徐老师百忙之中不仅回我邮件，还无私贡献自己的标书和经验。我是一名医务工作者，徐老师是我学习的榜样！

（2）徐老师的宽广胸怀令人佩服，虽然我是做病原方面研究的，但看了您的标书一样受益匪浅！

（3）徐老师真是开放、豁达、无私，提携后进之心挚若红日，我等小辈受益匪浅。谢谢了！

（4）谢谢徐老师，我们这些新手真的需要像徐老师这样的人帮助、指点。

（5）徐老师，您的建议堪称经典啊，谢谢您的分享！拜读了。

（6）感谢徐老师的分享，希望科学家们都能像您一样。

（7）向伟大的国际主义战士致敬！

（8）徐老师的标书写得非常好，图文并茂，见识了真正高质量的标书，谢谢无私指导！

（9）很受教，学到很多东西，对我们年轻人有很强的参考价值，谢谢徐老师的无私分享！

（10）徐老师，您好！今天上网看到您留下的帖子，心中对您肃然起敬，敬佩您为人处事的态度，敬佩您的学识！

（11）祝贺徐老师！虽然领域不同，但参考徐老师的写作思路，今年有幸中了青年基金，衷心感谢！

（12）祝贺徐老师！爱生之情溢于言表！通过学生，您改变了世界，用李开复的话说“世界因您而不同”！

（13）真厉害，您既是冠军，又是培养冠军的教练。

（14）真心感谢徐老师！从科学网上下载您的基金申请书，学到很多，自己写基金申请书时借鉴了您的宝贵经验。更难得的是徐老师亲自提出修改意见。虽然是不同学科，但点出了很多共性问题。戒骄戒躁，踏踏实实地把课题任务完成好。

（15）晒标书的前提是胸怀博大！向您致敬！学界有您这样的真正大家，给后辈人希望并做出表率！

（16）徐老师：您好！春节期间，仔细学习您的基金申请书，一点一点以您为楷模，昨天得知终于中了面上项目。不容易，第四次了，那个“煎熬，心酸，无奈”，没有折腾过的人是不知道的。非常感谢徐老，第一时间向您报喜，感谢您。

（17）徐老师：您好！刚刚接到科研处的通知，我的青年基金中了 27 万。撰写时多亏了徐老师指导，按您的意见进行了修改，帮助特别大。真心感谢徐老师的帮助！

（18）再次万分感谢您，徐老师，我今年第一次申请面上项目，中标了。我正是看了您的标书后茅塞顿开，对我写的标书的内容和格式都进行了重大的修改，没想到真的中了。我太崇拜您了，您不但有才，而且有德，您这样的人要是再多些，我们国家必将强大。

（19）徐老师，您好！我是一个受益于您的青年新手，曾经连续四年申请基金不中，虽然我本人不是学医的，我是学毒理的。我下载了您的基金申请书并仔细研读多遍，从您的基金申请书中受到很大的启发，今年终于中了青年项目。真的非常感谢徐老师，您为其他人做出了楷模和表率，希望以后越来越多的人像您一样无私，这样中国科研才有希望。谢谢您！

（20）徐老师，感谢你的分享！另外这次来报个喜，我们几个同学（4～5 个）都是采用您的写作思路、风格、模板，国家基金都中了，很是欣慰，再次谢谢徐老师！

有的中标者甚至把我们通过微信音频讨论其标书时的记录稿都发给我。

（二）自我反省

这次申请面上项目能够获得资助，主要与该课题有重要的科学意义和潜在临床应用前景，学术思想新颖，理论依据充分，研究目标明确，研究内容具体，研究方案可行，前期研究基础良好有关。

即便这份深受读者欢迎的中标申请书，现在回头来看还是存在一些缺点和不足。例如，立题依据中附图偏多；标书中还存在个别错字，例如，“视角”写成“视觉”；在介绍申请人及团队学术背景和成绩时，不够谦虚，使用了“首次发现”等字眼；阐述科研假说时，没有按照资深专家的建议，用清晰的示意图表示。可见，学无止境，要不断学习。

第八章　一份铩羽而归的失败标书

第一节　钙敏感受体在2型糖尿病大鼠胰岛素抵抗中的作用和机制

钙敏感受体在 2 型糖尿病大鼠胰岛素抵抗中的作用和机制是作者 2014 年申报的国家自然科学基金面上项目，该项目没有中标，是一份铩羽而归的失败标书。本章第二节有同行的评议意见和作者的自省。为了帮助读者身临其境地了解科学基金申报失败的原因，下面特提供该标书供大家阅读。

若想获得国家自然科学基金资助，申请书必须成功通过基金委的形式审查、通讯评议和会议评审三个环节。上述标书进入了通讯评议阶段，显然申请书的形式审查没有问题；但没能进入最终的会议评审阶段，说明标书还存在一些问题或不足，通讯评审专家未能给出可予资助的综合评审意见。

一般来说，通讯评审专家对申请书给出的负面意见，主要涉及立题依据不够充分；未提炼出明确的关键科学问题，创新性不强；缺少明确的假说或前期预实验；研究浮于表面，研究深度不够；研究手段欠先进；技术路线和实验设计不够严谨；申请书书写质量较差等，有时也与基金委资助比例有限相关。

本标书也程度不同地存在上述问题。

申请代码	H0712
受理部门	
收件日期	
受理编号	

解除保护

国家自然科学基金

申　请　书

（2014 版）

资助类别： 面上项目

亚类说明：

附注说明：

项目名称： 钙敏感受体在 2 型糖尿病大鼠胰岛素抵抗中的作用和机制

申 请 人： 徐长庆　**电　　话：** 0451-86674548

依托单位： 哈尔滨医科大学

通信地址： 哈尔滨市南岗区保健路 157 号

邮政编码： 150086　**单位电话：** 0451-86669470

电子邮箱： xucq45@126.com

申报日期： 2014 年 3 月 13 日

国家自然科学基金委员会

基 本 信 息

<table>
<tr><td rowspan="7">申请人信息</td><td>姓　名</td><td>徐长庆</td><td>性　别</td><td>男</td><td>出生年月</td><td>1945 年 4 月</td><td>民族</td><td>汉族</td></tr>
<tr><td>学　位</td><td>学　士</td><td>职　称</td><td>教授</td><td colspan="3">每年工作时间（月）</td><td>4</td></tr>
<tr><td>电　话</td><td>0451-86674548</td><td colspan="2">电子邮箱</td><td colspan="3">xucq45@126.com</td></tr>
<tr><td>传　真</td><td>0451-86674548</td><td colspan="2">国别或地区</td><td colspan="3">中国</td></tr>
<tr><td colspan="2">个人通信地址</td><td colspan="6">哈尔滨市南岗区保健路 157 号</td></tr>
<tr><td colspan="2">工作单位</td><td colspan="6">哈尔滨医科大学 / 基础医学院</td></tr>
<tr><td colspan="2">主要研究领域</td><td colspan="6">心肌缺血再灌注损伤的分子机制和保护</td></tr>
<tr><td rowspan="3">依托单位信息</td><td>名　称</td><td colspan="7">哈尔滨医科大学</td></tr>
<tr><td>联 系 人</td><td>刘心平</td><td colspan="2">电子邮箱</td><td colspan="4">liuxinping@ems.hrbmu.edu.cn</td></tr>
<tr><td>电　话</td><td>0451 — 86669470</td><td colspan="2">网站地址</td><td colspan="4">http://61.158.20.195/</td></tr>
<tr><td rowspan="3">合作研究单位信息</td><td colspan="8">单位名称</td></tr>
<tr><td colspan="8">［在此录入修改］</td></tr>
<tr><td colspan="8">［在此录入修改］</td></tr>
<tr><td rowspan="8">项目基本信息</td><td>项目名称</td><td colspan="7">钙敏感受体在 2 型糖尿病大鼠胰岛素抵抗中的作用和机制</td></tr>
<tr><td>英文名称</td><td colspan="7">The role of calcium-sensing receptor in insulin resistance in rats with type 2 diabetes and the related mechanism</td></tr>
<tr><td>资助类别</td><td colspan="3">面上项目</td><td>亚类说明</td><td colspan="3"></td></tr>
<tr><td>附注说明</td><td colspan="7"></td></tr>
<tr><td>申请代码</td><td colspan="3">H0712：血糖调控异常与胰岛素抵抗</td><td colspan="4"></td></tr>
<tr><td>基地类别</td><td colspan="7"></td></tr>
<tr><td>研究期限</td><td colspan="3">2015 年 1 月 — 2018 年 12 月</td><td></td><td colspan="3"></td></tr>
<tr><td></td><td colspan="7"></td></tr>
<tr><td colspan="2">中文关键词</td><td colspan="7">钙敏感受体；胰岛素抵抗；2 型糖尿病；大鼠模型</td></tr>
<tr><td colspan="2">英文关键词</td><td colspan="7">calcium-sensing receptor；insulin resistance；type 2 diabetes；rat model</td></tr>
</table>

中文摘要	（限 400 字）：糖尿病是严重危害人类健康的代谢综合征，2 型＞90%。2 型糖尿病源于胰岛素抵抗（IR），机制不详。炎症、线粒体受损、氧化应激、脂毒性等假说未获共识，亦无有效防治方法。钙敏感受体（ CaSR）是 G 蛋白偶联受体，参与细胞增殖、分化和激素分泌等调节。我们首次发现：CaSR 在心肌功能表达，参与心肌缺血再灌注损伤、细胞凋亡、心肌肥大、动脉粥样硬化、肺动脉高压、内质网应激的发生。前期研究显示，糖尿病心肌病大鼠 CaSR 表达降低；CaSR 激动剂能增加其表达，降低胰岛素水平，减轻心肌损伤。鉴于此，我们推测“CaSR 表达变化导致靶器官敏感性降低是 IR 的重要机制”。为验证该假说，我们将复制 2 型糖尿病在体和细胞模型，采用 CaSR 激动剂 / 抑制剂或基因过表达 / 沉默，观察 2 型糖尿病大鼠肝脏、骨骼肌和脂肪组织 CaSR 的表达规律，揭示 CaSR 和 IR 的内在关系和信号通路，为源头防治 2 型糖尿病及其并发症提供新思路和新靶点。
英文摘要	（限 3000 Characters）：Diabetes mellitus is a metabolic syndrome hazarded to human health（type 2＞90%）. Type 2 diabetes mellitus（T2DM）is due to insulin resistance（IR），which mechanism is not known. The hypotheses，such as，inflammation，mitochondria damage，oxidative stress and lipid toxicity etc, is not reached consensus，there is no effective control methods for T2DM. Calcium-sensing receptor（CaSR）is a G protein-coupled receptor，and is involved in regulation of cell proliferation，differentiation and hormone secretion. We first discovered：CaSR is functionally expressed in myocardium，and is involved in myocardial ischemia-reperfusion injury，apoptosis，myocardial hypertrophy，atherosclerosis，and pulmonary hypertension，endoplasmic reticulum stress etc. Our early studies have shown that CaSR expression is lower in myocardium of the rats with diabetic cardiomyopathy（DCM）；CaSR agonists could increase its expression，dicrease insulin levels，reduce myocardial injury. In view of this，we assume that CaSR expression leads to reduced sensitivity of target organs is an important mechanism for IR. To verify our hypothesis，we will replicate in vivo and cell model for T2DM，use CaSR agonists/inhibitors or overexpression/silence of CaSR gene，observe the rule of CaSR expression in liver，skeletal muscle and adipose tissue in the rat with T2DM，reveal interrelationships between CaSR and IR and related signaling pathways，and provide new ideas and a new target for preventing and treating T2DM and its complications.

项目组主要参与者

（注：项目组主要参与者不包括项目申请人）

编号	姓 名	出生年月	性别	职 称	学 位	单位名称	电话	电子邮箱	项目分工	每年工作时间（月）
1	白淑芝	1978-12-12	女	副教授	博士	哈尔滨医科大学	0451-86674548	baishuzhi12@163.com	CaSR 对心肌胰岛素	1
2	高铁磊	1982-1-15	男	讲师	硕士	哈尔滨医科大学	0451-86674548	gaotielei011416@126.com	模型制备	3
3	魏璨	1988-5-28	女	博士生	学士	哈尔滨医科大学	0451-86674548	123857188@163.com	分子生物学	6
4	杨金霞	1981-10-16	女	博士生	硕士	哈尔滨医科大学	0451-86674548	yangjinxia1981@163.com	模型制备	6
5	李梅秀	1965-4-12	女	博士生	硕士	哈尔滨医科大学	0451-86674548	oldster@163.com	模型制备	3
6	何玉琴	1991-4-20	女	博士生	硕士	哈尔滨医科大学	0451-86674548	insistence@126.com	激光共聚焦	6
7	赵薇	1980-5-10	女	博士后	博士	黑龙江中医药大学	0451-86674548	paradise1100@sina.com	细胞分离和培养	2
8	戴绍春	1974-3-7	女	副教授	博士	哈尔滨医科大学	0451- 86674548	daishaochun@yeah.net	影像学检测	2
9	张红雨	1978-8-11	男	副研究员	博士	天普大学药学院 Temple University School of Medicine	0451-86674548	hongyu2006@gmail.com	膜片钳 / 基因敲除实验	1

总人数	高级	中级	初级	博士后	博士生	硕士生
11	4	1		2	4	

说明：高级、中级、初级、博士后、博士生、硕士生人员数由申请人负责填报（含申请人），总人数由各分项自动加和产生。

经费申请表

（金额单位：万元）

科目	申请经费	备注（计算依据与说明）
一. 研究经费	94.3000	
1. 科研业务费	19.3000	
（1）测试 / 计算 / 分析费	6.0000	图像分析、流式细胞仪、激光共聚焦、电镜检测等
（2）能源 / 动力费		
（3）会议费 / 差旅费	6.8	学术会议 0.5 万元 /（人次）×12 人次，科研调研差旅费 0.8 万元
（4）出版物 / 文献 / 信息传播费	6.5	论文发表费 4.5 万元，文献资料费 0.8 万元，答辩评审费 0.5 万元，信息传播费 0.7 万元
（5）其他		
2. 实验材料费	75.0000	
（1）原材料 / 试剂 / 药品购置费	70	各种抗体、试剂盒、转染剂、信号通路蛋白和离子通道激动剂、抑制剂、细胞培养及耗材等
（2）其他	5.0000	清洁级以上动物购买和饲养
3. 仪器设备费	0.0000	
（1）购置		
（2）试制		
4. 实验室改装费		
5. 协作费		
二. 国际合作与交流费	12.0000	
1. 项目组成员出国合作交流	7.5000	3 人次国外实验室交流学习和参加国际会议
2. 境外专家来华合作交流	4.5000	3 人次来华合作交流国际旅费和生活费
三. 劳务费	10.0000	直接参加项目研究的研究生、博士后的劳务费用
四. 管理费	6.0000	不得超过申请经费的 5%
合 计	122.3000	
与本项目相关的其他经费来源	国家其他计划资助经费	
	其他经费资助（含部门匹配）	
	其他经费来源合计	0.0000

申请者在撰写报告正文时，请遵照以下要求：

1．请先选定“项目基本信息”中的“资助类别”，再填写报告正文；

2．在撰写过程中，不得删除系统已生成的撰写提纲（如误删可点击“查看报告正文撰写提纲”按钮，通过“复制 / 粘贴”恢复）；

3．请将每部分内容填写在提纲下留出的空白区域处；

4．对于正文中出现的各类图形、图表、公式、化学分子式等请先转换成 JPG 格式图片，再粘贴到申请书正文相应位置；

5．本要求将作为申请书正文撰写是否规范的评判依据，请遵照要求填写。

查看报告正文撰写提纲

报 告 正 文

报告正文：参照以下提纲撰写，要求内容翔实、清晰，层次分明，标题突出。

（一）立项依据与研究内容（4000～8000 字）

1．项目的立项依据

（研究意义、国内外研究现状及发展动态分析，需结合科学研究发展趋势来论述科学意义；或结合国民经济和社会发展中迫切需要解决的关键科技问题来论述其应用前景。附主要参考文献目录）

糖尿病（diabetes mellitus，DM）是由于遗传和环境因素使胰岛素分泌不足或胰岛素抵抗而引起的以血糖升高为特征、严重危害人类健康的慢性代谢综合征[1]。随着高糖、高脂快餐饮食风靡全球，DM 的发病率逐年显著升高，且呈年轻化趋势。世界卫生组织（WHO）的最新资料表明，截至 2011 年底，全球糖尿病患者人数约 3.5 亿，2030 年预计将达到 4.35 亿[2]。《新英格兰医学杂志》报道，我国已成为全球糖尿病患者人数最多的国家，目前有糖尿病患者 9200 万，糖尿病前期患者 1.4 亿[3]。

糖尿病的风险因子与年龄、种族、家族史、吸烟、肥胖和缺乏运动有关。糖尿病患者约 2/3 死于心脏病和脑中风，其风险比正常人群高 2～4 倍[1]。研究显示，糖尿病人群 7 年内心肌梗死的发生率为 20.2%，而无糖尿病人群则仅为 3.5%[4]。

糖尿病易并发心血管疾病（如冠心病、高血压、充血性心力衰竭等）、肾脏疾病、神经病变、失明、下肢截肢等。糖尿病并发症是糖尿病患者死亡率增加的重要原因，同时使社会和家庭的经济负担加重[1]。糖尿病已成为人类健康的重要杀手。

糖尿病分为 1 型糖尿病和 2 型糖尿病。2 型糖尿病（T2DM）的特点是高糖血症和高胰岛素血症，其发病率约占糖尿病总数的 90% 以上。随着时间推移和科学进步，人们日益认识到，胰岛素抵抗（insulin resistance）是心血管疾病的独立危险因素，但其细胞和分子机制仍未完全了解[5]。

胰岛素是胰岛 β 细胞受内源性或外源性物质（如葡萄糖、乳糖、核糖、精氨酸、胰高血糖素等）的刺激而分泌的一种蛋白质激素。胰岛素是机体内唯一降低血糖的激素，同时促进糖原、脂肪、蛋白质合成。外源性胰岛素主要用于糖尿病治疗。

胰岛素抵抗是肥胖和 2 型糖尿病的共同关键特征，可增加心血管疾病的风险[7]。在西方国家中，2 型糖尿病及其主要风险因素——肥胖已达到了流行程度。肥胖如何导致胰岛素抵抗和随后的 2 型糖尿病，尚没有完全搞清楚[6]。

有关胰岛素抵抗的发生机制已有一些假说，炎症、线粒体功能紊乱、高胰岛素血症、脂毒性是胰岛素抵抗的主要观点，受到人们的关注。氧化应激、内质网应激、遗传背景、老化、脂肪肝、缺氧、脂代谢异常是活跃的研究领域[9]。基因与环境间的相互作用是 2 型糖尿病患者高血糖发病机制的一个重要组成部分。人们发现约 40 个基因与 2 型糖尿病有关，主要涉及 β 细胞功能变化、胰岛素敏感性降低和肥胖[8]。然而，上述概念或观点并没有促进 2 型糖尿病的有效疗法的产生，其原因在于人们对胰岛素抵抗的统一机制没有达成共识[9]。

因此，以新的思路进一步探明胰岛素抵抗的原因和机制，探索新的治疗靶点，无疑对降低全球糖尿病的发病率和死亡率至关重要，已成为国际上的关注热点。

钙敏感受体（calcium-sensing receptor，CaSR）是 G 蛋白偶联受体 C 家族成员。布朗等人（Brown et al）在 1993 年首次由牛甲状旁腺克隆出 CaSR。CaSR 在体内有广泛的分布，例如，甲状旁腺细胞、胃肠道细胞、骨细胞、肾细胞、神经元、肝细胞、胰腺 β 细胞等。CaSR 主要参与 Ca^{2+} 和其他金属离子稳态的维持和细胞增殖、分化、离子通道开启、激素分泌等的调节。CaSR 的配体主要是细胞外 Ca^{2+}、Mg^{2+}、Gd^{3+}、新霉素、精胺等多价阳离子[10]。

在心血管系统研究方面，有关 CaSR 的研究开展较晚。2001 年秋天，本项目的申请人到加拿大王睿教授实验室做访问学者并开展合作研究。我们在国际上首次发现大鼠心肌存在 CaSR 的功能性表达，有关研究论文 2003 年发表在国际期刊《欧洲生物化学杂志》上[11]。随后，其他实验小组也相继报道了 CaSR 在新生大鼠心室肌细胞、主动脉平滑肌和内皮细胞有功能性表达[12~14]。肾衰竭时，血管钙化伴有血管平滑肌细胞 CaSR 功能性丢失[15]。

从加拿大归国后，本人先后中标了有关心血管 CaSR 和多胺方面的 5 项国家自然科学基金项目（详见后面“申请人和项目组主要参与者简介”）。在这些项目的资助下，本课题组首次发现或证实：心肌组织、肺动脉平滑肌细胞、单核巨噬细胞和胚胎干细胞存在 CaSR 的功能表达，CaSR 激活或表达增加参与心肌缺血再灌注损伤、细胞凋亡、心肌肥大、动脉粥样硬化、肺动脉高压、内质网应激、缺血预适应和后适应的发生，并揭示其信号传导途径[16~27]；多胺代谢紊乱参与了心肌缺血再灌注损伤和心肌肥大的发生等。

迄今，本课题申请人承担的 5 项相关课题已经顺利结题 4 项，共发表署名国家自然科学基金项目资助的 SCI 收录论文 27 篇，其中“大鼠心肌细胞钙敏感受体的生物学活性及其在心肌缺血再灌注损伤中的作用”获黑龙江省政府自然科学二等奖（2008）和“大鼠心肌多胺代谢规律和‘双刃剑’作用机制的研究”于 2011 年获黑龙江省自然科学二等奖。

申请人以钙敏感受体为项目主题词，检索近 5 年国家自然科学基金的资助项目，结果显示基金委对钙敏感受体的资助项目呈逐年升高的趋势：2010（2 项），2011（2 项），2012（6 项），2013（5 项）和 2014（11 项），合计 26 项，其中涉及心血管系统 14 项，涉及胰岛素耐受 1 项（表 8-1）。

表 8-1　近 5 年国家自然科学基金对 CaSR 的资助项目汇总

	项目批准号	申请代码 1	项目名称	项目负责人	依托单位	批准金额	项目起止年月
1	31360536	C170102	CaSR 介导 Ca^{2+}促进塔里木马鹿鹿茸生长及骨化的研究	赵金香	塔里木大学	48	2014-01 至 2017-12
2	81370319	H0206	钙敏感受体通过 NLRP3 炎症体活化参与 T 细胞介导心室重塑的研究	尹新华	哈尔滨医科大学	70	2014-01 至 2017-12
3	31301989	C170105	CaSR 信号通路在仔猪肠道炎症反应中的作用及机理	阳成波	中国科学院亚热带农业生态研究所	24	2014-01 至 2016-12
4	81301731	H1602	钙敏感受体（CaSR）对胃癌细胞 hTERT 的调控及其机制研究	谢睿	中国人民解放军第三军医大学	23	2014-01 至 2016-12
5	81371892	H2005	外周血 T 淋巴细胞钙敏感受体在急性心肌梗死中的作用及其机制	孙轶华	哈尔滨医科大学	70	2014-01 至 2017-12
6	81300163	H0208	钙敏感受体对胚胎干细胞移植治疗心肌梗死心功能的影响及其机制研究	孙健	牡丹江医学院	23	2014-01 至 2016-12
7	81371970	H0605	PTHrP 不同片段在 PTH 和 CaSR 双基因缺失中的代偿作用及机制研究	任永信	南京医科大学	70	2014-01 至 2017-12
8	81300200	H0215	钙敏感受体调控自噬参与动脉粥样硬化斑块内新生血管生成	李宏霞	哈尔滨医科大学	23	2014-01 至 2016-12
9	81300588	H0506	肾结石形成中 CaSR 对大鼠髓袢升支粗段管周膜氯通道的调控	孔淑敏	苏州大学	23	2014-01 至 2016-12
10	81300040	H0109	缺氧性肺动脉高压中 Notch 通路对钙敏感受体的调节作用研究	郭强	苏州大学	23	2014-01 至 2016-12
11	81300122	H0203	钙敏感受体在癫痫大鼠心肌病变中的作用及其相关机制	郭津	佳木斯大学	23	2014-01 至 2016-12

	项目批准号	申请代码 1	项目名称	项目负责人	依托单位	批准金额	项目起止年月
1	81260113	H0506	钙敏感受体多态性影响江西赣南地区含钙肾结石形成的分子机制研究	张国玺	赣南医学院	49	2013-01 至 2016-12
2	81260507	H3109	人参皂苷 Rg1 调节钙敏感受体影响异基因脐带血造血干细胞移植效果的机制探讨	余丽梅	遵义医学院	48	2013-01 至 2016-12
3	81200455	H0422	钙敏感受体在新生鼠内毒素性心肌损伤中的作用及机制	姜春明	哈尔滨医科大学	23	2013-01 至 2015-12
4	81273650	H2705	基于钙敏感受体（CaSR）的胰岛素抵抗分子机制及花旗泽仁作用机制研究	葛鹏玲	黑龙江中医药大学	72	2013-01 至 2016-12
5	81200160	H0208	钙敏感受体通过 PI3K/Akt 通路调控自噬发挥对大鼠糖尿病心肌病的保护作用	白淑芝	哈尔滨医科大学	24	2013-01 至 2015-12

	项目批准号	申请代码1	项目名称	项目负责人	依托单位	批准金额	项目起止年月
1	81170289	H0217	钙敏感受体调控内源性 H_2S 抑制糖尿病血管平滑肌细胞增殖的研究	张伟华	哈尔滨医科大学	60	2012-01 至 2015-12
2	81101737	H1612	延胡索乙素通过下调 CaSR 的表达拮抗放射性肺血管内皮细胞凋亡的作用和机制	俞静	首都医科大学	22	2012-01 至 2014-12
3	81100163	H0212	钙敏感受体调控自噬对压力超负荷大鼠心室重塑的影响	王丽娜	哈尔滨医科大学	23	2012-01 至 2014-12
4	81101315	H2003	钙敏感受体在脓毒血症大鼠外菌血淋巴细胞分泌细胞因子中的作用和机制	孙铁华	哈尔滨医科大学	22	2012-01 至 2014-12
5	81170218	H0212	钙敏感受体诱导心肌舒缩障碍的新机制	卢方浩	哈尔滨医科大学	52	2012-01 至 2015-12
6	31160239	C0709	TRPCs、STIMs 及 Orais 在钙敏感受体介导钙内流及一氧化氮生成中作用和机制研究	何芳	石河子大学	53.47	2012-01 至 2015-12

	项目批准号	申请代码1	项目名称	项目负责人	依托单位	批准金额	项目起止年月
1	81070123	H0203	钙敏感受体在大鼠缺氧性肺动脉收缩和血管重构中的作用和分子机制	徐长庆	哈尔滨医科大学	34	2011-01 至 2013-12
2	81072640	H3102	钙敏感受体在糖尿病心肌病大鼠心肌损伤中的作用及机制研究	孙宏丽	哈尔滨医科大学	28	2011-01 至 2013-12

	项目批准号	申请代码1	项目名称	项目负责人	依托单位	批准金额	项目起止年月
1	30901528	H0605	钙敏感受体（CaSR）介导甲状旁腺素加速骨折愈合的机制研究	任永信	南京医科大学	17	2010-01 至 2012-12
2	30960110	C090303	钙敏感受体在缺氧诱导 Aβ 过量生成中的作用及其分子机制	罗友根	井冈山大学	24	2010-01 至 2012-12

黑龙江中医药大学葛鹏玲副教授承担的国家自然科学基金项目“基于钙敏感受体（CaSR）的胰岛素抵抗分子机制及花旗泽仁作用机制研究”的摘要如下所述：

花旗泽仁是临床治疗胰岛素抵抗（IR）相关疾病疗效确切的经验方。IR 贯穿 2 型糖尿病发生、发展的全过程，其确切机制尚未阐明，多认为与 PI3K/Akt 通路（特别是 Akt）活性降低有关。IR 与钙敏感受体（CaSR）的关系，迄今国内外尚无报道。本课题组前期研究发现大鼠肝脏和骨骼肌中有 CaSR 的功能表达，并在预实验中观察到 CaSR 抑制剂可降低 Akt 活性。因此，我们推测 CaSR 功能表达被抑制，引起 Akt 活性降低，从而导致 IR 发生，这可能是 IR 的一个新机制。为证实这一假说，我们将复制大鼠、肝细胞、脂肪细胞和骨骼肌细胞 IR 模型，采用分子生物学、激光扫描共聚焦显微镜和免疫荧光等技术，对 CaSR 的功能性表达与 Akt 活性、IR 的相关性进行研究，同时观察花旗泽仁对 CaSR 功能性表达及 Akt 活性的影响。本课题将从一个新视角阐明 IR 发生的分子机制，为 IR 的防治提供新靶点，并从这一视角阐述花旗泽仁防治 IR 的作用机制。

我们对葛鹏玲课题组和徐长庆课题组有关研究进行了对比检索，结果如下：

（1）CNKI 知识网络服务平台（2014 年 3 月 3 日）

葛鹏玲（作者）：32 篇；徐长庆（作者）：127 篇；钙敏感受体（关键词）：71 篇。

葛鹏玲（作者）＋钙敏感受体（关键词）：0 篇；徐长庆（作者）＋钙敏感受体（关键词）：14 篇。

（2）万方数据库（2014 年 3 月 3 日）

葛鹏玲（作者）：命中 39 条。

期刊论文（35）、学位论文（1）、会议论文（0）、外文期刊（0）、外文会议（0）、中外专利（3）、科技成果（0）。

徐长庆（作者）：命中 153 条。

期刊论文（128）、学位论文（2）、会议论文（8）、外文期刊（0）、外文会议（0）、中外专利（9）、科技成果（6）。

葛鹏玲（作者）＋钙敏感受体（关键词）：命中 0 条；

徐长庆（作者）＋钙敏感受体（关键词）：命中 21 条。

（3）PubMed（2014 年 3 月 3 日）：

（ge pl［Author］）AND calcium sensing receptor［MeSH Terms］（0）。

（xu cq［Author］）AND calcium sensing receptor［MeSH Terms］（22）。

上述检索表明，葛鹏玲课题组目前暂无有关钙敏感受体（CaSR）的研究论文发表。

2014 年 3 月 6 日，项目申请人在网上检索了 PubMed。在“题目 / 摘要”范畴内，以“钙敏感受体（calcium sensing receptor）”“胰岛素抵抗（insulin resistence）”和“骨骼肌（skeletal muscle）”“脂肪细胞（adipose or adipocyte）”“肝细胞（liver or hepatic cells）”为检索词，单独或联合进行了检索（表 8-2）。

表 8-2　钙敏感受体和胰岛素抵抗 PubMed 检索结果

#16	Add	Search（calcium sensing receptor［Title/Abstract］）AND insulin resistance［Title/Abstract］AND（liver OR hepatic cells［Title/Abstract］）	0	11：52：10
#15	Add	Search（calcium sensing receptor［Title/Abstract］）AND insulin resistance［Title/Abstract］AND skeletal muscle［Title/Abstract］Schema all	0	11：51：10
#14	Add	Search（calcium sensing receptor［Title/Abstract］）AND insulin resistance［Title/Abstract］）AND skeletal muscle［Title/Abstract］	0	11：51：09
#13	Add	Search（calcium sensing receptor［Tltle/Abstract］）AND insulin resistance［Title/Abstract］AND Adipose［Title/Abstract］Schema all	0	11：49：44
#11	Add	Search（calcium sensing receptor［Title/Abstract］）AND（liver OR hepatic cells［Title/Abstract］）	32	11：47：49
#10	Add	Search（calcium sensing receptor［Title/Abstract］）AND skeletal muscle［Title/Abstract］	2	11：46：26
#9	Add	Search（calcium sensing receptor［Title/Abstract］）AND Adipose［Title/Abstract］	11	11：44：21
#8	Add	Search（calcium sensing receptor［Title/Abstract］）AND insulin resistance［Title/Abstract］	5	11：42：44
#6	Add	Search（liver OR hepatic cells［Title/Abstract］）	883672	11：40：24
#5	Add	Search skeletal muscle［Title/Abstract］	78742	11：34：49
#4	Add	Search adipocyte［Title/Abstract］	13276	11：33：25
#3	Add	Search adipose［Title/Abstract］	52110	11：32：02
#2	Add	Search insulin resistance［Title /Abstract］	49122	11：30：36
#1	Add	Search calcium sensing receptor［Title/Abstract］	1457	11：29：12

结果显示，胰岛素抵抗和 CaSR 的关系，迄今国内外尚无报道。

糖尿病对人体的危害主要在于糖尿病并发症的发生，例如，糖尿病心肌病（diabetic cardiomyopathy，DCM）、糖尿病脑病、糖尿病肾病等。高血糖通过糖基化终产物导致氧化应激的发生，后者通过氧自由基进一步损伤机体各个重要的生命器官。因此，我们认为糖尿病并发症的发生是血糖没有得到控制的必然结果。对于 2 型糖尿病来说，高糖血症无法得到控制的根本原因在于胰岛素耐受。

常言道："千里之堤，溃于蚁穴""打蛇打七寸，擒贼先擒王"。这些话形象地说明了从源头解决问题是多么重要。因此，探讨 CaSR 在胰岛素抵抗中的作用和机制显然具有重要的理论意义和潜在应用价值。肝脏是机体的生化中心（通过糖原合成控制血糖）；骨骼肌是利用血糖的最大组织；脂肪是和胰岛素耐受密切相关的多功能内分泌器官[28]。显然，肝脏、骨骼肌和脂肪组织对胰岛素的敏感性程度将决定血糖的高低。图 8-1 展示了胰岛素的传导途径。

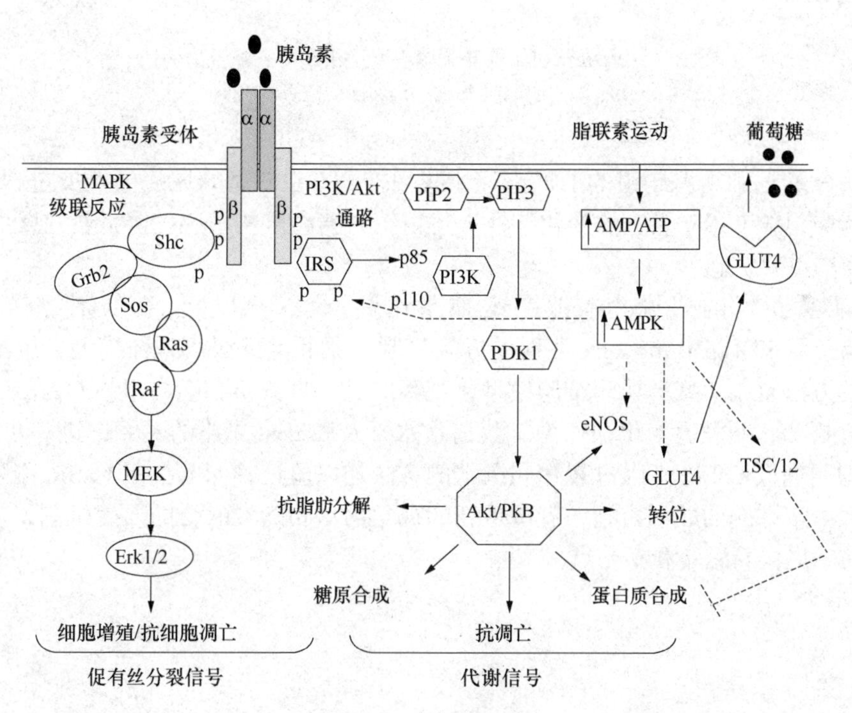

图 8-1　胰岛素通路

胰岛素与其受体结合可引起受体构象变化和自身磷酸化，进而激活两条通路（PI3K/Akt 通路和 MAPK 级联通路）。PI3K/Akt 通路导致 IRS（胰岛素受体底物）酪氨酸磷酸化，后者进一步磷酸化 PI3K（3- 磷脂酰肌醇激酶）的 p85 亚基和 p85 与 p110 的异二聚体。Akt 在异二聚体活化，导致 PIP3（三磷酸肌醇）生成，它可引起酪氨酸磷酸化和 PDK1（3- 磷酸肌醇依赖性蛋白激酶 1）激活，导致丝氨酸磷酸化和激活 Akt（也被称为蛋白激酶 B）。活化的 Akt/PkB 可引起 eNOS 丝氨酸磷酸化或激活、rabGTP 酶激活蛋白 -AS160 和 HSL（激素敏感脂肪酶）的丝氨酸磷酸化，抑制糖原合酶激酶 -3、S6K 苏氨酸磷酸化，并诱导 Bcl-X 基因表达，结果导致 NO 生成，GLUT4（葡萄糖转运蛋白 -4）的膜转位和葡萄糖摄取，抗脂肪分解、糖原合成、蛋白质合成和减少细胞凋亡。运动或胰岛素增敏剂脂联素激活 AMPK（ 磷酸腺苷活化的蛋白激酶），后者引起 IRS（胰岛素受体底物）的丝氨酸磷酸化（在 789 位氨基酸正调控）、内皮型一氧化氮合酶（正调控），rabGTP 酶激活蛋白——AS160 和 TSC1/2 苏氨酸磷酸化（负调控），导致 PI3K/Akt 激活、NO 生成、葡萄糖摄取和蛋白质合成的抑制。MAPK（促分裂原活化蛋白激酶）级联反应激活 Ras 信号转导，促进细胞增殖，抑制细胞凋亡在大鼠 2 型糖尿病模型中，我们发现：糖尿病心肌病（DCM）大鼠心肌组织 CaSR 表达呈时间依赖性降低（图 8-2）；外源性精胺（CaSR 激动剂）能增加 CaSR 表达，减轻心脏结构损伤和功能异常，同时降低血清胰岛素水平[29]。这说明 CaSR 在 DCM 发生中起重要的作用，可成为糖尿病和 DCM 的治疗靶点。

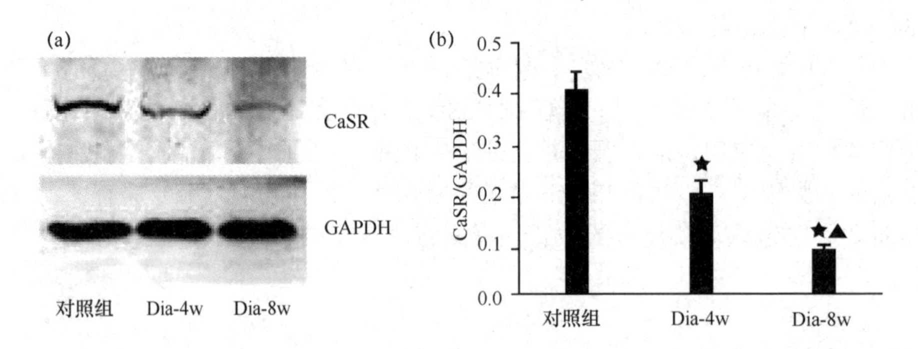

图 8-2 Western blot 检测大鼠心室肌组织 CaSR 蛋白表达

Dia-4w：糖尿病 4 周组；Dia-8w：糖尿病 8 周组

根据文献综述和本课题组的前期研究，我们推测"在 2 型糖尿病的发展过程中，肝脏、骨骼肌和脂肪组织 CaSR 表达的变化导致上述组织对胰岛素的敏感性降低，这是 2 型糖尿病胰岛素耐受的重要机制"。

为了证实我们的假说，本课题组拟采用高脂、高糖饮食和低剂量链脲佐菌素（streptozotocin，STZ，30 mg/kg）注射的方法复制大鼠Ⅱ型糖尿病在体模型，用高糖＋高胰岛素孵育的方法复制 2 型糖尿病细胞模型，观察肝脏、骨骼肌和脂肪组织 CaSR 的表达变化和规律，分析 CaSR 表达变化和血糖、胰岛素水平及胰岛素通路的关系，进一步采用 CaSR 激动剂和抑制剂或 CaSR 基因过表达和沉默的方法加以验证，深入揭示 CaSR 和胰岛素耐受的内在关系。本课题的顺利实施，有望从新的视角揭示胰岛素耐受的发生机制，从而为 2 型糖尿病的防治提供新思路和新靶点。

参考文献

[1] ANJALI D DESHPANDE，MARCIE HARRIS HAYES，MARIO SCHOOTMAN. Epidemiology of diabetes and diabetes-related complications [J]. Physical Therapy，2008，88（11）：1254-1264.

[2] DANAEI G，FINUCANE M M，LU Y，et al. National，regional，and global trends in fasting plasma glucose and diabetes prevalence since 1980： systematic analysis of health examination surveys and epidemiological studies with 370 country-years and 2.7 million participants [M]. Lancet，2011，378（9785）：31-40.

[3] YANG W，LU J，WENG J，et al. Prevalence of diabetes among men and women in China [J]. N Engl J Med，2010，362（12）：1090-1101.

[4] GREGG C FONAROW，PREETHI SRIKANTHAN. Diabetic cardiomyopathy [J]. Endocrinol Metab Clin N Am，2006，35：575-599.

[5] ARAJWANI, R M CUBBON, B WHEATCROFT. Cell-specific insulin resistance: implications for atherosclerosis [J]. Diabetes Metab Res Rev, 2012, 28: 627-634.

[6] DENNIS M J MURIS, ALFONS J H M HOUBEN, MIRANDA T SCHRAM, COEN D A STEHOUWER. Microvascular dysfunction: an emerging pathway in the pathogenesis of obesity-related insulin resistance [J]. Rev Endocr Metab Disord, 2013, 14: 29-38.

[7] SERENA DEL TURCO, MELANIA GAGGINI, GIUSEPPE DANIELE, et al. Insulin resistance and endothelial dysfunction: a mutual relationship in cardiometabolic risk [J]. Current Pharmaceutical Design, 2013, 19: 2420-2431.

[8] S E KAHN, S SUVAG, L A WRIGHT, K M UTZSCHNEIDER. Interactions between genetic background, insulin resistance and β-cell function [J]. Diabetes, Obesity and Metabolism, 2012, 14 (3): 46-56.

[9] JIANPING Y E. Mechanisms of insulin resistance in obesity [J]. Front Med, 2013, 7 (1): 14-24.

[10] CONIGRAVE A D, WARD D T. Calcium-sensing receptor (CaSR): pharmacological properties and signaling pathways [J]. Best Pract Res Clin Endocrinol Metab, 2013, 27 (3): 315-331.

[11] WANG R, XU C Q, ZHAO W, et al. Calcium and polyamine regulated calcium-sensing receptors in cardiac tissues [J]. Eur J Biochem, 2003, 270 (12): 2680-2688.

[12] TFELT-HANSEN J, HANSEN J L, SMAJILOVIC S, et al. Calcium receptor is functionally expressed in rat neonatal ventricular cardiomyocytes [J]. Am J Physiol Heart Circ Physiol, 2006, 290 (3): 1165-1171.

[13] ZIEGELSTEIN R C, XIONG Y, HE C, HU Q. Expression of a functional extracellular calcium-sensing receptor in human aortic endothelial cells [J]. Biochem Biophys Res Commun, 2006, 342 (1): 153-163.

[14] SMAJILOVIC S, HANSEN J L, CHRISTOFFERSEN T E, et al. Extracellular calcium sensing in rat aortic vascular smooth muscle cells [J]. Biochemical and Biophysical Research Communications, 2006, 348: 1215-1223.

[15] ALAM M U, KIRTON J P, WILKINSON F L, et al. Calcification is associated with loss of functional calcium-sensing receptor in vascular smooth muscle cells [J]. Cardiovascular Research, 2009, 81: 260-268.

[16] LI G W, WANG Q S, HAO J H, XING W J, GUO J, LI H Z, BAI S Z, LI H X, ZHANG W H, YANG B F, YANG G D, WU L Y, WANG R, XU C Q (✉). The functional expression of extracellular calcium-sensing receptor in rat pulmonary artery smooth muscle cells [J]. Journal of Biomedical Science, 2011, 18: 16.

[17] XI Y H, LI H Z, ZHANG W H, WANG L N, ZHANG L, LIN Y, BAI S Z, LI H X, WU L Y, WANG R, XU C Q (✉). The functional expression of calcium-sensing receptor in the differentiated THP-1 cells [J]. Mol Cell Biochem, 2010, 342 (1-2): 233-240.

[18] SUN J, HE W, BAI S Z, PENG X, ZHANG N, LI H X, ZHANG W H, WANG L N, SHAO X Q, HE Y Q, YANG G D, WU L Y, WANG R, XU C Q (✉). The expression of calcium-sensing receptor in mouse embryonic stem cells (mESCs) and its influence on differentiation of mESC into cardiomyocytes [J]. Differentiation, 2013, 85 (1-2): 32-40.

[19] WEIHUA ZHANG, SONG-BIN FU, FANG-HAO LU, BO WU, DONG-MEI GONG, ZHEN-WEI PAN, YAN-JIE LV, YA-JUN ZHAO, QUAN-FENG LI, RUI WANG, BAO-FENG YANG, CHANGQING XU (✉). Involvement of calcium –sensing receptor in ischemia/ reperfusion –induced apoptosis in rat cardiomyocytes [J]. Biochemical and Biophysical Research Communications, 2006, 347: 872-881.

[20] LI-NA WANG, CHAO WANG, YAN LIN, YU-HUI XI, WEI-HUA ZHANG, YA-JUN ZHAO, HONG-

ZHU LI，YE TIAN，YAN-JIE LV，BAO-FENG YANG，CHANG-QING XU（✉）. Involvement of calcium-sensing receptor in cardiac hypertrophy-induced by angiotensin Ⅱ through calcineurin pathway in cultured neonatal rat cardiomyocytes［J］. Biochemical and Biophysical Research Communications，2008，369（2）：584-589.

［21］GUO J，LI H Z，ZHANG W H，WANG L C，WANG L N，ZHANG L，LI G W，LI H X，YANG，B F，WU L Y，WANG R，XU C Q（✉）. Increased expression of calcium-sensing receptors induced by ox-LDL amplifies apoptosis of cardiomyocytes during simulated ischaemia–reperfusion［J］. Clinical and Experimental Pharmacology and Physiology，2010，37：128-135.

［22］LI H X，KONG F J，BAI S Z，HE W，XING W J，XI Y H，LI G W，GUO J，LI H Z，WU L Y，WANG R，YANG G D，TIAN Y，XU C Q（✉）. Involvement of calcium-sensing receptor in oxLDL-induced MMP-2 production in vascular smooth muscle cells via PI3K/Akt pathway［J］. Mol Cell Biochem，2012，362（1-2）：115-122.

［23］LI G W，XING W J，BAI S Z，HAO J H，GUO J，LI H Z，LI H X，ZHANG W H，YANG B F，WU L Y，WANG R，YANG G D，XU C Q（✉）. The calcium-sensing receptor mediates hypoxia-induced proliferation of rat pulmonary artery smooth muscle cells through MEK1/ERK1，2 and pI3K pathways［J］. Basic & Clinical Pharmacology & Toxicology，2011，108：185-193.

［24］GUO J，LI H Z，WANG L C，ZHANG W H，LI G W，XING W J，WANG R，XU C Q（✉）. Increased expression of calcium-sensing receptors in atherosclerosis confers hypersensitivity to acute myocardial infarction in rats［J］. Mol Cell Biochem，2012，366：345-354.

［25］LU F，TIAN Z，ZHANG W，ZHAO Y，BAI S，REN H，CHEN H，YU X，WANG J，WANG L，LI H，PAN Z，TIAN Y，YANG B，WANG R，XU C Q（✉）. Calcium-sensing receptors induce apoptosis in rat cardiomyocytes via the endo（sarco）plasmic reticulum pathway during hypoxia/reoxygenation［J］. Basic Clin Pharmacol Toxicol，2009，106：396-405.

［26］WEI-HUA ZHANG，FANG-HAO LU，YA-JUN ZHAO，LI-NA WANG，YE TIAN，ZHEN-WEI PAN，YAN-JIE LV，YAN-LI WANG，LI-JUAN DU，ZHI-RUI SUN，BAO-FENG YANG，RUI WANG，CHANG-QING XU（✉）. Post-conditioning protects rat cardiomyocytes via PKC-mediated calcium-sensing receptors［J］. Biochemical and Biophysical Research Communications，2007，361：659-664.

［27］ZHENG H S，LIU J，LIU C，LU F H，ZHAO Y J，JIN Z F，REN H，LENG X N，JIA J，HU G X，DONG S Y，ZHONG X，LI H Z，YANG B F，XU C Q（✉），ZHANG W H（✉）. Calcium-sensing receptor activating phosphorylation of PKC δ translocation on mitochondria to induce cardiomyocyte apoptosis during ischemia/reperfusion［J］. Mol Cell Biochem，2011，358：335-343.

［28］M K PIYA，P G MCTERNAN，S KUMAR. Adipokine inflammation and insulin resistance：the role of glucose，lipids and endotoxin［J］. Journal of Endocrinology，2013，216：1-15.

［29］BAI S Z，SUN J，WU H，ZHANG N，LI H X，LI G W，LI H Z，HE W，ZHANG W H，ZHAO Y J，WANG L N，TIAN Y，YANG B F，YANG G D，WU L Y，WANG R，XU C Q（✉）. Decrease in calcium-sensing receptor in the progress of diabetic cardiomyopathy［J］. Diabetes Res Clin Pract，2012，95（3）：378-385.

2．项目的研究内容、研究目标以及拟解决的关键科学问题

（1）研究内容

1）检测胰岛素靶组织（骨骼肌、肝脏和脂肪组织）是否存在 CaSR 的功能表达。

骨骼肌、肝脏和脂肪组织是胰岛素的靶组织，其对胰岛素是否敏感将决定血糖的高低。

为探索 CaSR 和胰岛素耐受的关系，必须首先证明在骨骼肌、肝脏和脂肪组织存在 CaSR 的功能性表达，这是开展后续研究的前提和基础。

文献报道，判断某组织是否存在CaSR需通过分子生物学和功能性实验检验：①$[Ca^{2+}]_o$增加可引起$[Ca^{2+}]_i$增加；②内钙增加主要来源于钙库动员；③外钙内流（经非电压敏感性钙通道，即钙库操纵性钙通道）；④ Gd^{3+}和Ca^{2+}是 CaSR 的激动剂；⑤ CaSR 转录和表达的存在（用 PT-PCR、Northern blot、Western blot、免疫组化等）（WONNEBERGER K，SCOFIELD M A，WANGEMANN P，et al. Evidence for a calcium-sensing receptor in the vascular smooth muscle cells of the spiral modiolar artery [J]. J Membr Biol，2001，175（3）：203-212）。

首先分离大鼠的骨骼肌、肝脏和脂肪组织，按照上述原则证实上述组织（或商业化的细胞系）存在 CaSR 的功能性表达，具体参见下面的技术路线和我们已发表的论文：

[1] WANG R，XU C Q，ZHAO W，et al. Calcium and polyamine regulated calcium-sensing receptors in cardiac tissues [J]. Eur J Biochem，2003，270（12）：2680-2688.

[2] XI Y H，LI H Z，XU C Q（✉），et al. The functional expression of calcium-sensing receptor in the differentiated THP-1 cells [J]. Mol Cell Biochem，2010，342（1-2）：233-240.

[3] XING W J，LI G W，Xu C Q（ ✉ ），et al. The functional expression of calcium-sensing receptors in BRL cells and related signal transduction pathway responsible for intracellular calcium elevation [J]. Mol Cell Biochem，2010，343：13-19.

[4] LI G W，WANG Q S，XU C Q（✉），et al. The functional expression of extracellular calcium-sensing receptor in rat pulmonary artery smooth muscle cells [J]. Journal of Biomedical Science，2011，18：16.

[5] SUN J，HE W，XU C Q（✉），et al. The expression of calcium-sensing receptor in mouse embryonic stem cells（mESCs）and its influence on differentiation of mESC into cardiomyocytes [J]. Differentiation，2013，85（1-2）：32-40.

2）观察和揭示 2 型糖尿病大鼠胰岛素靶组织（骨骼肌、肝脏和脂肪组织）CaSR 的表达变化及其与胰岛素抵抗的关系。

首先采用高脂、高糖饮食和低剂量链脲佐菌素（STZ，30 mg/kg）注射的方法，复制大鼠 2 型糖尿病的在体模型。然后分离和纯化脂肪细胞、肝细胞和骨骼肌细胞。采用 Western blot 和实时 PCR 等方法检测上述组织 CaSR 的蛋白质和 mRNA 表达（具体步骤参见实验方法部分）。观察哪一种胰岛素靶组织 CaSR 的变化与 2 型糖尿病大鼠血糖和胰岛素的变化关系最密切，并采用 CaSR 的激动剂和抑制剂进一步验证之，以这种细胞作为后续研究的重点，揭示 CaSR 和胰岛素抵抗的关系。

3）揭示 CaSR 在 2 型糖尿病细胞模型（骨骼肌细胞、肝细胞和脂肪细胞）胰岛素抵抗中的作用及其细胞分子机制。

以从 2 型糖尿病大鼠中分离纯化的胰岛素靶细胞（脂肪细胞、肝细胞、骨骼肌细胞）或商品化的细胞系——前脂细胞系（3T3-L1）、大鼠肝细胞系（buffalo rat liver，BRL）、大鼠骨骼肌成肌细胞系（L6）为观察对象，在存在葡萄糖（30 mmol/L）、胰岛素（10^{-7} mol/L）的条件下培养 72 h，复制 2 型糖尿病细胞模型。采用 CaSR 及胰岛素耐受信号通路关键蛋白基因过表达和沉默（或相应激动剂和抑制剂）的方法，观察 CaSR 表达增加或活性增强对细胞培养液中葡萄糖和胰岛素含量和胰岛素 - 胰岛素受体 - 胰岛素底物 -PI3K-Akt- 葡萄糖转运体 4 通路的影响（具体方法参见技术路线）。

本课题将从新的视角揭示胰岛素耐受的细胞分子机制，为从源头防治糖尿病及其并发症（糖尿病心肌病、糖尿病肾病、糖尿病脑病等）以及开展靶向性治疗提供理论和实验依据，从而取得事半功倍的临床效果。

（2）研究目标

以大鼠 2 型糖尿病整体模型和细胞模型为观察对象，将 CaSR 激动剂和抑制剂或 CaSR 基因过表达和沉默的方法作为研究手段，观察 2 型糖尿病大鼠胰岛素靶组织——肝脏、骨骼肌和脂肪组织等 CaSR 的表达规律，揭示靶细胞 CaSR 和胰岛素耐受发生的内在关系和信号通路，从新的视角揭示胰岛素耐受的新机制，为源头防治 2 型糖尿病和糖尿病并发症（糖尿病心肌病、糖尿病脑病和糖尿病肾病等）提供新思路和新靶点。

（3）拟解决的关键科学问题

糖尿病（DM）是严重危害人类健康的全球性慢性代谢综合征（90% 以上为 2 型糖尿病），发生率逐年升高，呈年轻化趋势。据《新英格兰医学杂志》报道，我国已成为全球糖尿病患者最多的国家。胰岛素抵抗是发生 2 型糖尿病的关键因素和心血管疾病的独立风险因子，但其细胞和分子机制尚未阐明。虽然有炎症反应、线粒体受损、氧化应激、内质网应激、高胰岛素血症、脂毒性等假说，但是没取得共识，没有找到防治 2 型糖尿病的有效方法。因此，从新的视角进一步阐明胰岛素抵抗的分子机制，寻找早期防治 2 型糖尿病的有效方法，就成为亟待解决的关键科学问题。

众所周知，肝脏是机体的代谢库（通过合成糖原降低血糖）；机体最大的组织——骨骼肌做功（消耗葡糖糖降低血糖）；脂肪是具有多种功能的内分泌器官。三者对胰岛素的敏感性将决定血糖的高低。文献报道，钙敏感受体（CaSR）广泛分布在多种细胞，可维持钙稳态和调节细胞增殖、分化和激素分泌等。我们前期研究证实，在心肌细胞、肝细胞、单核巨噬细胞和骨骼肌细胞系存在 CaSR 的功能性表达。我们还发现：糖尿病心肌病（DCM）的大鼠心肌 CaSR 表达降低；CaSR 激动剂能增加 CaSR 表达，同时降低血清胰岛素水平，减轻心脏损伤，表明 CaSR 可成为治疗糖尿病和 DCM 的靶点。本课题的顺利实施，有望阐明胰岛素抵抗的分子机制，使这个关键的科学问题得到解决。

3．拟采取的研究方案及可行性分析

（1）研究方案

1）研究方法。

整个实验设计严格遵循三大原则：①随机；②对照；③重复。

根据实验要求，合理设置各种对照组。各实验组（包括对照组）每组例数在 10 例左右（*n* 为 5～10），根据统计学的要求，必要时增加实验例数。

为了证实 CaSR 在胰岛素耐受中的作用和机制，本课题除了观察 2 型糖尿病大鼠胰岛素靶组织（肝脏、骨骼肌和脂肪组织）CaSR 的表达规律及其与胰岛素耐受的关系外，还拟采用 CaSR 激动剂和抑制剂或 CaSR 基因过表达和沉默的方法进一步证实之。

2）技术路线。

① 大鼠胰岛素靶组织（骨骼肌、肝脏和脂肪组织）CaSR 表达的功能检测（图 8-3）。

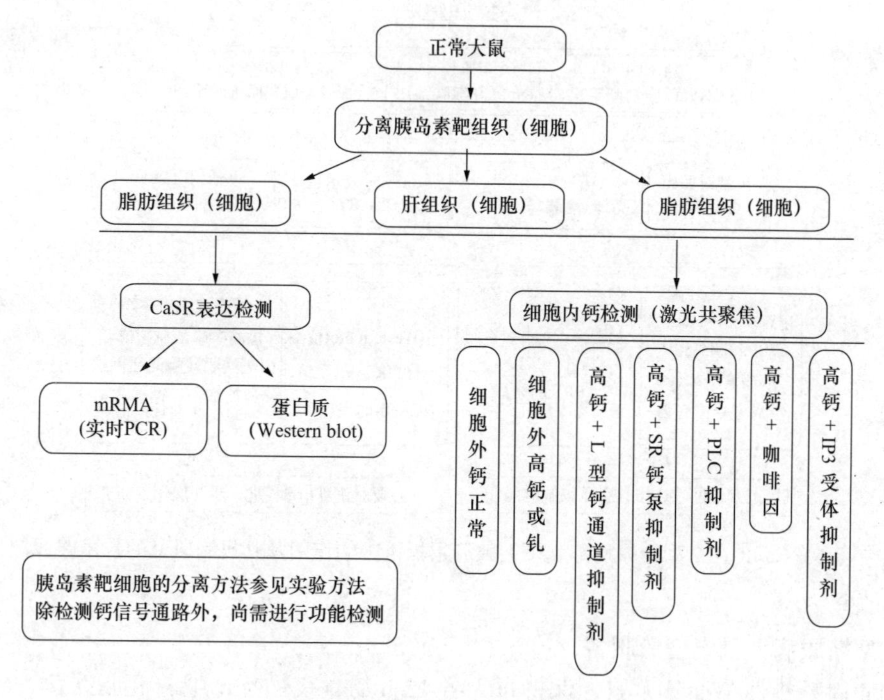

图 8-3 大鼠胰岛素靶组织 CaSR 表达的功能检测

② 2 型糖尿病大鼠胰岛素靶组织（骨骼肌、肝脏和脂肪组织）CaSR 的表达变化及其与胰岛素抵抗的关系（图 8-4）。

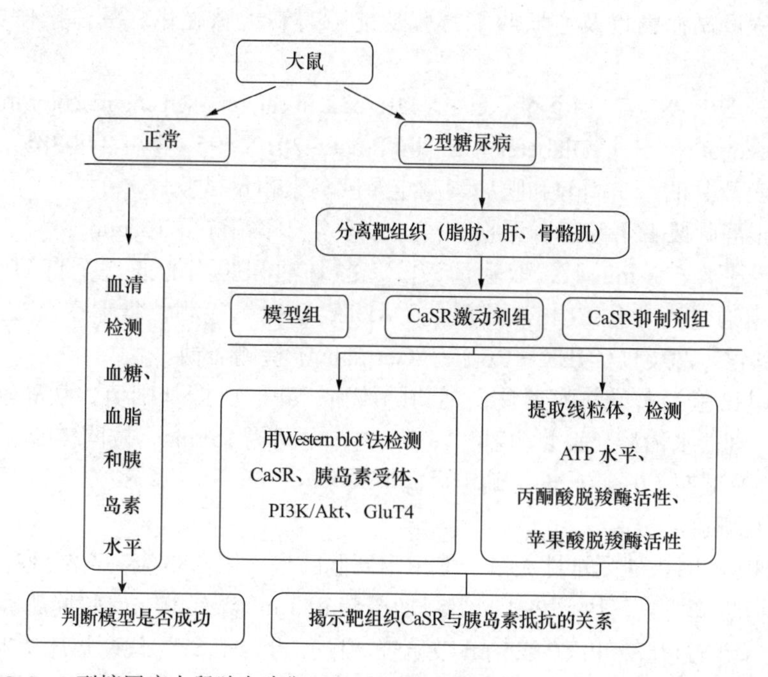

图 8-4 2 型糖尿病大鼠胰岛素靶组织 CaSR 的表达变化及其与胰岛素抵抗的关系

③ 揭示 CaSR 在 2 型糖尿病细胞模型胰岛素抵抗中的作用及其细胞分子机制（图 8-5）。

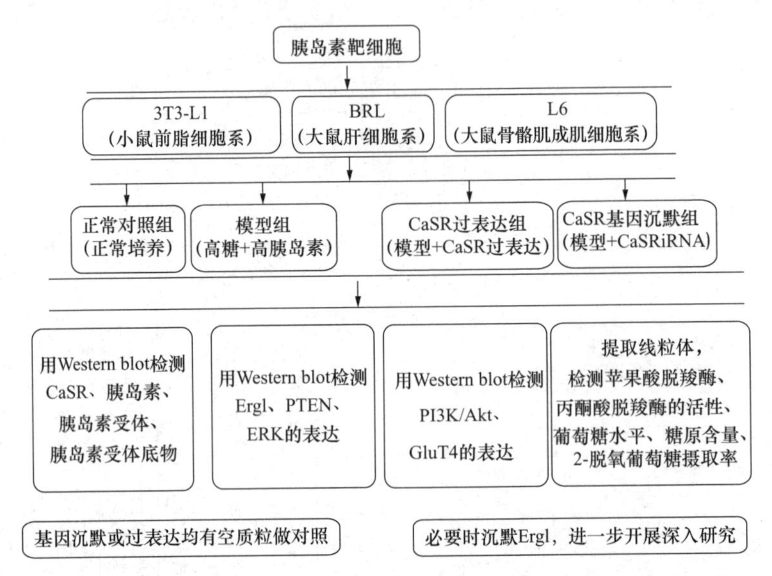

图 8-5　CaSR 在 2 型糖尿病细胞模型胰岛素抵抗中的作用及其机制研究的技术路线图

3）实验方法。

① 2 型糖尿病大鼠模型的制备。

选用 4 周龄雄性 Wistar 大鼠，保持每天各 12 h 的昼夜循环，喂养高脂饮食（60% 脂肪、19% 蛋白质、21% 碳水化合物），自由饮水。4 周后，腹腔注射链脲佐菌素（streptozocin，STZ）35 mg/kg 体重，72 h 后血糖＞16.7 mmol/L 即表示建模成功。然后严密观察 12 周，直至处死。文献报道，此法可引起与人类 2 型糖尿病的表现极其相似的中等程度糖尿病表型，其特点为中等程度高血糖以及心肌收缩舒张功能障碍和动脉硬化。具体操作参见我们已发表的论文：

BAI S Z，SUN J，XU C Q（✉），et al．Decrease in calcium-sensing receptor in the progress of diabetic cardiomyopathy［J］. Diabetes Res Clin Pract，2012，95（3）：378-385.

② 血糖、三酰甘油、胆固醇和胰岛素测定及胰岛素耐量试验。

通过大鼠尾静脉或者下腔静脉采血，离心，于 4℃冰箱静置 15 min，然后用低温离心机以 3000 r/min 转速离心 5 min 后，取上清液。三酰甘油和胆固醇通过全自动生化检测仪检测。血清胰岛素通过商业化 ELISA 试剂盒（ADL，USA）检测，步骤完全按照试剂盒说明书操作。用血糖仪（ACCU CHEK，Roche，Germany）检测血糖。

胰岛素耐量试验：大鼠前晚禁食，尾动脉放血，获取血糖基础值，胰岛素（0.8 U/kg 体重），用 0.9% 生理盐水稀释，腹腔注射。在 2 h 内，每间隔 15 min，按同样的方法采血样，测血糖值。在线性衰减期（0～60 min）确定血糖消失率。

③ 胰岛素靶细胞的分离。

A．脂肪细胞：断头处死雄性大鼠，取出附睾脂肪垫，用 0.85%NaCl 溶液冲洗，然后从细的远端将每个脂肪垫切成三块。将 1 g 组织加至装有 3 ml 含有 10 mg 胶原酶和 3 μmol/ml 葡萄糖的白蛋白 - 碳酸氢盐缓冲液的 25 ml 玻璃烧瓶中。再置于 37℃代谢摇床上孵育 1 h。消化 1 h 后，脂肪组织变成了碎片，轻轻搅拌，将碎片中脂肪细胞释放出来，然后用镊子去除余下碎片。细胞悬浮液以 400 g 转速离心 1 min 后，脂肪细胞漂浮于表面，而血管间质细胞（毛细血管内皮细胞、肥大细胞、巨噬细胞和上皮细胞）沉积。吸弃血管间质细胞，而脂肪细胞再悬浮于 37℃的 10 ml 含有所需浓度葡萄糖的白蛋白缓冲液中，以 400 g 离心 1 min，重复 3 次。最后，通过组织学方法检查血管间质细胞是否完全去除。

参见：RODBELL M.The metabolism of isolated fat cells.I.effects of hormones on glucose metabolism and lipolysis［J］. J Biol Chem，1964，239：375-380.

B. 肝细胞：取禁食 24 h 的大鼠，腹腔注射 2% 戊巴比妥钠（40 mg/kg）麻醉。腹部大十字切口开腹，腹腔注射肝素 2500 U 抗凝。将肠袢翻向左下腹，用无菌纱布覆盖保护肝脏。显露肝门部门静脉并游离 2～3 cm，结扎脾静脉，留置 3 根结扎线（2 根固定门静脉灌注管，1 根结扎门静脉远端），暂不结扎；显露肝下下腔静脉并游离 2～3 cm。提拉门静脉近端结扎线，使门静脉充盈，离门静脉较远的远端用结扎线打结，向门静脉插管（静脉留置套管针），用 2 根结扎线固定。将 37℃预热的 D-Hanks 液 250 ml，经门静脉插管持续灌注肝脏，速度为 25 ml/min，同时迅速剪开游离的肝下下腔静脉。然后打开胸腔，用哈巴狗血管夹阻断肝上、下腔静脉。灌注期间，间断阻断肝下下腔静脉以提高灌注压。灌注时间约 10 min，直至肝下下腔静脉流出的液体中不含或含少量红细胞，肝脏呈米黄色。除保留门静脉外，离断肝脏血管、韧带及系膜，将肝脏移入无菌平皿中。以 37℃预热的 0.05% Ⅳ型胶原酶灌注液 100 ml，经门静脉插管灌注消化肝脏，速度为 15 ml/min，直至肝脏变软，出现大理石样纹理，时间约 10 min。灌注液回收后可重复灌注（灌注过程中保持灌流液温度是 37℃）。停止灌流，取出肝脏，移至超净工作台，用含双抗的 PBS 清洗 3 次，用含双抗、1%BSA 的 Hanks 液终止消化反应。小心撕破肝包膜，去除血管等纤维结缔组织，轻轻抖落肝细胞。肝细胞悬液经 100 目、200 目筛网过滤，移至 50 ml 离心管，以 700 r/min 转速低速离心 5 min，去上清液，在沉淀中加入 BSA 重悬，以 500 r/min 低速离心 5 min，去上清液，在沉淀中加入 L-15 完全培养基（含 10% 胎牛血清、0.5 mg/L 胰岛素、1.0×10^{-7} mol/L 地塞米松），以 500 r/min 低速离心 5 min，离心 3 次，以去除胰酶及非肝实质细胞。调整肝细胞悬液浓度，以（2～6）$\times10^{5}$ 个细胞 /ml 浓度接种于预先铺有鼠尾胶原的培养板，在 37℃和 5%CO_2 条件下培养 4 h 后换 L-15 完全培养基，去除死亡及未贴壁细胞，每隔 24 h 换液。用过碘酸 - 雪夫反应（PAS）鉴定肝细胞。

参见：AlPINI G，PHILLIPS J O，VORMAN B，et al.Recent advance in the isolation of liver cells［J］. Hepatology，1994，20（2）：494.

C. 骨骼肌细胞：在无菌条件下取大鼠的大腿组织，用 Hanks 液冲洗，剪碎后加 0.5% 胶原酶 4 mL，0.1% 透明质酸酶 4 mL，消化 20 min。用吸管吹打，用 400 目尼龙网过滤，以 1000 r/min 转速离心清洗 3 次，去上清液。加 1% 链酶蛋白酶消化 20 min，然后加 M199 终止消化。离心管中加 2mL 60% percoll（分层液）、2ml 20% percoll、2 ml 细胞液，离心 20 min。取分界处的细胞，放入无血清培养基中，以 1000 r/min 转速清洗 3 次，计数，并接种于培养瓶中培养。

参见：COLLINS C A，PARTRIDGE T A.Self-renewal of the adult skeletal muscle satellite cell［J］. Cell cycle，2005，4（10）：1338-1341.

④ 2 型糖尿病细胞模型的制备。

将用上述方法分离纯化的胰岛素靶细胞（脂肪细胞、肝细胞和骨骼肌细胞），或市场有售的前脂细胞系（3T3-L1）、大鼠肝细胞系（buffalo rat liver，BRL）、大鼠骨骼肌成肌细胞系（L6），在 30 mmol/L 葡萄糖、10^{-7} mol/L 胰岛素条件下培养 72 h，复制 2 型糖尿病细胞模型。

⑤ Western blot 检测。

按如下方法检测胰岛素靶组织或靶细胞（肝细胞、骨骼肌细胞和脂肪细胞）的 CaSR、Erg1、PTEN、ERK、GluT4、PI3K/Akt 等蛋白质表达。

SDS-PAGE 制作：用去离子水将制胶玻璃板冲净后，固定好后小心将 SDS-PAGE 凝胶电泳分离胶注入玻璃板间隙中，并为积层胶留下 2 cm 左右空间。为阻止空气中的氧气抑制凝胶聚合，加入约 5 ml 去离子水，覆盖在积层胶上层；凝胶聚合完成（约 60 min）后，倒掉去离子水覆盖层，并用去离子水洗涤凝胶上部数次，用吸水纸尽可能吸干凝胶顶端的残存液体；将 SDS-PAGE 凝胶电泳积层胶注入玻璃板间隙，为避免混入气泡，要小心插入梳子，在室温下垂直放置。积层胶聚合完成（约 40 min）后，慢慢将梳子拔出来，用去离子水冲洗梳孔，将凝胶放入电泳槽中，加入 1 倍电泳缓冲液，按照预定的顺序加入蛋白质样品，进行电泳，积层胶电压为 50 V，当染料进入分离胶后，将电压增加到 90～100 V，直至染料抵达分离胶底部，取出胶进行转膜。

转膜及孵育一抗：将积层胶切掉，切一张比分离胶大一些的 NC 膜，放入去离子水中浸泡约 10 min 后放入转移液中，切 6 张和分离胶同样大小的滤纸，浸入转移液中，约 5 min 后，按海绵→滤纸→胶→NC 膜→滤纸→海绵的顺序夹好，放置转移槽中，膜一侧靠正极，胶一侧靠负极；在冷却条件下用 300mA 恒流转移 90 min。转移结束后，取出 NC 膜，将其在 TBST 液内清洗 20 min，加 5% 脱脂奶粉，在 37℃条件下封闭 1～2 h。用 TBST 稀释一抗（1∶1000）和作为内参照的 GAPDH 抗体（1∶1000），将 NC 膜置于抗体稀释液中，在 4℃条件下震荡过夜。

显迹：用 TBST 液漂洗 NC 膜 3 次，每次 10 min，然后将膜与 TBST 稀释的二抗（1∶1000 的羊抗兔 IgG 二抗，用碱性磷酸酶标记；1∶1000 的兔抗鼠 IgG 二抗，用碱性磷酸酶标记）孵育，室温下振荡 1 h；用 TBST 液漂洗 3 次，每次 10 min，然后用 TBST 液漂洗除去未结合的二抗。用 Western blue stabilized substrate for AP（Western blue 用于碱性磷酸酶的稳定底物，可将具有碱性磷酸酶的膜位点染成暗紫色）显色，在凝胶成像系统下拍照、分析。计算各蛋白质条带的光密度值，蛋白质表达水平以蛋白质与内参 GAPDH 光密度比值来表示。

⑥ 实时 PCR 检测。

按如下方法检测胰岛素靶组织或靶细胞（肝细胞、骨骼肌细胞和脂肪细胞）的 CaSR、Erg1、PTEN、ERK、GluT4、PI3K/Akt 等 mRNA 表达：

A. 组织总 RNA 提取：按 Trizol 试剂盒说明书进行，具体操作步骤如下：将 50～100 mg 冻存靶组织加入冰预冷的 Trizol 试剂，在室温下静置 5 min；加 200 μl 氯仿，充分摇匀 15 s，在室温下静置 2～3 min；在 4℃条件下以 12 000 r/min 转速离心 15 min，取上层无色水相层并转移至新 EP 管；加等体积异丙醇，在室温下静置 10 min，在 4℃条件下以 12000 r/min 转速离心 10 min，管壁底处可见乳白色沉淀，即为 RNA；弃上清液，加 75% 乙醇 1 ml，在 4℃条件下以 7500 r/min 转速离心 5 min，洗涤二次；弃上层乙醇，在无菌环境中风干 RNA 沉淀。用 20 μl DEPC 处理的双蒸水（ddH_2O）溶解 RNA 沉淀，储存在 −80℃冰箱备用；取 4 μl 总 RNA 加至 200 μl 灭菌水中，在紫外分光光度仪上测定其 OD_{260} 和 OD_{280}，计算 OD_{260}/OD_{280}。样品总 RNA 浓度（μg/μl）＝OD_{260}×40× 稀释倍数 ×50/1000。OD_{260}/OD_{280} 比值为 1.8～2.0 的样品较纯。

B. 反转录反应：在 20 μl 反应体系中进行，其成分如下：总 RNA 2μg（5 μl），随机引物

1 μl，DEPC 处理的 ddH_2O 4.5 μl，在 70℃条件下冰浴 10 min；加 9.5 μl 反转录反应液（10 倍缓冲液 2 μl，$MgCl_2$ 4μl，dNTP 2μl，抑制剂 0.5 μl，反转录酶 1 μl），在 42℃条件下冰浴 60 min，在 99℃条件下冰浴 5 min，在 −20℃条件下保存备用。

C．引物扩增设计：根据 Genebank 序列，设计各个引物序列并合成引物。

D．实时定量 PCR 实验方法：使用宝生物工程（大连）有限公司的试剂盒 SYRB®Premix Ex Taq™ 和 Light Cycler PCR 扩增仪（Roche）进行荧光扩增；求出 CT 值。

⑦ 激光共聚焦检测细胞内钙离子。

弃培养液，用 D-Hanks 洗涤细胞。加钙离子荧光探针 Fluo-3/AM（5 μmol/L），在 37℃恒温箱中避光孵育 40 min；去除负载液，用 D-Hanks 洗涤 2～3 次后，保存于正常无血清培养液中备用。在镜下选取细胞状态好、质膜完整、无颗粒的靶细胞进行实验。用激光扫描共聚焦显微镜实时监测 $[Ca^{2+}]_i$ 的变化，在 40 倍物镜下观察，激发波长为 488 nm。

⑧ 细胞凋亡检测。

A．用特异性染料 Hoechest33342 染色观察：对 24 孔板中培养的细胞分组施加处理因素后，每孔加入 1 ml 培养基，再加入 10 μl DNA 特异性染料 Hoechest33342，避光孵育 10 min，用 PBS 洗 5 次，在荧光显微镜下观察。紫外光激发时发射明亮的蓝色荧光。凋亡细胞的染色质凝聚，边缘化，甚至细胞核裂解为碎块，产生凋亡小体。

B．用流式细胞仪检测细胞凋亡率：分别取各组培养的靶细胞，调整后的细胞密度为 1×10^6 个 /L，制成单细胞悬液，加入 100 μl 结合缓冲液和 10 μl FITC 标记的膜联蛋白 -V（20 μg/ml），在室温下避光储存 30 min，再加入碘化丙啶（propidium iodide，PI）（50 μg/mL）5 μl，避光反应 5 min 后，加入 400 μl 结合缓冲液，用流式细胞仪进行相应靶细胞的凋亡定量检测。

⑨ 透射电镜观察。

用 0.25% 胰蛋白酶消化胰岛素靶细胞 4 min，用 PBS 洗涤 1 次，以 2000 r/min 转速离心 10 min，弃上清液，收集细胞；在 4℃条件下用 2.5% 戊二醛固定；再用 1% 锇酸固定，用常规乙醇、丙酮逐级脱水，用环氧树脂包埋，超薄切片，用铅铀双重染色，透射电镜观察并摄片。

4）关键技术。

① CaSR siRNA 的构建和转染。

根据公认的 siRNA 设计原则（Nat Biotech，2004，22：326-330），设计 3 条针对 CaSR 的 siRNA，后续实验选用验证效果最好的一条，同时合成阳性对照和阴性对照。转染选用 Lipofectamine™ RNAiMAX 转染试剂（Invitrogen 公司生产）。

siRNA 目标序列的选取原则：

A．从转录本（mRNA）的 AUG 起始密码开始，寻找“AA”二连序列，并记下其 3′ 端的 19 个碱基序列，作为潜在的 siRNA 靶位点。GC 含量为 45%～55% 的 siRNA 效果佳；在设计 siRNA 时，不要针对 5′ 和 3′ 端的非编码区（UTRs），因为该区有丰富的调控蛋白结合区域，可能会影响 siRNA 核酸内切酶复合物结合 mRNA。

B．进入 www.ncbi.nlm.nih.gov/BLAST/，将潜在的序列和相应的基因组数据库（人、小鼠或大鼠等）进行比较，排除那些和其他编码序列或 EST 同源的序列。

C．选出合适目标序列并合成该序列。通常需要设计多个靶序列 siRNA，从中选取最有效者。

D．siRNA 实验应有阴性对照，其 siRNA 应和选中的 siRNA 序列有相同组成，但无明显同源性（即将选中的 siRNA 序列打乱），同样要检查它和目的靶细胞中其他基因是否有同源性。有同源性的序列就不要了。

以腺病毒为载体将 siRNA 转染靶细胞，需要注意：①纯化 siRNA；②避免 RNA 被污染；③避免使用抗生素；④将看家基因作为阳性对照，优化转染和检测条件。

提取总 RNA，用实时 PCR 和 Western blot 技术验证 CaSR 的 mRNA 和蛋白质表达水平，看 siRNA 的效果。

目前，赛业（广州）生物科技有限公司已完成了 CaSR siRNA 载体（pAV-EXId-CTH-IRES-EGFP）的合成（见附件），课题组成员正在验证 CaSR 基因的沉默效果。

② 胰岛素靶细胞（肝细胞、脂肪细胞和骨骼肌细胞）分离和纯化。

上述细胞的分离和纯化是个复杂的过程，难度大，因此必须严格按照操作规程，注意无菌操作，反复练习，提高操作的熟练程度，完成它们的分离和纯化。

（2）可行性分析

1）理论可行性。

肝脏是机体生化中心（通过糖原合成控制血糖）；骨骼肌是机体利用血糖的最大组织；脂肪是多功能的内分泌器官，三者对胰岛素的敏感性程度将决定血糖的高低。胰岛素抵抗是 2 型糖尿病发生的关键因素和心血管疾病的独立风险因子已获普遍认可，但其细胞和分子机制尚未阐明。有关假说有炎症因子、线粒体功能紊乱、氧化应激、内质网应激、高胰岛素血症、脂毒性和糖毒性等，但未达成共识，也缺少有效治疗 2 型糖尿病方法。因此，需要寻找新靶点。

钙敏感受体（CaSR）在体内广泛分布，参与机体钙稳态和细胞增殖、分化、离子通道开启、激素分泌等调节，是正常和病理条件下细胞命运的调控者（A DIEZ-FRAILE，et al.The calcium-sensing receptor as a regulator of cellular fate in normal and pathological conditions［J］. Current Molecular Medicine，2013，13：282-295.）。我们前期研究证实，在心肌细胞、肝细胞、单核巨噬细胞和骨骼肌细胞系均存在 CaSR 的功能性表达。我们还发现：糖尿病心肌病（DCM）大鼠心肌组织 CaSR 表达呈时间依赖性降低；外源性精胺（CaSR 激动剂）能增加 CaSR 表达，减轻心脏结构损伤和功能异常，同时降低血清胰岛素水平［BAI S Z，SUN J，XU C Q，et al.Decrease in calcium-sensing receptor in the progress of diabetic cardiomyopathy［J］. Diabetes Res Clin Pract，2012，95（3）：378-385.］。这说明 CaSR 在 DCM 发生中起重要的作用，可成为糖尿病和 DCM 的治疗靶点。

最新文献报道，细胞核内 Ca^{2+} 升高可使核转录因子 Erg1 表达增加，后者通过 Erg1-PTEN-ERK 通路参与胰岛素抵抗的发生。我们最近发现，CaSR 激活可通过核内 Ca^{2+} 升高调节心肌细胞功能（ZHONG X，LIU J，LU F，et al.Calcium sensing receptor regulates cardiomyocyte function through nuclear calcium［J］. Cell Biol Int，2012，36：937-943.）。它提示 2 型糖尿病胰岛素靶细胞 CaSR 的改变可能通过 Erg1-PTEN-ERK 通路参与胰岛素抵抗的发生。

基于前期的研究成果，我们推测：在 2 型糖尿病发生过程中，CaSR 表达变化使靶组织对胰岛素的敏感性降低，是胰岛素抵抗的重要机制。我们这一假说有文献资料和前期实验支持，在理论上是可行的。

2）条件和方法可行性。

本课题原有研究基础良好，学校拥有研究所需全部设备，课题组人员构成合理，采用的实验方法先进，有关技术均有人熟练掌握，有关试剂市场有售。基因敲除将由专业公司完成。例如，受我们委托，CaSR siRNA 的载体（pAV-EXId-CTH-IRES-EGFP）已由赛业（广州）

生物科技有限公司合成（见附件）。

3）人员可行性。

项目申请人徐长庆教授为博士生导师和博士后合作导师，在心血管研究领域有一定的建树（详见下面研究基础部分），现有在研的博士后2人、博士研究生6人和硕士研究生4人。本课题组成员中，有科研经验丰富的副教授，也有在美国留学多年、成绩斐然的助理研究员（徐长庆教授带的硕士，美国的博士和博士后）。课题组人员构成合理，能保证本项目的顺利实施。

4．本项目的特色与创新之处

糖尿病（DM）是严重危害人类健康的代谢综合征，发病率和死亡率逐年增加，且呈年轻化趋势。绝大多数DM属于胰岛素抵抗的2型糖尿病。胰岛素抵抗是心血管疾病的独立危险因素，这一结论已获得普遍认可，但其细胞和分子机制尚未阐明。尽管人们对胰岛素抵抗的发生机制有一些假说，例如，炎症因子、线粒体功能紊乱、氧化应激、内质网应激、高胰岛素血症、脂毒性和糖毒性等，但是没有达成共识，也没有以此形成针对2型糖尿病的有效疗法。糖尿病心肌病、糖尿病脑病和糖尿病肾病等并发症的发生是糖尿病患者死亡率升高的重要原因，因此成为人们关注和研究的热点。研究这些糖尿病并发症固然很重要，但是“阐明胰岛素抵抗的发生机制，使靶细胞恢复对胰岛素的敏感性，从而有效地控制血糖水平”更重要，因为它可以避免“千里之堤溃于蚁穴”的风险。

基于前期的研究成果，我们推测“在2型糖尿病的发生过程中，靶组织CaSR表达变化导致对胰岛素的敏感性降低，这是胰岛素抵抗的重要机制”。为证实该假说，本课题拟利用2型糖尿病整体和细胞模型，采用CaSR激动剂和抑制剂或CaSR基因过表达和沉默的方法，观察肝脏、骨骼肌和脂肪组织等靶细胞CaSR的表达规律，揭示CaSR和胰岛素抵抗的内在关系，从新的视角揭示胰岛素抵抗的发生机制，为从源头防治2型糖尿病提供新思路和新靶点。无论从研究领域来看，还是从研究思路来看，本研究具有理论上创新性和开展靶向性治疗的潜在应用价值。

5．年度研究计划及预期研究结果（包括拟组织的重要学术交流活动、国际合作与交流计划等）

2015年1月—2015年12月

分离正常大鼠的肝脏细胞、骨骼肌细胞和脂肪细胞，或者从相关公司购买细胞系，采用分子生物学技术和激光共聚焦技术，首先证明上述三种细胞存在钙敏感受体的功能性表达，以便为后续研究奠定基础。

2016年1月—2016年12月

采用高脂、高糖饮食和低剂量STZ注射的方法建立2型糖尿病大鼠模型，从整体水平观察哪种细胞（肝脏细胞、骨骼肌细胞和脂肪细胞）的CaSR表达变化与胰岛素抵抗的关系更密切，并以此为重点深入探讨胰岛素抵抗的分子机制。

2017年1月—2017年12月

复制2型糖尿病细胞模型，观察高糖＋高胰岛素孵育对肝脏细胞、骨骼肌细胞和脂肪细胞CaSR表达的影响，同时观察这些靶细胞过表达或沉默CaSR基因对细胞葡萄糖转运和利用的影响，并进一步研究其分子机制和信号传导通路。

2018 年 1 月—2018 年 12 月

根据课题进展和变化情况调整或补充实验，完成论文撰写和课题总结。

预期研究成果：

（1）通过复制大鼠 2 型糖尿病在体和细胞模型，观察高血糖和高胰岛素情况下大鼠肝脏、骨骼肌和脂肪组织 CaSR 的表达规律，揭示 CaSR 表达和胰岛素抵抗的内在关系，从新视角阐明胰岛素抵抗的分子机制，从而为 2 型糖尿病的防治提供新思路和新靶点。

（2）预期发表 SCI 论文 3～5 篇，培养博士后 2 名、博士研究生 4 名、硕士研究生 2 名。

（二）研究基础与工作条件

1．工作基础（与本项目相关的研究工作积累和已取得的研究工作成绩）

本项目申请人徐长庆教授曾任哈尔滨医科大学病理生理教研室主任（1997—2006），现任哈尔滨医科大学心脏病理生理研究室主任（2006 年至今）。作为曾经的学科带头人和现在的学术带头人，30 多年来一直从事心肌缺血再灌注损伤的发生机制和保护研究。最近 10 多年来，主要研究钙敏感受体（CaSR）、多胺（CaSR 激动剂）稳态及多巴胺受体在心血管系统疾病或病理过程中的作用和相关机制。

先后主持国家自然科学基金课题 7 项：①多胺稳态失衡在心力衰竭中的作用和外源性精胺心肌保护机制（81270311，2013—2016）；②钙敏感受体在大鼠缺氧性肺动脉收缩和血管重构中的作用和分子机制（81070123，2011—2013）；③钙敏感受体对动脉粥样硬化大鼠急性心肌梗死易感性的影响和保护研究（30871012，2009—2011）；④外源性精胺心肌保护作用的电生理机制研究（NSFC-RFBR 协议项目 30811120280，2007—2008）；⑤大鼠心肌多胺代谢规律和“双刃剑”作用机制的研究（30470688，2005—2007）；⑥大鼠心肌细胞钙敏感受体的生物学活性及其在心肌缺血再灌注损伤中的作用（30370577，2004—2006）；⑦氧自由基对单个心肌细胞跨膜电位和离子电流的影响（39570305，1996—1998）。

主持教育部博士点基金 1 项：钙敏感受体在大鼠动脉粥样硬化模型诱发的急性心肌梗死中的作用及机制（20070226012，2008—2010）及其他省、厅级科研课题 5 项。

本课题组首次发现心肌组织、肺动脉平滑肌细胞存在钙敏感受体（CaSR）的功能表达，CaSR 激活或表达增加参与了心肌缺血再灌注损伤、细胞凋亡、心肌肥大、动脉粥样硬化、内质网应激、缺血预适应和后适应的发生，并揭示其信号传导途径。我们还首次证实多巴胺受体激活和多胺代谢紊乱参与了心肌缺血再灌注损伤和心肌肥大的发生。

本课题申请人获科技进步奖 21 项，其中省部级 11 项，第 1 名 4 项：①大鼠心肌多胺代谢规律和“双刃剑”作用机制的研究（黑龙江省自然科学二等奖，2011）；②大鼠心肌细胞钙敏感受体的生物学活性及其在心肌缺血再灌注损伤中的作用（黑龙江省自然科学二等奖，2008）；③氧自由基在心肌缺血再灌注损伤中的中心作用及心肌保护研究（黑龙江省自然科学二等奖，2003）；④丹参制剂抗缺血再灌注性心律失常的电生理机制研究（黑龙江省科技进步三等奖，2000）。

本课题申请人在国内外期刊发表科研论文 186 篇（SCI 收录论文 42 篇），通讯作者 SCI 收录论文 30 篇。迄今，共培养博士研究生 24 名（已毕业 18 名），硕士研究生 44 名（已毕业 40 名）。在已毕业 18 名博士研究生中，有 4 人晋升为教授和博士研究生导师；12 人晋升为副教授（8 人为硕士研究生导师）；15 人中标国家自然科学基金项目，合计 22 项（其中 1

人3项、5人2项和9人1项)。

本课题组的上述研究工作经验积累和已取得的成绩，为本项目的顺利实施奠定了牢固的理论、技术条件和人才储备基础。

2．工作条件（略）

3．承担科研项目情况（略）

(三)申请人和项目组主要参与者简介(略)

(四)经费申请说明(略)

(五)其他需要说明的问题(略)

(六)附件清单

1)张红雨博士的知情同意书(图8-6)。

Temple University School of Medicine

知情同意书

尊敬的徐长庆教授：

您申报的国家自然科学基金项目“钙敏感受体在2型糖尿病大鼠胰岛素耐受中的作用和机制”，选题新颖，研究意义重大。

想当年，当我硕士毕业的时候，是您将我选留到哈医大病理生理教研室工作，又推荐到美国继续深造。作为一名哈医大人和您的学生，我十分愿意参加这项意义深远的研究。

为了履行课题组成员的义务，我将在信息收集、文献检索、试剂购买等方面提供力所能及的帮助，将我在美国学习掌握的先进技术毫无保留地传递给我在国内的师弟、师妹们，并参加部分相关实验研究。

本项研究的一切成果和知识产权，属于我的母校哈尔滨医科大学。

祝课题申报成功！

您的学生　张红雨

2014.3.6　张红雨　2014.3.6

Hongyu Zhang
Assistant Scientist
Department of Physiology & Cardiovascular Research Center
Temple University School of Medicine
MERB 10th FL, 3500 N.Broad street Philadelphia PA 19140
Cell: 2679972736
Email: hongyu2006@gmail.com

图8-6　知情同意书

2）赛业（广州）生物科技有限公司的 CaSR siRNA 的载体构建项目服务报告首页（略）。

3）国家自然科学基金资助项目获奖证书（2 份）（略）。

4）医学伦理证明如表 8-3 所示。

表 8-3　哈尔滨医科大学医学伦理审查申请表

项目名称：钙敏感受体在 2 型糖尿病大鼠胰岛素抵抗中的作用和机制	
项目负责人：徐长庆	职称：教授
所在单位：哈尔滨医科大学基础医学院	
单位伦理委员会意见： 经哈尔滨医科大学医学伦理委员会讨论，该项目研究涉及医学伦理方面工作符合《赫尔辛基宣言》及国际医学科学组织委员会颁布的《人体生物医学研究国际道德指南》中规定的道德准则，同意进行该项目研究。	
伦理委员会成员签字：	
伦理委员会主任人签字：	单位伦理委员会公章： 2014 年 2 月 26 日

5）项目申请人近 3 年来发表的 5 篇代表作（首页）（略）。

余略。

第二节　同行评议意见和作者自省

一、同行评议意见

徐长庆先生：

您好！

您申请的科学基金项目，已经完成科学部初审、通讯评审和专家评审组评审。由于科学基金实行竞争机制，择优支持，在有限的经费条件下，资助项目只能优中选优；或者因项目本身原因，在某些方面尚有不足；今年未能给予资助。为了使科学基金评审工作更加客观、公正、透明，我们把同行评议意见全文反馈给您，该意见仅供您参考。

请不要直接回复此邮件，此为系统自动电子邮件地址。

如有问题请与国家自然科学基金委员会医学二处联系。

E-mail:yx2c-2@nsfc.gov.cn。

（一）三位同行专家评议意见

第一位同行专家的评议意见

1．简述申请项目的主要研究内容和申请者提出的科学问题或假说

该项目依据前期在糖尿病心肌病大鼠发现的 CaSR 表达降低，CaSR 激动剂能增加其表达并降低胰岛素水平，减轻心肌损伤的结果，推测 CaSR 表达变化导致胰岛素靶组织对胰岛素敏感性降低是胰岛素抵抗的重要机制，应用细胞模型和动物模型验证此推论。

2．具体意见

（1）申请项目的预期结果及其科学价值和意义

该项目的预期结果是检测糖尿病时胰岛素靶组织中 CaSR 的表达规律，揭示其表达与胰岛素抵抗的关系，阐明胰岛素抵抗的分子机制，有一定的科学价值。

（2）科学问题或假说是否明确，是否具有创新性

科学问题明确，但立项依据不够充分。

（3）研究内容、研究方案及所采用的技术路线

申请人主要的工作是关于心肌的，对于胰岛素靶组织（脂肪、肌肉和肝脏）的相关技术没有前期工作基础，也无预实验结果，主要是参照文献。检测骨骼肌、脂肪组织和肝脏中 CaSR 的蛋白表达是比较简单的实验，最好有预实验结果。

（4）申请人的研究能力和研究条件

申请人有很好的研究能力和水平，具备完成本项目的样本和设备，但缺少与本项目直接相关的前期结果。

（5）其他意见或修改建议

第二位同行专家的评议意见

1．简述申请项目的主要研究内容和申请者提出的科学问题或假说

研究钙敏感受体在 2 型糖尿病大鼠胰岛素抵抗发生、发展中的作用及其相关机制。

2．具体意见

（1）申请项目的预期结果及其科学价值和意义

对胰岛素抵抗的发生机制有新的见解，有一定的科学价值。

（2）科学问题或假说是否明确，是否具有创新性

研究目标明确，立论尚合理，具有一定的创新性，但工作基础较薄弱。

（3）研究内容、研究方案及所采用的技术路线

研究内容、研究方案和技术路线尚合理，具有一定的可行性。

（4）申请人的研究能力和研究条件

研究能力和研究条件较好。

（5）其他意见或修改建议

1）申请者发现 CaSR 在 DCM 发生中发挥重要作用，但据此推论 CaSR 与肝脏、脂肪和肌肉组织中胰岛素抵抗有关，立项依据明显不足，建议增加相关前期实验。

2）“Ⅱ型糖尿病”应统一为“2 型糖尿病”（本书已统一，原标书未统一为 2 型糖尿病）。

3）如果要研究大鼠整体的胰岛素抵抗水平，建议使用胰岛素钳夹实验。

4）如果要测量胰岛素靶细胞的胰岛素抵抗水平，建议增加葡萄糖转运实验。

第三位同行专家的评议意见

1．简述申请项目的主要研究内容和申请者提出的科学问题或假说

课题主要研究内容为确定 CaSR 在组织的表达情况，揭示 2 型糖尿病大鼠胰岛素靶组织 CaSR 的表达变化及其与胰岛素抵抗的关系和细胞分子机制。

2．具体意见

（1）申请项目的预期结果及其科学价值和意义

课题预期可以揭示 CaSR 的表达规律，但是其与胰岛素信号通路及 2 型糖尿病的关系，从本课题很难得出确定的结论。

（2）科学问题或假说是否明确，是否具有创新性

本课题提出的科学问题不够深入，研究主要停留在现象观察的层次，创新性较低，需要更多的工作基础，提出更深入的机制，如 CaSR 和胰岛素信号通路之间可能的相互作用机制。

（3）研究内容、研究方案及所采用的技术路线

所采取的研究技术路线基本合理，可以验证相对应的研究内容和目标，但是通过高糖培养复制 2 型糖尿病细胞模型有待商榷。细胞模型如何模拟 2 型糖尿病?

（4）申请人的研究能力和研究条件

申请人具有良好的科研经历和科研团队。

（5）其他意见或修改建议

注意书写规范，如申请书中 2 型糖尿病与Ⅱ型糖尿病不统一。

二、作者自省

收到基金委转发给我的同行评议意见后，我进行了认真的反思。当时，曾在科学网发表了一篇感悟博文《内容重于形式——从“标书哥”的标书“被毙”谈起》。这篇博文被科学网精选，了解具体内容，请登录：http://blog.sciencenet.cn/blog-69051-839407.html。

读了这些同行的评议意见后，我觉得三位同行是认真负责的评审专家，他们是该研究领域的行家里手，是对研究内容十分熟悉的小同行，他们对本标书提出的问题切中要害。

众所周知，课题的创新性、技术路线和前期研究基础是决定申请项目能否中标的三大要素。平心而论，本人的标书在这三个方面都存在不同程度的缺陷。这三位评委在指出我们标书存在不足的同时，还就如何完善技术路线提出了许多很好的建议。比如，三位评委对本标书比较一致的看法是：①对于本课题的创新性、技术路线给予了基本肯定（科学问题和研究目标明确，立论尚合理，有一定创新性；对胰岛素抵抗的发生机制有新见解，有一定科学价值；研究内容、研究方案和技术路线尚合理，具有一定的可行性）。②对本课题研究基础给予了肯定（申请人具有良好的科研经历和科研团队）。③明确指出本项目的主要不足（研究主要停留在现象观察的层次；缺少与本项目直接相关的前期结果；语言不够规范，2 型糖尿病、Ⅱ型糖尿病不统一）。④对于完善技术路线给了很好的建议（建议增加胰岛素钳夹实验和葡萄糖转运实验）。根据我的评审经验，推测这三位评审专家给予本标书最终评审结果可能是 2 个 B 和 1 个 C，最终未能上会。

总之，对于本项目的“被毙”，我心服口服。我还组织课题组全体成员，针对评委提出的问题，就如何凝练创新点、完善技术路线和加速预实验的进行，展开了热烈的讨论。

本人作为《标书歌》的作者和基金委通讯评审专家，对标书的书写要求和技巧了如指掌，但这次本人项目被毙的主要原因不是由于书写格式和技巧问题，而是由于实质性的内容问题。它再一次提醒我们：标书的撰写，内容重于形式。

第九章　一份 B 类上会但最终落选的标书

第一节　钙敏感受体调控ATP流在糖尿病心肌病发生中的作用和机制

钙敏感受体调控 ATP 流在糖尿病心肌病发生中的作用和机制是作者 2017 年申报的国家自然科学基金面上项目，它以 B 类上会，但最终因同意资助的评委未超过半数而落选。本章第二节全文转载了同行的评议意见，并有作者本人的反思。为了更好地分析和汲取经验教训，大家可以阅读该标书。

基金委对各申报单位提交的申请书，通常采取形式审查、通讯评议和会议评审三个环节，每个环节都有一些申请项目被淘汰。

第一阶段：基金委所属相关科学部对申请资格、申请书格式和完整性等进行形式审查。其不合格的常见原因，具体参见第二章。

第二阶段：同行专家按照评议要点和评审标准对标书进行通讯评审，主要关注创新性、技术路线、研究内容、关键科学问题及前期基础等，并给出总体评价：A（优，优先资助）；B（良，可予资助）；C（中等，不予资助）；D（差，不予资助）。

第三阶段：专家评审组对通讯评审推荐的 A 或 B 类申请书进行会议评审和无记名投票，那些同意资助不超过评委半数的标书最终落选。通常 A 类上会的申请项目很少落选，而 B 类上会的项目很少入选。

由于本标书是以 B 类上会，最终未能入选。

申请代码	H0208
受理部门	
收件日期	
受理编号	8177021357

国家自然科学基金

申　请　书

（2017 版）

资助类别：面上项目

亚类说明：

附注说明：常规面上项目

项目名称：钙敏感受体调控 ATP 流在糖尿病心肌病发生中的作用和机制

申 请 人：徐长庆　　电　　话：0451-86674548

依托单位：哈尔滨医科大学

通信地址：哈尔滨市南岗区保健路 157 号

邮政编码：150086　　单位电话：0451-86669470

电子邮箱：xucq45@126.com

申报日期：2017 年 03 月 01 日

国家自然科学基金委员会

基 本 信 息

<table>
<tr><td rowspan="7">申请人信息</td><td>姓　　名</td><td>徐长庆</td><td>性　　别</td><td>男</td><td>出生年月</td><td>1945 年 4 月</td><td>民族</td><td>汉族</td></tr>
<tr><td>学　　位</td><td>学士</td><td>职　　称</td><td>教授</td><td colspan="3">每年工作时间（月）</td><td>6</td></tr>
<tr><td>电　　话</td><td colspan="2">0451-86674548</td><td colspan="2">电子邮箱</td><td colspan="3">xucq45@126.com</td></tr>
<tr><td>传　　真</td><td colspan="2">0451-86674548</td><td colspan="2">国别或地区</td><td colspan="3">中国</td></tr>
<tr><td colspan="2">个人通信地址</td><td colspan="6">黑龙江省哈尔滨市南岗区保健路 157 号</td></tr>
<tr><td colspan="2">工作单位</td><td colspan="6">哈尔滨医科大学基础医学院</td></tr>
<tr><td colspan="2">主要研究领域</td><td colspan="6">钙敏感受体在心血管系统疾病发生中的作用和机制</td></tr>
<tr><td rowspan="3">依托单位信息</td><td>名　　称</td><td colspan="7">哈尔滨医科大学</td></tr>
<tr><td>联 系 人</td><td colspan="2">单宏丽</td><td colspan="2">电子邮箱</td><td colspan="3">shanhongli@ems.hrbmu.edu.cn</td></tr>
<tr><td>电　　话</td><td colspan="2">0451-86669470</td><td colspan="2">网站地址</td><td colspan="3">http://61.158.20.195/</td></tr>
<tr><td rowspan="3">合作研究单位信息</td><td colspan="8">单位名称</td></tr>
<tr><td colspan="8"></td></tr>
<tr><td colspan="8"></td></tr>
<tr><td rowspan="8">项目基本信息</td><td>项目名称</td><td colspan="7">钙敏感受体调控 ATP 流在糖尿病心肌病发生中的作用和机制</td></tr>
<tr><td>英文名称</td><td colspan="7">The role and mechanism of calcium sensing receptor regulating ATP flow in the development of diabetic cardiomyopathy</td></tr>
<tr><td>资助类别</td><td colspan="4">面上项目</td><td>亚类说明</td><td colspan="2"></td></tr>
<tr><td>附注说明</td><td colspan="7">常规面上项目</td></tr>
<tr><td>申请代码</td><td colspan="4">H0208. 心肌炎和心肌病</td><td colspan="3">H0203. 心肌细胞 / 血管细胞损伤、修复、重构和再生</td></tr>
<tr><td>基地类别</td><td colspan="7"></td></tr>
<tr><td>研究期限</td><td colspan="4">2018 年 1 月 1 日—2021 年 12 月 31 日</td><td colspan="3">研究方向：糖尿病心肌病变</td></tr>
<tr><td>申请直接费用</td><td colspan="7">78.4000 万元</td></tr>
<tr><td colspan="2">中文关键词</td><td colspan="7">糖尿病心肌病；钙敏感受体；能量代谢障碍；线粒体结构蛋白；缝隙连接蛋白</td></tr>
<tr><td colspan="2">英文关键词</td><td colspan="7">diabetic cardiomyopathy; calcium-sensing receptor; energy metabolism disorder; mitochondrial structural protein; gap junction protein</td></tr>
</table>

中文摘要	糖尿病心肌病（DCM）是糖尿病的主要并发症和致死原因，确切机制尚未阐明，缺少有效治疗方法。钙敏感受体（CaSR）是 G 蛋白偶联受体。我们首次发现心肌有 CaSR 表达，并证实其参与心肌缺血再灌注损伤、细胞凋亡、心肌肥大、动脉粥样硬化、肺动脉高压、内质网应激的发生。DCM 和 CaSR 的关系未见报道。最近，我们发现 DCM 大鼠 CaSR 表达下调与钙稳态失衡和病情进展密切相关。根据预实验结果，我们推测：糖尿病心肌细胞 CaSR 表达降低，可活化钙调蛋白 - 泛素蛋白酶系统，后者水解线粒体融合蛋白和缝隙连接蛋白，使 ATP 产生减少和渗漏增加，引起心肌收缩和舒张功能障碍和心肌重构，最终导致心力衰竭。为验证上述假说，本课题将采用 2 型糖尿病转基因模型——瘦素受体敲除小鼠（db/db 小鼠）和高糖、高脂处理心肌细胞作为研究对象，使用各种分子生物学方法，揭示 CaSR 在 DCM 发生中的关键作用，为其有效防治提供理论依据和新靶点。
英文摘要	Diabetic cardiomyopathy（DCM）is a major complication of diabetes and the cause of death，the exact mechanism has not been clarified，and the effective treatment is lack.Calcium sensing receptor（CaSR）is a G protein coupled receptor.We first found that CaSR exists in myocardium，and is involved in myocardial ischemia-reperfusion injury，apoptosis，myocardial hypertrophy，atherosclerosis，pulmonary hypertension，and endoplasmic reticulum stress.The relationship between DCM and CaSR has not been reported. Recently，we found that the down-regulation of CaSR expression in DCM rats is closely related to the imbalance of calcium homeostasis and the progression of the disease.According to the results of preliminary experiment，we speculate that the down-regulation of CaSR expression in diabetic myocardial cells activates the calmodulin-ubiquitin proteasome system，which hydrolyse mitochondrial fusion protein and gap junction protein，resulting in decreased ATP production and increased leakage，systolic and diastolic dysfunction and myocardial remodeling，eventually lead to heart failure.To verify the above hypothesis，we will select type 2 diabetes transgenic mode，leptin receptor knockout mice（db/db mice）and myocardial cells with high-sugar and high-fat treatment as the research object，We use a variety of molecular biological methods，reveal the key role of CaSR in the occurrence of DCM，and provide a theoretical basis and a new target for the effective prevention and treatment of DCM.

项目组主要参与者

（注：项目组主要参与者不包括项目申请人）

编号	姓名	出生年月	性别	职 称	学 位	单位名称	电话	电子邮箱	证件号码	每年工作时间（月）
1	李鸿珠	1977-03-08	女	教授	博士	哈尔滨医科大学	0451-86674548	hongzhuli61@163.com	231004197703080942	3
2	白淑芝	1978-12-12	女	副教授	博士	哈尔滨医科大学	0451-86674548	baishuzhi12@163.com	230103197812124842	3
3	李弘	1971-01-23	女	副教授	博士	哈尔滨医科大学	0451-86674548	drlihong1971@163.com	230105197101230027	3
4	高萍	1970-04-11	女	副教授	博士	哈尔滨医科大学附属二院	0451-86674548	18686824468@163.com	230102197004110024	2
5	李波	1978-04-13	女	副教授	硕士	哈尔滨医科大学附属四院	0451-86674548	libo82576735@163.com	231004197804130929	2
6	魏璨	1988-05-28	女	博士生	学士	哈尔滨医科大学	0451-86674548	canwei528@163.com	230203198805280628	6
7	王跃虹	1990-03-27	男	博士生	学士	哈尔滨医科大学	0451-86674548	wangyuehong90@sina.cn	410403199003275711	10
8	袁辉	1982-04-01	男	博士生	硕士	哈尔滨医科大学	0451-86674548	76665416@qq.com	232331198204010617	10
9	范玉琪	1992-10-03	女	硕士生	学士	哈尔滨医科大学	0451-86674548	1078222684@qq.com	371523199210034960	10

总人数	高级	中级	初级	博士后	博士生	硕士生
11	6				3	2

国家自然科学基金项目资金预算表

项目申请号：8177021357　　项目负责人：徐长庆　　金额单位：万元

序号	科目名称	金额	备注
	（1）	（2）	（3）
1	一、直接费用	78.40	
2	1）设备费	0	
3	（1）设备购置费	0	
4	（2）设备试制费	0	
5	（3）设备改造与租赁费	0	
6	2）材料费	51.00	买动物，培养细胞，免疫印迹、共沉淀实验相关试剂，PCR 和转染实验费用
7	3）测试、化验、加工费	1.80	超声、电镜、流式细胞仪、共聚焦检测费
8	4）燃料动力费	0.00	
9	5）差旅、会议、国际合作与交流费	10.40	参加国内外会议，外请专家
10	6）出版、文献、信息传播、知识产权事务费	5.20	版面费、润色费、文献检索费等
11	7）劳务费	10.00	在读学生劳务费
12	8）专家咨询费	0	
13	9）其他支出	0	
14	二、自筹资金来源	0	

预算说明书（定额补助）

（请按《国家自然科学基金项目资金预算表编制说明》中的要求，对各项支出的主要用途和测算理由及合作研究外拨资金、单价≥10万元的设备费等内容进行详细说明，可根据需要另加附页。）

一、直接费用：78.40万元

1．设备费：0万元

2．材料费：51.00万元

（1）实验动物及饲养所需的材料支出：15.00万元

实验动物主要包括C57BL小鼠、瘦素受体敲除小鼠（db/db小鼠）及饲养所需的材料、动物饲料、动物垫料、动物笼子、动物水瓶，共计支出16.00万元。

包含：C57BL小鼠：100元/只×100只=1.0万元；

db/db小鼠：600元/只×200只=12.0万元；

db/db小鼠每只费用600元包括小鼠费用400元+饲养费用200元；

饲养所需饲料、垫料、材料等费用2.0万元。

（2）细胞培养所需的材料支出：3.50万元

细胞培养所需的材料主要包括进口胎牛血清、DMEM培养基、胰酶、培养皿、培养瓶、培养板和Transwell小室，共计支出3.00万元；氧气和二氧化碳混合气体：100元/罐×50罐=0.50万元。

（3）免疫印迹、免疫共沉淀相关试剂及抗体支出：16.00万元

试剂主要包括1.5 mol/L Tris-HCl（pH 8.8）、1.0 mol/L Tris-HCl（pH 6.8）、10% SDS溶液、30%丙烯酰胺-双丙烯酰胺溶液、TEMED液、封闭奶粉、TBST液、电泳液、转膜液和硝酸纤维素膜以及琼脂糖磁珠，共计支出2.60万元。

抗体主要包括CaSR、细胞凋亡相关蛋白抗体（caspase-3/-9、Bcl-2、cyt-c）、线粒体融合蛋白抗体（Mfn1、Mfn2），线粒体裂变蛋白抗体（Fis1、Drp1），细胞间隙连接相关蛋白抗体（Cx43、β-catenin、N-cadherin）、泛素连接酶抗体（gp78），线粒体其他相关蛋白抗体（UQCRQ1、ND1、ATP5、cox5A、SDHA），内质网应激相关蛋白抗体（GRP78、CHOP、caspase-12、ATF-4/-6），氧化应激相关蛋白抗体（3-NT、iNOS、HO-1），MAPK通路蛋白抗体（p-ERK/ERK、p-p-38/p38、p-JNK/JNK）、PI3K/Akt通路蛋白抗体（p-PI3K/PI3K、p-Akt/Akt、p-GSK-3β/GSK-3β）、PERK通路（p-PERK/PERK、p-eIF2α/eIF2α），及各种二抗，共计支出13.40万元。

（4）PCR相关材料支出：1.00万元

PCR相关材料主要包括引物设计、PCR试剂盒、Trizol试剂、琼脂糖和进口枪头，共计支出1.00万元。

（5）各种试剂盒支出：4.00万元

主要试剂盒包括CCK8试剂盒、BrdU试剂盒、Annexin V试剂盒、心肌酶ELISA试剂盒、ATP检测试剂盒、线粒体呼吸链检测试剂盒、活性氧检测试剂盒和反转录试剂盒，共计支出4.00万元。

（6）各种染料支出：1.00万元

主要染料包括 TUNEL 染色、Masson 染色、JC-1 染色、Calcein-AM 染色试剂和线粒体示踪剂（Mito-Tracker），共计支出 1.00 万元。

（7）siRNA、质粒的构建和细胞转染支出：5.00 万元

主要包括 gp78 siRNA、酶、真核表达载体、大肠杆菌、质粒提取试剂盒、LB 培养基、CaSR 质粒、lipofectamine 2000 和 opti-MEMI 培养基，共计支出 5.00 万元。

（8）各种药品支出：3.00 万元

棕榈酸酯（palmitate），CaSR 激动剂、CaSR 抑制剂，ERK 激动剂和抑制剂，p38 MAPK 和 JNK 激动剂以及抑制剂，PI3K 激动剂和抑制剂，PERK 激动剂和抑制剂，共计支出 3.00 万元。

（9）基础药品和基础耗材支出：2.50 万元

基础药品主要包括 NaCl、$NaHCO_3$、KCl、KH_2PO_4、$MgSO_4$、$CaCl_2$ 和葡萄糖，共计支出 0.30 万元

基础耗材主要包括去离子水、各种规格的枪头、各种规格离心管和无菌手套，共计支出 2.20 万元；液氮：200 元 / 罐 × 25 罐＝0.50 万元。

3．测试、化验、加工费：1.80 万元

小动物超声：200 元 / 小时 ×30 小时＝0.6 万元；用透射电镜观察超微结构：100 元 / 例 ×40 例＝0.40 万元；流式细胞仪检测细胞周期和增殖：80 元 / 例 ×100 例＝0.80 万元；激光共聚焦显微镜检测细胞膜电位、mPTP 开放和细胞内钙：300 元 / 小时 ×20 小时＝0.6 万元。

4．燃料动力费：0 万元

5．差旅、会议、国际合作与交流费：10.40 万元

差旅费：为了互相交流研究成果与进展，拟选派课题组成员参加国内学术会议。拟参加全国心血管会议 2 次，拟参加承办中国病理生理学会心血管专业委员会会议 2 次，拟参加中国病理生理学会受体专业委员会承办会议 2 次。每人次 0.30 万元，6 人次，合计 1.80 万元。

会议费：为了本课题的顺利进行，邀请国内专家来我校进行学术研讨、指导及交流而发生的费用。每人次 0.30 万元，2 人次，合计 0.60 万元。

国际合作与交流费：项目负责人参加在美国举行的国际心脏病大会，7 天，1 人次，参加在捷克举行的国际病理生理学会议，7 天，1 人次，每人次平均约为 3.00 万元，合计 6.00 万元。加拿大专家 1 人次来华合作交流，每人 7 天，每人次平均约为 2.00 万元，合计 2.00 万元。

6．出版 / 文献 / 信息传播 / 知识产权事务费：5.20 万元

SCI 版面费：1.20 万元 / 篇 ×3 篇＝3.60 万元；语言润色修改：0.20 万元 / 篇 ×3 篇＝0.60 万元；核心期刊版面费：0.20 万元 / 篇 ×3 篇＝0.60 万元；复印费、壁报制作费及文献检索费等 0.40 万元。

7．劳务费：10.00 万元

博士生 2 人，每人每月 1000 元，每年 8 个月，2 人每年共 16 个月，每年合计 1.60 万元，共 4 年，合计 6.40 万元；硕士生 2 人，每人每月 600 元，每人每年 10 个月，2 人每年共 20 个月，每年合计 1.20 万元，共 3 年，合计 3.60 万元。

8．专家咨询费：0 万元

9．其他支出：0 万元

二、自筹资金来源：0 万元

报告正文

参照以下提纲撰写，要求内容翔实、清晰，层次分明，标题突出。请勿删除或改动下述提纲标题及括号中的文字。

（一）立项依据与研究内容（4000～8000 字）

1．项目的立项依据（研究意义、国内外研究现状及发展动态分析，需结合科学研究发展趋势来论述科学意义；或结合国民经济和社会发展中迫切需要解决的关键科技问题来论述其应用前景。附主要参考文献目录）

（1）糖尿病心肌病

糖尿病（diabetes mellitus，DM）是由遗传和环境因素使胰岛素分泌不足或胰岛素抵抗而引起的以血糖升高为特征、严重危害人类健康的代谢综合征[1]。目前，糖尿病的发生率逐年升高，呈年轻化趋势，已成为全球性的健康问题，预测 2030 年糖尿病患者将超过 5.5 亿[3~5]。糖尿病并发症是糖尿病患者致死、致残的主要原因[2]。例如，糖尿病肾病可导致慢性终末期肾功能衰竭，糖尿病心肌病可引起心功能不全，严重糖尿病足需截肢，糖尿病视网膜炎可导致失明等。糖尿病主要并发症是心血管疾病，因糖尿病心肌病引起的死亡率占糖尿病患者死亡率的 2/3 以上[4]。《新英格兰医学杂志》报道，我国已成为全球糖尿病患者最多的国家，目前有糖尿病患者 9200 万，糖尿病前期患者 1.4 亿[6]。

糖尿病心肌病（diabetic cardiomyopathy，DCM）是指发生于糖尿病患者，不能用冠心病、高血压性心脏病及其他心脏病解释的心肌疾病，其特点是在持续发生代谢紊乱和微血管病变的基础上，出现氧化应激、钙处理受损、线粒体功能改变、炎症和纤维化，引发心肌广泛灶性坏死，进展为心力衰竭、心律失常及心源性休克，重症患者甚至猝死[7]（图 9-1）。

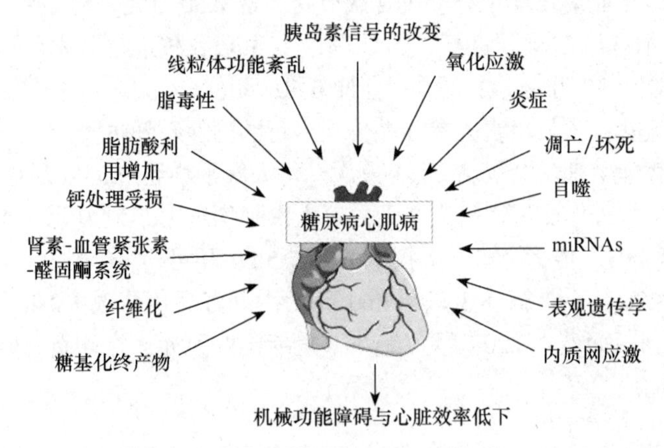

图 9-1　糖尿病心肌病可能的发病机制（依据参考文献[3]改编）

近年来，糖尿病已成为一种世界范围的流行病，通过多种分子机制共同促进糖尿病心肌细胞损伤，进而损害心脏功能：①改变信号转导（胰岛素、肾素 - 血管紧张素）通路；②代谢改变与线粒体功能障碍；③结构和信号蛋白的翻译后修饰；④改变细胞的稳态过程，如细胞凋亡、细胞自噬和内质网应激；⑤基因调控变化影响激活转录因子、miRNA 和表观遗传机制等[3]。

糖尿病心肌病的确切机制尚未阐明[8, 9]。有文献显示，叉头框转录因子 1（FoxO1）作为多功能转录因子，参与与 DCM 有关的细胞代谢、氧化应激、内皮功能、炎症反应和细胞凋亡的调控[8]。约 12% 的糖尿病患者并发 DCM，可多年无症状，但最终出现明显心力衰竭甚至死亡。迄今，缺乏一种诊断 DCM 的高效、特异方法，DCM 的分子机制尚未完全阐明[9]。这也是导致缺少有效防治 DCM 方法的重要原因。因此，从新的视角揭示糖尿病心肌病的发生机制，为 DCM 的精准诊断和防治提供理论依据，已成为国内外的关注热点。

（2）钙敏感受体

钙敏感受体（calcium-sensing receptor，CaSR）是 G 蛋白偶联受体 C 家族成员，1993 年首次由牛甲状旁腺克隆出，其分布广泛，例如甲状旁腺细胞、胃肠道细胞、骨细胞、肾细胞、神经元、肝细胞、胰腺 β 细胞等，主要参与 Ca^{2+} 和其他金属离子稳态的维持和细胞增殖、分化、离子通道开启、激素分泌等的调节。CaSR 的配体主要是细胞外 Ca^{2+}、Mg^{2+}、Gd^{3+}、新霉素、精胺等多价阳离子[10]。

心血管系统 CaSR 的研究开展较晚。2001 年秋，本项目申请人作为访问学者到加拿大王睿教授实验室开展合作研究。我们在国际上首次发现大鼠心肌有 CaSR 功能性表达，2003 年论文发表在国际期刊《欧洲生物化学杂志》上[11]。随后，其他小组相继报道了新生大鼠心室肌细胞、主动脉平滑肌和内皮细胞的 CaSR 功能性表达[12-14]。肾功能衰竭时血管钙化伴有血管平滑肌细胞 CaSR 功能丧失[15]。

2002 年笔者回国后，本课题组在心血管 CaSR 领域开展了一系列研究。我们发现或证实：心肌组织、肺动脉平滑肌细胞、单核巨噬细胞和胚胎干细胞存在 CaSR 的功能表达，参与细胞内钙稳态（胞质溶胶、肌浆网、细胞核）的调控和心肌缺血再灌注损伤、细胞凋亡、心肌肥大、动脉粥样硬化、肺动脉高压、内质网应激、缺血预（后）适应的发生，并揭示其信号传导途径[16-32]等（详见工作基础）。这些研究经历和成果为后续的研究奠定了坚实的基础。

（3）本课题的思路和假设

为了揭示 CaSR 在糖尿病心肌病中的作用，本课题组曾开展一些研究。我们在大鼠糖尿病模型中发现：DCM 大鼠心肌组织 CaSR 表达降低导致细胞内钙离子浓度减少；外源性精胺（CaSR 激动剂）能增加 CaSR 表达，减轻心脏结构损伤和功能异常，同时降低血清胰岛素水平[33]。（详见工作基础）

我们前期研究结果表明，CaSR 表达降低可引起钙稳态失衡和氧化应激，在 DCM 发生中起重要的作用，可成为糖尿病和 DCM 的治疗靶点（图 9-2）。

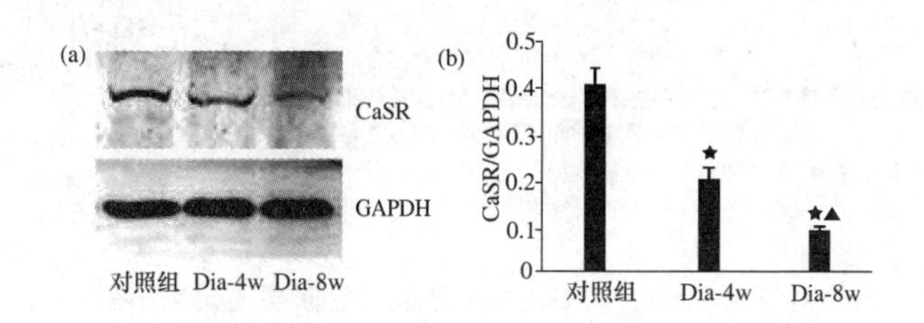

Dia-4w：糖尿病 4 周组；Dia-8w：糖尿病 8 周组

图 9-2 用 Western blot 检测大鼠心室肌组织 CaSR 蛋白的表达

最近，我们发现外源性精胺（CaSR 激动剂）通过抑制活性氧、p38、JNK 通路，可减少高糖诱导的心肌细胞凋亡[34]（详见工作基础）。

用 p38、JNK、JAK2 通路抑制剂或精胺预处理原代培养心肌细胞后，测定细胞内 ROS 水平（图 9-3）。

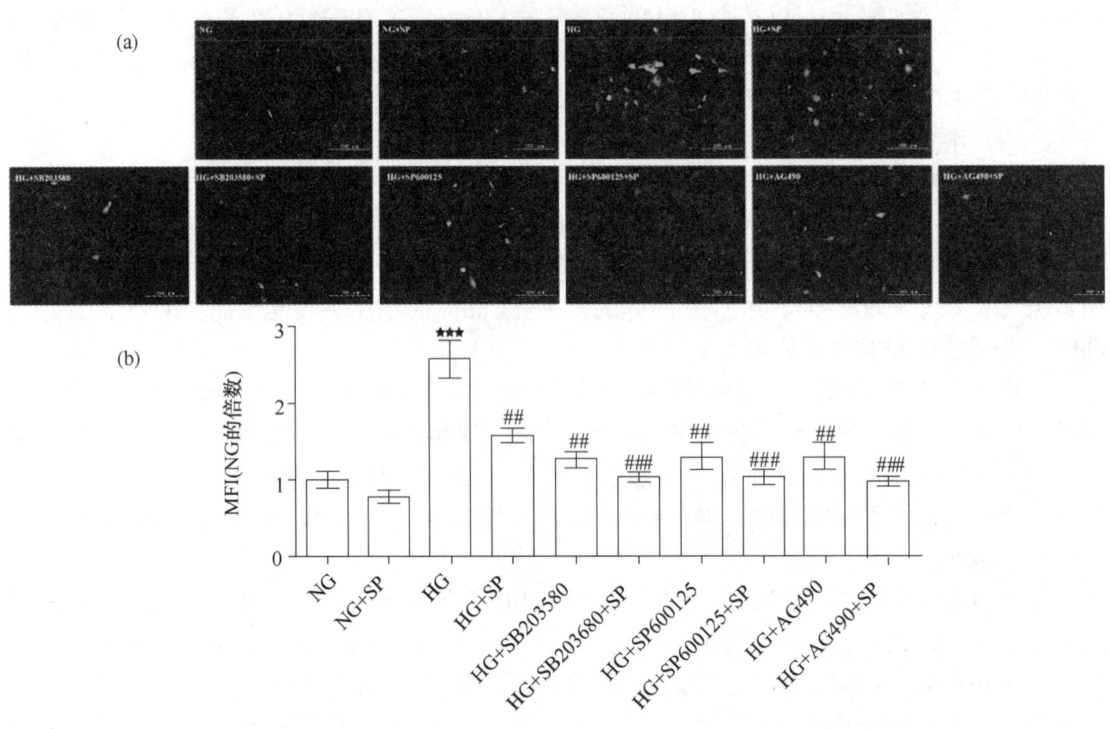

图 9-3　p38、JNK、JAK2 抑制剂或精胺预处理对心肌细胞内 ROS 水平的影响

2017 年 3 月 9 日，申请人以“题目和摘要”为检索线索，以“糖尿病心肌病”和“钙敏感受体”联合检索，结果在 PubMed 数据库仅发现 2 篇论文（均出自本课题组，具体详见图 9-4）。

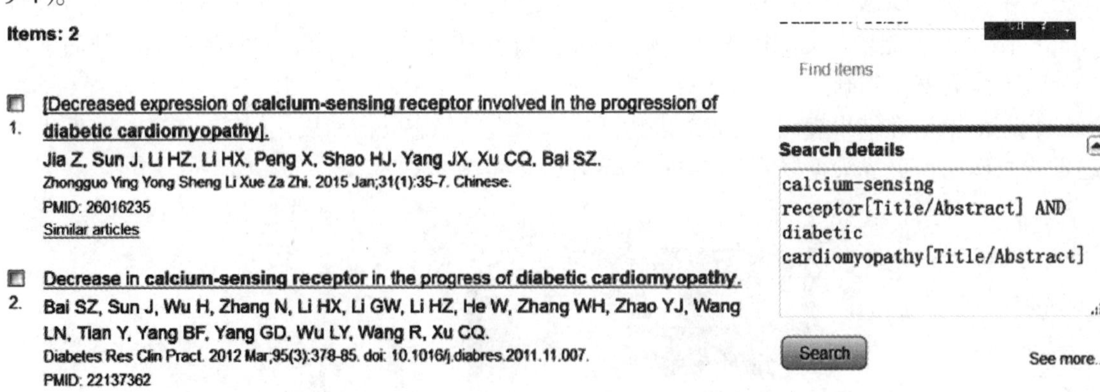

图 9-4　PubMed 有关 CaSR 和糖尿病心肌病的检索结果

DCM 对人类健康的最大危害，在于它可以引起心脏舒张和收缩功能障碍（心力衰竭）。众所周知，心肌结构破坏、心肌能量代谢障碍和兴奋 - 收缩偶联障碍（Ca^{2+}转运障碍）是心力衰竭发生的主要机制。其中，心肌能量代谢障碍发挥十分关键的作用。心肌细胞产生的 ATP，约 70% 用于心肌的收缩和舒张，20% 用于心肌细胞离子的转运，10% 用于结构蛋白的合成和修复。可见，维持心肌细胞内 ATP 稳态有多么重要。

线粒体是心肌细胞的发电厂（通过三羧酸循环和呼吸链的电子传递，不断产生 ATP），闰盘处的缝隙连接蛋白构成心肌细胞间信息、电信号和能源物质的交换通道。线粒体和缝隙连接蛋白的损伤将导致 ATP 生成的减少和 ATP 外流的增多，即破坏了 ATP 流（ATP flow）。

为了观察 CaSR 对 DCM 心肌细胞 ATP 流的影响并探讨相关机制，我们在高糖心肌细胞损伤模型中开展了一些研究。预实验结果显示：高糖可引起心肌细胞 CaSR 表达下降，后者与 gp78 表达增加和线粒体融合蛋白、间隙连接蛋白表达减少及细胞内外 ATP 含量降低或升高有关。CaSR 激动剂预处理可减轻上述变化（图 9-5，详见工作基础）。

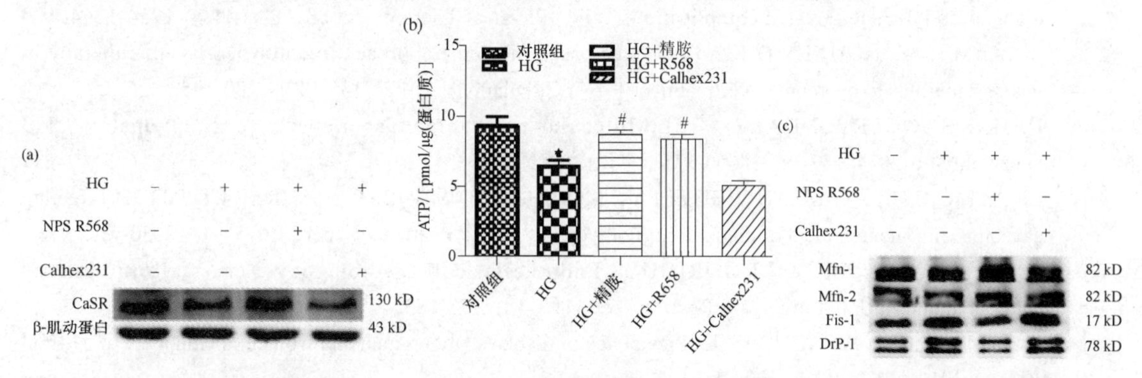

图 9-5　高糖对心肌细胞 CaSR、线粒体融合和分裂蛋白的表达以及细胞内 ATP 含量的影响

根据文献报道、我们前期的研究成果和预实验结果，我们推测：糖尿病（血糖升高）心肌细胞 CaSR 表达降低，通过钙调蛋白 -gp78- 泛素蛋白酶系统，水解线粒体结构蛋白和缝隙连接蛋白，引起 ATP 流障碍（ATP 生成减少和渗透增加），直接引起心肌细胞收缩和舒张功能障碍，同时激活心肌成纤维细胞诱发心肌重构，最终导致心力衰竭的发生（图 9-6）。

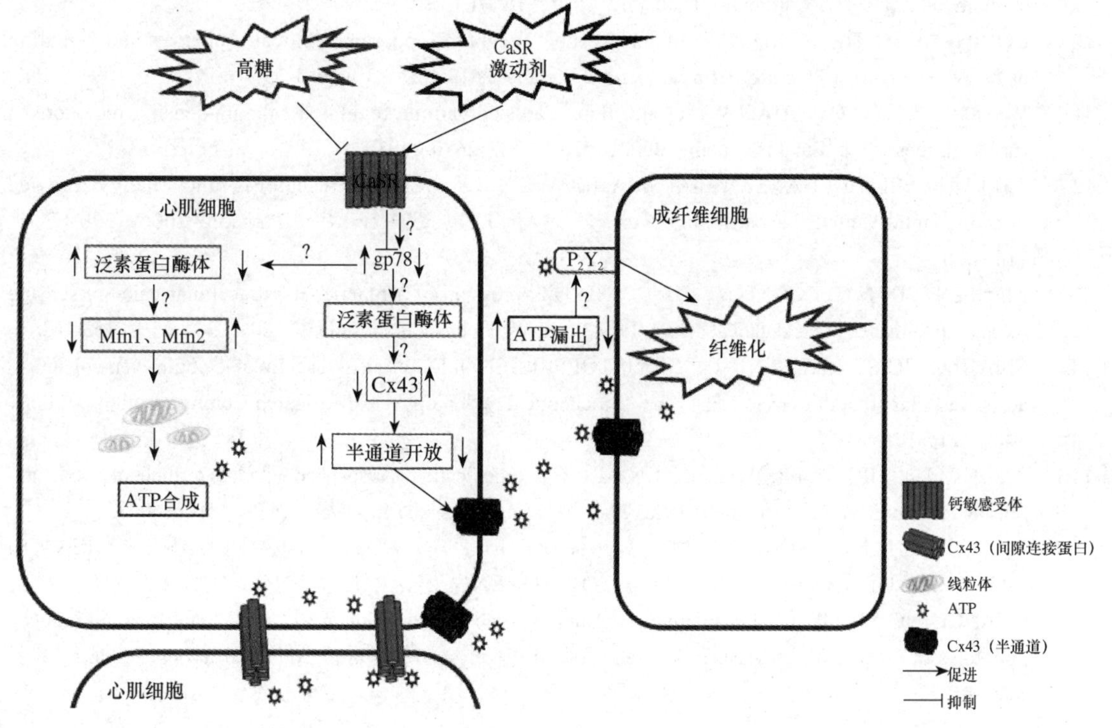

图 9-6　假说示意图

为验证上述假说，本课题将2型糖尿病转基因模型——瘦素受体敲除小鼠（db/db小鼠）和高糖、高脂处理心肌细胞作为研究对象，使用各种分子生物学方法，揭示CaSR在糖尿病心肌病发生中的关键作用，为其有效防治提供理论依据和新靶点。

参考文献

[1] ANJALI D DESHPANDE，MARCIE HARRIS-HAYES，MARIO SCHOOTMAN.Epidemiology of diabetes and diabetes-related complications [J]. Physical Therapy，2008，88（11）：1254-1264.

[2] MAKAM A N，NGUYEN O K.An evidence-based medicine approach to antihyperglycemic therapy in diabetes mellitus to overcome overtreatment [J]. Circulation，2017，135（2）：180-195.

[3] HEIKO BUGGER，E DALE ABEL.Molecular mechanisms of diabetic cardiomyopathy [J]. Diabetologia，2014，57（4）：660-671.

[4] LUCY MURFITT，GARETH WHITELEY，MOHAMMAD M IQBAL，ASHRAF KITMITTO.Targeting caveolin-3 for the treatment of diabetic cardiomyopathy [J]. Pharmacol Ther，2015，151：50-71.

[5] ANDREA WAN，BRIAN RODRIGUES.Endothelial cell-cardiomyocyte crosstalk in diabetic cardiomyopathy [J]. Cardiovasc Res，2016，111（3）：172-183.

[6] YANG W，LU J，WENG J，et al. Prevalence of diabetes among men and women in China [J]. N Engl J Med，2010，362（12）：1090-1101.

[7] FRANCISCO WESTERMEIER，JAIME A RIQUELME，MARIO PAVEZ，et al.New molecular insights of insulin in diabetic cardiomyopathy [J]. Front Physiol，2016，7：125.

[8] VIDYA KANDULA，RAMOJI KOSURU，HAOBO LI，et al. Forkhead box transcription factor 1：role in the pathogenesis of diabetic cardiomyopathy [J]. Cardiovasc Diabetol，2016，15：44.

[9] A LORENZO-ALMORÓS，J TUÑÓN，M OREJAS，et al.Diagnostic approaches for diabetic cardiomyopathy [J]. Cardiovasc Diabetol，2017，16（1）：28.

[10] CONIGRAVE A D，WARD D T.Calcium-sensing receptor：pharmacological properties and signaling pathways [J]. Best Pract Res Clin Endocrinol Metab，2013，27（3）：315-331.

[11] WANG R，XU C Q，ZHAO W，et al.Calcium and polyamine regulated calcium-sensing receptors in cardiac tissues [J]. Eur J Biochem，2003，270（12）：2680-2688.

[12] TFELT HANSEN J，HANSEN J L，SMAJILOVIC S，et al.Calcium receptor is functionally expressed in rat neonatal ventricular cardiomyocytes [J]. Am J Physiol Heart Circ Physiol，2006，290（3）：1165-1171.

[13] ZIEGELSTEIN R C，XIONG Y，HE C，HU Q.Expression of a functional extracellular calcium-sensing receptor in human aortic endothelial cells [J]. Biochem Biophys Res Commun，2006，342（1）：153-163.

[14] SMAJILOVIC S，HANSEN J L，CHRISTOFFERSEN T E，et al.Extracellular calcium sensing in rat aortic vascular smooth muscle cells [J]. Biochemical and Biophysical Research Communications，2006，348：1215-1223.

[15] ALAM M U，KIRTON J P，WILKINSON F L，et al.Calcification is associated with loss of functional calcium-sensing receptor in vascular smooth muscle cells [J]. Cardiovascular Research，2009，81：260–268.

[16] WEIHUA ZHANG，SONGBIN FU，FANGHAO LU，BO WU，DONGMEI GONG，ZHENWEI PAN，YANJIE LV，YAJUN ZHAO，QUANFENG LI，RUI WANG，BAOFENG YANG，CHANGQING XU（✉）. Involvement of calcium –sensing receptor in ischemia/ reperfusion – induced apoptosis in rat cardiomyocytes[J]. Biochemical and Biophysical Research Communications，2006，347：872-881.

[17] WEI-HUA ZHANG, FANG-HAO LU, YA-JUN ZHAO, LI-NA WANG, YE TIAN, ZHEN-WEI PAN, YAN-JIE LV, YAN-LI WANG, LI-JUAN DU, ZHI-RUI SUN, BAO-FENG YANG, RUI WANG, CHANG-QING XU (✉).Post-conditioning protects rat cardiomyocytes via PKC-mediated calcium-sensing receptors [J]. Biochemical and Biophysical Research Communications, 2007, 361: 659-664.

[18] LI-NA WANG, CHAO WANG, YAN LIN, YU-HUI XI, WEI-HUA ZHANG, YA-JUN ZHAO, HONG-ZHU LI, YE TIAN, YAN-JIE LV, BAO-FENG YANG, CHANG-QING XU (✉).Involvement of calcium-sensing receptor in cardiac hypertrophy-induced by angiotensin Ⅱ through calcineurin pathway in cultured neonatal rat cardiomyocytes [J]. Biochemical and Biophysical Research Communications, 2008, 369 (2): 584-589.

[19] LU F, TIAN Z, ZHANG W, ZHAO Y, BAI S, REN H, CHEN H, YU X, WANG J, WANG L, LI H, PAN Z, TIAN Y, YANG B, WANG R, XU C Q (✉).Calcium-sensing receptors induce apoptosis in rat cardiomyocytes via the endo (sarco) plasmic reticulum pathway during hypoxia/reoxygenation [J]. Basic Clin Pharmacol Toxicol, 2009, 106: 396-405.

[20] XI Y H, LI H Z, ZHANG W H, WANG L N, ZHANG L, LIN Y, BAI S Z, LI H X, WU L Y, WANG R, XU C Q (✉). The functional expression of calcium-sensing receptor in the differentiated THP-1 cells [J]. Mol Cell Biochem, 2010, 342 (1-2): 233-240.

[21] GUO J, LI H Z, ZHANG W H, WANG L C, WANG L N, ZHANG L, LI G W, LI H X, YANG B F, WU L Y, WANG R, XU C Q (✉). Increased expression of calcium-sensing receptors induced by ox-LDL amplifies apoptosis of cardiomyocytes during simulated ischaemia–reperfusion [J]. Clinical and Experimental Pharmacology and Physiology, 2010, 37: 128-135.

[22] LI G W, WANG Q S, HAO J H, XING W J, GUO J, LI H Z, BAI S Z, LI H X, ZHANG W H, YANG B F, YANG G D, WU L Y, WANG R, XU C Q (✉). The functional expression of extracellular calcium-sensing receptor in rat pulmonary artery smooth muscle cells [J]. Journal of Biomedical Science, 2011, 18: 16.

[23] LI G W, XING W J, BAI S Z, HAO J H, GUO J, LI H Z, LI H X, ZHANG W H, YANG B F, WU L Y, WANG R, YANG G D, XU C Q (✉). The calcium-sensing receptor mediates hypoxia-induced proliferation of rat pulmonary artery smooth muscle cells through MEK1/ERK1, 2 and PI3K pathways [J]. Basic & Clinical Pharmacology & Toxicology, 2011, 108: 185-193.

[24] ZHENG H S, LIU J, LIU C, LU F H, ZHAO Y J, JIN Z F, REN H, LENG X N, JIA J, HU G X, DONG S Y, ZHONG X, LI H Z, YANG B F, XU C Q (✉), ZHANG W H (✉). Calcium-sensing receptor activating phosphorylation of PKC δ translocation on mitochondria to induce cardiomyocyte apoptosis during ischemia/reperfusion [J]. Mol Cell Biochem, 2011, 358: 335-343.

[25] LI H X, KONG F J, BAI S Z, HE W, XING W J, XI Y H, LI G W, GUO J, LI H Z, WU L Y, WANG R, YANG G D, TIAN Y, XU C Q (✉). Involvement of calcium-sensing receptor in oxLDL-induced MMP-2 production in vascular smooth muscle cells via PI3K/Akt pathway [J]. Mol Cell Biochem, 2012, 362 (1-2): 115-122.

[26] GUO J, LI H Z, WANG L C, ZHANG W H, LI G W, XING W J, WANG R, XU C Q (✉). Increased expression of calcium-sensing receptors in atherosclerosis confers hypersensitivity to acute myocardial infarction in rats [J]. Mol Cell Biochem, 2012, 366: 345-354.

[27] ZHONG X, LIU J, LU F H, WANG Y W, ZHAO Y J, DONG S Y, LENG X N, JIA J, REN H, XU C Q (✉), Zhang W H(✉). Calcium sensing receptor regulates cardiomyocyte function through nuclear calcium[J]. Cell Biol Int, 2012, 36: 937-943.

[28] SUN J, HE W, BAI S Z, PENG X, ZHANG N, LI H X, ZHANG W H, WANG L N, SHAO X

Q，HE Y Q，YANG G D，WU L Y，WANG R，XU C Q（✉）. The expression of calcium-sensing receptor in mouse embryonic stem cells（mESCs）and its influence on differentiation of mESC into cardiomyocytes［J］. Differentiation，2013，85（1-2）：32-40.

［29］ PENG X，LI H X，SHAO H J，LI G W，SUN J，XI Y H，LI H Z，WANG X Y，WANG L N，BAI S Z，ZHANG W H，ZHANG L，YANG G D，WU L Y，WANG R，XU C Q（✉）. Involvement of calcium-sensing receptors in hypoxia-induced vascular remodeling and pulmonary hypertension by promoting phenotypic modulation of small pulmonary arteries［J］. Mol Cell Biochem，2014，396（1-2）：87-98.

［30］ ZHANG X，ZHANG T，WU J，YU X，ZHENG D，YANG F，LI T，WANG L，ZHAO Y，DONG S，ZHONG X，FU S，XU C Q，LU F，ZHANG W H（✉）. Calcium sensing receptor promotes cardiac fibroblast proliferation and extracellular matrix secretion［J］. Cell Physiol Biochem，2014，33（3）：557-568.

［31］ CAN WEI，YUEHONG WANG，MEIXIU LI，HONGZHU LI，XIAOXIAO LU，HONGJIANG SHAO，CHANGQING XU（✉）. Spermine inhibits endoplasmic reticulum stress-induced apoptosis：a new strategy to prevent cardiomyocyte apoptosis［J］. Cell Physiol Biochem，2016，38（2）：531-544.

［32］ CAN WEI，HONGZHU LI，YUEHONG WANG，XUE PENG，HONGJIANG SHAO，HONGXIA LI，SHUZHI BAI，CHANGQING XU（✉）. Exogenous spermine inhibits hypoxia/ ischemia-induced myocardial apoptosis via regulation of mitochondrial permeability transition pore and associated pathways［J］. Exp Biol Med，2016，241（14）：1505-1515.

［33］ BAI S Z，SUN J，WU H，ZHANG N，LI H X，LI G W，LI H Z，HE W，ZHANG W H，ZHAO Y J，WANG L N，TIAN Y，YANG B F，YANG G D，WU L Y，WANG R，XU C Q（✉）. Decrease in calcium-sensing receptor in the progress of diabetic cardiomyopathy［J］. Diabetes Res Clin Pract，2012，95（3）：378-385.

［34］ YUQIN HE，JINXIA YANG，HONGZHU LI，HONGJIANG SHAO，CAN WEI，YUEHONG WANG，MEIXIU LI，CHANGQING XU（✉）. Exogenous spermine ameliorates high glucose-induced cardiomyocytic apoptosis via decreasing reactive oxygen species accumulation through inhibiting p38/JNK and JAK2 pathways［J］. Int J Clin Exp Pathol，2015，8（12）：15537-15549.

2. 项目的研究内容、研究目标以及拟解决的关键科学问题（此部分为重点阐述内容）

（1）研究内容

1）在器官水平观察 db/db 小鼠钙敏感受体（CaSR）表达及线粒体融合和分裂对心脏功能的影响。

用 CaSR 激动剂和抑制剂作为干预因素，观察 C57BL 野生型和瘦素受体敲除型小鼠糖尿病模型中 CaSR 的表达和线粒体融合和分裂对心肌细胞的影响。

观察对象：小鼠心肌组织。

观察指标：①用生化方法检测血糖、血脂等变化；②用超声方法检测心功能变化；③用透射电镜观察心肌组织超微结构；④用 Masson 染色观察心肌纤维化程度；⑤用 qPCR 和 Western blot 技术检测 CaSR 的表达；⑥用 Western blot 技术检测线粒体融合蛋白（Mfn1、Mfn2），分裂蛋白（Fis1、Drp1），细胞间隙连接相关蛋白（Cx43、β-catenin、N-cadherin）和氧化应激相关蛋白（3-NT、iNOS、HO-1）的表达。

2）在细胞水平观察高糖、高脂环境下心肌细胞 CaSR 表达的变化以及线粒体融合和分裂对 ATP 产生以及心肌细胞凋亡的影响。

将 CaSR 激动剂和抑制剂作为干预因素，观察心肌细胞在高糖、高脂环境下 CaSR 表达的变化以及线粒体融合和分裂对 ATP 产生以及心肌细胞凋亡的影响。

观察对象：原代培养的乳鼠心肌细胞。

观察指标：①用透射电镜观察心肌细胞超微结构；②用共聚焦显微镜观察细胞膜电位、mPTP 开放和细胞内钙变化；③用流式细胞仪检测细胞凋亡；④用 qPCR 和 Western blot 检测 CaSR 的表达；⑤用 ATP 试剂盒检测细胞 ATP 的产生；⑥用线粒体呼吸链试剂盒检测呼吸链酶复合物Ⅰ，Ⅱ，Ⅲ，Ⅳ和Ⅴ（CⅠ、CⅡ、CⅢ、CⅣ、CⅤ）的活性；⑦用Western blot 检测细胞凋亡相关蛋白（caspase-3/-9、Bcl-2、cyt-c），线粒体融合蛋白（Mfn1、Mfn2），分裂蛋白（Fis1、Drp1），细胞间隙连接蛋白（Cx43、β-catenin、N-cadherin）和 ATP 受体蛋白（P_2Y_2）表达情况。

3）在细胞水平观察高糖、高脂环境下心肌成纤维细胞 CaSR 表达的变化以及线粒体融合和分裂对 ATP 产生的影响。

将 CaSR 激动剂和抑制剂作为干预因素，观察心肌成纤维细胞在高糖、高脂环境下 CaSR 表达的变化以及线粒体融合和分裂对 ATP 产生以及心肌细胞凋亡的影响。

观察对象：原代培养的乳鼠心肌成纤维细胞。

观察指标：①用透射电镜观察心肌细胞超微结构；②用 BrdU 法检测细胞增殖；③用 Western blot 检测胶原蛋白Ⅰ、胶原蛋白Ⅲ、MMP2、MMP9 的表达；④用 qPCR 和 Western blot 检测 CaSR 的表达；⑤用 ATP 试剂盒检测细胞 ATP 的产生；⑥用线粒体呼吸链试剂盒检测呼吸链酶复合物Ⅰ，Ⅱ，Ⅲ，Ⅳ和Ⅴ（CⅠ、CⅡ、CⅢ、CⅣ、CⅤ）的活性；⑦用 Western blot 检测线粒体融合蛋白（Mfn1、Mfn2），分裂蛋白（Fis1、Drp1），细胞间隙连接蛋白（Cx43、β-catenin、N-cadherin）和 ATP 受体蛋白（P_2Y_2）表达。

4）在细胞水平观察高糖、高脂环境对心肌细胞和心肌成纤维细胞凋亡和增殖的影响以及相关的信号通路。

将 CaSR 激动剂和抑制剂，ERK 通路激动剂和抑制剂，p38 MAPK 和 JNK 通路激动剂和抑制剂，PI3K 通路激动剂和抑制剂，PERK 通路激动剂和抑制剂，内质网应激抑制剂 4-PBA 和 ROS 清除剂 NAC 分别作为干预因素，观察 MAPK、PI3K/Akt 和 PERK 通路如何参与心肌细胞和心肌成纤维细胞凋亡和增殖，在细胞水平上探讨 CaSR 调控线粒体融合和分裂对 ATP 产生和细胞凋亡或增殖的影响及信号转导机制。

观察对象：原代培养的乳鼠心肌细胞和心肌成纤维细胞。

观察指标：①用 PCR 和 Western blot 检测 CaSR 的表达；②用流式细胞仪、BrdU 法检测细胞凋亡和增殖；③用流式细胞仪、CCK8、BrdU 法检测细胞增殖；④用 Western blot 检测线粒体融合蛋白（Mfn1、Mfn2），分裂蛋白（Fis1、Drp1），细胞间隙连接蛋白（Cx43、β-catenin、N-cadherin）和 ATP 受体蛋白（P_2Y_2）表达；⑤用 Western blot 检测 MAPK 通路蛋白（p-ERK/ERK、p-p38/p38、p-JNK/JNK）、PI3K/Akt 通路蛋白（p-PI3K/PI3K、p-Akt/Akt、p-GSK-3β/GSK-3β）和 PERK 通路蛋白（p-PERK/PERK、p-eIF2alpha/eIF2alpha）的表达。

（2）研究目标

本课题将 db/db 小鼠（2 型糖尿病转基因小鼠）以及高糖、高脂处理心肌细胞和心肌成纤维细胞作为研究对象，采用共沉淀、转染等手段，观察 CaSR 表达变化对钙调蛋白 -gp78-

泛素蛋白酶系统、线粒体融合分裂蛋白、间隙连接蛋白、ATP 产生以及细胞凋亡和增殖的影响，揭示 CaSR 和 ATP 流（产生和渗漏）在 DCM 发生中的关键作用及其分子机制，为其有效防治提供理论依据和新靶点。

（3）拟解决的关键问题

糖尿病心肌病（DCM）的发生机制十分复杂，涉及信号转导（胰岛素、肾素 - 血管紧张素）、线粒体功能障碍、结构和信号蛋白的翻译后修饰、细胞稳态失衡（细胞凋亡、自噬和内质网应激）和基因调控（激活转录因子、microRNA 和表观遗传机制）。由于其分子机制尚未阐明，迄今缺乏有效的特异性诊断和治疗方法。

心功能不全是 DCM 对人体的最大危害，无论心脏收缩还是舒张均需要 ATP 提供能量。本课题独辟蹊径，从 ATP 流（产生和漏出）入手，观察糖尿病小鼠心肌细胞和心肌成纤维细胞 CaSR 表达下调，如何通过钙调蛋白 -gp78- 泛素蛋白酶系统损伤线粒体融合和分裂蛋白及缝隙连接蛋白，导致 ATP 产生减少和漏出增多。这一关键问题的破解，将为 DCM 的精准诊断和防治提供理论依据。

3．拟采取的研究方案及可行性分析（包括研究方法、技术路线、实验手段、关键技术等说明）

整个实验设计严格遵守随机、对照和可重复三大原则。

（1）技术路线

1）整体实验。

整体实验技术路线如图 9-7 所示。

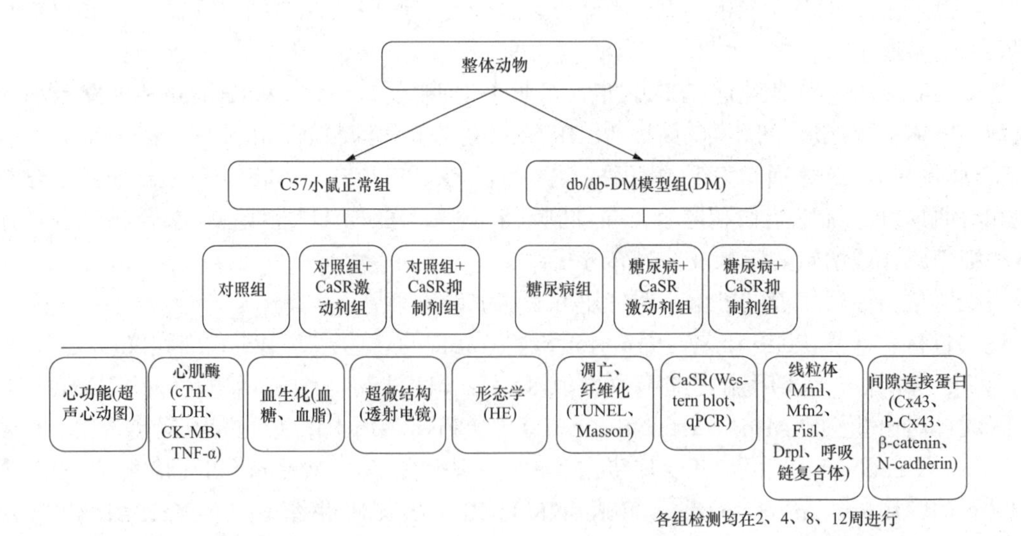

图 9-7　CaSR 在 2 型糖尿病小鼠 DCM 发生中的作用及其与线粒体和细胞间隙连接损伤的关系

2）细胞实验。

① 观察 CaSR 在乳鼠心肌细胞损伤模型（高糖、高脂）线粒体损伤中的作用及其与 gp78 泛素化的关系（图 9-8）。

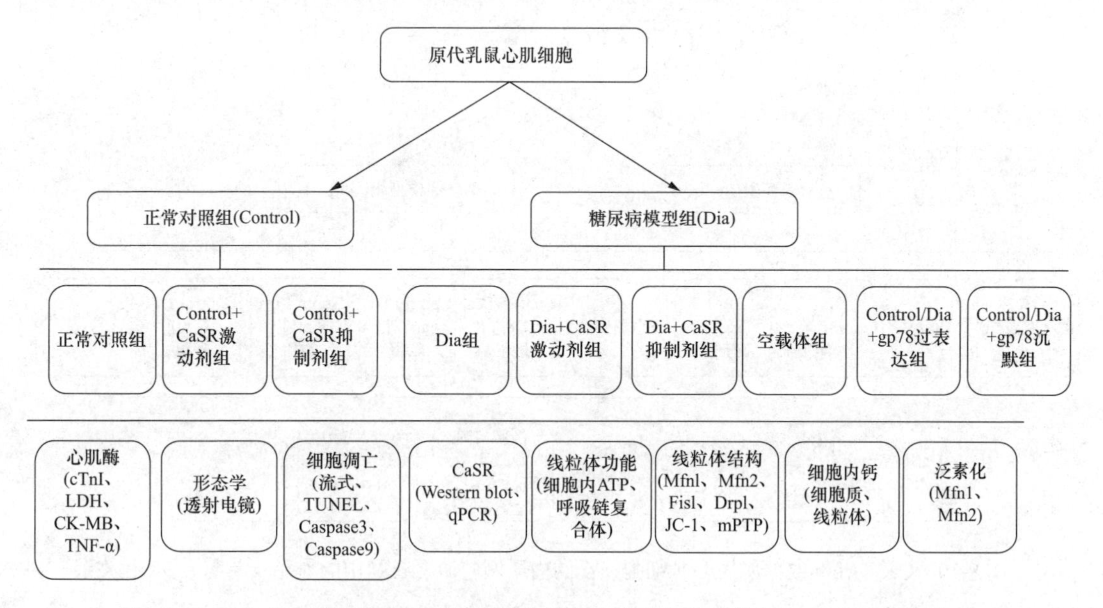

图 9-8　CaSR 在高糖、高脂心肌细胞线粒体损伤中的作用及其与 gp78 泛素化的关系

② 观察 CaSR 在乳鼠高糖、高脂心肌细胞损伤模型细胞间隙连接损伤中的作用及其与 gp78 泛素化的关系（图 9-9）。

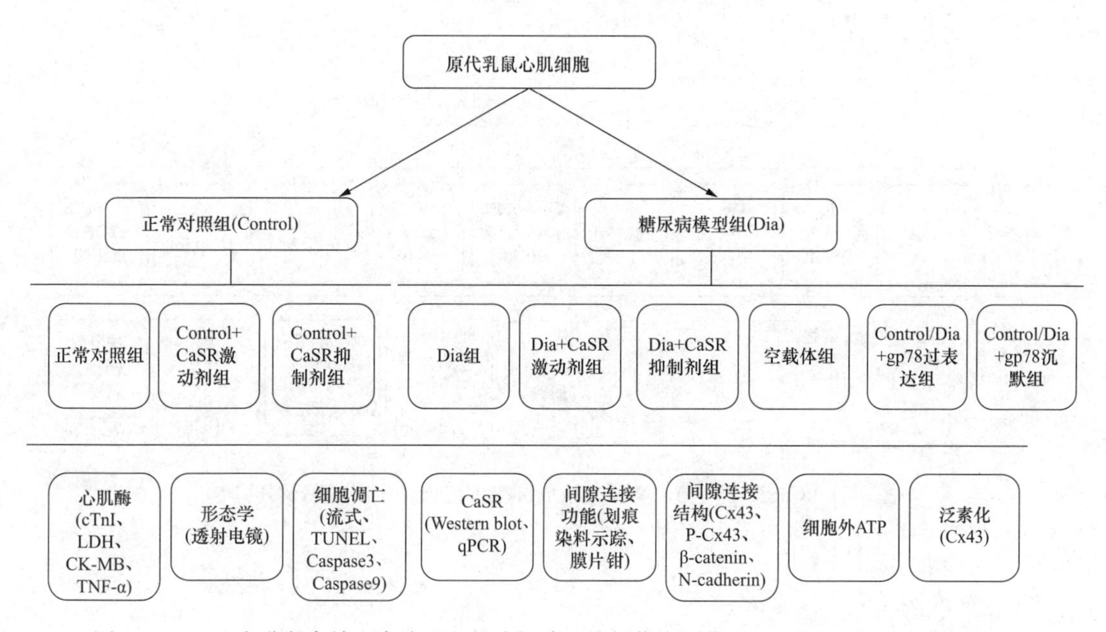

图 9-9　CaSR 在乳鼠高糖、高脂心肌细胞间隙连接损伤中的作用及其与 gp78 泛素化的关系

③ 观察 CaSR 在上述模型内质网应激、自噬中的作用及其与 gp78 的关系（图 9-10）。

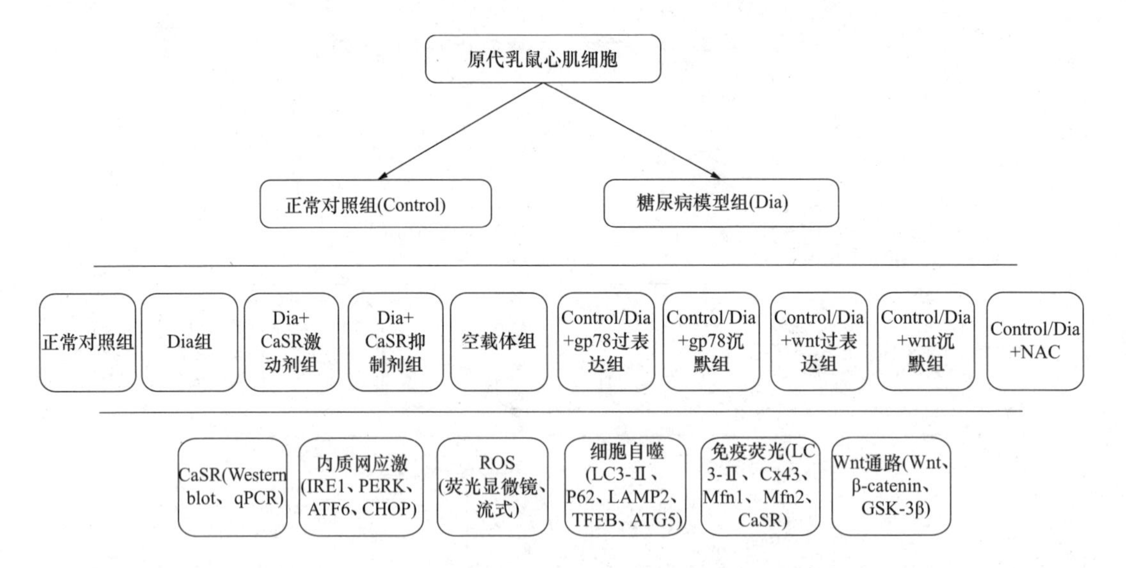

图 9-10 CaSR 在导致糖尿病心肌细胞损伤的内质网应激、自噬中的作用及其与 gp78 的关系

④ 观察 CaSR 在高糖、高脂心肌成纤维细胞内质网、线粒体、间隙连接损伤中的作用及其与 ATP 受体（P_2Y_2）-gp78 之间的关系与机制探讨（图 9-11）。

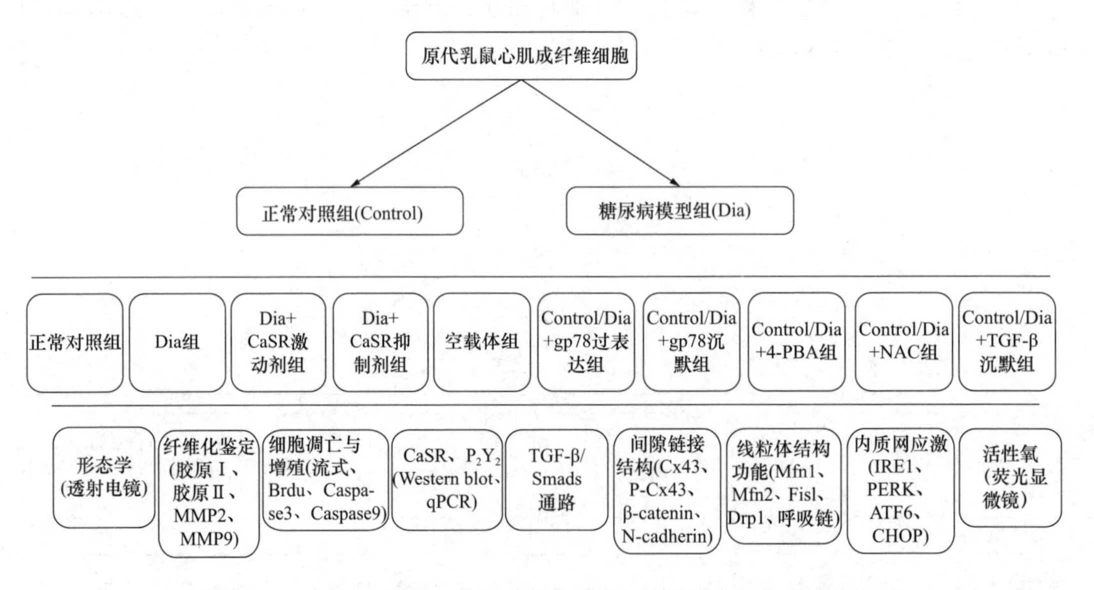

图 9-11 CaSR 在高糖、高脂心肌成纤维细胞损伤中的作用及其机制

（2）实验方法

1）整体实验。

① 实验分组与处理。

A．正常喂养的 C57BL 小鼠。

随机分为三组：正常对照组（control）、腹腔注射 CaSR 激动剂［NPS R568 1.0 mg/（kg·d）］组以及 CaSR 抑制剂［Calhex231，1.0 mg/（kg·d）］组，每组 $n=10$。

B．高脂、高糖喂养的瘦素受体敲除小鼠（db/db 小鼠）。

饲养在 22～24℃、12 h 昼夜循环的超净环境中，适应一周后，进行血糖检测，将血糖高于 16.7 mmol/L 的 db/db 小鼠随机分为三组：糖尿病模型组（Dia）、腹腔注射 CaSR 激动剂组以及 CaSR 抑制剂组，每组 $n=10$。每周进行一次血糖和糖耐量的检测，直到 12 周末，检测心功能变化并取材，血液通过眼球取血的方式采集，用于血脂的检测。取出心脏后，将血液冲洗干净，每组分别取 3 只小鼠的心脏，剪取心尖部分于 4% 多聚甲醛中固定，用于石蜡和冰冻切片，再每组分别取 3 只小鼠的心尖于 2.5% 戊二醛中固定，用于电镜的观察，每组分别取 5 只小鼠的心脏，剪取一部分心肌组织进行线粒体的提取，其余部分冻存，用于蛋白质的检测。

② 血清心肌酶检测。

分别用酶联免疫吸附（ELISA）试剂盒检测血清心肌酶（cTnI、CK-MB、LDH 和 TNF-α 的变化，具体操作步骤按照试剂盒说明书进行，最后用荧光分光光度计检测吸光度。

③ HE 染色观察心肌组织形态。

取各组小鼠心脏组织于 4% 多聚甲醛中固定，使组织蛋白质变性凝固，经脱水、透明、包埋、石蜡切片。烤干的组织切片经二甲苯脱蜡 2 次，每次 5 min；用无水乙醇脱去二甲苯 2 次，每次 10 min；随后组织切片依次于 95%、85%、80%、75% 的乙醇中浸泡，每次 5 min；用苏木素染色 5 min，用清水冲洗 1 min；1% 稀氨水返蓝 30 s，用清水冲洗 1 min；返蓝后，用伊红染色 5 min，再用清水洗净伊红；组织依次于 70%、80%、95%、95%、100%、100% 的乙醇中浸泡脱水，每次 1 min；于二甲苯中脱乙醇 2 min，共 2 次；最后用中性树脂封片，放于 70 ℃烤箱中烤干。在光学显微镜下观察，采集图像。经 HE 染色，正常心肌细胞核为蓝色，胞质、肌纤维、胶原纤维和红细胞呈深浅不一的红色，组织结构清晰。

④ 用透射电子显微镜观察心肌组织超微结构。

取置于 2.5% 戊二醛磷酸缓冲液中固定 24 h 的小鼠心肌组织，常规脱水、透明、包埋、染色后制成 50～70 nm 的超薄切片，在透射电镜下观察心肌组织超微结构，如内质网、高尔基体、细胞核和线粒体形态的变化。

⑤ 用 TUNEL 试剂盒检测心肌细胞凋亡。

细胞凋亡时，染色体 DNA 双链断裂或单链断裂产生大量的黏性 3′-OH 末端，可在脱氧核糖核苷酸末端转移酶（TdT）的作用下，将脱氧核糖核苷酸和荧光素、过氧化物酶、碱性磷酸酶或生物素形成的衍生物标记到 DNA 的 3′- 末端，从而可进行凋亡细胞的检测，这类方法称为 TUNEL（terminal -deoxynucleotidyl transferase mediated nick end labeling）。用中性 4% 多聚甲醛固定新鲜心肌组织，制作石蜡切片，脱蜡、水合；用 PBS 洗片后，在室温条件下，在 3%H_2O_2 和甲醇溶液孵育 30 min；用 PBS 洗 3 次后，在含 0.1%TritonX-100 的 0.1% 枸橼酸钠溶液中孵育 2 min；用 PBS 洗片后，除去样品周围的水，滴加 50 μl TUNEL 反应混合液，加盖玻片，在 37℃条件下孵育 60 min（注意不要干片）；用 PBS 冲洗 3 次，此时的样品可在显微镜下初步分析结果。细胞凋亡率测定：在空气中晾干样品，加 50 μl POD，盖上盖玻片，在 37℃湿盒内孵育 30 min。用 PBS 冲洗 3 次，滴加 60 μl DAB 溶液，在常温下孵育 10 min，经苏木素复染后，用 PBS 冲洗样品，脱水，透明，封片。在光学显微镜下，凋亡的细胞核呈棕褐色（TUNEL 阳性），形态呈固缩状，正常的心肌细胞核染成蓝色，数不少于 200 个细胞核，计算凋亡率。

⑥ 用马松（Masson）染色法观察心肌纤维化水平。

Masson 染色是显示组织中纤维的染色方法之一，可被用来观察心肌纤维化水平。Masson

染色时，胶原纤维呈蓝色（被苯胺蓝所染），肌纤维呈红色（被酸性品红和丽春红所染）。用中性 4% 多聚甲醛固定新鲜心肌组织，制作石蜡切片，脱蜡，水合；依次用自来水和蒸馏水洗；用 Harris 氏苏木素染液或 Weigert 苏木素液染核 1～2 min；充分水洗后，温水返蓝；用 Masson 丽春红酸性复红液 5～10 min；用 1% 磷钼酸水溶液分化 3～5 min（镜下观察着色程度）；用 1% 苯胺蓝染 5 min；用 1% 冰乙酸水分化几秒（镜下观察着色程度）；最后用 95% 乙醇、无水乙醇、二甲苯透明，用中性树胶封固。

⑦ 用实时荧光定量 PCR（qPCR）检测 CaSR 的 mRNA 表达水平。

A．提取心肌组织 RNA。

制备心肌组织匀浆，加入 Trizol 裂解液（Invitrogen，美国），冰浴研磨，然后使用标准的 RNA 提取程序提取 RNA，保存于 −80℃冰箱中。

B．反转录，实时荧光定量 PCR（qPCR）。

按照反转录试剂盒程序（PrimeScript™ RT reagent Kit，TaKaRa，日本）将 RNA 进行反转录；以得到的 cDNA 为模板，按照 qPCR（SYBR Prime ex Taq Ⅱ，TaKaRa，日本）标准反应体系，在 qPCR 仪（iCycler iQ，Bio-Rad，美国）与引物进行反应，每个反应体系重复测定 3 次，采用以下程序进行：95℃，30 s；95℃，15 s；60℃，30 s；72℃，30s；72℃，30 s；重复 45 个循环。以 GAPDH 为内参照，以水和未加转录酶的 cDNA 为模板的反应做阴性对照组。

⑧ 蛋白质免疫印迹分析（Western blot）检测蛋白表达水平。

A．小鼠心肌组织总蛋白的提取及定量。

按常规方法提取小鼠心肌组织蛋白，取冻存的各组心肌组织，在液氮内充分研磨，加入预冷的含 1% 的 PMSF（蛋白酶阻断剂）的蛋白裂解液，在 4℃条件下作用 30 min 后，以 12000 r/min 转速离心 20 min，取上清液，用 BCA 法测定样品的蛋白含量；上清液加入上样缓冲液，在 100℃沸水中煮 5 min，在 −80℃条件下保存备用。

B．用 Western blot 检测 CaSR、线粒体融合分裂相关蛋白、间隙连接相关蛋白以及氧化应激相关蛋白表达水平。

配制 SDS-PAGE 凝胶电泳分离胶和凝胶电泳积层胶，加入 1 倍电泳缓冲液，按顺序加入准备好的蛋白样品，开始电泳，直至染料靠近分离胶的底部，将分离胶取出；裁剪一张与分离胶大小相同的 PVDF 滤膜，在 300 mA 恒定电流条件下于冰盒内转移约 2 h；转移结束后，在封闭液内将 PVDF 滤膜封闭 2 h；配制一抗，在 4℃条件下过夜孵育。第二日用 TBST 液漂洗膜 3 次，每次 10 min，然后将膜与 TBST 稀释的二抗孵育，在室温下振荡 1 h；用 TBST 液漂洗 3 次，每次 10 min，显色，然后用 Quantity one 软件进行分析，以 GAPDH（总蛋白）和 VDAC（线粒体蛋白）为内参照，计算相关蛋白条带的灰度值比值。

2）细胞实验。

心肌细胞

① 细胞培养与实验分组。

将出生 1～3 天的新生 Wistar 大鼠心肌细胞原代培养，取提纯后的心肌细胞，随机分为 6 组：分别培养于含 10% 胎牛血清的 DMEM（含 5.56 mmol/L 葡萄糖和 40 mmol/L 葡萄糖＋棕榈酸），作为正常对照组（Control）和糖尿病模型组（Dia），并分别加入 CaSR 激动剂（NPS R568，

5 μmol/L）和 CaSR 抑制剂（Calhex231，3 μmol/L）作为处理因素。在加药 24 h 后进行相关检测。

②用透射电子显微镜观察。

收集各组细胞，用 PBS 洗涤，离心弃上清液，加入 2.5% 戊二醛重悬细胞，移入 1.5 mL Ep 管中，室温下以 4000 r/min 转速离心 15 min，固定细胞 0.5～1 h；用 PBS 漂洗，用 1% 的锇酸固定液固定 30 min～1 h；常规脱水、透明、包埋、染色后制成超薄切片，用醋酸铅铀双染法进行切片染色，用透射电镜观察心肌组织超微结构，如内质网、高尔基体、细胞核和线粒体形态的变化，照相并记录实验结果。

③用流式细胞术 Annexin V-PI 染色检测细胞凋亡。

用冷 PBS 洗涤细胞 2 次，消化细胞，并用含 FBS 的 DMEM 培养基终止消化；将细胞悬液装在 1.5 mL EP 管中，在 4℃条件下，以 1500 r/min 转速离心 3 min；弃上清液，取细胞沉淀，加入冷 PBS 重悬细胞并计数，再次离心；将细胞以 1×10^6 个 /mL 的浓度悬浮在结合缓冲液中；加入 5 μL FITC-Annexin V 和 5 μl PI，室温下，在暗室中孵育 15 min；加入 200 μl 结合缓冲液；通过流式细胞仪进行检测，分析凋亡细胞的百分比。

④用线粒体荧光探针检测线粒体形态。

在培养皿 / 板内加入适量的培养基，覆盖盖玻片，进行爬片培养；当细胞长至所需丰度，吸除培养液，加入 37℃预热的 MitoTracker® Deep Red FM（Molecular Probes，Thermo Fisher Scientific Inc，USA）染色工作液；在正常培养条件下孵育细胞 15～45 min；染色结束后，使用新鲜培养液或缓冲液替换上述染色液，染色液使线粒体成像，用荧光显微镜（Olympus IX81，Olympus Corporation）观察线粒体，并使用 Image J 软件（National Institutes of Health，USA）测量线粒体的平均长度。

⑤检测心肌细胞 ATP 含量。

ATP 检测试剂盒（ATP Assay Kit，Beyotime Biotechnology，中国）可以用于检测普通溶液、细胞或组织内的 ATP 水平。将裂解后的细胞用于实验检测，具体操作步骤如说明书所述，使用 ATP 校准曲线确定每个样品的 ATP 量。在各种生理和病理过程中，ATP 均发挥重要作用。ATP 水平下降，通常表明线粒体功能受损。细胞凋亡时，ATP 水平下降通常和线粒体膜电位下降同时发生。

⑥线粒体呼吸链活性检测。

分离细胞线粒体，并用线粒体特异性裂解液（Beyotime Biotechnology，上海，中国）获取线粒体相关蛋白。使用呼吸链复合物测定试剂盒（GENMED，USA）和 UV-VIS 分光光度计（SHIMADZU，Japan）检测呼吸链酶复合物 Ⅰ，Ⅱ，Ⅲ，Ⅳ和Ⅴ（C Ⅰ、C Ⅱ、C Ⅲ、C Ⅳ、C Ⅴ）的活性，具体操作步骤见说明书。对于 C Ⅰ，反应时间为 3 min；对于 C Ⅳ，反应时间为 1 min；对于 C Ⅱ、C Ⅲ和 C Ⅴ，反应时间为 5 min。所有测定至少进行 3 次。用 BCA 法（Beyotime Biotechnology，ShangHai，China）测定每个样品的蛋白质含量，以相对总蛋白含量评估线粒体呼吸链活性。

⑦用 Fluo-8 AM 检测细胞内钙。

用钙离子荧光探针 Fluo-8 AM 检测细胞内游离 Ca^{2+}。Fluo-8 AM 可以和钙离子结合，结合后可以产生较强荧光，用于检测细胞内游离钙离子。具体操作为：心肌细胞以 1×10^6 个 / 孔的密度接种于 12 孔板上培养，分别处理后，使用 pH 为 7.4 的 HEPES 缓冲液洗涤细胞；室温下，用 5 μmol/L 的 Fluo-8 AM 对细胞染色 30 min；使用激光共焦扫描显微镜测量 Ca^{2+}的荧光强度，激发波长为 485 nm，发射波长为 530 nm。测定荧光强度反应［Ca^{2+}］$_i$ 含量。

⑧ 细胞内活性氧（reactive oxygen species，ROS）的检测。

将心肌细胞以 1×10^6 个 / 孔接种在 12 孔板中，并分别处理；用 PBS 漂洗 3 次，加入终浓度 10 μmol/L 的 DCFH-DA 溶液，在 37℃恒温箱中避光孵育 20 min；用无血清 DMEM 培养基漂洗细胞 3 次，充分去除 DCFH-DA 染料；用 488 nm 激发波长、525 nm 发射波长的荧光显微镜进行拍照。细胞内 ROS 将非荧光 DCFH 氧化成荧光 DCF，ROS 水平可用荧光强度反映。

⑨ 用实时荧光定量 PCR（qPCR）检测 CaSR 的 mRNA 表达水平。

A．心肌细胞 RNA 提取。

收集心肌细胞，加入 Trizol 裂解液（Invitrogen，美国），冰浴研磨，然后使用标准的 RNA 提取程序提取 RNA，保存于 −80℃冰箱中。

B．反转录，实时荧光定量 PCR（qPCR）。

按照反转录试剂盒程序（Prime Script™RT reagent Kit，TaKaRa，日本）将 RNA 进行反转录；PCR 引物采用 Primer Permier 5.0 软件设计，由上海生工公司合成。实时 PCR 采用两步法进行引物扩增。CaSR：上游引物 5′-GTGACGGAAAACATACTGC-3′，下游引物 5′-CGAGTACAGGCTTTGATGC-3′；对照 β- 肌动蛋白：上游引物 5′-ACACTGTGCCCATCTAC-GAGG-3′，下游引物 5′-AGGGGCCGGACTCGTCATACT-3′；对照 GAPDH：上游引物 5′-AGCAGT-CCCGTACACTGGCAAAC-3′，下游引物 5′-TCTGTGGTGATGTAAATGTCCTCT-3′。以得到的 cDNA 为模板，按照 qPCR（SYBR Prime Ex Taq Ⅱ，TaKaRa，日本）标准反应体系，在 qPCR 仪（iCycler iQ，Bio-Rad，美国）与引物进行反应，每个反应体系重复测定 3 次，采用以下程序进行：95℃ 30 s，95℃ 15 s，60℃ 30 s，72℃ 30 s，72℃ 30 s，重复 45 个循环。以 β- 肌动蛋白或 GAPDH 为内参照，以水和未加转录酶的 cDNA 为模板的反应做阴性对照组。

⑩ 用蛋白质免疫印迹分析（Western blot）法检测蛋白表达水平。

A．小鼠心肌细胞总蛋白的提取及定量。

用 PBS 漂洗细胞，用细胞刮刀轻轻刮下细胞并收集到 1.5 ml EP 管中，以 2000 r/min 转速离心 10 min，弃上清液，在细胞沉淀中加入预冷的含 1% 蛋白酶抑制剂（PMSF）的蛋白裂解液（RIPA），涡旋混匀，在 4℃条件下裂解 30 min；在低温高速离心机中进行离心，以 14 000 r/min 转速离心 15 min，取上清液。用 BCA 法测定样品的蛋白含量；上清液加入上样缓冲液，在 100℃沸水中煮 5 min，在 −80℃冰箱保存备用。

B．用 Western blot 检测 CaSR、线粒体融合分裂相关蛋白、间隙连接相关蛋白以及氧化应激相关蛋白表达水平。

配制 SDS-PAGE 凝胶电泳分离胶和凝胶电泳积层胶，加入1倍的电泳缓冲液，按顺序加入准备好的蛋白样品，开始电泳，直至染料靠近分离胶的底部，将分离胶取出；裁剪一张与分离胶大小相同的 PVDF 滤膜，在 300 mA 恒定电流条件下，在冰盒内转移约 2 h；转移结束后，在封闭液内将 PVDF 滤膜封闭 2 h；配制一抗（CaSR、Mfn1、Mfn2、Cx43、P-Cx43、Drp1、β-catenin、p-β-catenin、N-cadherin、MA、gp78、Hsp70、UQCRQ1、ND1、ATP5、COX5A、SDHA、β-actin 等），在 4℃条件下过夜孵育。第二天用 TBST 液漂洗膜 3 次，每次 10 min，然后将膜与 TBST 稀释的二抗孵育，在室温下振荡 1 h；用 TBST 液漂洗 3 次，每次 10 min，显色，然后用 Quantity one 软件进行分析，以 GAPDH（总蛋白）和 VDAC（线粒体蛋白）为内参照，计算相关蛋白条带的灰度值比值。

⑪ 用划痕标记染料示踪术（scrape-loading dye transfer）检测细胞间隙连接。

细胞培养于 35 mm 培养皿中，加入含有 0.05% Lucifer yellow CH（molecular probes，Thermo Fisher Scientific Inc，USA）的 PBS 15 ml，覆盖培养皿底部，并用刮刀在培养皿的底部切割几次；将细胞在染料溶液中温育 5 min，然后用 PBS 漂洗；最后，用 1 ml 的 4% 多聚甲醛固定细胞，并用荧光显微镜（Olympus IX81，Olympus Corporation）拍照。

⑫ 用免疫共沉淀法检测泛素化。

将制备好的各组蛋白样品稀释到 2 μg/μL。取 1 ml 的样品，在每组样品中加入 50 μl 的 IgG 琼脂糖磁珠，在 4℃条件下，反应体系在旋转摇床上混合 30 min，之后在 4℃条件下以 1000 r/min 转速离心 3 min，取上清液。在上清液中加入 anti- Ubiquitin（体积比 1：500）和 50 μl 的 IgG 琼脂糖磁珠，在 4℃反转摇床混合过夜，之后在 4℃条件下以 1000 r/min 转速离心 30 s，弃掉上清液，用 RIPA 冲洗磁珠，沉淀 3 次，加入 50 μl 的 4 倍上样缓冲液，煮样 5 min。之后用 SDS-PAGE 凝胶电泳进行蛋白的分离。

⑬ 质粒构建。

主要步骤如下：引物设计→总 RNA 提取→cDNA 准备→PCR 扩增→PCR 产物纯化→酶切→链接→转化→菌落 PCR→测序→菌种保存→质粒提取。本研究拟用真核表达载体（pcDNA3.1）分别构建重组质粒 pcDNA3.1-CaSR-EGFP、pcDNA3.1-gp78-EGFP、pcDNA3.1-TGF-β-EGFP 和 pcDNA3.1-Wnt-EGFP，并转染原代乳鼠心肌细胞，分别观察 CaSR、gp78、TGF-β 和 Wnt 的表达及细胞调控情况。

⑭ 细胞转染。

用 lipofectamine 2000（Invitrogen 公司）转染试剂盒，按指导手册将相关基因的 siRNA 转染入心肌细胞或心肌成纤维细胞。将细胞接种在 60 mm^2 的培养皿中，细胞数为 2.0×10^5 个 /ml。在转染的前一天调整培养皿中细胞的密度为 50%～70%。先用不含血清的优化培养基（opti-MEMI）稀释转染试剂 lipofectamine 2000，在室温条件下孵育 5 min。再用不含血清的优化培养基（opti-MEMI）稀释 siRNA，轻轻混匀。将上述两种液体混合，在室温条件下培养 20 min，形成 siRNA- lipofectamine 2000 混合液，将 siRNA-lipofectamine 2000 混合液加入培养的细胞中，轻摇使之混合，然后在 37℃ 的二氧化碳培养箱中培养至检测时间。最后用荧光显微镜检测其转染效率，用 Western blot 检测其蛋白表达变化。

相关基因过表达质粒的转染方法同上，只是细胞密度需达到 80%～90%。

心肌成纤维细胞

① 细胞培养与实验分组。

将出生 1～3 d 的新生 Wistar 大鼠心肌细胞原代培养，取差速离心获得的心肌成纤维细胞进行实验，细胞随机分为 6 组：分别培养于含 10% 胎牛血清的 DMEM（含 5.56 mmol/L 和 40 mmol/L 的葡萄糖），作为正常对照组（Control 组）和糖尿病模型组（Dia 组），并分别加入 CaSR 激动剂［NPS R568 1.0 mg/（kg · d）］组以及 CaSR 抑制剂（Calhex231 1.0 mg/（kg · d）］组作为处理因素。在加药后 24 h 进行相关检测。

② 用 BrdU 检测细胞增殖。

细胞以 1.5×10^5/ml 浓度接种于 35 mm 培养皿中（内放置一盖玻片）培养 1 d，用含 0.4%FCS 培养液同步化 3 d，使绝大多数细胞处于 G_0 期；终止细胞培养前，加入 BrdU

（终浓度为 30μg/L），在 37℃条件下孵育 40 min；弃培养液，玻片用 PBS 洗涤 3 次；用甲醇、乙酸固定 10 min；固定后的玻片在空气中干燥，用 0.3%H_2O_2- 甲醇灭活内源性氧化酶 30 min；用 5% 正常兔血清封闭；冰浴冷却后用 PBS 洗涤，加一抗即抗小鼠 BrdU 单抗（工作浓度 1∶50），阴性对照加 PBS 或血清；最后按 ABC 法进行检测，用苏木素或伊红衬染，在显微镜下随机计数 10 个高倍视野中的细胞总数及 BrdU 阳性细胞数，计算标记指数（labeling index，LI）。

③ 用迁移小室（Transwell）法检测心肌成纤维细胞迁移水平。

细胞迁移与侵袭实验：将迁移小室放入培养板中，小室内称上室，培养板内称下室，上、下层培养液以聚碳酸酯膜相隔，将研究的细胞接种在上室内，由于聚碳酸酯膜有通透性，下层培养液中的成分可以影响上室内的细胞，应用不同孔径和经过不同处理的聚碳酸酯膜，就可以进行共培养、细胞趋化、细胞迁移、细胞侵袭等多个方面的研究。

用 BD 公司的 Matrigel 1∶8 稀释，包被迁移小室底部膜的上室面，在 37℃条件下放 30 min，使 Matrigel 聚合成凝胶，进行基底膜水化；取细胞悬液 100 μl 加入迁移小室，在 24 孔板下室加入 600 μl 含 20%FBS 的培养基，注意避免产生气泡；常规培养 24 h。用直接计数法计算“贴壁”细胞数：取出迁移小室，弃去孔中培养液，用无钙的 PBS 洗 2 遍，用甲醇固定 30 min，将小室适当风干；用 0.1% 结晶紫染色 20 min，用棉签轻轻擦掉上层未迁移细胞，用 PBS 洗 3 遍；在 400 倍显微镜下随即观察五个视野中的细胞，计数。

④ 其他检测手段同心肌细胞，如前所述。

（3）可行性分析

1）理论上的可行性。

心功能不全是糖尿病心肌病对人体危害之关键。众所周知，心肌结构破坏、心肌能量代谢障碍和兴奋 - 收缩偶联障碍是心力衰竭发生的主要机制。正常情况下，心肌线粒体通过三羧酸循环和呼吸链的电子传递不断产生 ATP，其中约 70% 用于心肌的收缩和舒张。显然，线粒体损伤必将导致 ATP 产生减少。心脏之所以宛如一个巨大无比的合体细胞步调一致地进行有节律地收缩和舒张，关键在于心肌细胞之间闰盘处的缝隙连接蛋白构成了可迅速进行钙信号和能量、物质交换的通道。缝隙连接蛋白的破坏，无疑会导致心肌细胞线粒体产生的 ATP 丢失。

钙敏感受体（CaSR）在体内广泛分布，参与机体钙稳态和细胞增殖、分化、离子通道开启、激素分泌等调节，是正常和病理条件下细胞命运的调控者（ADIEZ-FRAILE. The calcium-sensing receptor as a regulator of cellular fate in normal and pathological conditions［J］. Current Molecular Medicine，2013，13，282-295.）。我们前期研究发现，CaSR 参与细胞内钙稳态的调控和心肌缺血再灌注损伤、细胞凋亡、心肌肥大、动脉粥样硬化、肺动脉高压、糖尿病心肌病的发生。

基于文献资料和我们前期的研究成果，我们提出的假说“糖尿病心肌细胞 CaSR 表达降低，可活化钙调蛋白 - 泛素蛋白酶系统，后者水解线粒体融合蛋白和缝隙连接蛋白，使 ATP 产生减少和渗漏增加，引起心肌收缩和舒张功能障碍和心肌重构，最终导致心力衰竭”，在理论上是可行的。

2）前期研究和预实验结果显示的可行性。

我们在大鼠糖尿病模型中发现：DCM 大鼠心肌组织 CaSR 表达降低和细胞内钙离子减少；外源性精胺（CaSR 激动剂）能增加 CaSR 表达，减轻心脏结构损伤和功能异常，同时降低血清胰岛素水平[33]。最近，我们还发现外源性精胺（CaSR 激动剂）通过抑制活性氧和

p38 以及 JNK 通路，减少高浓度糖诱导的心肌细胞凋亡[34]。

预实验的初步结果显示：高浓度糖可引起原代培养的心肌细胞 CaSR 表达下降，gp78 表达增加和线粒体融合蛋白、间隙连接蛋白表达减少，细胞内 ATP 含量降低和细胞外 ATP 含量升高。CaSR 激动剂预处理可减轻上述变化。

3）研究队伍和方法的可行性。

项目申请人徐长庆教授为博士研究生导师和博士后合作导师，在心血管研究领域有一定的建树。近 15 年来，始终从事 CaSR 在心血管系统疾病发生中的作用和机制研究，发表有关 CaSR 研究论文（SCI 收录）30 余篇，在国内外有一定影响（详见研究基础部分）。课题组人员构成合理，采用的实验方法先进，有关技术均有课题组成员熟练掌握。本课题使用的 2 型糖尿病转基因模型——瘦素受体敲除小鼠（db/db 小鼠）市场有售。本课题原有研究基础良好，学校拥有研究所需全部设备。

4．本项目的特色与创新之处

糖尿病（尤其 2 型糖尿病）的发生率逐年升高，已成为全球性健康问题。作为糖尿病主要并发症，糖尿病心肌病（DCM）已成为糖尿病致残、致死的重要原因，但是其确切发生机制迄今尚未阐明，亦缺少有效防治方法。

为了破解这一备受关注的瓶颈问题，本项目在前期研究发现“DCM 大鼠 CaSR 表达下调与钙稳态失衡和病情进展密切相关”的基础上，选择 2 型糖尿病转基因模型——瘦素受体敲除小鼠（db/db 小鼠）为观察对象，应用各种先进的实验技术，进一步验证我们根据预实验结果提出的假说：“糖尿病心肌细胞 CaSR 表达降低，可活化钙调蛋白 - 泛素蛋白酶系统，后者水解线粒体融合蛋白和缝隙连接蛋白，使 ATP 产生减少和渗漏增加，引起心肌收缩和舒张功能障碍以及心肌重构，最终导致心力衰竭”。

本课题的实施将从新的视角揭示 CaSR 在 DCM 发生中的关键作用和机制，为 DCM 的有效防治提供理论依据和新靶点。

5．年度研究计划及预期研究结果（包括拟组织的重要学术交流活动、国际合作与交流计划等）

2018 年 1 月—2018 年 12月

制备动物模型，完成血糖、心功能、心肌酶学、形态学、免疫印迹相关指标检测，并构建载体，检测 CaSR 的表达；同时开展细胞模型制备，完成形态学和部分凋亡相关指标检测。

2019 年 1 月—2019 年 12 月

制备细胞模型，分离心肌细胞和心肌成纤维细胞，检测细胞凋亡或增殖相关指标，检测 ATP 浓度和线粒体呼吸链活性，线粒体融合和分裂，缝隙连接功能情况，泛素化等。

2020 年 1 月—2020 年 12 月

制备细胞模型，构建载体，检测 CaSR 基因的 mRNA 表达；检测细胞信号转导通路相关指标，完善实验结果，拟发表论文 5～7 篇。共培养心肌细胞和心肌成纤维细胞，观察细胞迁移，检测细胞间隙连接功能以及内质网应激相关指标，看是否存在相关联系。

2021 年 2 月—2021 年 12 月

整理分析实验结果，补充完善实验计划，全面总结课题。

预期研究结果：

（1）复制 2 型糖尿病转基因小鼠（db/db 小鼠）DCM 模型，揭示心肌细胞 CaSR 表达与线粒体结构蛋白及细胞间隙连接结构和功能的关系，明确 CaSR 与 ATP 流及心肌纤维化之间的关系，证实我们提出的糖尿病心肌病的 ATP 流失衡假说，为 DCM 的防治提供新思路。

（2）发表 SCI 收录论文 3～4 篇，国内核心期刊 2～3 篇。

（3）培养博士研究生 2～3 名，硕士 2～3 名。

（二）研究基础与工作条件

1．研究基础（与本项目相关的研究工作积累和已取得的研究工作成绩）

项目申请人徐长庆教授曾任哈尔滨医科大学病理生理教研室主任（1997—2006），现任哈尔滨医科大学心脏病理生理研究室主任（2006 年至今）。曾为学科带头人，现为学术带头人。30 多年来一直从事心肌缺血再灌注损伤的发生机制和保护研究。15 年来，主要研究钙敏感受体（CaSR）及多胺（CaSR 的激动剂）稳态在心血管系统疾病中的作用和机制。

申请人曾主持国家自然科学基金课题 7 项：①多胺稳态失衡在心力衰竭中的作用和外源性精胺心肌保护机制（2013—2016）；②钙敏感受体在大鼠缺氧性肺动脉收缩和血管重构中的作用和分子机制（2011—2013）；③钙敏感受体对动脉粥样硬化大鼠急性心肌梗死易感性的影响和保护研究（2009—2011）；④外源性精胺心肌保护作用的电生理机制研究（NSFC-RFBR 协议项目，2007—2008）；⑤大鼠心肌多胺代谢规律和“双刃剑”作用机制的研究（2005—2007）；⑥大鼠心肌细胞钙敏感受体的生物学活性及其在肌缺血再灌注损伤中的作用（30370577，2004—2006）；⑦氧自由基对单个心肌细胞跨膜电位和离子电流的影响（1996—1998）。主持教育部博士点基金 1 项及其他省、厅级课题 5 项。

课题申请人获科技进步奖 21 项，其中省部级 11 项，其中 4 项笔者为第一获奖人：①大鼠心肌多胺代谢规律和“双刃剑”作用机制的研究（黑龙江省政府自然科学二等奖，2011）；②大鼠心肌细胞钙敏感受体的生物学活性及其在心肌缺血再灌注损伤中的作用（黑龙江省政府自然科学二等奖，2008）；③氧自由基在心肌缺血再灌注损伤中的中心作用及心肌保护研究（黑龙江省政府自然科学二等奖，2003）；④丹参制剂抗缺血再灌注性心律失常的电生理机制研究（黑龙江省政府科技进步三等奖，2000）。

发表 SCT 收录论文 83 篇（担任通讯作者 50 篇，H 指数 14）。培养博士研究生 24 名（已毕业 19 名），硕士研究生 44 名。毕业的 19 名博士生，7 人晋升教授（4 人为博士生导师）；11 人晋升副教授（8 人为硕士生导师）；15 人中标 24 项国家自然科学基金项目。

本项目相关研究积累

（1）在国际上首次发现心脏存在钙敏感受体（CaSR）的功能表达（图 9-12）。

参见：WANG R，XU C Q. Calcium and polyamine regulated calcium-sensing receptors in cardiac tissues［J］. Eur J Biochem，2003，270（12）：2680-2688.

（2）发现 CaSR 活化是通过 G 蛋白 -PLC-IP3 诱导细胞内钙离子增加导致的，这是钙超载的重要机制（图 9-13）。

参见：SUN Y H，XU C Q（✉）. Calcium-sensing receptor induces rat neonatal ventricular cardiomyocyte apoptosis［J］. Biochemical and Biophysical Research Communications，2006，

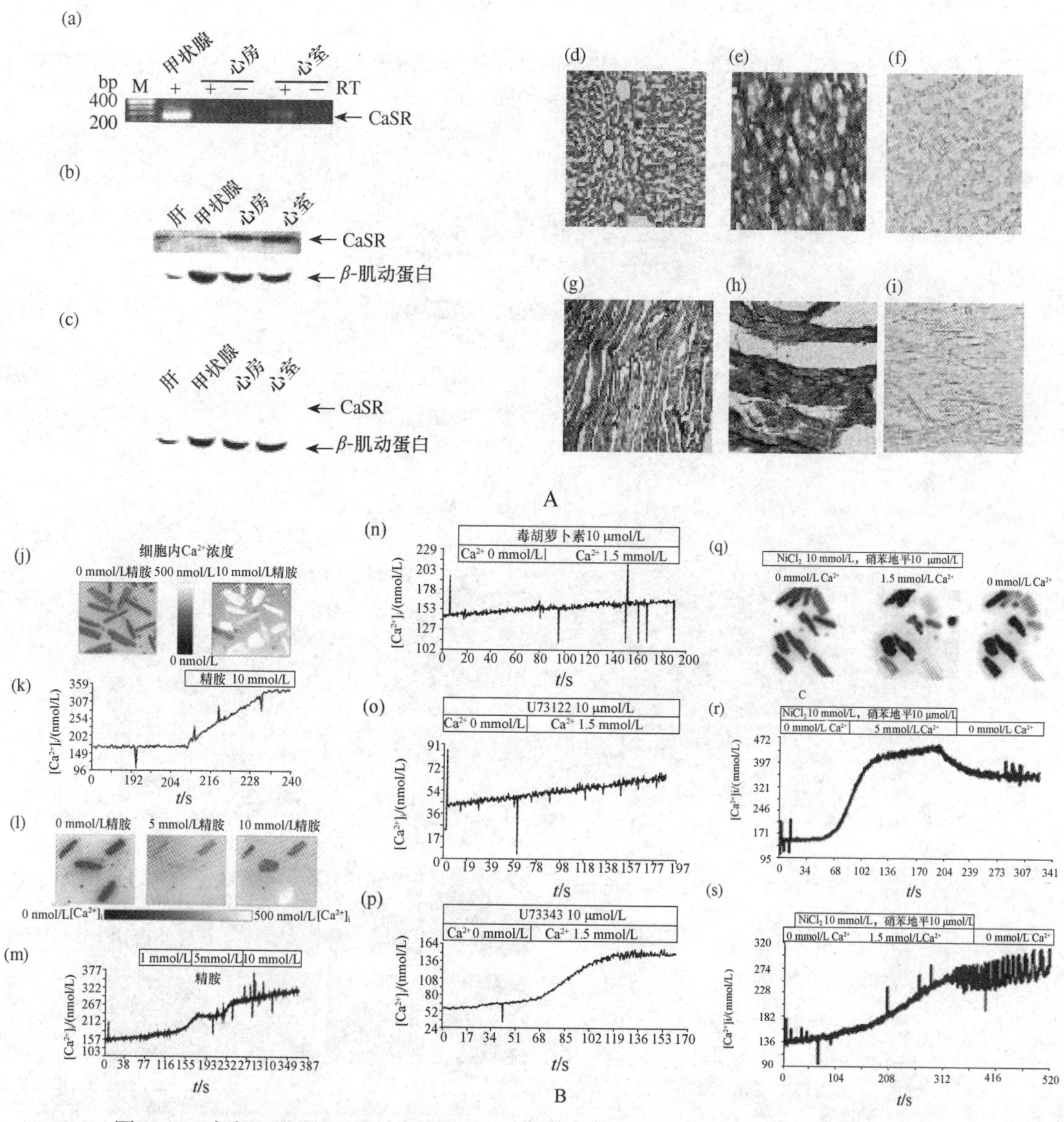

图 9-12　大鼠心肌组织 CaSR 的表达（A）及其在细胞内钙升高中的作用和机制（B）

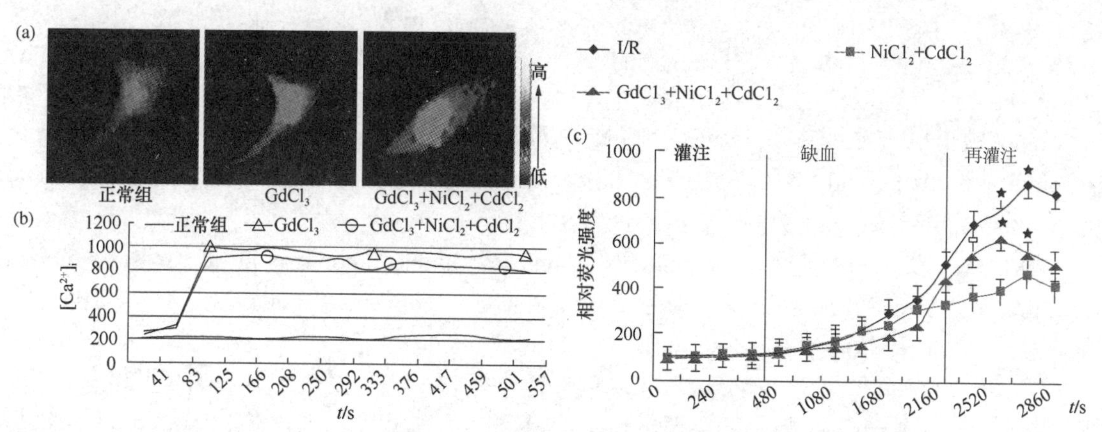

图 9-13　CaSR 活化在心肌细胞缺血再灌注损伤细胞内钙超载中的作用和机制

350：942-948.

（3）发现 CaSR 在心肌缺血再灌注损伤中的表达规律，CaSR 活化激活线粒体凋亡通路、死亡受体通路和内质网应激通路诱导细胞凋亡（图 9-14）。

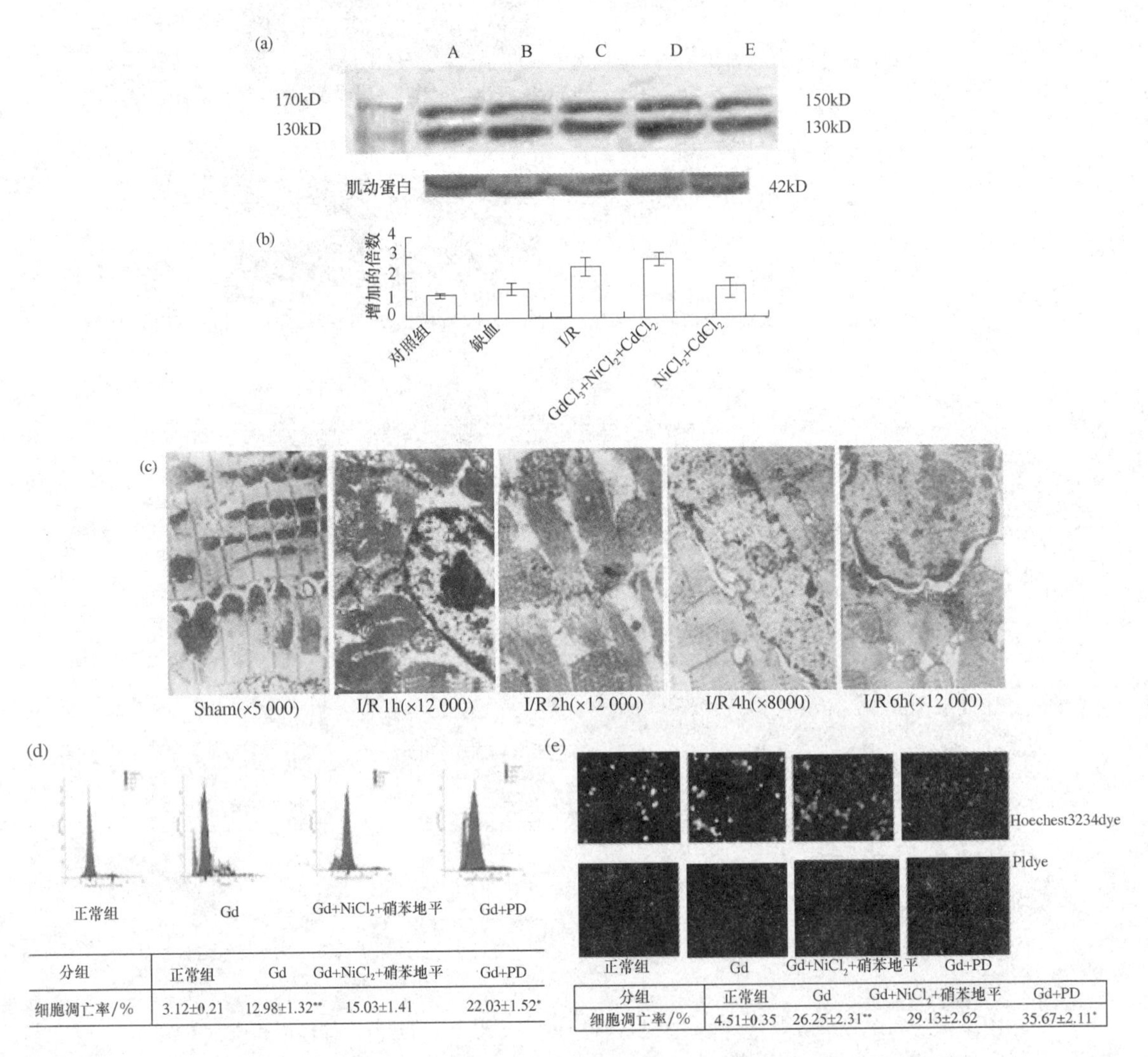

分组	正常组	Gd	Gd+NiCl$_2$+硝苯地平	Gd+PD
细胞凋亡率/%	3.12±0.21	12.98±1.32**	15.03±1.41	22.03±1.52*

分组	正常组	Gd	Gd+NiCl$_2$+硝苯地平	Gd+PD
细胞凋亡率/%	4.51±0.35	26.25±2.31**	29.13±2.62	35.67±2.11*

图 9-14　心肌缺血再灌注损伤中 CaSR 的表达规律及其与细胞凋亡的关系

参见：

1）WEIHUA ZHANG，CHANGQING XU（✉）. Involvement of calcium-sensing receptor in ischemia/ reperfusion-induced apoptosis in rat cardiomyocytes［J］. Biochemical and Biophysical Research Communications，2006，347：872-881.

2）LU F，XU C Q（✉）. Calcium-sensing receptors induce apoptosis in rat cardiomyocytes via the endo（sarco）plasmic reticulum pathway during hypoxia/reoxygenation［J］. Basic Clin Pharmacol Toxicol，2009，106：396-405.

（4）发现肥厚心肌 CaSR 表达增加，其信号转导途径与 CaN 和 PKC 途径有关（图 9-15）。

参见：LI-NA WANG，CHANG-QING XU（✉）. Involvement of calcium-sensing receptor

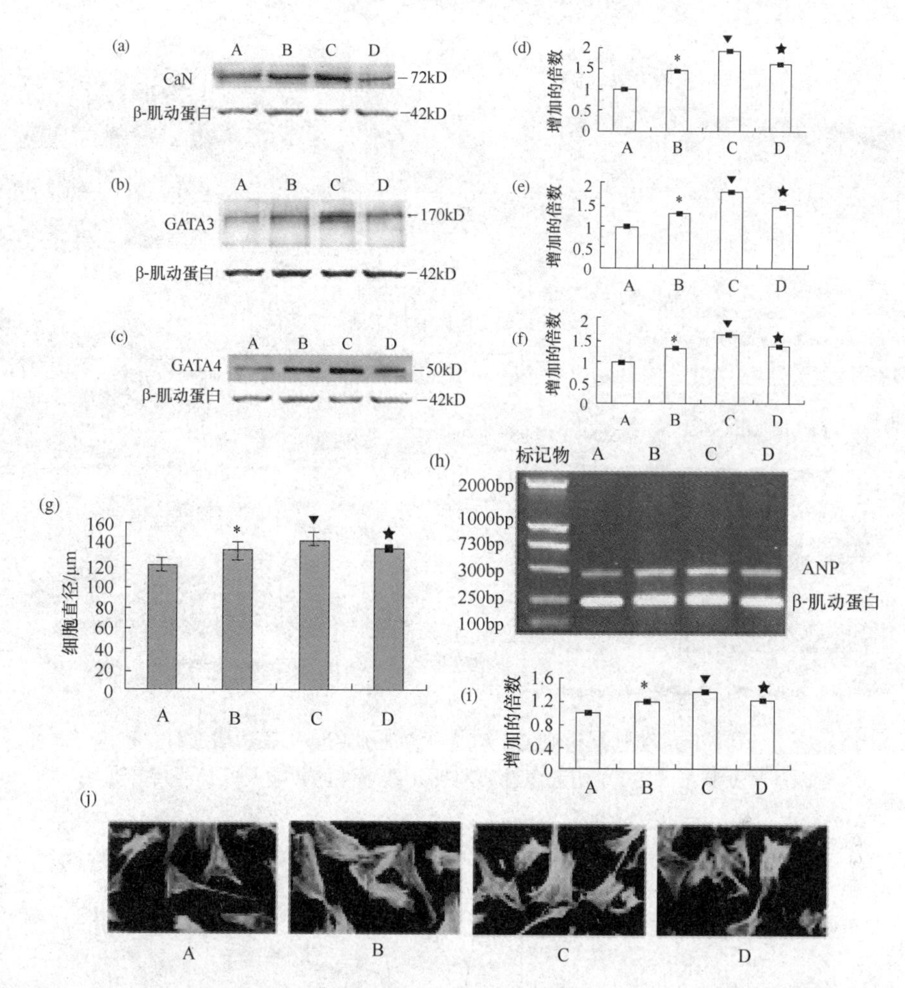

A. 对照组；B.AngⅡ组；C.AngⅡ+CaSR 激动剂；D.AngⅡ+CaSR 激动剂 +CaN 抑制剂

图 9-15　CaSR 在 AngⅡ所致的大鼠心肌细胞肥大中的作用及其信号传导通路

in cardiac hypertrophy-induced by angiotensin Ⅱ through calcineurin pathway in cultured neonatal rat cardiomyocytes［J］. Biochemical and Biophysical Research Communications, 2008, 369（2）: 584-589.

（5）发现动脉粥样硬化大鼠心肌 CaSR 表达增加，可使其对异丙基肾上腺素（ISO）引起的急性心肌梗死的敏感性增加（图 9-16）。

参见：

1）GUO J，XU C Q（✉）. Increased expression of calcium-sensing receptors in atherosclerosis confers hypersensitivity to acute myocardial infarction in rats［J］. Mol Cell Biochem，2012，366：345-354.

2）GUO J，XU C Q（✉）.Increased expression of calcium-sensing receptors induced by ox-LDL amplifies apoptosis of cardiomyocytes during simulated ischaemia-reperfusion［J］. Clinical and Experimental Pharmacology and Physiology，2010，37：128-135.

（6）揭示心肌缺血再灌注损伤时心肌多胺（CaSR 激动剂）的代谢规律，并发现低浓度外源性精胺对心肌缺血再灌注损伤具有保护作用（图 9-17、图 9-18）。

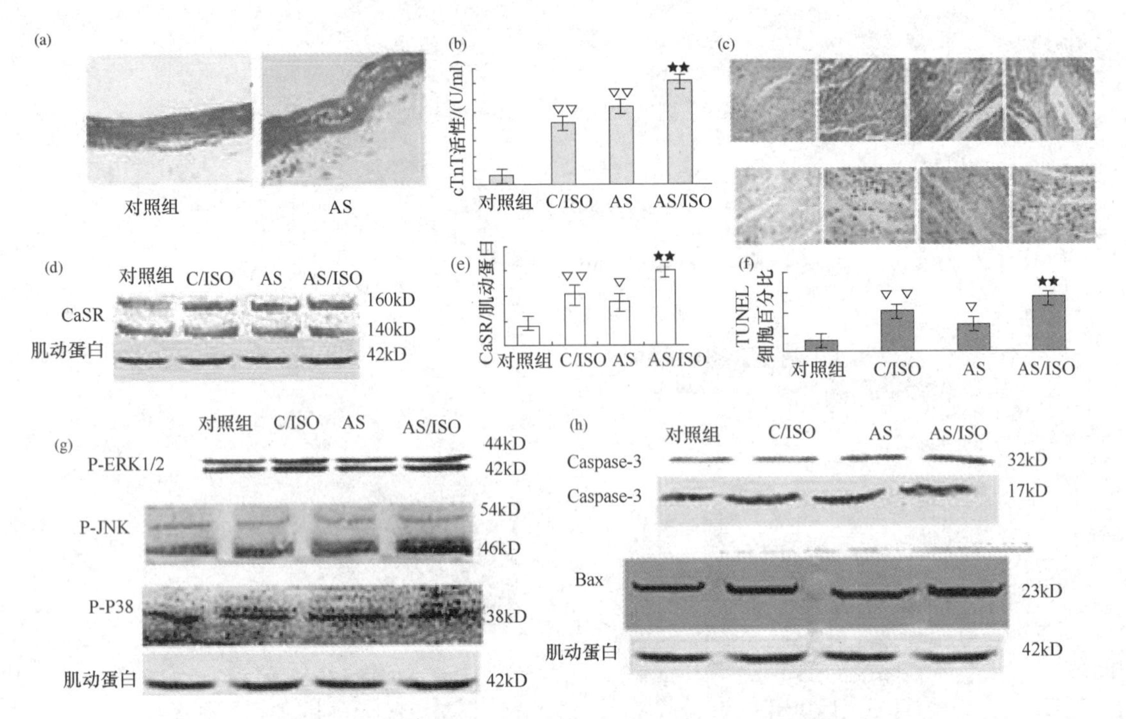

图 9-16　动脉粥样硬化（AS）大鼠心肌 CaSR 表达增加对异丙基肾上腺素（ISO）引起急性心肌梗死敏感性的影响及其信号传导通路

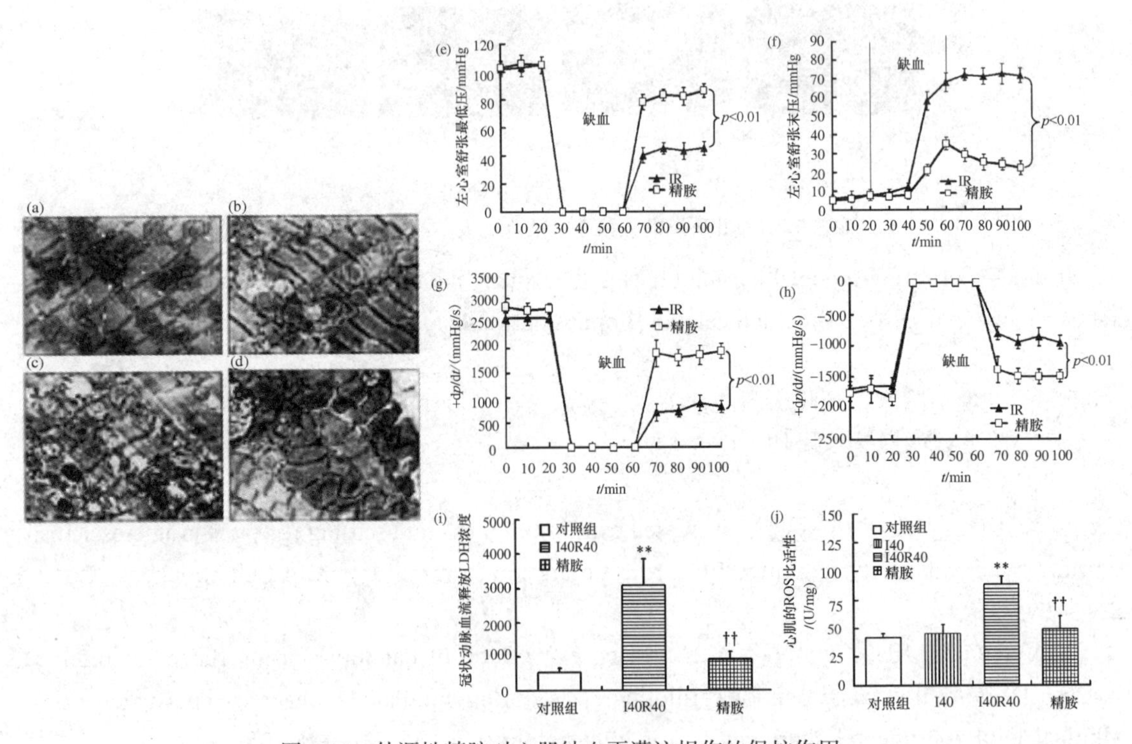

图 9-17　外源性精胺对心肌缺血再灌注损伤的保护作用

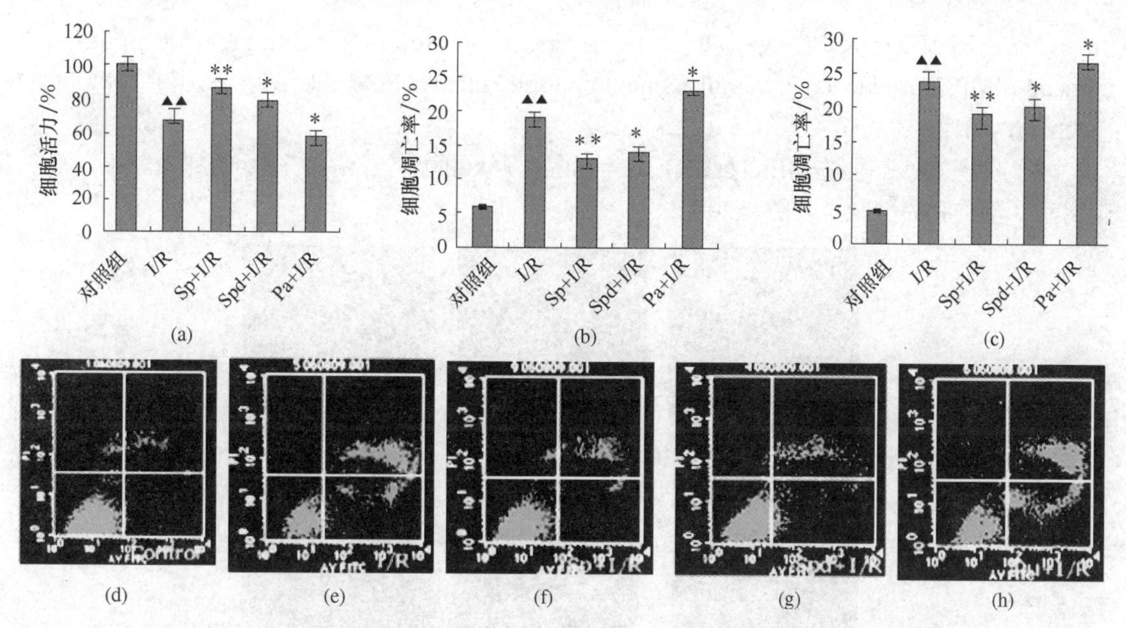

图 9-18　多胺对原代培养大鼠心肌细胞模拟缺血再灌注所致细胞凋亡的影响

（a）MTT 试验；（b）TUNEL 染色法；（c）～（h）流式细胞检测分析

参见：

1）HAN L P，XU C Q（✉）. Effects of polyamines on apoptosis induced by simulated ischemia/reperfusion injury in cultured neonatal rat cardiomyocytes［J］. Cell Biology International，2007，31：1345-1352.

2）ZHAO Y J，XU C Q（✉）. Role of polyamines in myocardial ischemia/reperfusion injury and their interactions with nitric oxide［J］. European Journal of Pharmacology，2007，562：236-246.

（7）发现 CaSR 通过 PI3K/Akt 通路参与 ox LDL 诱导血管平滑肌细胞产生 MMP-2（图 9-19）。

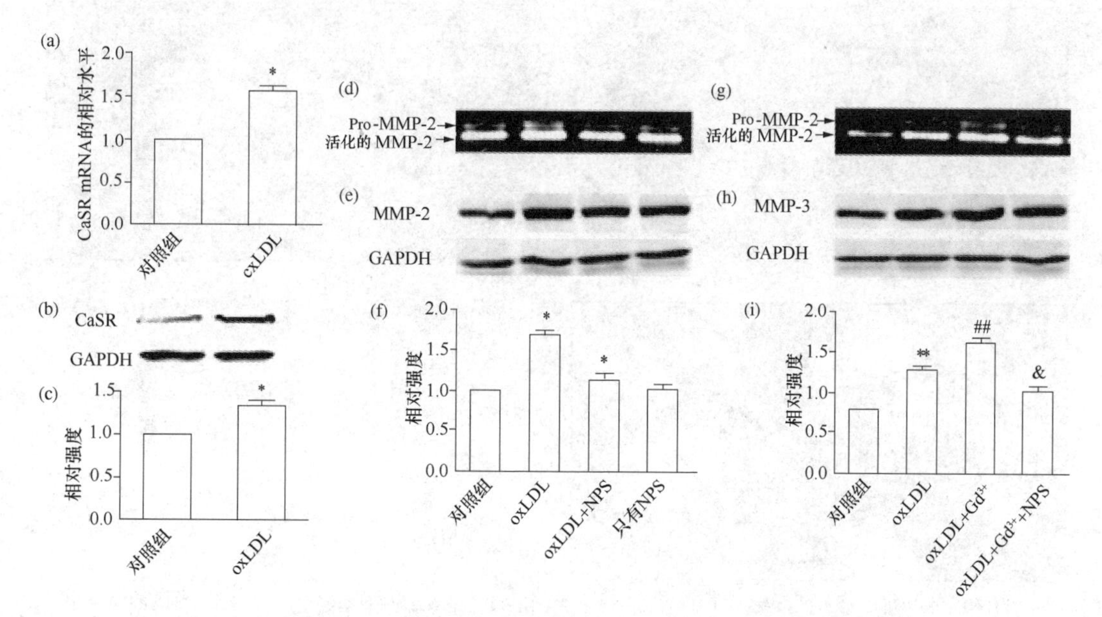

图 9-19　CaSR 在 oxLDL 诱导血管平滑肌细胞产生 MMP-2 中的作用及其通路

参见：LI H X，XU C Q（✉）. Involvement of calcium-sensing receptor in oxLDL-induced MMP-2 production in vascular smooth muscle cells via PI3K/Akt pathway［J］. Mol Cell Biochem，2012，362（1-2）：115-122.

（8）发现 CaSR 通过 MEK1/ERK1、2 和 PI3K /Akt 通路介导缺氧诱导的肺动脉平滑肌细胞增殖、重构和表型转换（图 9-20）。

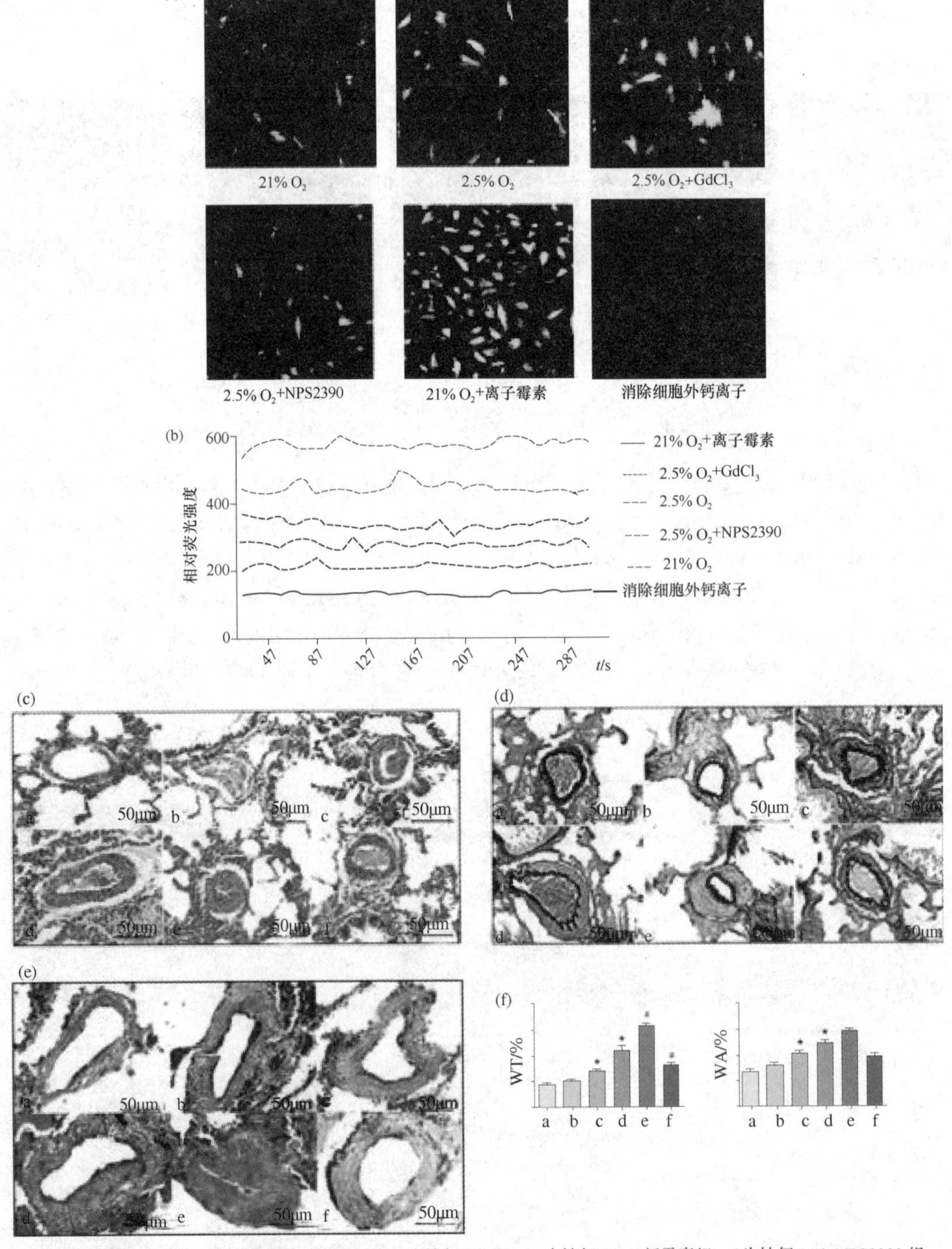

a 为对照组；b 为缺氧 7d 组；c 为缺氧 14d 组；d 为缺氧 21d 组；e 为缺氧 21d+ 新霉素组；f 为缺氧 21d+NPS2390 组

图 9-20 CaSR 对缺氧诱导的大鼠肺动脉平滑肌细胞内钙增加、增殖和表型转换的影响

参见：

1）LI G W，XU C Q（✉）. The calcium-sensing receptor mediates hypoxia-induced proliferation of rat pulmonary artery smooth muscle cells through MEK1/ERK1、2 and PI3K pathways［J］. Basic & Clinical Pharmacology & Toxicology，2011，108：185-193.

2）PENG X，XU C Q（✉）. Involvement of calcium-sensing receptors in hypoxia-induced vascular remodeling and pulmonary hypertension by promoting phenotypic modulation of small pulmonary arteries［J］. Mol Cell Biochem，2014，396（1-2）：87-98.

（9）发现激活 CaSR 引起核周钙库 Ca^{2+} 释放，通过钙依赖磷酸酶激活 CaN/NFAT 途径是心肌细胞肥大的机制（图 9-21）。

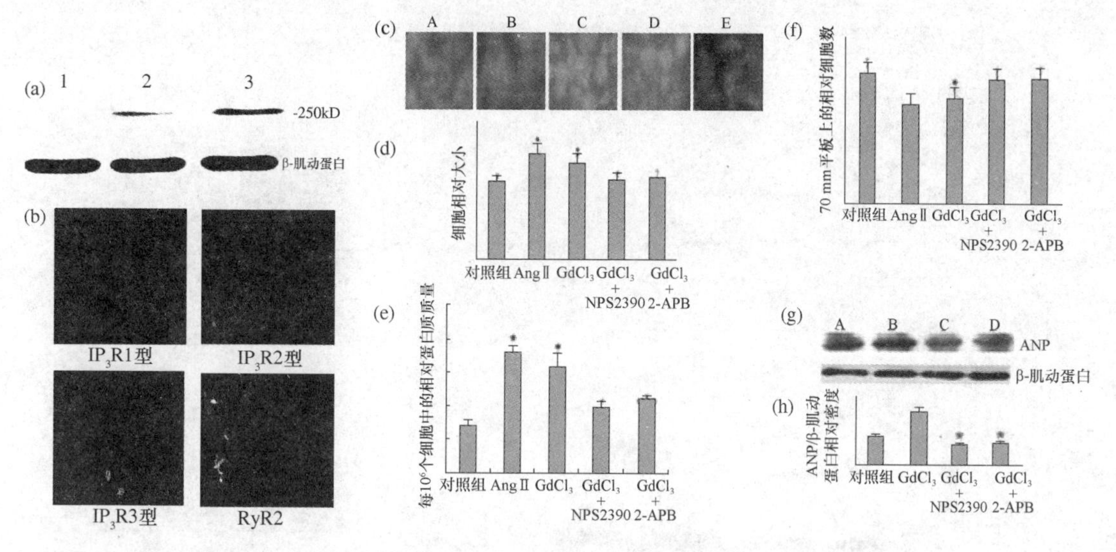

图 9-21　CaSR 激活引起心肌细胞肥大的核周钙库 Ca^{2+} 释放机制

参见：ZHONG X，XU C Q（✉），ZHANG W H（✉）.Calcium sensing receptor regulates cardiomyocyte function through nuclear calcium［J］. Cell Biol Int，2012，36：937-943.

（10）发现 CaSR 在小鼠胚胎干细胞中有功能性表达，CaSR 通过促进 Nkx2.5 和 GATA-4 表达，参与 mESCs 向心肌细胞分化的过程（图 9-22）。

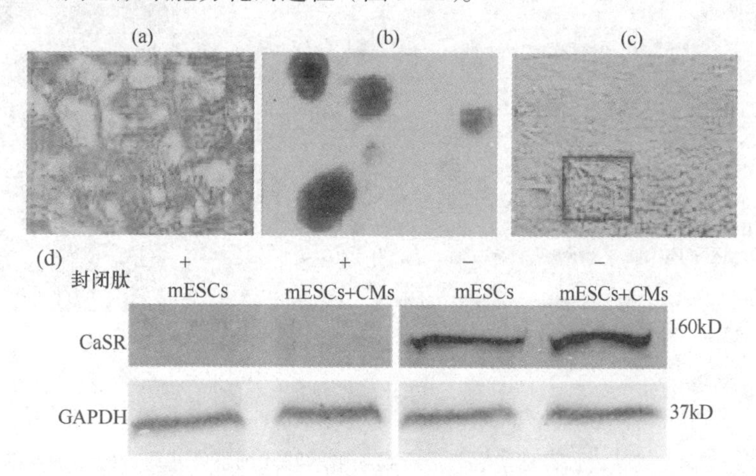

图 9-22　小鼠胚胎干细胞（mESCs）有 CaSR 表达和向心肌细胞（CM）分化的分子机制

参见：SUN J，XU C Q（✉）. The expression of calcium-sensing receptor in mouse embryonic stem cells（mESCs）and its influence on differentiation of mESC into cardiomyocytes［J］. Differentiation，2013，85（1-2）：32-40.

（11）发现 CaSR 通过 PLC-IP3 途径可促进心肌成纤维细胞增殖和细胞外基质的分泌（图 9-23）。

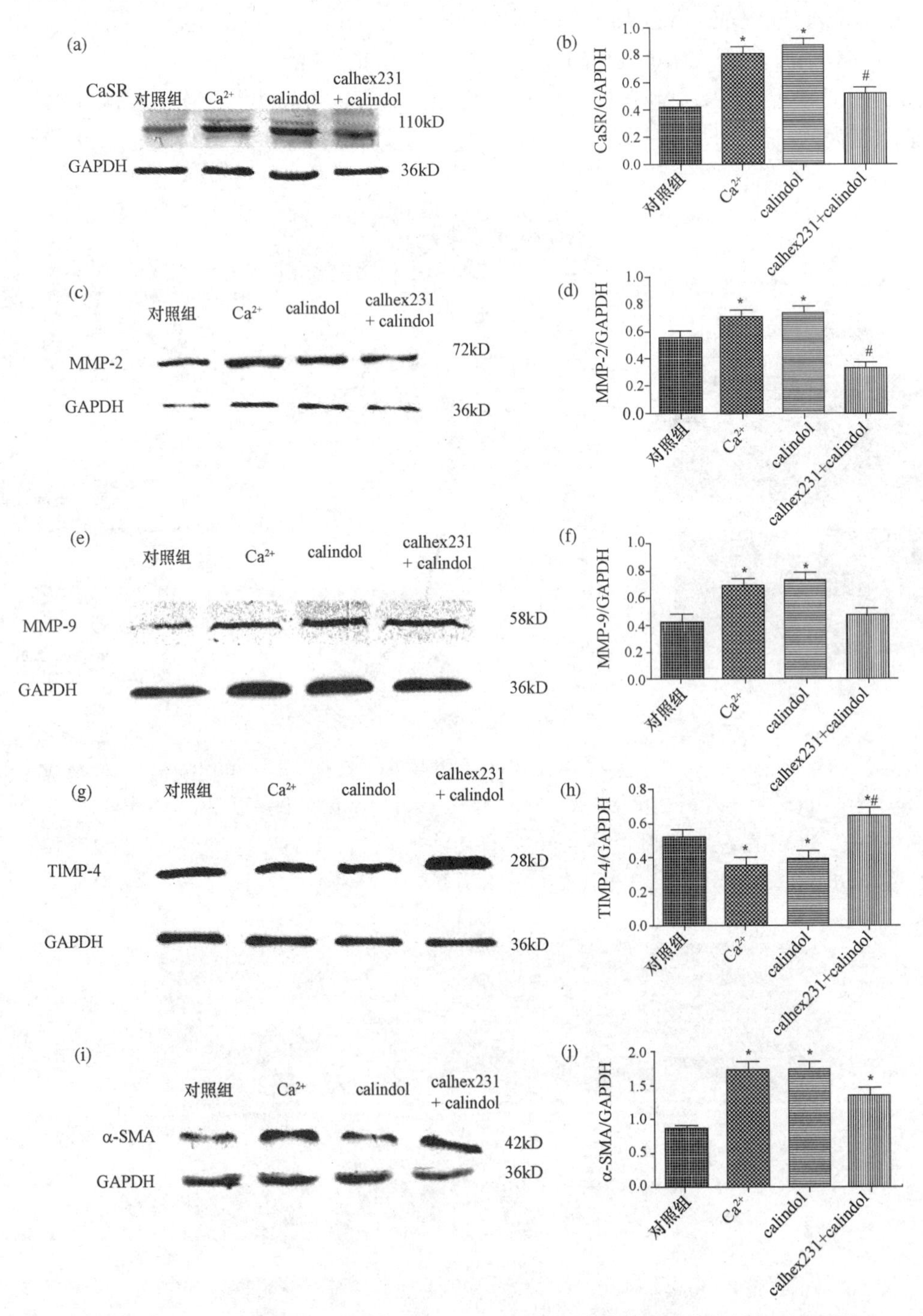

图 9-23　CaSR 表达增加可促进心肌成纤维细胞增殖和细胞外基质分泌增加及其通路

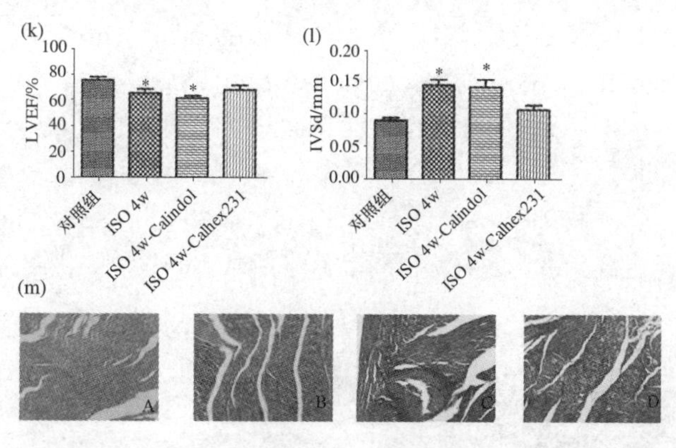

图 9-23 （续）

参见：ZHANG X，XU C Q，ZHANG W H（✉）. Calcium sensing receptor promotes cardiac fibroblast proliferation and extracellular matrix secretion［J］. Cell Physiol Biochem，2014，33（3）：557-568.

（12）发现精胺（CaSR 激动剂）能抑制内质网应激和缺血、缺氧引起的心肌细胞凋亡，其机制与调节 mPTP 和相关通路相关（图 9-24）。

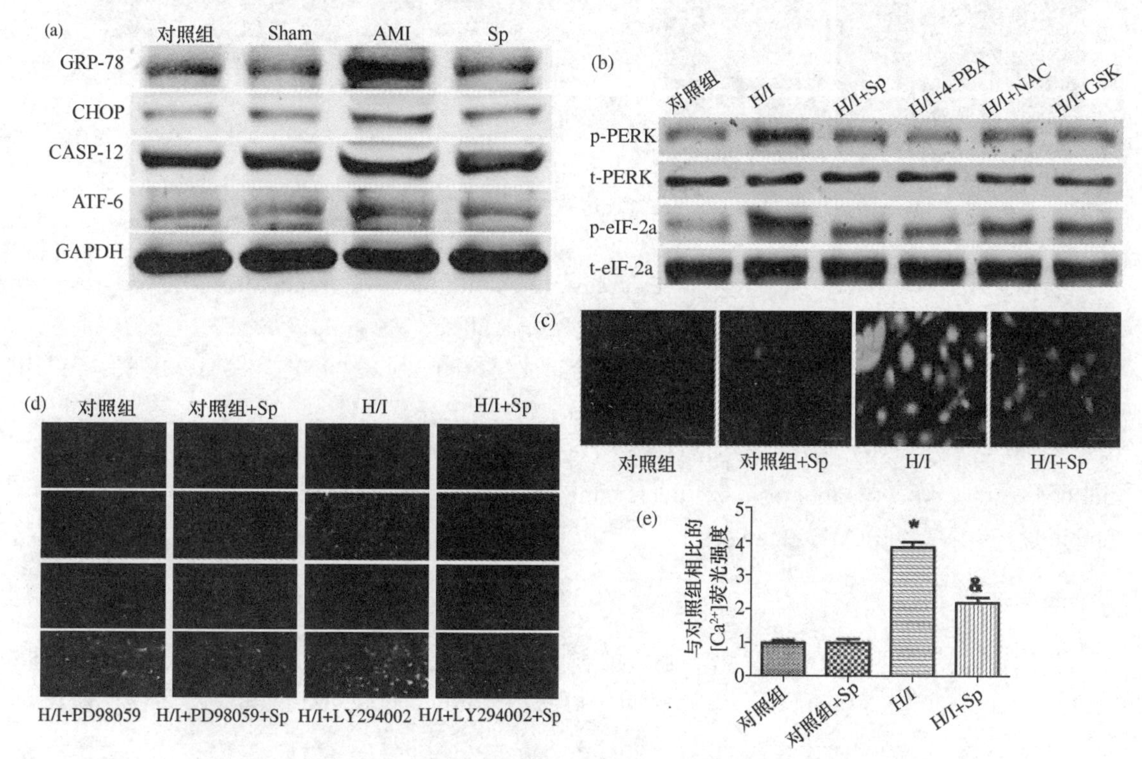

图 9-24　精胺可通过抑制 ERS 应激抑制缺血、缺氧诱导的心肌细胞凋亡

参见：

1）CAN WEI，CHANGQING XU（✉）. Spermine inhibits endoplasmic reticulum stress induced apoptosis：a new strategy to prevent cardiomyocyte apoptosis［J］. Cell Physiol Biochem，2016，38（2）：531-544.

2）CAN WEI，CHANGQING XU（✉）. Exogenous spermine inhibits hypoxia/ischemia-induced myocardial apoptosis via regulation of mitochondrial permeability transition pore and associated pathways［J］. Exp Biol Med，2016，241（14）：1505-1515.

直接相关研究

（1）发现CaSR表达减少参与糖尿病心肌病（DCM）的进展，其机制与钙稳态失衡有关（图9-25）。

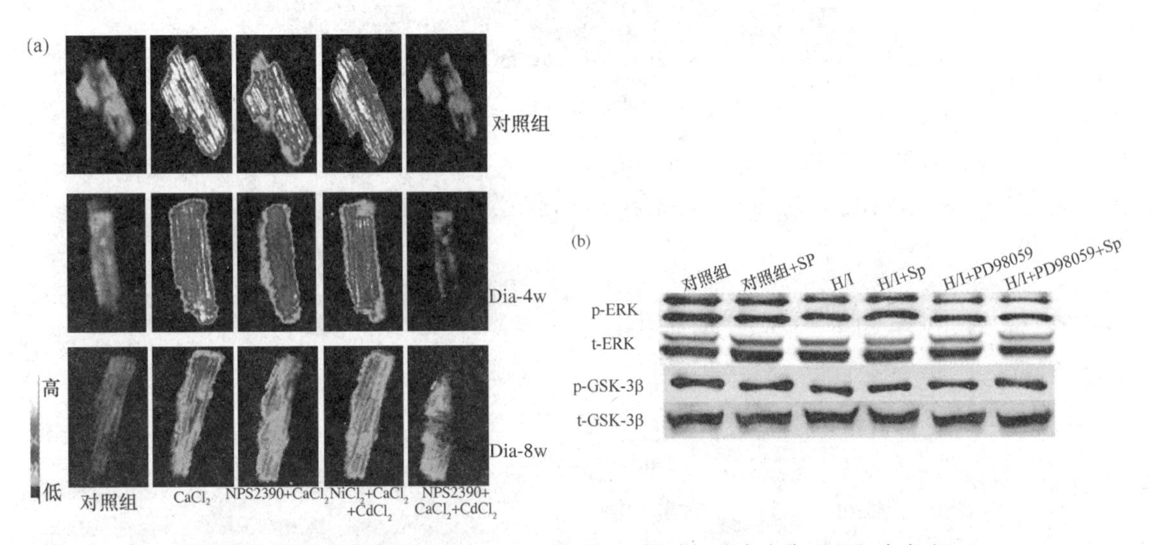

图9-25 糖尿病大鼠心肌CaSR表达减少可导致钙稳态失衡和心肌病发生

参见：BAI S Z，XU C Q（✉）. Decrease in calcium-sensing receptor in the progress of diabetic cardiomyopathy［J］. Diabetes Res Clin Pract，2012，95（3）：378-385.

（2）发现外源性精胺（CaSR激动剂）通过活性氧和p38以及JNK通路减少高糖诱导的心肌细胞凋亡（图9-26）。

参见：YUQIN HE，CHANGQING XU（✉）. Exogenous spermine ameliorates highglucose-induced cardiomyocytic apoptosis via decreasing reactive oxygen species accumulation through inhibiting p38/JNK and JAK2 pathways［J］. Int J Clin Exp Pathol，2015，8（12）：15537-15549.

预实验结果

我们在高糖处理的大鼠原代培养心肌细胞模型中初步观察到：CaSR表达减少，线粒体融合蛋白和缝隙连接蛋白降解；外源性精胺可激活CaSR，抑制上述两类关键蛋白的降解，促进ATP合成和减少ATP漏出（图9-27）。

本课题组成员的上述研究工作积累和已取得成绩，为本项目的顺利实施奠定了理论基础和人才储备。

2. 工作条件

略。

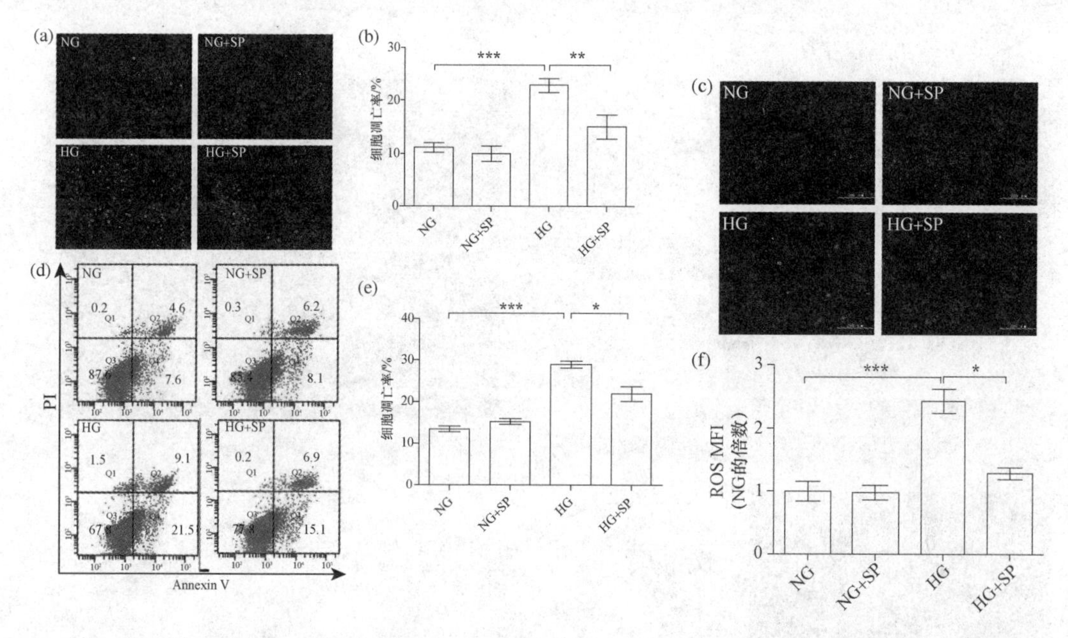

图 9-26　外源性精胺通过活性氧和 p38 及 JNK 通路减少高糖诱导的心肌细胞凋亡

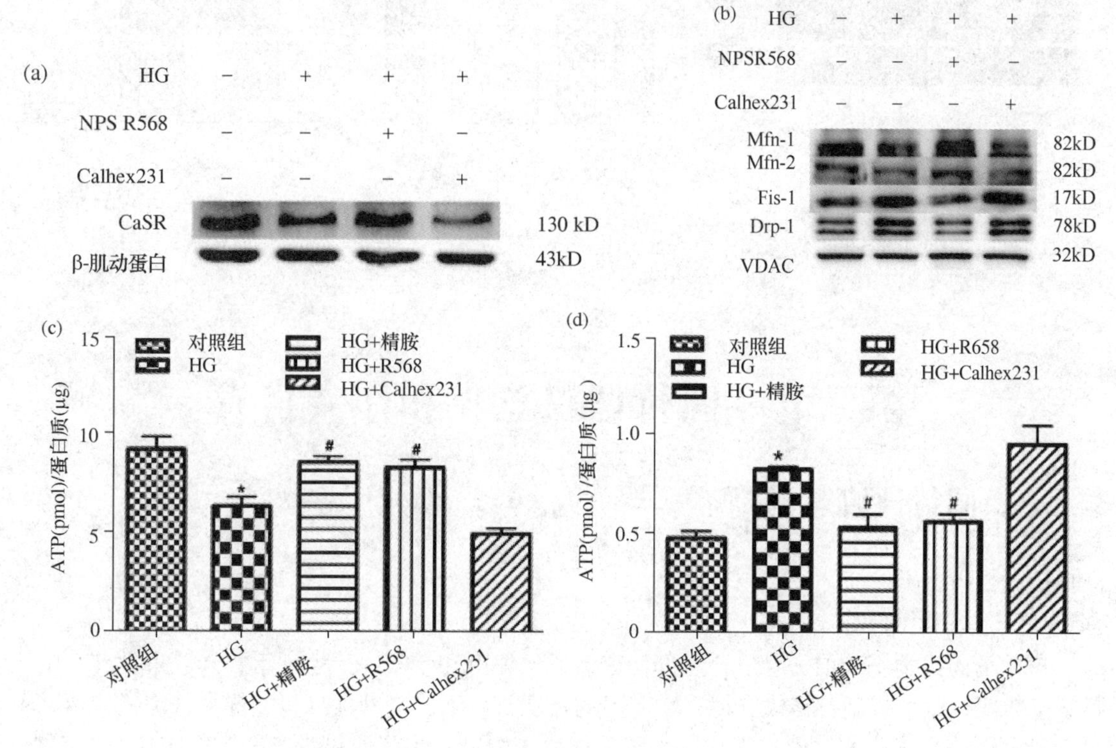

图 9-27　高糖处理的大鼠原代培养的心肌细胞 CaSR 表达减少
引起线粒体融合蛋白和缝隙连接蛋白降解、ATP 流异常

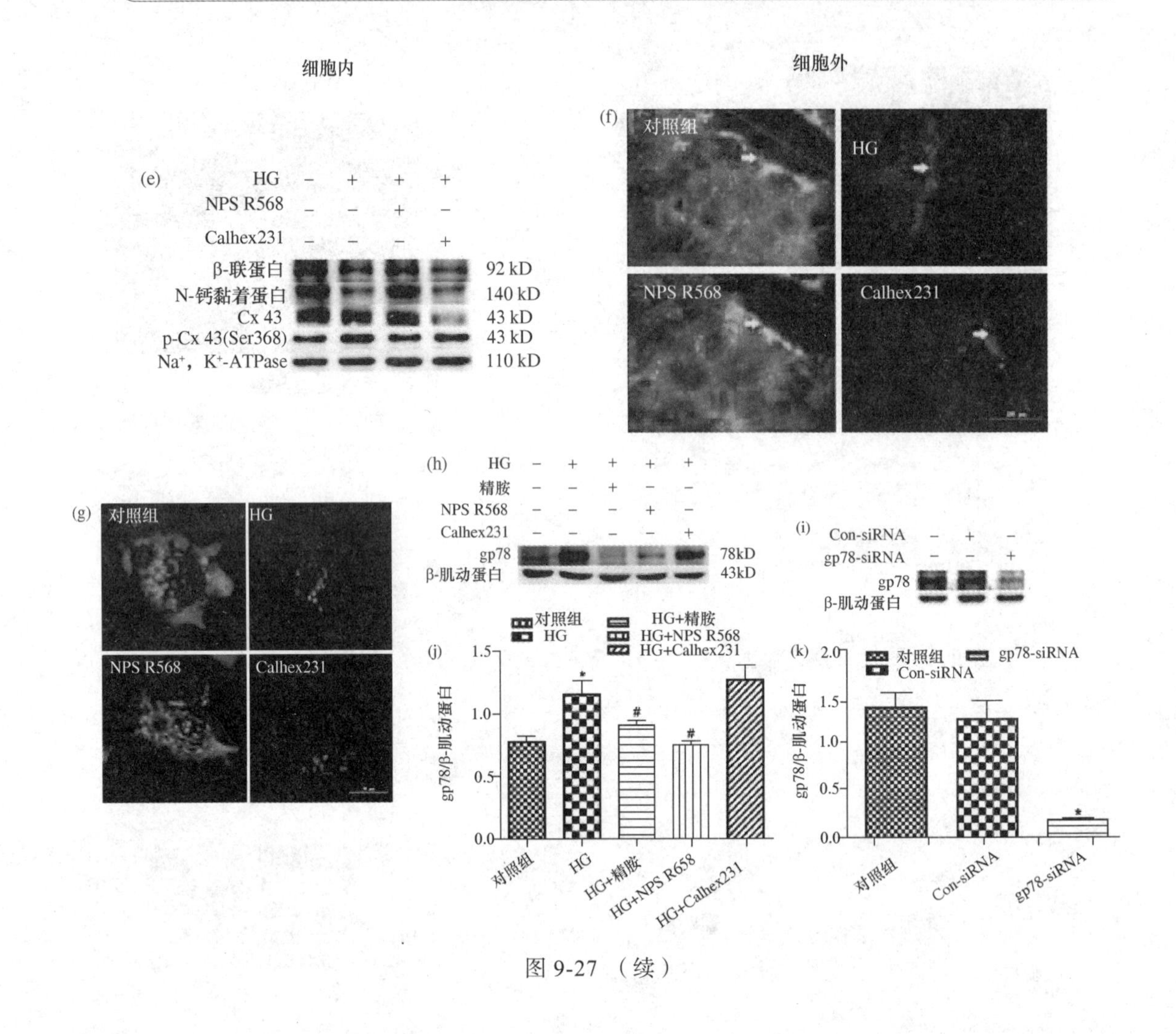

图 9-27 （续）

第二节　同行评议意见和作者自省

一、同行评议意见

徐长庆先生：

您好！

您申请的科学基金项目经过科学部初审、通讯评审和专家评审组评审，未获得批准。由于科学基金实行竞争机制，择优支持，在有限的经费条件下，资助项目只能优中选优，或者因项目本身原因，在某些方面尚有不足，今年未能给予资助。为了使科学基金评审工作更加客观、公正、透明，加强同行之间的变流，我们把同行评议意见全文反馈给您，该意见仅供您参考。

（一）三位同行专家评议意见

第一位同行专家的评议意见

1．简述申请项目的主要研究内容和申请者提出的科学问题或假说

科学问题：DCM 大鼠钙敏感受体表达降低，可活化钙调蛋白 - 泛素蛋白酶系统，后者水解线粒体融合蛋白和缝隙连接蛋白，使 ATP 生成减少和渗漏增加，引起心肌收缩和舒张功能障碍和心肌重构，最终导致心力衰竭。

研究内容：①在器官水平观察 db/db 小鼠钙敏感受体表达及线粒体融合和分离对心脏功能的影响；②在细胞水平观察高糖、高脂环境下心肌细胞钙敏感受体的表达的变化以及线粒体融合和分裂对 ATP 产生及心肌细胞凋亡的影响；③在细胞水平观察高糖、高脂环境下心肌成纤维细胞钙敏感受体的表达变化及线粒体融合和分裂对 ATP 产生的影响；④在细胞水平观察高糖、高脂环境心肌细胞和心肌成纤维细胞凋亡和增殖的影响及相关的信号转导通路。

2．具体意见

（1）申请项目的预期结果及其科学价值和意义

预期研究结果：复制 2 型糖尿病转基因小鼠 DCM 模型，揭示心肌细胞钙敏感受体表达与线粒体结构蛋白及细胞缝隙连接结构和功能的关系，明确钙敏感受体与 ATP 流及心肌纤维化之间的关系，证实申请者提出的糖尿病心肌病的 ATP 流失衡假说，为 DCM 的防治提供新思路。该项目的预期结果具有一定的科学价值和实际意义。

（2）科学问题或假说是否明确，是否具有创新性

该项目的科学假说明确，提出的科学问题较多，具有创新性。

（3）研究内容、研究方案及所采用的技术路线

该项目研究内容详细，但有些研究内容并未在申请者的研究现状中做出一定的说明，比如与自噬的关系，该项目采用了较多先进技术，具有一定的可行性，但申请者采用乳鼠的原代心肌细胞配合在体 db/db 小鼠实验欠缺一定的说服力。

（4）申请人的研究能力和研究条件

申请人具有良好的研究基础和研究背景，课题组成员由高级职称人员和学生组成不太合理，课题组拥有完善的实验条件，能保证实验的完成。

（5）其他意见或修改建议

项目的立项依据还需完善。

第二位同行专家的评议意见

1．简述申请项目的主要研究内容和申请者提出的科学问题或假说

本申请项目在前期研究基础上，以 db/db 小鼠和高糖、高脂处理心肌细胞作为研究对象，申请者提出如下科学假设：糖尿病心肌细胞 CaSR 表达降低，通过钙调蛋白 -gp78-泛素蛋白酶系统水解线粒体结构蛋白和缝隙连接蛋白，引起 ATP 流障碍，直接引起心肌细胞收缩和舒张功能障碍，同时激活心肌成纤维细胞，诱发心肌重构，最终导致心力衰竭的发生。

2．具体意见

（1）申请项目的预期结果及其科学价值和意义

申请项目预期将阐明 CaSR 对 DCM 心肌细胞 ATP 流的影响及其在糖尿病心肌病中的作用，具有科学价值和意义。

（2）科学问题或假说是否明确，是否具有创新性

科学问题或假说明确，有一定创新性；但该项目组已就 CaSR 在糖尿病心肌病中的作用进行报道，本申请项目是对同一对象在同一疾病中不同作用机制的探讨。

（3）研究内容、研究方案及所采用的技术路线

研究内容、研究方案及所采用的技术路线可以验证所提出的科学问题或假说，方法的逻辑性、可行性较好。

（4）申请人的研究能力和研究条件

申请人具有较好的研究能力，具备完成该项目的研究条件。

（5）其他意见或修改建议

第三位同行专家的评议意见

1．简述申请项目的主要研究内容和申请者提出的科学问题或假说

申请人试图分别在动物组织和原代细胞水平上观察 CaSR 的表达及线粒体融合和分裂对心脏功能、心肌细胞凋亡、增殖以及 ATP 的产生的影响及其相关的信号通路。验证糖尿病心肌细胞中 CaSR 的表达降低，并通过 gp78 水解线粒体结构蛋白和缝隙连接蛋白，引起 ATP 生成障碍和渗漏增加，导致心肌收缩和舒张功能障碍，并激活心肌成纤维细胞导致心肌重构，最终导致心力衰竭。

2．具体意见

（1）申请项目的预期结果及其科学价值和意义

申请人预期通过该研究明确 CaSR 表达的降低以及 ATP 产生的减少和渗漏增加可导致心力衰竭，具有一定的临床科研价值和意义。

（2）科学问题或假说是否明确，是否具有创新性

该研究在前期实验的基础上就其中的机制提出了假说，假说机制尚明确，其假说糖尿病心肌细胞中 CaSR 的表达降低，并通过 gp78 水解线粒体结构蛋白和缝隙连接蛋白，引起 ATP 生成障碍和渗漏增加，导致心肌收缩和舒张功能障碍，并激活心肌成纤维细胞导致心肌重构，最终导致心力衰竭，具有一定的创新性和科学意义。

（3）研究内容、研究方案及所采用的技术路线

研究内容、研究方法和技术路线主要从动物模型和原代心肌细胞方面来研究 CaSR 表达的降低以及 ATP 产生减少和渗漏增加对心肌细胞及心肌成纤维细胞的影响，逻辑上尚严密，可行度尚可。

（4）申请人的研究能力和研究条件

申请人具备基础研究的能力和条件。

（5）其他意见或修改建议

建议增加临床 DCM 患者血液样本的检测。

（二）专家评审组意见

经评审组审议、投票，赞成票未过半数，建议不予资助。

国家自然科学基金委员会

医学科学部医学科学一处

联系电子邮件地址：zhuyg@nsfc.gov.cn

二、作者自省

2017 年基金评审结果公布时，本人正在青海省西宁市讲学和度假。从微信群得知哈尔滨医科大学基础医学院获得 19 项国家自然科学基金项目资助，遗憾的是名单里没有我。由于自我感觉标书写得不错，故听到此消息时感到有些意外和失落。但是，随着微信和短信陆续传来我辅导过的弟子和其他申请人中标的消息，我又高兴和快乐起来，还在科学网发表了一篇题为《遗憾不敌欢喜多——听到国家自然科学基金评审结果后的感受》的博文。此文被科学网精选，截至 2018 年 2 月 16 日，已有 16700 人阅读，41 人推荐，29 人发表评论。欲了解该博文的具体内容，请登录：http://blog.sciencenet.cn/blog-69051-839407.html。

我们 2017 年申报的面上项目情况如下：

（1）项目名称：钙敏感受体调控 ATP 流在糖尿病心肌病发生中的作用和机制。

（2）中文摘要：糖尿病心肌病（DCM）是糖尿病的主要并发症和致死原因，确切机制尚未阐明，缺少有效治疗方法。钙敏感受体（CaSR）是 G 蛋白偶联受体。我们首次发现心肌存在 CaSR 表达，并证实其参与心肌缺血再灌注损伤、细胞凋亡、心肌肥大、动脉粥样硬化、肺动脉高压、内质网应激的发生。DCM 和 CaSR 的关系未见报道。最近，我们发现 DCM 大鼠 CaSR 表达下调与钙稳态失衡和病情进展密切相关。根据预实验结果，我们推测：糖尿病心肌细胞 CaSR 表达降低，可活化钙调蛋白 - 泛素蛋白酶系统，后者水解线粒体融合蛋白和缝隙连接蛋白，使 ATP 产生减少和渗漏增加，引起心肌收缩和舒张功能障碍和心肌重构，最终导致心力衰竭。为验证上述假说，本课题将采用 2 型糖尿病转基因模型——瘦素受体敲除小鼠（db/db 小鼠）和高糖、高脂处理心肌细胞作为研究对象，使用各种分子生物学手段，揭示 CaSR 在 DCM 发生中的关键作用，为其有效防治提供理论依据和新靶点。

（3）反馈回来的同行评议意见如下：

1）糖尿病心肌病的 ATP 流失衡假说，为 DCM 的防治提供新思路，具有科学价值和实际意义。该项目科学假说明确，具有创新性。该项目研究内容详细，但有些研究内容并未在申请者的研究现状中作出一定的说明，比如与自噬的关系。该项目采用了较多先进技术，具有一定的可行性。但申请者采用乳鼠的原代心肌细胞配合在体 db/db 小鼠实验欠缺一定的说服力。申请人具有良好的研究基础和研究背景，课题组成员只有高级职称人员和学生组成是否不太合理。

2）申请项目预期将阐明 CaSR 对 DCM 心肌细胞 ATP 流的影响及其在糖尿病心肌病中的作用，具有科学价值和意义。科学问题或假说明确，有一定创新性。研究内容、研究方案及所采用的技术路线可以验证所提出的科学问题或假说，方法的逻辑性、可行性较好。申请人具有较好的研究能力，具备完成该项目的研究条件。

3）具有一定的临床科研价值和意义。假说机制尚明确，具有一定的创新性和科学意义。研究内容、研究方法和技术路线逻辑上尚严密，可行度尚可。建议增加临床 DCM 患者血液样本的检测。

专家评审组意见：经评审组审议、投票，赞成票未过半数，建议不予资助。

从上面的介绍来看，同行评议专家对本课题的立题依据、创新性、技术路线和研究基础等都予以肯定（或基本肯定），推测以 B 类（或 A 类）推荐上二审（会审）。最后，评审组赞成票未过半数而落选。可见，我们的项目已入围，只差一点点，功亏一篑而名落孙山。但是，我们由此看到了希望，一定继续努力，探索求真，迎接成功的一天。

评审专家在同行评议书中指出的本课题不足，例如，“采用乳鼠的原代心肌细胞配合在体 db/db 小鼠实验欠缺一定的说服力”和“建议增加临床 DCM 患者血液样本的检测”，对于我们今后课题的设计均有指导意义和参考价值。

第十章　一份中标的青年科学基金标书

第一节　多胺代谢调控ATP流在糖尿病心肌病中的作用和机制研究

多胺代谢调控 ATP 流在糖尿病心肌病中的作用和机制研究是哈尔滨医科大学病理生理学教研室年轻教师魏璨 2018 年申报的青年科学基金项目。魏璨博士是徐长庆教授的学生（硕博连读）和课题组重要成员，毕业后留校任教。2017 年，徐长庆教授申报了一项国家自然科学基金面上项目“钙敏感受体调控 ATP 流在糖尿病心肌病发生中的作用和机制”，顺利通过了通讯评审，上了会评，但由于同意资助的评委未超过半数而落选。在攻读学位期间，魏璨博士参加了这个项目，并做了大量实验。

魏璨博士在实验中发现，糖尿病心肌病（DCM）大鼠多胺（腐胺、精脒和精胺）稳态失衡，精胺是钙敏感受体（CaSR）的激动剂，可激活 gp78- 泛素蛋白酶系统，水解线粒体融合 / 分裂和缝隙连接蛋白，引起 ATP 流障碍。在此基础上，她申报这项青年科学基金，并得到了基金委的资助。下面是这份申请书的摘要：

糖尿病心肌病（DCM）是糖尿病的主要并发症和致死原因，确切机制尚未阐明，缺少有效防治方法。在机体广泛存在的多胺（腐胺、精脒和精胺），具有抗氧化、抗衰老等作用。课题组早期研究证实，多胺代谢紊乱参与心肌缺血再灌注损伤和心肌肥大的发生。检索显示，多胺和 DCM 的关系罕见报道。近来，我们发现 DCM 大鼠发生钙稳态失衡、氧化应激损伤和能量代谢障碍。但是，DCM 的多胺代谢规律及其在 DCM 发生中的作用和机制未见报道。根据预实验结果，我们推测：DCM 大鼠多胺稳态失衡，激活 gp78- 泛素蛋白酶系统，水解线粒体融合 / 分裂和缝隙连接蛋白，引起 ATP 流障碍（ATP 产生减少和漏出增加），进而导致心肌收缩和舒张功能障碍；给予外源性精胺可以改善上述障碍。为验证上述假说，本课题将糖尿病大鼠和高糖处理心肌细胞作为研究对象，使用各种分子生物学手段，揭示多胺代谢在 DCM 发生中的关键作用，为其防治提供理论依据和新靶点。

本章第一节为魏璨博士撰写的青年科学基金标书；本章第二节全文转载了同行评议意见，并有作者的反思。为了帮助那些刚毕业、尚未写过青年科学基金标书的科技工作者，下面将该标书提供给大家参考。

申请代码	H0203
受理部门	
收件日期	
受理编号	8180021036

国家自然科学基金

申 请 书

（2018 版）

资助类别： 青年科学基金项目

亚类说明：

附注说明：

项目名称： 多胺代谢调控 ATP 流在糖尿病心肌病中的作用和机制研究

申 请 人： 魏璨　**电　　话：** 0451-86674548

依托单位： 哈尔滨医科大学

通信地址： 黑龙江省哈尔滨市南岗区保健路 157 号

邮政编码： 150081　**单位电话：** 0451-86669470

电子邮箱： canwei528@163.com

申报日期： 2018 年 02 月 25 日

国家自然科学基金委员会

基本信息

<table>
<tr><td rowspan="7">申请人信息</td><td>姓　　名</td><td>魏璨</td><td>性　别</td><td>女</td><td>出生年月</td><td>1988 年 5 月</td><td>民族</td><td>汉族</td></tr>
<tr><td>学　　位</td><td>博士</td><td>职　称</td><td colspan="2">讲师</td><td colspan="2">每年工作时间（月）</td><td>6</td></tr>
<tr><td>是否在站博士后</td><td colspan="2">否</td><td>电子邮箱</td><td colspan="4">canwei528@163.com</td></tr>
<tr><td>电　　话</td><td colspan="2">0451—86674548</td><td colspan="2">国别或地区</td><td colspan="3">中国</td></tr>
<tr><td>个人通信地址</td><td colspan="7">黑龙江省哈尔滨市南岗区保健路 157 号</td></tr>
<tr><td>工作单位</td><td colspan="7">哈尔滨医科大学 / 基础医学院</td></tr>
<tr><td>主要研究领域</td><td colspan="7">多胺代谢在心血管疾病中的作用及机制研究</td></tr>
<tr><td rowspan="3">依托单位信息</td><td>名　称</td><td colspan="7">哈尔滨医科大学</td></tr>
<tr><td>联 系 人</td><td colspan="2">单宏丽</td><td colspan="2">电子邮箱</td><td colspan="3">shanhongli@ems.hrbmu.edu.cn</td></tr>
<tr><td>电　话</td><td colspan="2">0451—86669470</td><td colspan="2">网站地址</td><td colspan="3">http://61.158.20.195/</td></tr>
<tr><td rowspan="2">合作研究单位信息</td><td colspan="8"></td></tr>
<tr><td colspan="8"></td></tr>
<tr><td rowspan="9">项目基本信息</td><td>项目名称</td><td colspan="7">多胺代谢调控 ATP 流在糖尿病心肌病中的作用和机制研究</td></tr>
<tr><td>英文名称</td><td colspan="7">The effect and mechanism of ATP flow regulated by polyamine metabolism in diabetic cardiomyopathy</td></tr>
<tr><td>资助类别</td><td colspan="4">青年科学基金项目</td><td colspan="2">亚类说明</td><td></td></tr>
<tr><td>附注说明</td><td colspan="7"></td></tr>
<tr><td>申请代码</td><td colspan="4">H0203：心肌细胞 / 血管细胞损伤、修复、重构和再生</td><td colspan="3">H0713：糖尿病</td></tr>
<tr><td>基地类别</td><td colspan="7"></td></tr>
<tr><td>研究年限</td><td colspan="4">2019 年 01 月 01 日—2021 年 12 月 31 日</td><td colspan="3">研究方向：心肌保护</td></tr>
<tr><td>申请直接费用</td><td colspan="7">26.0000 万元</td></tr>
<tr><td colspan="8" style="display:none"></td></tr>
<tr><td colspan="2">中文关键词</td><td colspan="7">糖尿病心肌病；多胺；ATP 流；线粒体；缝隙连接</td></tr>
<tr><td colspan="2">英文关键词</td><td colspan="7">diabetic cardiomyopathy; polyamine; ATP flow; mitochondrion; gap junction</td></tr>
</table>

中文摘要	糖尿病心肌病（DCM）是糖尿病的主要并发症和致死原因，确切机制尚未阐明，缺少有效防治方法。在机体广泛存在的多胺（腐胺、精脒和精胺），具有抗氧化、抗衰老等作用。课题组早期研究证实，多胺代谢紊乱参与心肌缺血再灌注损伤和心肌肥大的发生。检索显示，多胺和 DCM 的关系罕见报道。近来，我们发现 DCM 大鼠发生钙稳态失衡、氧化应激损伤和能量代谢障碍。但是，DCM 的多胺代谢规律及其在 DCM 发生中作用和机制未见报道。根据预实验结果，我们推测：DCM 大鼠多胺稳态失衡激活 gp78- 泛素蛋白酶系统，水解线粒体融合 / 分裂和缝隙连接蛋白，引起 ATP 流障碍（ATP 产生减少和漏出增加），进而导致心肌收缩和舒张功能障碍；给予外源性精胺可以改善上述障碍。为验证上述假说，本课题将糖尿病大鼠和高糖处理心肌细胞作为研究对象，使用各种分子生物学方法，揭示多胺代谢在 DCM 发生中的关键作用，为其防治提供理论依据和新靶点。
英文摘要	Diabetic cardiomyopathy (DCM) is a major complication and fatal cause of the patients with diabetes. To date, the precise mechanism has not been clearly clarified and an effective treatment is lack. Polyamine (putrescine, spermidine and spermine), having a feature as anti-oxidant and anti-aging, are widely existed in the body. Our previous study confirmed that polyamine metabolic disorder was involved in myocardial ischemia-reperfusion injury and myocardial hypertrophy. The relationship between polyamine and DCM was rarely reported. Recently, we found that calcium homeostasis unbalance, oxidative stress injury and energy metabolic disorders existed in the DCM rat models. However, the regularity and roles of polyamine metabolism in DCM proceeding have not been reported. Based on preliminary study results, we hypothesized that DCM causes an imbalance in polyamine metabolism, which could activate gp78 - ubiquitin proteasome system, hydrolyzing mitochondria fusion/fission and gap junction proteins. These effects would result in ATP flow disorders, including reduced ATP synthesis and increased ATP leakage. then result in cardiac muscle contraction and diastolic function disorder. Exogenous spermine could prevent the above changes. In order to verify the above hypothesis,we will use diabetic rats and high glucose treated cardiomyocytes as the research objects,and use various molecular biological methods to reveal the key role of polyamine metabolism in the occurrence of DCM, and to provide a theoretical basis and a new target for its prevention and treatment.

项目组主要参与者

（注：项目组主要参与者不包括项目申请人，国家杰出青年科学基金项目不填写此栏。）

编号	姓名	出生年月	性别	职称	学位	单位名称	电话	电子邮箱	证件号码	每年工作时间（月）
1	赵雅君	1964-07-22	女	研究员	博士	哈尔滨医科大学	0451-86674548	zhaoyajun1964@163.com	230103196407224845	2
2	张欣颖	1988-08-14	女	讲师	硕士	哈尔滨医科大学	0451-86674548	443765724@qq.com	230603198808143321	3
3	王跃虹	1990-03-27	男	博士生	学士	哈尔滨医科大学	0451-86674548	wangyuehong90@sina.cn	410403199003275711	4
4	扈敬	1995-07-11	女	硕士生	学士	哈尔滨医科大学	0451-86674548	1591444329@qq.com	230882199507114923	8
5	邵小婷	1995-09-24	女	硕士生	学士	哈尔滨医科大学	0451-86674548	729614558@qq.com	230882199509241264	8

总人数	高级	中级	初级	博士后	博士生	硕士生
6	1	2	1		1	2

说明：高级、中级、初级、博士后、博士生、硕士生人员数由申请人负责填报（含申请人），总人数由各分项自动加和产生。

国家自然科学基金项目资金预算表（定额补助）

项目申请号：8180021036　　项目负责人：魏璨　　（金额单位：万元）

序号	科目名称	金额
	(1)	(2)
1	**一、项目直接费用**	26.0000
2	1. 设备费	0.0000
3	（1）设备购置费	0.0000
4	（2）设备试制费	0.0000
5	（3）设备改造与租赁费	0.0000
6	2. 材料费	15.80
7	3. 测试化验加工费	1.20
8	4. 燃料动力费	0.44
9	5. 差旅 / 会议 / 国际合作与交流费	3.00
10	6. 出版 / 文献 / 信息传播 / 知识产权事务费	3.40
11	7. 劳务费	2.16
12	8. 专家咨询费	0.00
13	9. 其他支出	0.00
14	**二、自筹资金来源**	0.00

预算说明书（定额补助）

（请按《国家自然科学基金项目资金预算表编制说明》中的要求，对各项支出的主要用途和测算理由及合作研究外拨资金、单价≥10万元的设备费等内容进行详细说明，可根据需要另加附页。）

一、直接费用：21.00 万元

1. 设备费：0.00 万元

2. 材料费：12.86 万元

（1）实验动物及饲养所需的材料支出：1.50 万元

实验动物及饲养所需的材料主要包括 Wistar 大鼠、动物饲料、动物垫料、动物笼子、动物水瓶，共计支出 1.50 万元。

（2）细胞培养所需的材料支出：1.50 万元

细胞培养所需的材料主要包括进口胎牛血清、DMEM 培养基、胰酶、培养皿、培养瓶和培养板，共计支出 1.50 万元。

（3）Western blot 相关试剂及抗体支出：3.56 万元

Western blot 相关试剂主要包括 1.5mol/L Tris-HCl pH 8.8、1.0mol/L Tris-HCl pH 6.8、10% SDS 溶液、脱脂奶粉（Western blot 专用）、TBST 液、电泳液、转膜液、30% 丙烯酰胺 - 双丙烯酰胺溶液、TEMED 液和硝酸纤维素膜，共计支出 1.00 万元。

抗体主要包括 ODC，SSAT，gp78，细胞凋亡相关蛋白抗体（caspase-3/-9、Bcl-2、cyt-c），线粒体融合蛋白抗体（Mfn1、Mfn2），线粒体裂变蛋白抗体（Fis1、Drp1），细胞间隙连接蛋白抗体（Cx43、β-catenin、N-cadherin），Wnt 通路相关抗体（p-Wnt、Wnt）及各种二抗，共计支出 2.56 万元。

（4）PCR 相关材料支出：1.10 万元

PCR 相关材料主要包括引物设计、PCR 试剂盒、Trizol 试剂、琼脂糖和进口枪头，共计支出 1.10 万元。

（5）各种试剂盒支出：0.80 万元

主要试剂盒包括 CCK8 试剂盒、BrdU 试剂盒、Annexin V 试剂盒、心肌酶 ELISA 试剂盒、ATP 检测试剂盒和线粒体呼吸链检测试剂盒等，共计支出 0.80 万元。

（6）各种染料支出：0.80 万元

主要染料包括 TUNEL 染色、Masson 染色、JC-1 染色、Calcein-AM 染色和 Mito-Tracker，共计支出 0.80 万元。

（7）siRNA、质粒的构建和细胞转染支出：1.50 万元

主要包括 gp78 siRNA、酶、真核表达载体、大肠埃希菌、质粒提取试剂盒、LB 培养基、lipofectamine 2000 和 opti-MEMI 培养基，共计支出 1.50 万元。

（8）各种药品支出：1.00 万元

STZ、精胺、二氟甲基鸟氨酸（DFMO）、Wnt 激动剂和抑制剂等，共计支出 1.00 万元。

（9）基础药品和基础耗材支出：1.10 万元

基础药品主要包括 NaCl、$NaHCO_3$、KCl、KH_2PO_4、$MgSO_4$、$CaCl_2$ 和葡萄糖，共计支出 0.20 万元。

基础耗材主要包括去离子水、各种规格的枪头、各种规格离心管和无菌手套，共计支出 0.90 万元。

3. 测试、化验、加工费：0.90 万元

小动物超声：100 元 / 小时 × 10 小时 = 1000 元；透射电镜观察超微结构：50 元 / 例 × 40 例 = 2000 元；流式细胞仪检测细胞周期和增殖：50 元 / 例 × 40 例 = 2000 元；激光共聚焦显微镜检测细胞膜电位、mPTP 开放和细胞内游离钙离子浓度：200 元 / 小时 × 10 小时 = 2000 元；高效液相色谱检测：50 元 / 例 × 40 例 = 2000 元，共计支出 0.90 万元。

4. 燃料动力费：0.30 万元

液氮：150 元 / 罐 × 20 罐 = 3000 元，共计支出 0.30 万元。

5. 差旅 / 会议 / 国际合作与交流费：2.10 万元

会议和差旅费：为了互相交流研究成果与进展，拟选派课题组成员参加国内学术会议。拟参加全国心血管会议 1 次，参加中国病理生理学会心血管专业委员会承办的会议 1 次。每人每次 4000 元，2 人次，合计 0.80 万元。

国际合作与交流费：项目负责人参加国际心脏病大会（ISHR），1 人次，每人每次 13000 元，合计 1.30 万元。

6. 出版 / 文献 / 信息传播 / 知识产权事务费：2.80 万元

版面费：13000 元 / 篇 × 2 篇 = 26000 元；复印费、壁报制作费及文献检索费等：2000 元；共计支出 2.80 万元。

7. 劳务费：2.04 万元

查看报告正文撰写提纲

报告正文

参照以下提纲撰写，要求内容翔实、清晰，层次分明，标题突出。请勿删除或改动下述提纲标题及括号中的文字。

（一）立项依据与研究内容（建议 8000 字以内）：

1．项目的立项依据（研究意义、国内外研究现状及发展动态分析，需结合科学研究发展趋势来论述科学意义；或结合国民经济和社会发展中迫切需要解决的关键科技问题来论述其应用前景。附主要参考文献目录）

（1）糖尿病心肌病

糖尿病（diabetes mellitus，DM）是由遗传和环境因素使胰岛素分泌不足或胰岛素抵抗而引起的以血糖升高为特征的代谢综合征[1]，其发病率逐年升高，呈年轻化趋势，已成为一种世界范畴的流行病和全球性的健康问题，预测 2030 年糖尿病患者将超过 5.5 亿[2-4]。《新英格兰医学杂志》报道，我国有糖尿病患者 9200 万，糖尿病前期患者 1.4 亿，中国已成为全球糖尿病患者最多的国家[5]。糖尿病并发症有糖尿病肾病（可导致慢性肾衰竭）、糖尿病心肌病（可引起心功能不全）、糖尿病视网膜炎（可导致失明）等，它们是糖尿病患者致死、致残的主要原因[6]。

糖尿病心肌病（diabetic cardiomyopathy，DCM）是指糖尿病患者发生不能用冠心病、高血压性心脏病及其他心脏病解释的心肌疾病，2/3 以上糖尿病患者的死亡与之有关[3]。其特点是在持续代谢紊乱和微血管病变的基础上，出现氧化应激、钙代谢紊乱、线粒体功能障碍、炎症和纤维化，引发心肌广泛性灶性坏死、心律失常，进展为心力衰竭、心源性休克甚至猝死[7]。有文献报道，约 12% 糖尿病患者并发 DCM，多年无症状，但最终发生明显心力衰竭甚至死亡[8]。因此，针对 DCM 的发生机制进行靶向治疗十分重要。该领域目前已成为研究热点。

研究显示多种分子机制参与 DCM 的发生、发展：①胰岛素、肾素 - 血管紧张素 - 醛固酮系统信号转导的改变；②线粒体功能障碍；③细胞凋亡 / 坏死、自噬、内质网应激、氧化应激、炎症和钙处理障碍（改变细胞稳态）；④脂毒性（代谢变化）；⑤纤维化；⑥衰老；⑦表观遗传学、miRNAs（改变基因调控）[2]（图 10-1）。有报道显示，FoxO1（叉头框转录因子 1）作为多功能转录因子，通过细胞代谢、细胞凋亡、氧化应激、内皮功能障碍和炎症反应调控 DCM 的发生[9]。

尽管如此，DCM 的分子机制尚未完全阐明，亦缺少有效的防治方法[8-9]。因此，从新的视角揭示糖尿病心肌病（DCM）的发生机制，进而为 DCM 的精准防治提供理论依据，成为我们的关注点。

（2）多胺

多胺（polyamines，PAs）是一种广泛存在于真核细胞和原核细胞中的多价阳离子烷基胺，包括 2 价腐胺（putrescine，PUT）、3 价精脒（spermidine，SPD）和 4 价精胺（spermine，

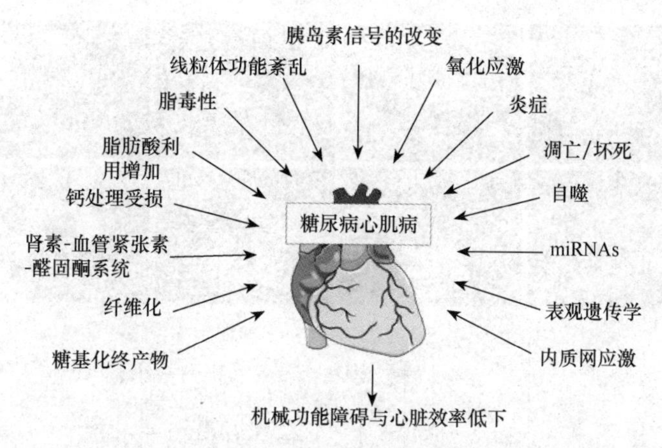

图 10-1　涉及糖尿病心肌病病理生理学的诸多机制[2]

SPM)。多胺具有重要的生理功能，如抗炎、抗凋亡、抗氧化，稳定核酸和蛋白质结构，调节细胞周期和基因表达，影响膜受体、离子通道及信号转导过程等[10]，并在肿瘤、中枢神经系统损伤、高血压等多种疾病中发挥重要作用[11-13]。

对多胺稳态失衡在心脏疾病发生中的作用，人们也陆续开展了一些研究。Hasegawa S. 等人 1997 年发现心肌梗死大鼠心肌多胺含量降低[14]。本课题组早期研究发现大鼠心肌缺血再灌注损伤过程中多胺代谢池的变化规律（缺血期发生多胺应激反应，再灌注早期精胺含量增加，晚期减少及其与 NO 的关系，低剂量外源性精胺具有保护作用）[15-16]；精胺在心肌肥大中发挥重要作用，*L*- 精氨酸通过 NO 和多胺通路抑制异丙基肾上腺素诱导的心肌肥大[17]。我们近期研究发现，外源性精胺减轻急性心肌梗死损伤的机制与恢复多胺稳态、清除活性氧和抑制内质网应激和线粒体凋亡通路有关[18-19]；外源性精胺可恢复缺血预适应和后适应对衰老心脏缺血损伤的保护作用[20]。

对于多胺代谢稳态和 DCM 的关系，国内外研究很少。2018 年 3 月 6 日，申请人以“题目和摘要”为检索线索，以“糖尿病心肌病”和“多胺（精胺）”联合检索，结果在 PubMed 数据库仅发现 2 篇论文与其相关（均出自本课题组，图 10-2）。

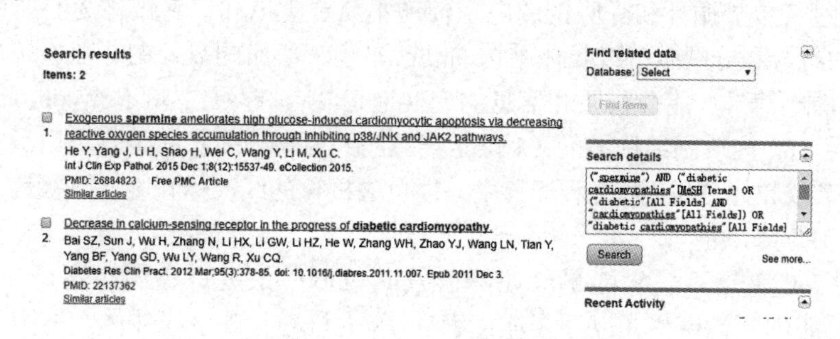

图 10-2　PubMed 检索结果

我们研究发现：在大鼠糖尿病心肌病的进展过程中，钙敏感受体的表达降低，外源性精胺可以改善钙稳态失衡而发挥保护作用[21]；外源性精胺也通过抑制 p38、JNK 通路和活性氧生成，减少高糖引起的心肌细胞凋亡[22]（图 10-3）。

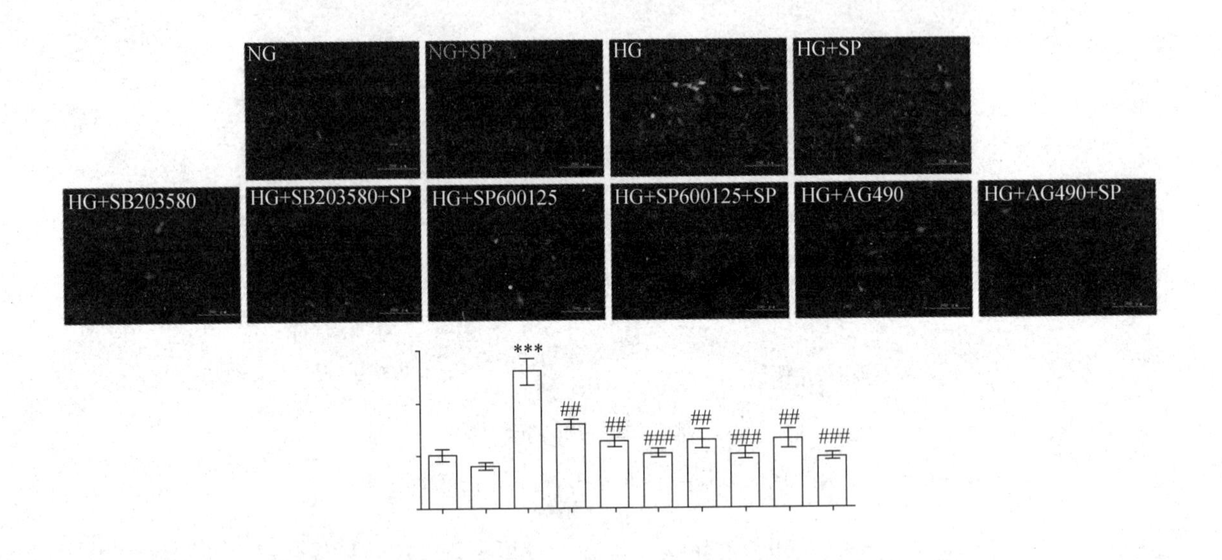

图 10-3 高糖处理原代培养的心肌细胞内 ROS 水平测定

心脏舒张和收缩功能障碍是 DCM 的主要特征，也是对人类健康的最大危害（引起心力衰竭）。众所周知，心脏的功能（舒张和收缩）主要取决于心肌结构、兴奋 - 收缩偶联和能量代谢是否正常。我们发表的这两篇论文表明，DCM 的发生与氧化应激和细胞凋亡引起的心肌结构破坏以及钙稳态失衡引起的兴奋 - 收缩偶联障碍有关，外源性精胺对 DCM 有一定的保护作用。

心肌细胞产生的 ATP，用于心肌收缩和舒张的约 70%，用于心肌细胞离子转运的约 20%，用于结构蛋白的合成和修复的约 10%。可见，维持心肌细胞内 ATP 稳态十分重要。DCM 的发生是否也与能量代谢障碍有关，这格外引人注目。

（3）ATP 流（ATP flow）与泛素连接酶 gp78

线粒体通过三羧酸循环和呼吸链的电子传递不断产生 ATP，它被称为心肌细胞的“发电厂”。线粒体的融合和分裂维持线粒体结构的动态平衡；心肌闰盘处的缝隙连接蛋白构成了相邻心肌细胞间的电信号、能源物质和信息的交换通道[23]。糖蛋白 78（glycoprotein 78，gp78）是一种位于线粒体 - 内质网结构域的 E3 泛素连接酶，可诱导线粒体融合蛋白泛素化和蛋白酶体降解，并调节线粒体分裂 / 融合和迁移率，以及去极化的线粒体自噬，又被称为线粒体裂变和融合的新型调节剂[24]。

为了揭示 DCM 是否发生能量代谢障碍及其机制，最近，我们以高糖（high glucose，HG）处理的心肌细胞为模型，以泛素连接酶 gp78 为核心，观察线粒体和缝隙连接蛋白结构和功能的变化并研究其机制。结果显示：高糖可引起 gp78 - 泛素蛋白酶系统活化，造成线粒体融合蛋白和缝隙连接蛋白损伤，导致 ATP 的产生减少和外流增多，即破坏了 ATP 流[23]（图 10-4）。

尽管我们研究发现，糖尿病心肌病和高糖引起的心肌细胞损伤机制与钙稳态失衡、能量代谢障碍和细胞凋亡有关，外源性精胺具有一定的保护作用[21-23]，但是 DCM 的多胺代谢规

图 10-4 高糖对心肌细胞内 ATP 含量和线粒体融合、缝隙连接蛋白表达的影响

律（内源性精胺含量变化）以及外源性精胺对 DCM 能量代谢障碍保护作用的机制尚未阐明。

为了回答上述问题，我们开展了一些预实验：

1）首先建立了大鼠糖尿病心肌病模型，并初步观察到：DCM 大鼠多胺代谢的关键酶（分解限速酶）——亚精胺 / 精胺 N,- 乙酰转移酶（spermidine/spermine N, acetyltransferase，SSAT）表达增加，多胺合成限速酶——鸟氨酸脱羧酶（omithine decarboxylas，ODC）表达减低，提示多胺代谢池减小，内源性精胺含量降低（图 10-5）。

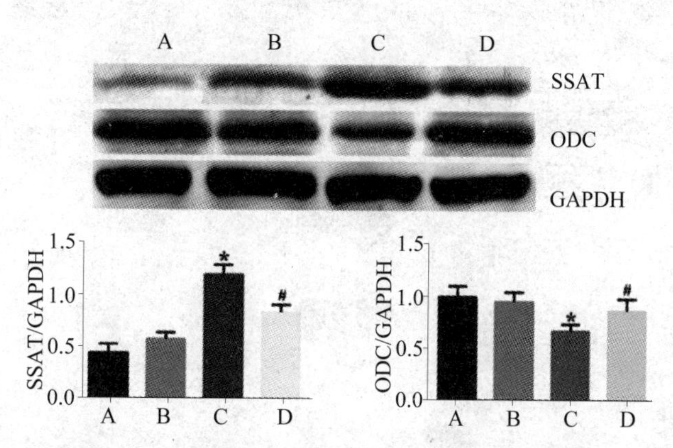

A．正常对照组；B．正常对照组 + 精胺组；C．糖尿病组；D．糖尿病 + 精胺组

图 10-5 DCM 大鼠心肌组织多胺代谢关键酶 SSAT 、ODC 蛋白表达（Western blot）

2）进一步在高糖损伤心肌细胞模型中观察到：高糖可引起心肌细胞内 ATP 水平下降和 gp78 表达增加，精胺预处理可减轻此变化（图 10-6，图 10-7）。

（4）本课题的假设

根据文献报道、课题组前期研究和预实验结果，我们推测：DCM 大鼠心肌（或高糖处理的心肌细胞）发生多胺稳态失衡（内源性精胺减少），活化了 gp78 - 泛素蛋白酶系统，水解线粒体结构蛋白和缝隙连接蛋白，引起 ATP 流障碍（ATP 产生减少和渗漏增加），导致心肌收缩和舒张功能障碍；给予外源性精胺可以改善上述障碍，减少心力衰竭的发生（图 10-8）。

为验证上述假说，本课题将糖尿病大鼠和高糖处理心肌细胞作为研究对象，使用各种分子生物学手段，揭示 DCM 的多胺代谢规律以及外源性精胺的心肌保护作用和相关机制，为其有效防治提供理论依据和新靶点。

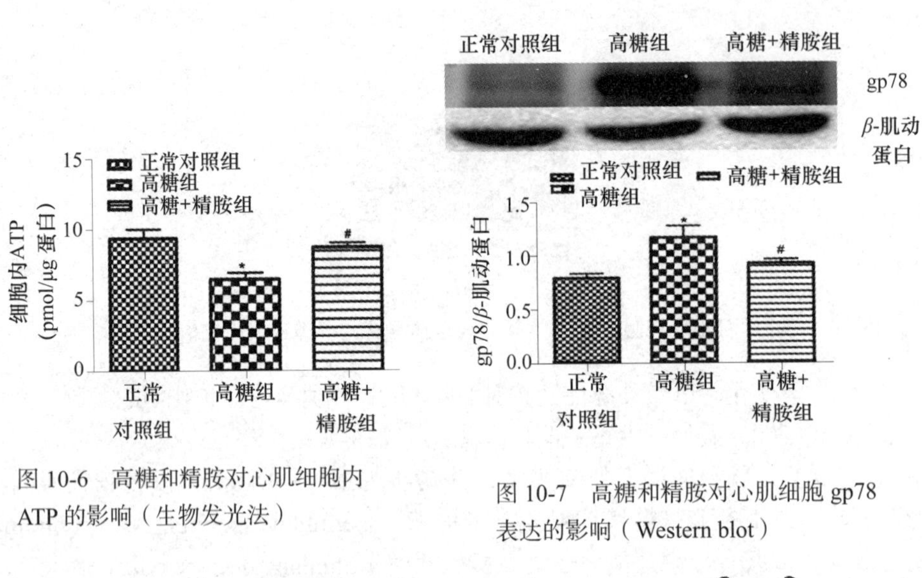

图 10-6　高糖和精胺对心肌细胞内 ATP 的影响（生物发光法）

图 10-7　高糖和精胺对心肌细胞 gp78 表达的影响（Western blot）

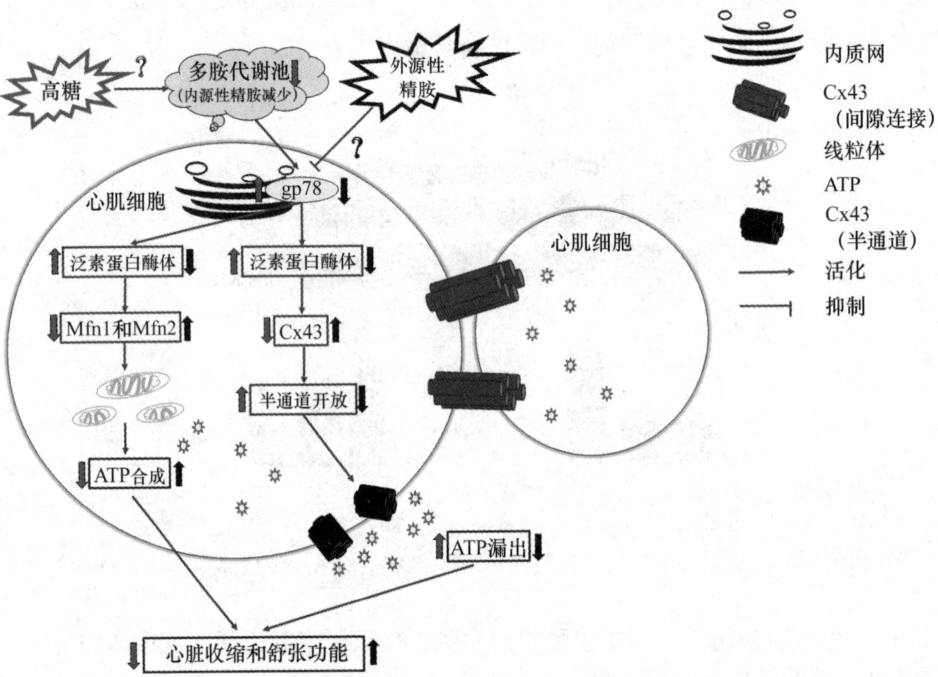

图 10-8　多胺稳态失衡导致 DCM 和外源性精胺心肌保护机制推测图

参考文献

[1] MA R C W. Epidemiology of diabetes and diabetic complications in China [J]. Diabetologia. 2018, 61 (6): 1249-1260.

[2] HEIKO BUGGER, E DALE ABEL. Molecular mechanisms of diabetic cardiomyopathy [J]. Diabetologia, 2014, 57 (4): 660-671.

[3] MURFITT L, WHITELEY G, IQBAL M M, et al. Targeting caveolin-3 for the treatment of diabetic

cardiomyopathy[J]. Pharmacol Ther, 2015, 151：50-71.
[4] WAN A L, RODRIGUES B. Endothelial cell-cardiomyocyte crosstalk in diabetic cardiomyopathy [J]. Cardiovasc Res, 2016, 111 (3)：172-183.
[5] YANG S H, DOU K F, SONG W J. Prevalence of diabetes among men and women in China[J]. N Engl J Med, 2010, 362：2425-2426.
[6] MAKAM A N, NGUYEN O K. An evidence-based medicine approach to antihyperglycemic therapy in diabetes mellitus to overcome overtreatment [J]. Circulation, 2017, 135 (2)：180-195.
[7] WESTERMEIER F, RIQUELME J A, PAVEZ M, et al. New molecular insights of insulin in diabetic cardiomyopathy[J]. Front Physiol, 2016, 7：125.
[8] LORENZO-ALMORÓS A, TUÑÓN J, OREJAS M, et al. Diagnostic approaches for diabetic cardiomyopathy[J]. Cardiovasc Diabetol, 2017, 16：28.
[9] KANDULA V, KOSURU R, LI H, et al. Forkhead box transcription factor 1：role in the pathogenesis of diabetic cardiomyopathy [J]. Cardiovasc Diabetol, 2016, 15：44.
[10] PEGG A E. Mammalian polyamine metabolism and function [J]. IUBMB Life, 2009, 61 (9)：880-894.
[11] WALLACE H M, CASLAKE R. Polyamines and colon cancer[J]. Eur J Gastroenterol Hepatol, 2001, 13 (9)：1033-1039.
[12] ADIBHATLA R M, HATCHER J F, SAILOR K, et al. Polyamines and central nervous system injury：spermine and spermidine decrease following transient focal cerebral ischemia in spontaneously hypertensive rats[J]. Brain Res, 2002, 938 (1-2)：81-86.
[13] IBRAHIM J, SCHACHTER M, HUGHES A D, et al. Role of polyamines in hypertension induced by angiotensin II [J]. Cardiovasc Res, 1995, 29 (1)：50-56.
[14] HASEGAWA S, NAKANO M, HAMANA K, et al. Decrease in myocardial polyamine concentration in rats with myocardial infarction[J]. Life Sci, 1997, 60 (19)：1643-1650.
[15] HAN L, XU C, JIANG C, et al. Effects of polyamines on apoptosis induced by simulated ischemia/reperfusion injury in cultured neonatal rat cardiomyocytes [J]. Cell Biology International, 2007, 31：1345-1352.
[16] ZHAO Y J, XU C Q, ZHANG W H, et al. Role of polyamines in myocardial ischemia/reperfusion injury and their interactions with nitric oxide[J]. Eur J Pharmacol, 2007, 562 (3)：236-246.
[17] LIN Y, WANG L N, Xi Y H, LI H Z, XIAO FG, ZHAO Y J, TIAN Y, YANG B F, XU C Q (✉). L-arginine inhibits isoproterenol-induced cardiac hypertrophy through nitric oxide and polyamine pathways [J]. Basic Clin Pharmacol Toxicol, 2008, 103 (2)：124-130.
[18] WEI C, WANG Y, LI M, LI H, LU X, SHAO H, XU C Q (✉). Spermine inhibits endoplasmic reticulum stress - induced apoptosis：a new strategy to prevent cardiomyocyte apoptosis [J]. Cell Physiol Biochem, 2016, 38：531-544.
[19] WEI C, LI H, WANG Y, PENG X, SHAO H, LI H, BAI S, XU C Q (✉). Exogenous spermine inhibits hypoxia/ischemia-induced myocardial apoptosis via regulation of mPTP and associated pathways[J]. Exp Biol Med, 2016, 241 (14)：1505-1515.
[20] ZHANG H, WANG J, LI L, CHAI N, CHEN Y, WU F, ZHANG W, WANG L, SHI S, ZHANG L, BIA S, XU C Q, TIAN Y, ZHAO Y (✉). Spermine and spermidine reversed age-related cardiac deterioration in rats [J]. Oncotarget, 2017, 8 (39)：64793-64808.
[21] BAI S Z, SUN J, WU H, ZHANG N, LI H X, LI G W, LI H Z, HE W, ZHANG W H, ZHAO Y J, WANG L N, TIAN Y, YANG B F, YANG G D, WU L Y, WANG R, XU C Q (✉). Decrease in calcium-sensing receptor in the progress of diabetic cardiomyopathy[J]. Diabetes Res Clin Pract, 2012, 95 (3)：378-385.

[22] HE Y, YANG J, LI H, SHAO H, WEI C, WANG Y, LI M, XU C Q（✉）. Exogenous spermine ameliorates high glucose-induced cardiomyocytic apoptosis via decreasing reactive oxygen species accumulation through inhibiting p38/JNK and JAK2 pathways [J]. Int J Clin Exp Pathol, 2015, 8（12）: 15537-15549.

[23] WANG Y, GAO P, WEI C, LI H, ZHANG L, ZHAO Y, WU B, TIAN Y, ZHANG W, WU L, WANG R, XU C Q（✉）. Calcium sensing receptor protects high glucose-induced energy metabolism disorder via blocking gp78 - ubiquitin proteasome pathway [J]. Cell Death Dis, 2017, 8（5）: 12799.

[24] FU M, ST-PIERRE P, SHANKAR J, et al. Regulation of mitophagy by the gp78 E3 ubiquitin ligase [J]. Mol Biol Cell, 2013, 24（8）: 1153-1162.

2．项目的研究内容、研究目标以及拟解决的关键科学问题（此部分为重点阐述内容）

（1）研究内容

1）在器官水平观察 DCM 大鼠心肌多胺代谢改变对线粒体和细胞缝隙连接蛋白的影响以及外源性精胺的保护作用。

检测糖尿病大鼠心肌组织多胺含量变化以及其对线粒体融合 / 分裂和细胞缝隙连接蛋白的影响，并观察给予外源性精胺后上述指标的变化。

观察对象：Wistar 大鼠心肌组织。

观察指标：① HE 和荧光染色，观察胰岛形态学变化；②用高效液相色谱（HPLC）检测多胺含量；③用 qPCR 和 Western blot 检测 ODC 和 SSAT 表达；④用生化检测血糖、血脂和血胰岛素变化；⑤用超声检测心功能变化；⑥心肌酶学改变；⑦用透射电镜观察心肌组织超微结构；⑧用 HE、TTC 染色观察心脏形态学和梗死面积变化；⑨用 TUNEL 染色观察心肌细胞凋亡；⑩用 Masson 和天狼星红染色观察心肌纤维化；⑪ 用线粒体呼吸链试剂盒检测呼吸链酶复合物的活性；⑫ 用 Western blot 检测细胞凋亡相关蛋白（Caspase-3、Caspase-9），线粒体融合蛋白（Mfn1、Mfn2），分裂蛋白（Fis1、Drp1）和细胞缝隙连接相关蛋白（Cx43、β-catenin、N-cadherin）的表达。

2）在细胞水平观察外源性精胺对高糖损伤心肌细胞线粒体融合 / 分裂、细胞缝隙连接蛋白和细胞内外 ATP 的影响。

观察高糖对心肌细胞损伤、线粒体融合 / 分裂、细胞缝隙连接蛋白和 ATP 产生的影响，并检测给予外源性精胺后上述指标改变。

观察对象：原代培养的乳鼠心肌细胞。

观察指标：①用透射电镜观察心肌细胞超微结构；②心肌酶学检测；③用流式细胞术和 TUNEL 染色观察细胞凋亡；④用 ATP 试剂盒检测细胞 ATP 含量；⑤用线粒体呼吸链试剂盒检测呼吸链酶复合物Ⅰ、Ⅱ、Ⅲ、Ⅳ和Ⅴ（CⅠ、CⅡ、CⅢ、CⅣ、CV）的活性；⑥用 qPCR 和 Western blot 检测 gp78、ODC 和 SSAT 的表达；⑦用激光共聚焦检测线粒体形态、细胞膜电位、mPTP 开放和细胞内钙变化；⑧用划痕染料示踪检测细胞缝隙连接功能；⑨用免疫共沉淀检测泛素化（Mfn1、Mfn2、Cx43）；⑩用 Western blot 检测细胞凋亡蛋白以及线粒体融合、分裂蛋白和细胞缝隙连接蛋白表达。

3）在细胞水平观察 gp78 在高糖损伤心肌细胞中的作用和外源性精胺对 gp78 的调控。

用细胞转染敲减 gp78，明确高糖环境下 gp78 对心肌细胞 ATP 流的影响，并探讨外源性精胺的保护作用及信号转导机制。

观察对象：原代培养的乳鼠心肌细胞。

观察指标：① 用 qPCR 和 Western blot 检测 gp78、ODC 和 SSAT 的表达；② 用 Western blot 检测线粒体融合、分裂蛋白和细胞缝隙连接蛋白表达；③用免疫共沉淀检测泛素化；④用 ATP 试剂盒检测细胞 ATP 含量；⑤用 Western blot 检测 Wnt 通路相关蛋白（Wnt、β-catenin）表达。

（2）研究目标

以糖尿病大鼠和高糖处理心肌细胞为研究对象，观察糖尿病心肌病（DCM）发生过程中的多胺代谢规律，揭示多胺稳态失衡通过激活 gp78 - 泛素蛋白酶系统，水解线粒体融合 / 分裂和缝隙连接蛋白，引起 ATP 流障碍（ATP 产生减少和漏出增加），进而导致心肌收缩和舒张功能障碍的分子机制，同时阐明外源性精胺对 DCM 的保护作用及其机制，为 DCM 的有效防治提供理论依据和新靶点。

（3）拟解决的关键问题

心功能不全是 DCM 对人体的最大危害，无论心脏收缩还是舒张，均需要 ATP 提供能量。本课题从 ATP 流（产生和漏出）的崭新视角，揭示多胺代谢障碍是如何调控 gp78 - 泛素蛋白酶系统并导致 DCM 发生、发展的，这一关键问题的破解将为 DCM 的防治（外源性精胺的临床应用）提供理论和实验依据。

3．拟采取的研究方案及可行性分析（包括研究方法、技术路线、实验手段、关键技术等说明）

整个实验设计严格遵守随机、对照和可重复三大原则。

3.1　研究方法与技术路线

第一部分　DCM 大鼠多胺代谢改变对心肌线粒体和缝隙连接的影响以及外源性精胺的保护作用

实验对象：Wistar 大鼠心肌组织。

实验分组（每组 n=15）：

（1）正常对照组（Control）：大鼠饲养在 22～24℃、12 h 昼夜循环的超净环境，腹腔注射 0.9% 的生理盐水，注射时间与实验组相同。

（2）精胺对照组（Control + SP）：未施加任何处理因素的大鼠腹腔注射精胺（每天每千克体重注射精胺 2.5 mg/ml），注射时间与实验组相同。

（3）糖尿病模型组（Dia）：适应一周后，禁食 12 h（不禁水），一次性腹腔注射 STZ（链脲佐菌素，60 mg/kg），制备糖尿病模型，然后继续正常喂养。注射 STZ 72 h 后，用血糖仪测量大鼠尾尖血糖浓度，将随机血糖浓度持续大于 16.7 mmol/L 作为糖尿病大鼠成模标准。每两周测量一次尾尖血糖浓度，对随机血糖浓度小于 16.7 mmol/L 的大鼠予以剔除。

（4）精胺干预组（Dia + SP）：大鼠预先腹腔注射精胺（每天每千克体重注射精胺 2.5 mg/ml），连续注射 2 周，模型制备后继续注射直至取材。

技术路线 1：DCM 大鼠多胺代谢变化对心肌细胞线粒体和缝隙连接蛋白的影响以及外源性精胺的保护作用（图 10-9）

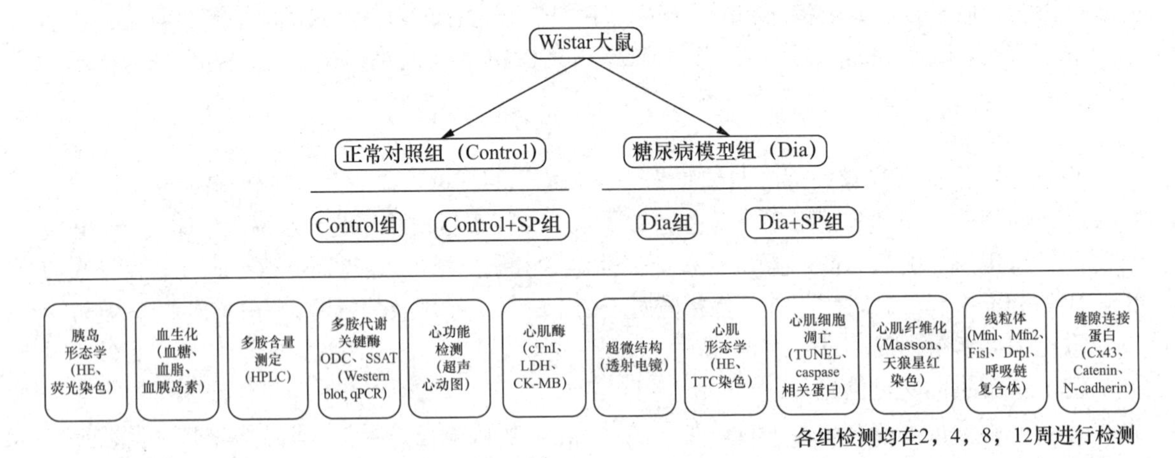

图 10-9　技术路线 1

第二部分　外源性精胺对高糖损伤乳鼠心肌细胞线粒体、缝隙连接的作用和细胞内外 ATP 的影响

实验对象：原代培养的乳鼠心肌细胞。

实验分组（每组 n=12）：

（1）正常对照组（Control）：将出生 1～3 d 的新生 Wistar 大鼠心肌细胞原代培养，将提纯后的心肌细胞培养于含 10% 胎牛血清的 DMEM（含 5.56 mmol/L glucose + palmitate）中，72 h 后用于实验。

（2）精胺对照组（Control + SP）：正常培养的同时加入精胺（SP，5 μmol/L）。

（3）二氟甲基鸟氨酸对照组（Control + DFMO）：正常培养的同时加入二氟甲基鸟氨酸［DFMO（多胺合成限速酶 ODC 的抑制物），0.5 mmol/L］。

（4）高糖模型组（HG）：心肌细胞培养于含 10% 胎牛血清的 DMEM（含 glucose 40 mmol/L + palmitate）中，其他培养条件同正常组。

（5）精胺干预组（HG + SP）：高糖处理同时加入精胺（SP，5 μmol/L）。

（6）二氟甲基鸟氨酸干预组（HG + DFMO）：高糖处理同时加入二氟甲基鸟氨酸（DFMO，0.5 mmol/L）。

技术路线 2：外源性精胺对高糖损伤的乳鼠心肌细胞线粒体融合 / 分裂、缝隙连接蛋白和 ATP 流的影响（图 10-10）。

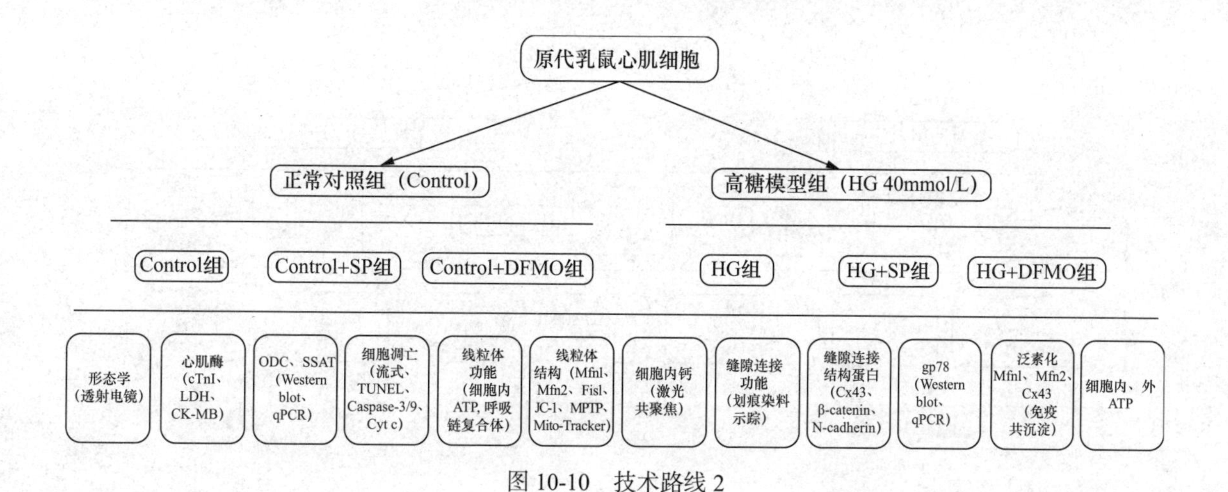

图 10-10　技术路线 2

第三部分　gp78 在高糖损伤乳鼠心肌细胞中的作用和外源性精胺对 gp78 的调控

实验对象：原代培养的乳鼠心肌细胞。

实验分组（每组 n=12）：

（1）正常对照组（Control）：将出生 1～3 d 的新生 Wistar 大鼠心肌细胞原代培养，将提纯后的心肌细胞培养于含 10% 胎牛血清的 DMEM（含 5.56 mmol/L glucose + palmitate）中，72 h 后用于实验。

（2）正常 + gp78 敲减组（Control + gp78-siRNA）：将 gp78 - siRNA 转入心肌细胞，4 h 后用含 5.56 mmol/L 葡萄糖 的 DMEM 培养液培养心肌细胞 72 h，观察技术路线中的相关指标。

（3）高糖模型组（HG）：与第二部分相同（见上页）。

（4）高糖 + gp78 敲减组（HG + gp78-siRNA）：将 gp78 - siRNA 转入心肌细胞，4 h 后用含有 40 mmol/L 葡萄糖 的 DMEM 培养液培养心肌细胞 72 h，观察技术路线中的相关指标。

（5）精胺干预组（HG + SP）：与第二部分相同。

（6）精胺干预 + gp78 敲减组（HG + SP + gp78-siRNA）：将 gp78 - siRNA 转入心肌细胞，4 h 后高糖培养，同时加入精胺（SP，5 μmol/L）。

（7）二氟甲基鸟氨酸干预组（HG + DFMO）：与第二部分相同。

（8）二氟甲基鸟氨酸 + gp78 敲减组（HG + DFMO + gp78-siRNA）：将 gp78 - siRNA 转入心肌细胞，4 h 后高糖培养，同时加入二氟甲基鸟氨酸（DFMO，0.5 mmol/L）。

（9）空载体组（Control-siRNA）：以上各组均使用空载质粒（control vector）代替 gp78 - siRNA 转入心肌细胞。

技术路线 3：gp78 对高糖损伤心肌细胞的作用以及外源性精胺对 gp78 的调控（图 10-11）。

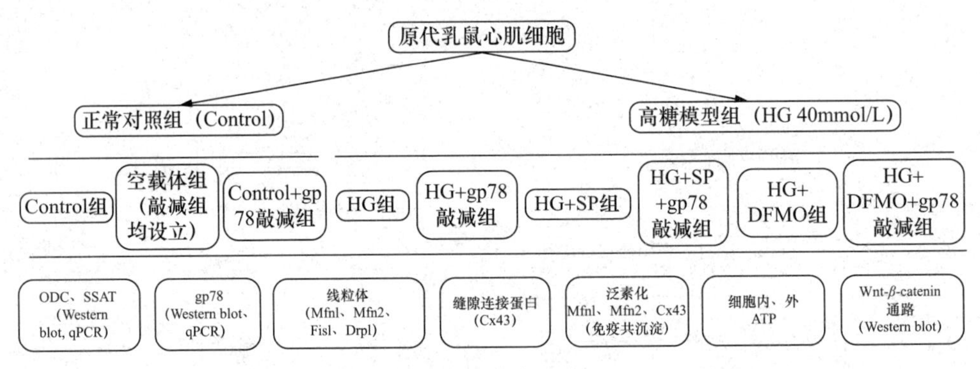

图 10-11　技术路线 3

3.2　相关实验方法

整体实验

1. 模型制备与取材

糖尿病模型制备：大鼠饲养在 22～24℃、12 h 昼夜循环的超净环境，适应 1 周后禁食 12 h（不禁水），一次性腹腔注射 STZ（链脲佐菌素，60 mg/kg），制备糖尿病模型，然后继续正常喂养。注射 STZ 72 h 后，用血糖仪测量大鼠尾尖血糖浓度，将随机血糖浓度持续大于 16.7 mmol/L 作为糖尿病成模标准。

每周进行一次血糖和糖耐量的检测，直到 12 周后检测心功能并取材，通过眼球取血的方式采集血液，用于血脂和血胰岛素的检测。取出心脏，将血液冲洗干净，每组剪取 4 只大鼠的心尖部分并置于 4% 多聚甲醛中固定，用于制备石蜡和冰冻切片；再每组取 3 只大鼠的心尖并置于 2.5% 戊二醛中固定，用于电镜观察；每组取 8 只大鼠的心脏，剪取一部分心肌组织用于线粒体的提取，其余部分冻存，用于蛋白质检测。

2. HE 染色观察胰岛和心肌组织形态

取各组大鼠胰岛和心脏组织于 4% 多聚甲醛中固定，按脱水、透明、包埋、石蜡切片步骤操作。烤干的组织切片用经二甲苯脱蜡 2 次，每次 5 min；用无水乙醇脱去二甲苯 2 次，每次 10 min；随后组织切片依次于 95%、85%、80%、75% 的乙醇中浸泡，每次 5 min；用苏木素染色 5 min，用清水冲洗 1 min；用 1% 稀氨水返蓝 30 s，用清水冲洗 1 min；返蓝后用伊红染色 5 min，再用清水洗净伊红；组织依次于 70%、80%、95%、95%、100%、100% 的乙醇中浸泡脱水，每次 1 min；在二甲苯中脱酒精 2 min，共 2 次；最后用中性树脂封片，放于 70℃ 烤箱中烤干。用光镜观察，采集图像。用 NIS-Elements BR 3.2 图像分析系统观察胰岛大小及纤维化情况。经 HE 染色，正常心肌细胞核蓝色，胞质、肌纤维、胶原纤维和红细胞呈深浅不一的红色，组织结构清晰。

3. 大鼠胰岛的荧光染色

取大鼠胰腺组织，包埋后于 −20℃条件下放置约 20 min；切片，厚度约 10 μm，平铺于防脱载玻片上，晾干；浸泡在 10% 中性甲醛溶液中，固定 40 min；在双氧水 - 甲醇溶液（1 : 50）

中浸泡 40 min，以去除组织内源性过氧化物；用蒸馏水清洗 2 遍，用 5% 牛血清封闭 30 min；加 1∶200 稀释的抗大鼠胰岛素抗体（阴性对照用 PBS 代替一抗），4℃ 过夜。室温下复温（约 30 min），用 PBS 洗 3 次，每次 5 min；滴加 1∶200 稀释的 FITC 标记二抗（抗小鼠），室温下避光染 30 min；再次用 PBS 洗涤。用倒置荧光显微镜观察，拍照并分析胰岛中胰岛素的含量。

4. 用反向高效液相色谱（RP-HPLC）检测心肌组织多胺含量

取大鼠左心室 150 mg，放入 0.3 mmol/L 冷高氯酸冰水浴中，制成匀浆，以 3500 r/min 转速离心 10 min，取上清液；做苯甲酰化处理：取样品 400 μl，加入 1, 6 - 乙二胺 10 nmol 混匀，加入 2 mol/L NaOH 溶液 2 ml，苯甲酰氯 10 μl，涡旋震荡 5 min，40℃ 水浴 30 min，加氯仿 2 mL，混匀后以 2000r/min 转速离心 10 min，取 1.5 ml 氯仿层，加入 2 ml 流动相，混匀后再离心 10 min，再取氯仿层，通风橱内挥干；将残余物溶于 300 μl 色谱甲醇中，取 10 μl 上 ODS-C18 柱分析。腐胺、亚精胺和精胺用作阳性对照，流动相为甲醇 - 水（45∶55），流速为 1.0 ml/min，检测波长为 234 nm。多胺含量变化可通过峰面积大小比较。

5. 血清心肌酶检测

用酶联免疫吸附 ELISA 试剂盒检测血清心肌酶（cTnI、CK-MB 和 LDH）的变化，按照试剂盒说明书操作，用紫外分光光度计检测吸光度。

6. 用透射电子显微镜观察心肌组织超微结构

取固定 24 h 的大鼠心肌组织，脱水、透明、包埋、染色后制成 50～70 nm 的超薄切片，透射电镜下观察心肌组织超微结构，如细胞核、线粒体、内质网和高尔基体的变化。

7. 用 TUNEL 试剂盒检测心肌细胞凋亡

用 4% 多聚甲醛将新鲜心肌组织固定，制作石蜡切片，脱蜡，水合；用 PBS 洗片，在室温条件下，在 3% H_2O_2- 甲醇溶液中孵育 30 min；用 PBS 洗 3 次后，在含 0.1% TritonX - 100 的 0.1% 枸橼酸钠溶液中孵育 2 min；用 PBS 洗片，除去样品周围的水，滴加 50 μl TUNEL 反应混合液，加盖玻片，于 37℃ 孵育 60 min；用 PBS 冲洗 3 次，此时的样品可在显微镜下初步分析。细胞凋亡判定：于空气中晾干样品，加 50 μl POD，盖上盖玻片，于 37℃ 湿盒内孵育 30 min。用 PBS 冲洗 3 次，滴加 60μl DAB 溶液，在常温下孵育 10 min，用苏木素复染后，用 PBS 冲洗样品，脱水，透明，封片。在光镜下，凋亡的细胞核呈棕褐色（TUNEL 阳性），形态呈固缩状，正常的心肌细胞核染成蓝色，计算凋亡率。

8. 用 Masson 染色观察心肌纤维化水平

Masson 染色是显示组织中纤维的染色方法之一，可被用来观察心肌纤维化水平：Masson 染色时胶原纤维呈蓝色，肌纤维呈红色。用中性 4% 多聚甲醛将新鲜心肌组织固定，制作石蜡切片，脱蜡，水合；依次用自来水和蒸馏水洗；用 Harris 氏苏木素染液或 Weigert 苏木素液染核 1～2 min；充分水洗后，温水返蓝；用 Masson 丽春红酸性复红液浸泡 5～10 min；用 1% 磷钼酸水溶液分化 3～5 min（镜下观察着色程度）；用 1% 苯胺蓝染色 5 min；用 1% 冰乙酸水溶液分化几秒（镜下观察着色程度）；最后用 95% 乙醇、无水乙醇、二甲苯透明，用中性树胶封固。

9. 用天狼星红（Sirius Red）染色以观察心肌纤维胶原含量变化

由于胶原蛋白聚合及其缠绕螺旋排列不同，所以双折光性和着色的不同。使用天狼星红苦味酸染色法，可以在偏振光显微镜下分别显示出四型胶原纤维。组织石蜡切片后放入天青石蓝液中 5～10 min，用蒸馏水冲洗 3 次，然后用天狼星红饱和苦味酸液作用 30 min，经无水乙醇分化与脱水，最后用二甲苯透明，用光学树胶封固。普通光镜下的胶原纤维呈红色，细胞核呈绿色，其他成分呈黄色；偏振光显微镜下：Ⅰ型胶原纤维呈红色或黄色，排列紧密，具强双折光性；Ⅱ 型胶原纤维呈多种色彩，疏松网状，呈弱双折光性；Ⅲ 型胶原纤维呈绿色、细纤维、弱双折光性；Ⅳ 型胶原纤维呈淡黄色、弱双折光性。

10. 用实时荧光定量 PCR（qPCR）检测 gp78、ODC 和 SSAT 的 mRNA 表达水平

（1）心肌组织 RNA 提取

制备组织匀浆，加入 Trizol 裂解液，冰浴研磨，然后使用标准的 RNA 提取程序提取 RNA，保存于 −80℃ 冰箱中。

（2）实时荧光定量 PCR（qPCR）

按照反转录试剂盒程序（PrimeScript^{RT} reagent Kit，TaKaRa，日本）将 RNA 进行反转录；以得到的 cDNA 为模板，按照 qPCR（SYBR Primx Ex Taq Ⅱ，TaKaRa，日本）标准反应体系，在 qPCR 仪（iCycler iQ，Bio-Rad，美国）中与引物进行反应，每个反应体系重复测定 3 次，按以下程序进行：95℃ 30 s，95℃ 15 s，60℃ 30 s，72℃ 30 s，72℃ 30 s，重复 45 个循环。以 GAPDH 为内参照，以水和未加转录酶的 cDNA 为模板的反应做阴性对照组。

11. 用蛋白质免疫印迹分析（Western blot）检测蛋白表达水平

（1）心肌组织总蛋白的提取及定量

取冻存的心肌组织，液氮内充分研磨，加入预冷的含 1% PMSF（蛋白酶阻断剂）的蛋白裂解液，4℃ 下作用 30 min，以 12000 r/min 转速离心 20 min，取上清液，用 BCA 法测定样品的蛋白含量；加入上样缓冲液，沸水中煮 5 min，−80℃条件下保存备用。

（2）用 Western blot 检测蛋白表达

配制 SDS-PAGE 凝胶电泳分离胶和凝胶电泳积层胶，加入 1 倍电泳缓冲液，按顺序加入蛋白样品，电泳至染料靠近分离胶的底部，将分离胶取出；裁剪一张与分离胶大小相同的 PVDF 滤膜，在 300 mA 恒定电流下于冰盒内转移约 2 h；然后在封闭液内将 PVDF 滤膜封闭 2 h；配制一抗，4℃条件下过夜孵育。第二日用 TBST 液漂洗膜 3 次，每次 10 min，然后用 TBST 稀释的二抗孵育，室温下振荡 1 h；用 TBST 液漂洗 3 次，每次 10 min，显色，然后用 Quantity one 软件分析，以 GAPDH（总蛋白）和 VDAC（线粒体蛋白）为内参照，计算相关蛋白条带的灰度值比值。

细胞实验

1. 透射电子显微镜观察

收集各组细胞，用 PBS 洗涤，离心弃上清液，加入 2.5% 戊二醛重悬细胞，移入 1.5 ml

Ep 管中，室温下以 4000 r/min 转速离心 15 min，固定 1 h；用 PBS 漂洗，用 1% 的锇酸固定液固定 30 min；常规脱水、透明、包埋、染色后制成超薄切片，用乙酸铅铀双染法进行切片染色，透射电镜下观察心肌组织超微结构的变化，照相并记录实验结果。

2. 心肌酶学检测

用 ELISA 试剂盒检测培养液中的心肌酶含量变化，按照试剂盒说明书操作，用紫外分光光度计检测吸光度。

3. 用线粒体荧光探针（Mito-Tracker）检测线粒体形态

培养皿内加入适量的培养基覆盖盖玻片，进行爬片培养；当细胞长至所需丰度，吸除培养液，加入 37℃ 预热的 MitoTracker® Deep Red FM（Molecular Probes，Thermo Fisher Scientific Inc，美国）染色工作液，孵育 30 min；染色结束后，用新鲜培养液或缓冲液替换上述染色液，用荧光显微镜（Olympus IX 81，Olympus Corporation，日本）观察线粒体成像，并使用 Image J（National Institutes of Health，美国）测量线粒体的平均长度。

4. 用流式细胞术（Annexin V- PI 染色）检测细胞凋亡

用冷 PBS 洗涤细胞 2 次，消化细胞，并用含 FBS 的 DMEM 培养基终止消化；将细胞悬液装至 1.5 ml 的 EP 管中，在 4℃条件下，以 1500 r/min 转速离心 3 min；弃上清液，取细胞沉淀，加入冷 PBS 重悬细胞并计数，再次离心；将细胞以 1×10^6 个 / ml 的浓度悬浮在结合缓冲液中；加入 5 μl FITC - Annexin V 和 5μl PI，室温下，在暗室中孵育 15 min；加入 200 μl 结合缓冲液；通过流式细胞仪进行检测，分析凋亡细胞的百分比。

5. 心肌细胞 ATP 含量检测

ATP 检测试剂盒（ATP Assay Kit, Beyotime Biotechnology，中国）可以用于检测普通溶液、细胞或组织内的 ATP 水平。将裂解后的细胞用于实验检测，按照说明书操作，使用 ATP 校准曲线确定每个样品的 ATP 量。ATP 水平下降，通常表明线粒体功能受损；细胞凋亡时，ATP 水平下降通常和线粒体膜电位下降同时发生。

6. 线粒体呼吸链活性检测

分离细胞线粒体，并用线粒体特异性裂解液（Beyotime Biotechnology，中国）获取线粒体相关蛋白。按照呼吸链复合物测定试剂盒（GENMED，美国）操作步骤，用 UV-VIS 分光光度计（SHIMADZU，日本）检测呼吸链酶复合物Ⅰ、Ⅱ、Ⅲ、Ⅳ和Ⅴ（CⅠ、CⅡ、CⅢ、CⅣ、CⅤ）的活性。CⅠ反应时间为 3 min；CⅣ反应时间为 1 min；CⅡ、CⅢ和CⅤ反应时间为 5 min。所有测定至少进行 3 次。用 BCA 检测仪（Beyotime Biotechnology，中国）测定每个样品的蛋白质含量，对比总蛋白含量，衡量线粒体呼吸链活性。

7. 用 Fluo-8 AM 检测细胞内游离钙离子浓度

用钙离子荧光探针 Fluo-8 AM 检测细胞内游离 Ca^{2+}。Fluo-8 可以和游离 Ca^{2+} 结合，结合后可以产生较强荧光，用于检测细胞内游离钙离子浓度。具体操作为：心肌细胞以 1×10^6 个 /

孔的密度接种于 12 孔板上培养，分别处理后，用 pH 为 7.4 的 HEPES 缓冲液洗涤细胞；室温下，用 5 μmol/L 的 Fluo-8 AM 细胞染色 30 min；用激光共聚焦扫描显微镜测量 Ca^{2+} 的荧光强度，激发波长为 485 nm，发射波长为 530 nm。测量荧光强度反映的 $[Ca^{2+}]_i$ 含量。

8. JC-1 检测线粒体膜电位 $\Delta\Psi_m$

在细胞凋亡早期，伴有线粒体膜电位（mitochondrial membrane potential，MMP，$\Delta\Psi_m$）下降。以 JC-1 为荧光探针，它可快速灵敏地检测细胞的线粒体膜电位变化，可用于早期的细胞凋亡检测。具体操作为：心肌细胞以 1×10^6 个 / 孔的密度接种于 12 孔板上培养，分别处理后，每孔加入 JC-1 工作液，37℃ 避光温育 20 min；用 JC-1 缓冲液漂洗 2 次；使用荧光显微镜在 400 倍放大倍数下观察。在 514 nm / 529 nm 波长下可观察到 JC-1 单体（绿色）的荧光，在 585 nm / 590 nm 波长下可观察到 JC-1 多聚体（红色）的荧光。每组选择至少 100 个区域，并且测定每个区域的平均荧光强度，计算每个区域 JC-1 多聚体与单体（红 / 绿）强度的比值。比值下降则 $\Delta\Psi_m$ 减小，而比值升高 $\Delta\Psi_m$ 增加。

9. 用 Calcein-AM/$CoCl_2$ 染色检测线粒体通透转运孔（mPTP）开放情况

Calcein-AM（钙黄绿素）是一种可对活细胞进行荧光标记的细胞染色试剂，可用于线粒体内膜通透性检测。线粒体内膜通透性的改变可用于细胞早期凋亡的检测。具体操作为：将心肌细胞以 5×10^5 个 / 孔的密度接种于 24 孔板中，分别处理后，用 PBS 漂洗 2 次；在 5 mmol/L 氯化钴溶液存在下，用 2 μmol/L Calcein-AM 装载细胞，在 37℃暗室中孵育 30 min；用激光共聚焦扫描显微镜测量荧光强度，其激发波长为 488 nm，发射波长为 505 nm。用 Sigma Scan Pro 5 软件测量单个细胞的荧光强度。将对照组的荧光强度设为 100%。

10. 用划痕标记染料示踪术（Scrape-Loading Dye Transfer）检测细胞间隙连接

细胞培养于 35 mm 培养皿中；加入含有 0.05% Lucifer yellow CH（Molecular Probes，Thermo Fisher Scientific Inc，美国）的 PBS 15 ml，覆盖培养皿底部，并用刮刀在培养皿的底部切割几次；将细胞在染料溶液中温育 5 min，然后用 PBS 漂洗；最后，用 4% 多聚甲醛 1 mL 固定细胞，并用荧光显微镜（Olympus IX81，Olympus Corporation，日本）拍照。

11. 用蛋白质免疫印迹分析（Western blot）检测蛋白表达水平

（1）心肌细胞总蛋白的提取及定量

用 PBS 漂洗细胞，用细胞刮刀轻轻刮下细胞并收集到 1.5 ml EP 管中，以 2000 r/min 转速离心 10 min，弃上清液，细胞沉淀中加入预冷的含 1% PMSF 的蛋白裂解液，涡旋混匀，4℃ 条件下裂解 30 min；在低温下用高速离心机离心，以 14000 r/min 转速离心 15 min，取上清液。用 BCA 法测定样品的蛋白含量；上清液加入上样缓冲液，在 100℃ 沸水中煮 5 min，−80℃条件下保存备用。

（2）用 Western blot 检测蛋白表达

配制 SDS-PAGE 凝胶电泳分离胶和凝胶电泳积层胶，加入 1倍电泳缓冲液和蛋白样品，电泳至染料靠近分离胶的底部，将分离胶取出；在 300 mA 恒定电流条件下于冰盒内转膜；然后将 PVDF 滤膜用封闭液封闭 2 h；配制一抗（ODC、SSAT、Caspase 3、Caspase 9、Mfn1、

Mfn2、Cx43、p-Cx43、Drp1、*β*-catenin、p-*β*-catenin、N-cadherin、gp78、*β*- 肌动蛋白等），在4℃条件下过夜孵育。第二日用 TBST 液漂洗膜 3 次，每次 10 min，然后将膜与 TBST 稀释的二抗孵育，室温下振荡 1 h；用 TBST 液漂洗 3 次，每次 10 min，显色，然后用 Quantity one 软件分析，以 GAPDH（总蛋白）和 VDAC（线粒体蛋白）为内参照，计算相关蛋白条带的灰度值比值。

12. 用实时荧光定量 PCR（qPCR）检测 gp78、ODC 和 SSAT 的 mRNA 表达水平

（1）心肌细胞 RNA 提取

收集心肌细胞，加入 Trizol 裂解液（Invitrogen，美国），冰浴研磨，然后用标准的 RNA 提取程序提取 RNA，保存于 −80℃ 冰箱中。

（2）反转录，实时荧光定量 PCR（qPCR）

按照反转录试剂盒程序（PrimeScript^{RT} reagent Kit，TaKaRa，日本），将 RNA 进行反转录；PCR 引物用 Primer Permier 5.0 软件设计，由上海生工公司合成。实时 PCR 采用两步法进行引物扩增。gp78：上游引物 5′-ACTGTGGAGGAGGTGGTGATGTG-3′，下游引物 5′-CAGCAGGAGAGCAGCATAGCAATC-3′；对照 β-actin：上游引物 5′- ACACTGTGCCC-ATCTACGAGG -3′，下游引物 5′- AGGGGCCGGACTCGTCATACT -3′；对照 GAPDH：上游引物 5′-AGCAGTCCCGTACACTGGCAAAC-3′，下游引物 5′-TCTGTGGTGATGTAAATGTCCTCT-3′。以得到的 cDNA 为模板，按照 qPCR（SYBR Primx Ex Taq Ⅱ，TaKaRa，日本）标准反应体系，在 qPCR 仪（iCycler iQ，Bio-Rad，美国）与引物进行反应，每个反应体系重复测定 3 次，采用以下程序进行：95℃ 30s，95℃ 15s，60℃ 30s，72℃ 30s，72℃ 30s，重复 45 个循环。以 *β*- 肌动蛋白或 GAPDH 为内参照，以水和未加转录酶的 cDNA 为模板的反应做阴性对照组。

13. 用免疫共沉淀法检测泛素化

将制备好的蛋白样品浓度稀释到 2μg/μL，取 1ml 的样品，加入 50 μl 的 IgG 琼脂糖磁珠，在 4℃ 条件下用反转摇床混合 30 min；在 4℃条件下，以 1000 r/min 转速离心 3 min，取上清液。在上清液中加入 anti- Ubiquitin（体积比 1∶500）和 50 μl 的 IgG 琼脂糖磁珠，在 4℃ 条件下，反应体系在反转摇床上混合过夜；在 4℃条件下，以 1000 r/min 转速离心 30 s，弃掉上清液，用 RIPA 冲洗磁珠并沉淀 3 次，加入 50 μl 的 4 倍上样缓冲液（loading buffer），煮样 5 min。用 SDS-PAGE 凝胶电泳进行蛋白的分离。

14. 细胞转染

用 lipofectamine 2000（Invitrogen，美国）转染试剂盒，按指导手册将相关基因的 siRNA 转染入心肌细胞。细胞接种在 60 mm^2 的培养皿中，细胞数为 2.0×10^5 个 /ml。转染的前一天调整培养皿中细胞的密度为 50%～70%。先用不含血清的优化培养基（opti-MEMI）稀释转染试剂 lipofectamine 2000，室温孵育 5 min；再用不含血清的优化培养基稀释 siRNA，轻轻混匀；将上述两种液体混合，室温培养 20 min 形成 siRNA - lipofectamine 2000 混合液；将 siRNA- lipofectamine 2000 混合液加入培养的细胞中，轻摇使之混合，然后在 37℃ 的二氧化碳培养箱中培养至检测时间。用荧光显微镜检测其转染效率，用 Western blot 检测其蛋白表达变化。

3.3 关键技术

（1）细胞转染与 RNA 干扰技术：按照 lipofectamine 2000 说明书，瞬时转染 gp78 的 siRNA 片段进入到心肌细胞中，用实时 PCR 和 Western blot 分别检测其 mRNA 水平及蛋白质水平。

（2）激光共聚焦显微镜技术：激光共聚焦扫描技术在研究细胞内钙离子、亚细胞结构与组分的空间分布方面有较好的应用价值，它比普通荧光显微镜分辨率高，成像清晰，应用此项技术可观测不同状态下心肌细胞内钙离子的动态变化。

（3）免疫共沉淀：它是研究细胞内两个蛋白质相互作用的常用方法，我们将用此方法证明心肌细胞在高糖和精胺处理下 gp78 与 Mfn1、Mfn2、Cx43 的相互作用。

3.4 可行性分析

（1）理论上的可行性

心功能不全是 DCM 对人体危害的关键，而心肌结构破坏、心肌能量代谢障碍和兴奋 - 收缩偶联障碍是心力衰竭发生的主要机制。心肌线粒体产生的 ATP，约 70% 用于心肌的舒张和收缩，显然，线粒体损伤必然使 ATP 生成减少。心脏节律性收缩和舒张的关键在于心肌细胞间闰盘处的缝隙连接蛋白构成了可迅速进行钙信号和物质能量交换的通道。缝隙连接蛋白的破坏，也必将导致心肌细胞线粒体产生的 ATP 丢失。

多胺具有多种生物学作用，影响细胞的生命活动和多种疾病进展。课题组前期研究发现：多胺代谢参与细胞内钙稳态的调控和心肌缺血再灌注损伤、心肌肥大、动脉粥样硬化和肺动脉高压等疾病的进展。我们近期研究发现：高糖可以引起心肌细胞钙稳态失衡、能量代谢障碍和细胞凋亡[21-23]；外源性精胺可以抑制高糖损伤引起的心肌细胞活性氧生成[22]。预实验结果也初步提示：DCM 大鼠多胺代谢紊乱，内源性精胺含量降低；高糖可引起心肌细胞内 ATP 含量降低和 gp78 活化，精胺预处理可减轻此变化。

基于文献资料和前期研究成果，我们提出“DCM 大鼠多胺稳态失衡，活化 gp78 - 泛素蛋白酶系统，水解线粒体结构蛋白和缝隙连接蛋白，引起 ATP 流障碍，影响心肌收缩和舒张功能；给予外源性精胺可以改善上述变化，减少心力衰竭的发生”的假说，在理论上是可行的。

（2）实验条件和技术的可行性

研究使用的 Wistar 大鼠及其乳鼠在市场均有售；与本申请有关的实验室技术，包括组织化学技术、分子生物学技术、脂质体转染等均为课题申请者所在实验室常用的技术。课题申请者曾应用相应的技术在国际和国内核心期刊上发表过多篇研究论文，可满足本研究的实验技术要求，同时课题组所在单位具有开展本课题研究所需的一切仪器设备。

（3）研究队伍的可行性

项目申请人魏璨在攻读硕士、博士学位过程中，始终从事多胺代谢在心血管系统疾病发生中的作用和机制研究，发表 SCI 收录论文 11 篇、核心期刊论文 3 篇（详见工作基础）。课题组人员构成合理，在实验设计、实验方法、操作技术等方面均有丰富经验，并有相关领域的专家为本课题提供指导，为实验的顺利完成提供有利条件。

4．本项目的特色与创新之处

糖尿病的发生率逐年升高，已成为全球性健康问题。作为糖尿病的主要并发症——糖尿病心肌病（DCM）已成为糖尿病致残、致死的重要原因，但是其确切发生机制迄今尚未阐明，亦缺少有效防治方法。

本课题从 ATP 流（产生和漏出）的崭新视角，在前期研究的基础上，选择糖尿病大鼠和高糖处理乳鼠心肌细胞为观察对象，应用各种先进的实验技术，揭示多胺代谢障碍调控 gp78 - 泛素蛋白酶系统导致 DCM 发生、发展的机制。这一关键问题的破解，将为 DCM 的有效防治提供理论依据和新靶点。

5. 年度研究计划及预期研究结果（包括拟组织的重要学术交流活动、国际合作与交流计划等）

（1）年度研究计划

2019 年 1 月—2019 年 12 月

制备动物模型，完成血糖、心功能、心肌酶学、高效液相色谱、形态学、免疫印迹相关指标检测，并构建载体，检测 gp78、ODC 和 SSAT 的表达；同时制备细胞模型，完成形态学和部分凋亡相关指标检测任务。

2020 年 1 月—2020 年 12 月

制备细胞模型，检测细胞 ATP 含量、线粒体呼吸链活性、线粒体融合和分裂蛋白、缝隙连接蛋白、泛素化等，并构建载体，检测 gp78 的 mRNA 表达以及信号转导通路相关指标，拟发表论文。

2021 年 1 月—2021 年 12 月

根据论文发表情况，补充完善实验计划，全面总结课题和成果申报。

（2）预期研究结果

1）复制糖尿病大鼠和高糖损伤乳鼠心肌细胞模型，明确 DCM 的多胺代谢规律和 gp78 - 泛素蛋白酶系统对线粒体融合 / 分裂蛋白、细胞缝隙连接蛋白和 ATP 流的影响，并揭示外源性精胺的保护作用及相关机制，为 DCM 的防治（外源性精胺的临床应用）提供理论依据。

2）发表 SCI 收录论文 2 篇，国内核心期刊 1 篇。

3）培养研究生 1～2 名。

（二）研究基础与工作条件

1. 研究基础（与本项目相关的研究工作积累和已取得的研究工作成绩）

项目申请人魏璨在攻读硕士、博士学位过程中，从事多胺代谢和多巴胺受体在心血管系统疾病发生中的作用和机制研究，发表 SCI 收录论文 11 篇和核心期刊论文 3 篇。作为主要参与者参加国家自然基金项目 2 项、省级课题项目 1 项。在 2014 年哈尔滨举行的国际心脏研究会（ISHR）中国分会（第十二届）暨中国病理生理学会心血管专业委员会（第十五届）上获得优秀壁报奖。

发表与本课题相关的主要论著：

[1] WEI C（第一作者）, GAO J, LI M, LI H, WANG Y, LI H*, XU C Q*. Dopamine D_2 receptors contribute to cardioprotection of ischemic post-conditioning via activating autophagy in isolated rat hearts [J]. Int J Cardiol, 2016, 203：837-839（IF：6.189）.

[2] WEI C（第一作者）, WANG Y, LI M, LI H, LU X, SHAO H, XU C Q*, Spermine: inhibits

endoplasmic reticulum stress - induced apoptosis：a new strategy to prevent cardiomyocyte apoptosis[J]. Cell Physiol Biochem, 2016, 38：531-544（IF：5.104）.

[3] WEI C（第一作者）, LI H, WANG Y, PENG X, SHAO H, LI H, BAI S, XU C Q*, Exogenous spermine inhibits hypoxia/ischemia-induced myocardial apoptosis via regulation of mPTP and associated pathways [J]. Exp Biol Med, 2016, 241（14）：1505-1515（IF：2.688）.

[4] WEI C（第一作者）, LI H Z, WANG Y H, PENG X, SHAO H J, LI H X, BAI S Z, LU X X, WU L Y, WANG R, XU C Q*, Exogenous spermine inhibits the proliferation of human pulmonary artery smooth muscle cells caused by chemically-induced hypoxia via the suppression of the ERK1/2- and PI3K/AKT-associated pathways [J]. Int J Mol Med, 2016, 37：39-46（IF：2.348）.

[5] WEI C#（并列第一作者）, ZHAO Y#, WANG L, PENG X, LI H, ZHAO Y, HE Y, SHAO H, ZHONG X, LI H, XU C Q*. H_2S restores the cardioprotection from ischemic post-conditioning in isolated aged rat hearts [J]. Cell Biol Int, 2015, 39（10）：1173-1176（IF：1.933）.

[6] 魏璨（第一作者），高君，陈爱东，白淑芝，李宏霞，柳磊，邵洪江，彭雪，李梅秀，徐长庆 *，李鸿珠 *．2 类多巴胺受体激活对乳鼠心肌细胞缺氧再灌注损伤的保护作用及其机制 [J]. 中国应用生理学杂志，2013，29（4）：289～293.

[7] GAO T, CHEN Z, CHEN H, YUAN H, WANG Y, PENG X, WEI C（第七作者）, YANG J, XU C Q*, Inhibition of HMGB1 mediates neuroprotection of traumatic brain injury by modulating the microglia/macrophage polarization [J]. Biochem Biophys Res Commun, 2018, 497（1）：430-436.（IF：2.472）.

[8] WANG Y, GAO P, WEI C（第三作者）, LI H, ZHANG L, ZHAO Y, WU B, TIAN Y, ZHANG W, WU L, WANG R, XU C Q*. Calcium sensing receptor protects high glucose-induced energy metabolism disorder via blocking gp78-ubiquitin proteasome pathway [J]. Cell Death Dis, 2017, 8（5）：2799（IF：5.965）.

[9] SUN W#, YANG J#, ZHANG Y, XI Y, WEN X, YUAN D, WANG Y, WEI C（第七作者）, WANG R, WU L, LI H*, XU C Q*. Exogenous H_2S restores ischemic post-conditioning induced cardioprotection through inhibiting endoplasmic reticulum stress in the aged cardiomyocytes [J]. Cell Biosci, 2017, 7：67（IF：3.63）.

[10] LI H*, WANG Y, WEI C（第三作者）, BAI S, ZHAO Y, LI H, WU B, WANG R, WU L, XU C Q*. Mediation of exogenous hydrogen sulfide in recovery of ischemic post-conditioning-induced cardioprotection via down-regulating oxidative stress and up-regulating PI3K/Akt/GSK-3β pathway in isolated aging rat hearts[J]. Cell Biosci, 2015, 5：11（IF：3.63）.

[11] HE Y, YANG J, LI H, SHAO H, WEI C（第五作者）, WANG Y, LI M, XU C Q*, Exogenous spermine ameliorates high glucose- induced cardiomyocytes apoptosis via decreasing reactive oxygen species accumulation through inhibiting p38/JNK and JAK2 pathways [J]. Int J Clin Exp Pathol, 2015, 8：15537-15549（IF：1.891）.

［12］ LI H Z*, WEI C（第二作者）, GAO J, BAI S Z, LI H, ZHAO Y L, LI H X, HAN L P, TIAN Y, YANG G D, WANG R, WU L Y, XU C Q*. Mediation of dopamine D_2 receptors activation in post-conditioning-attenuated cardiomyocyte apoptosis［J］. Exp Cell Res, 2014, 323（1）: 118-130（IF：3.546）.

［13］ 高君，魏璨（第二作者），陈爱东，白淑芝，李宏霞，彭雪，邵洪江，徐长庆，李鸿珠 *. 1 类多巴胺受体对细胞凋亡的线粒体信号通路的影响［J］. 中国医刊，2013，48（5）：25～28.

［14］ 高君，魏璨（第二作者），陈爱东，李梅秀，邵洪江，彭雪，柳磊，徐长庆，李鸿珠 *. 2 类多巴胺受体激活对细胞凋亡的影响及与 MAPK 通路的关系［J］. 中华临床医师杂志，2013，7（11）：4878-4882.

［15］ CAN WEI（第一作者），XUE PENG，GUANG-WEI LI，CHANG-QING XU*. 钙敏感受体和精胺在缺氧诱导的肺血管重构中的作用及机制 . 第 22 届国际心脏研究会全球大会，阿根廷布宜诺斯艾利斯，2016 年 4 月 18-23 日。

［16］ WEI CAN（第一作者）, WANG YUE-HONG, LI MEI-XIU, LI HONG-ZHU, SHAO HONG-JIANG, XU CHANG-QING*. Exogenous spermine contributes to prevent apoptosis in the rat hearts and cardiomyocytes. 中国病理生理学会心血管专业委员会（第十六届）暨国际心脏研究会（ISHR）中国分会（第十三届）学术大会，武汉，2016 年 9 月 21-25 日。

［17］ 魏璨（第一作者），王跃虹，李悠悠，柳磊，白淑芝，彭雪，邵洪江，田野，李鸿珠，徐长庆 *. 外源性硫化氢恢复老龄大鼠心肌缺血后适应保护作用及其相关机制 . 中国病理生理学会心血管专业委员会（第十五届）暨国际心脏研究会（ISHR）中国分会（第十二届）学术大会，哈尔滨，2014 年 8 月 14-18 日，并获得优秀壁报奖。

（1）本项目相关研究积累

1）揭示急性心肌梗死大鼠的多胺代谢规律，并发现精胺能抑制缺血、缺氧引起的心肌细胞凋亡，其机制与调控 mPTP、ERS 和相关通路有关（图 10-12）。

参见：［1］WEI C, WANG Y, LI M, LI H, LU X, SHAO H, XU C Q（✉）. Spermine inhibits endoplasmic reticulum stress - induced apoptosis：a new strategy to prevent cardiomyocyte apoptosis［J］. Cell Physiol Biochem, 2016, 38：531-544.

［2］WEI C, LI H, WANG Y, PENG X, SHAO H, LI H, BAI S, XU C Q（✉）. Exogenous spermine inh ibits hypoxia/ischemia-induced myocardial apoptosis via regulation of mPTP and associated pathways［J］. Exp Biol Med, 2016，241（14）：1505-1515.

2）发现外源性精胺可以抑制缺氧引起的人肺动脉平滑肌细胞（PASMCs）增殖，其机制与恢复多胺稳态和调控细胞周期有关（图 10-13）。

参见：WEI C, LI H Z, WANG Y H, PENG X, SHAO H J, LI H X, BAI S Z, LU X X, WU L Y, WANG R, XU C Q（✉）. Exogenous spermine inhibits the proliferation of human pulmonary artery smooth muscle cells caused by chemically-induced hypoxia via the suppression of the ERK1/2- and PI3K/AKT-associated pathways［J］. Int J Mol Med, 2016, 37：39-46.

3）揭示心肌缺血再灌注损伤时多胺代谢规律，并发现低浓度外源性精胺对心肌缺血再灌注损伤具有保护作用（图 10-14、图 10-15）。

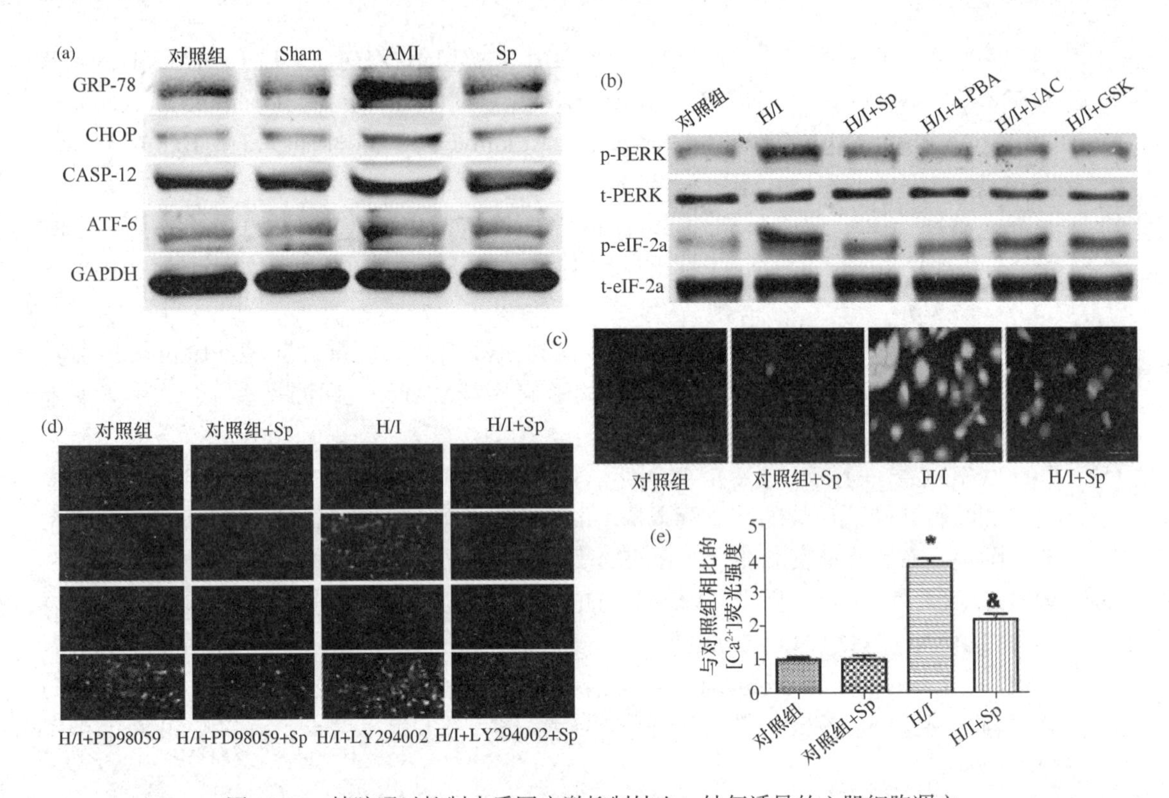

图 10-12　精胺通过抑制内质网应激抑制缺血、缺氧诱导的心肌细胞凋亡

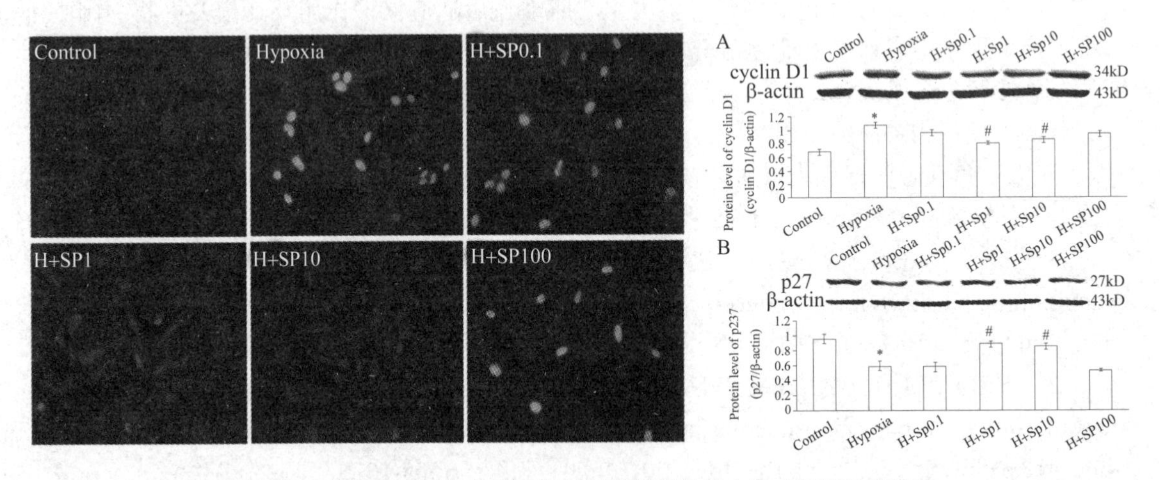

图 10-13　精胺通过调控细胞周期抑制缺氧诱导的人肺动脉平滑肌增殖

参见：

［1］HAN L, XU C Q, JIANG C, LI H, ZHANG W, ZHAO Y, ZHANG L, ZHANG Y, ZHAO W, YANG B. Effects of polyamines on apoptosis induced by simulated ischemia/reperfusion injury in cultured neonatal rat cardiomyocytes［J］. Cell Biology International, 2007, 31：1345-1352.

［2］ZHAO Y J, XU C Q, ZHANG W H, ZHANG L, BIAN S L, HUANG Q, SUN H L, LI Q F, ZHANG Y Q, TIAN Y, WANG R, YANG B F, LI W M. Role of polyamines in myocardial ischemia/reperfusion injury and their interactions with nitric oxide［J］. Eur J Pharmacol, 2007，562（3）：236-246.

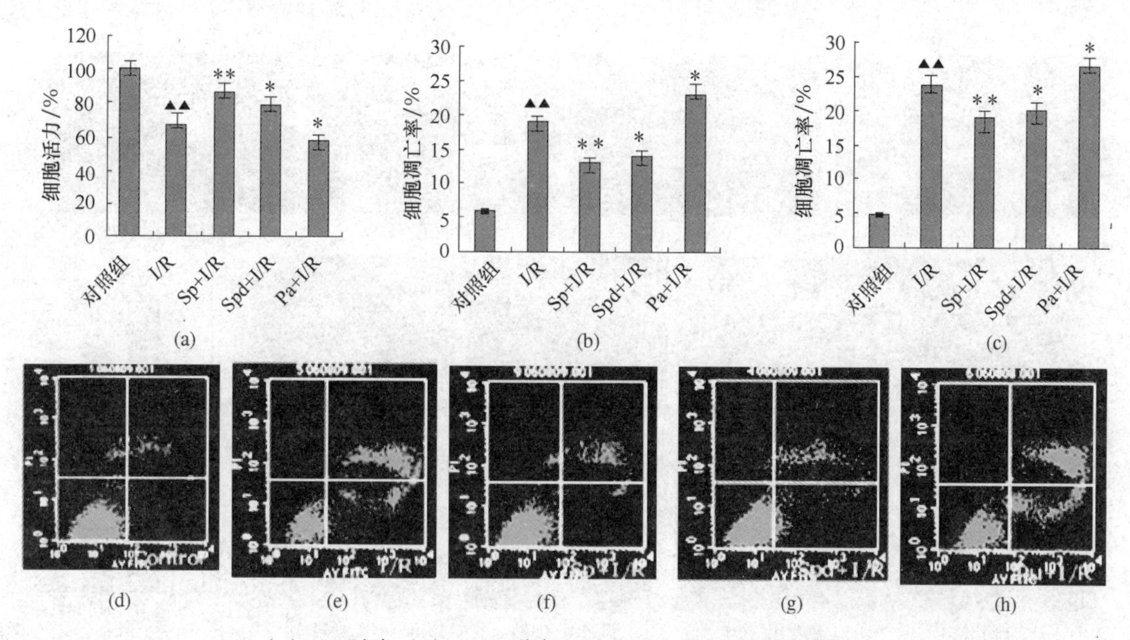

（a）MTT 试验；（b）TUNEL 染色法；（c）～（h）流式细胞检测分析

图 10-14　多胺对原代培养大鼠心肌细胞模拟缺血再灌注所致细胞凋亡的影响

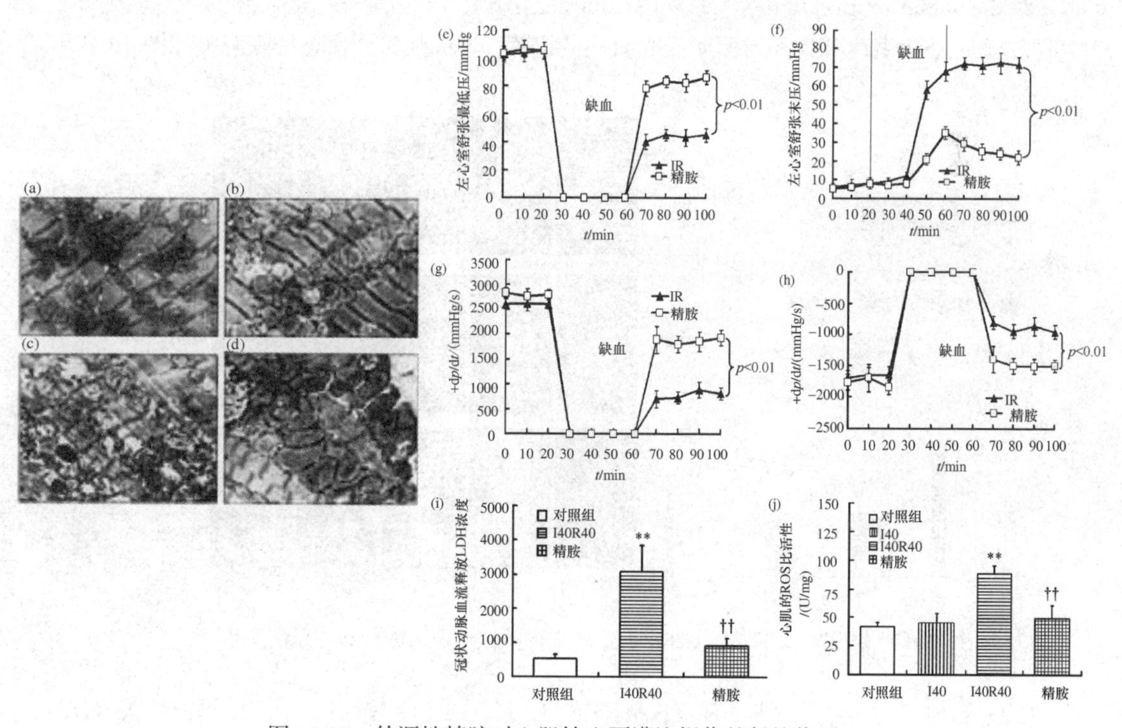

图 10-15　外源性精胺对心肌缺血再灌注损伤的保护作用

4）精胺对老龄化心脏具有保护作用（图 10-16）。

参见：ZHANG H, WANG J, LI L, CHAI N, CHEN Y, WU F, ZHANG W, WANG L, SHI S, ZHANG L, BIAN S, XU C Q, TIAN Y, ZHAO Y（✉）. Spermine and spermidine reversed age-

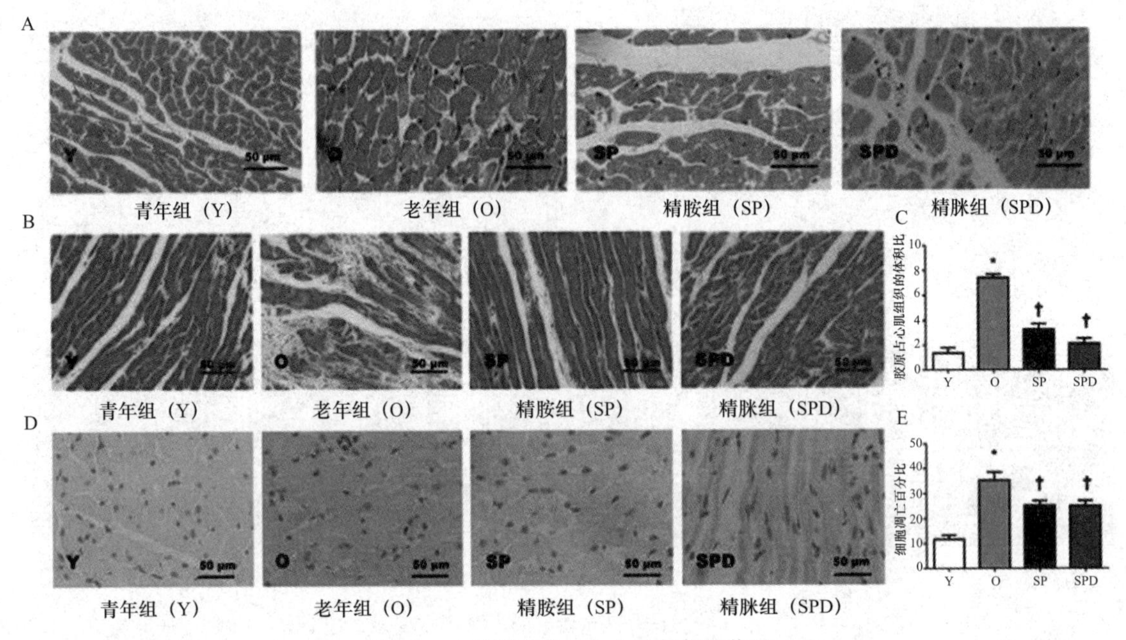

图 10-16　精胺对老龄化心脏的保护作用

related cardiac deterioration in rats［J］. Oncotarget, 2017, 8（39）：64793-64808.

5）发现 CaSR 表达减少参与糖尿病心肌病的进展，其机制与钙稳态失衡有关（图 10-17）。

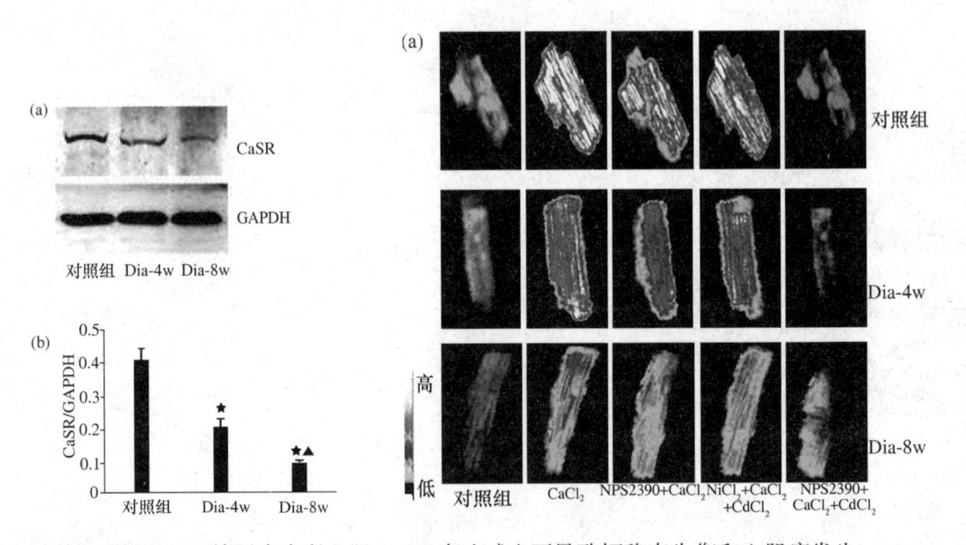

图 10-17　糖尿病大鼠心肌 CaSR 表达减少可导致钙稳态失衡和心肌病发生

参见：BAI S Z, SUN J, WU H, ZHANG N, LI H X, LI G W, LI H Z, HE W, ZHANG W H, ZHAO Y J, WANG L N, TIAN Y, YANG B F, YANG G D, WU L Y, WANG R, XU C Q（✉）. Decrease in calcium-sensing receptor in the progress of diabetic cardiomyopathy［J］. Diabetes Res Clin Pract, 2012, 95（3）：378-385.

（2）直接相关研究

1）发现高糖处理的心肌细胞 CaSR 表达下降，心肌能量代谢障碍（图 10-18）。

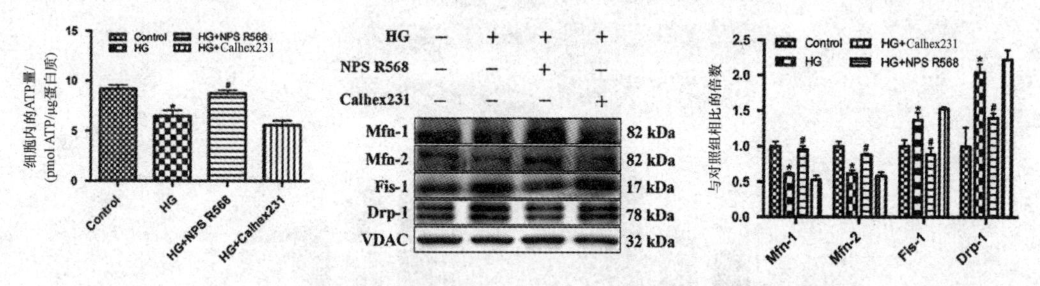

图 10-18　高糖引起心肌细胞 CaSR 表达减少和心肌能量代谢障碍

参见：WANG Y, GAO P, WEI C, LI H, ZHANG L, ZHAO Y, WU B, TIAN Y, ZHANG W, WU L, WANG R, XU C Q（✉）. Calcium sensing receptor protects high glucose-induced energy metabolism disorder via blocking gp78 - ubiquitin proteasome pathway［J］. Cell Death Dis, 2017, 8（5）：2799.

2）阐明外源性精胺可以通过抑制活性氧和 p38 和 JNK 通路，减少高糖诱导的心肌细胞凋亡（图 10-19）。

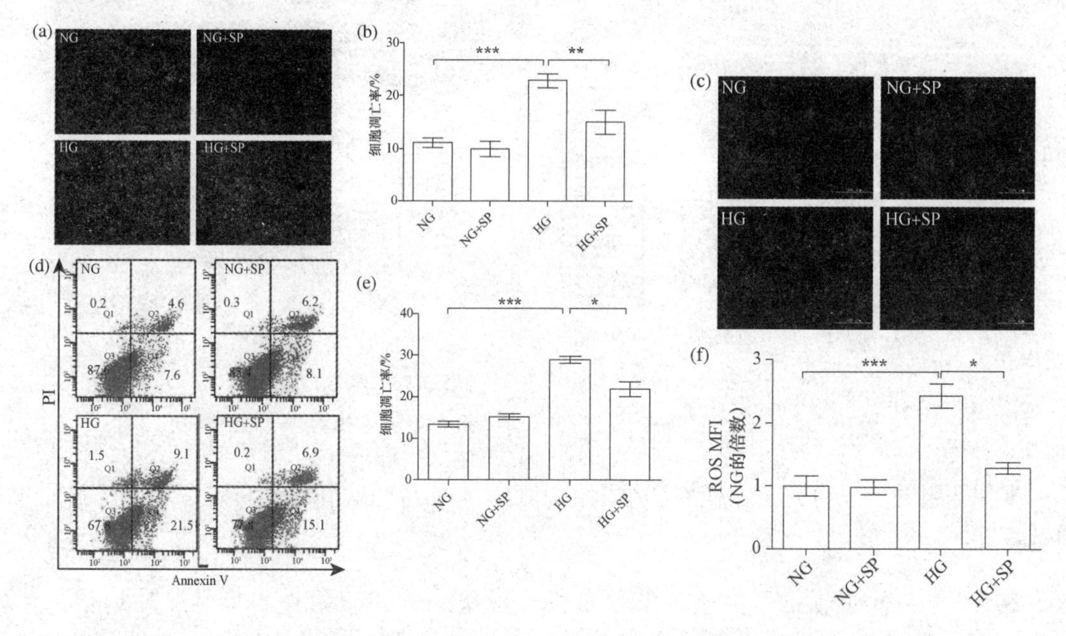

图 10-19　外源性精胺通过活性氧和 p38 及 JNK 通路减少高糖诱导的心肌细胞凋亡

参见：HE Y, YANG J, LI H, SHAO H, WEI C, WANG Y, LI M, XU C Q（✉）. Exogenous spermine ameliorates high glucose- induced cardiomyocytes apoptosis via decreasing reactive oxygen species accumulation through inhibiting p38/JNK and JAK2 pathways［J］. Int J Clin Exp Pathol, 2015, 8：15537-15549.

（3）预实验结果

我们在糖尿病大鼠和乳鼠心肌细胞高糖损伤模型中初步观察到：

1）DCM大鼠多胺代谢紊乱，内源性精胺含量降低（图10-20）；

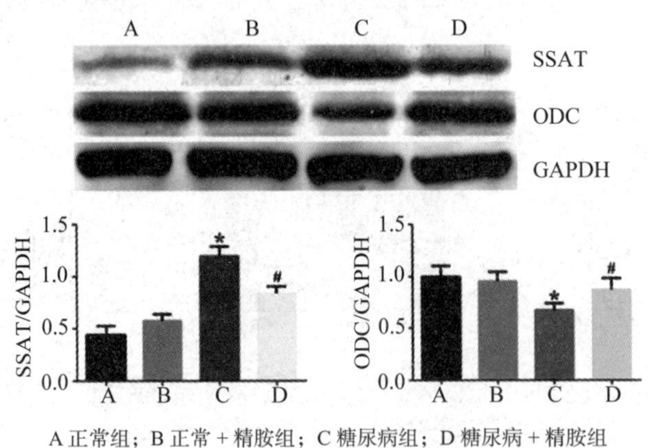

A 正常组；B 正常 + 精胺组；C 糖尿病组；D 糖尿病 + 精胺组

图10-20　糖尿病大鼠心肌多胺代谢池减少

2）高糖可引起心肌细胞内ATP含量减少和gp78表达增加，精胺预处理可减轻此变化（图10-21）。

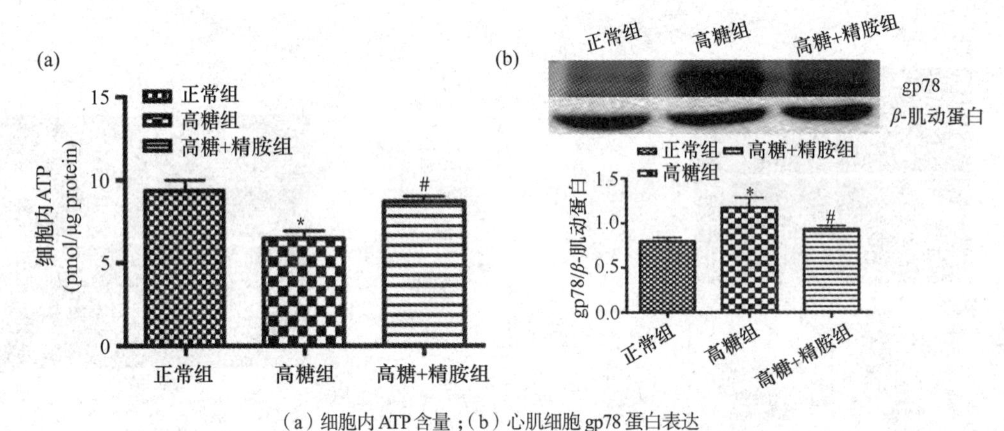

（a）细胞内ATP含量；（b）心肌细胞gp78蛋白表达

图10-21　精胺抑制高糖引起的心肌细胞内ATP减少和gp78表达增加

本课题组的上述研究工作积累和已取得成绩为本项目的顺利实施奠定了理论基础和人才储备基础。

2．工作条件（包括已具备的实验条件，尚缺少的实验条件和拟解决的途径，包括利用国家实验室、国家重点实验室和部门重点实验室等研究基地的计划与落实情况）

申请者所在的实验室为黑龙江省和科技部共建国家重点实验室培育基地。

本单位拥有流式细胞仪，高效液相色谱仪，激光扫描荧光成像仪，离子电流测定的配套设备（如膜片钳仪、基因钳仪、数模转换仪、电极拉制器、倒置显微镜、三维液压推进器、恒温控制系统等、pclamp软件等），电子显微镜，分子生物学检测的配套相应设备（如PCR仪、全自动蛋白核酸电泳仪、毛细管电泳分析仪、各种规格的离心机、不同温度的冰箱、DNA合成仪、DNA测序仪、细胞培养室所需的各种设备、层析和色谱技术所需的各种设备、制冰机等），多道生理记录仪，双光束紫外分光光度仪，液闪计数仪等进口仪器。

上述工作条件，完全能满足开展本项目所需的实验技术要求。

3．正在承担的与本项目相关的科研项目情况（申请人和项目组主要参与者正在承担的与本项目相关的科研项目情况，包括国家自然科学基金的项目和国家其他科技计划项目，要注明项目的名称和编号、经费来源、起止年月、与本项目的关系及负责的内容等）

（1）项目申请人魏璨承担的科研项目

1）国家自然科学基金面上项目，81770486，1 类多巴胺受体调控 CSE/H_2S 通路在糖尿病血管平滑肌细胞增殖中的作用及机制，2018 年 1 月—2021 年 12 月，55 万元，在研，第四参与者；

2）国家自然科学基金青年科学基金项目，81300200，钙敏感受体调控自噬参与动脉粥样硬化斑块内新生血管生成，2014 年 1 月—2016 年 12 月，23 万元，已结题，第四参与者；

3）黑龙江省归国留学基金项目，LC201430，外源性硫化氢在老龄化大鼠心肌缺血后适应中的作用及机制，2014 年 7 月—2017 年 7 月，6 万元，已结题，第三参与者。

（2）项目组主要成员

赵雅君教授承担的科研项目

1）国家自然科学基金面上项目，81170178，外源性多胺恢复老龄大鼠心肌缺血预适应心肌保护作用的机制研究，2012 年 1 月—2015 年 12 月，60 万元，已结题，主持；

2）国家自然科学基金面上项目，30770878，多胺在缺血预适应心肌保护中的作用及其细胞和分子机制，2008 年 1 月—2010 年 12 月，30 万元，已结题，主持；

3）黑龙江省博士后启动基金，LRB 05-266，多胺在氧化应激预适应大鼠心肌的代谢及其与促生存激酶信号转导通路关系的研究,2008 年 1 月—2010 年 12 月 ,3 万元，已结题，主持；

4）黑龙江省教育厅课题，11531076，内源性多胺介导缺血预适应心肌保护用的机制研究，2008 年 1 月—2010 年 12 月，2.5 万元，已结题，主持；

5）中国博士后基金课题，20060390817，多胺在缺血预适应心肌保护中作用靶点的研究，2006 年 1 月—2008 年 1 月 ,3 万元，已结题，主持；

6）黑龙江省博士后基金课题，LRB 05-266，心肌多胺代谢紊乱与心肌缺血再灌注损伤关系的研究，2006 年 1 月—2008 年 12 月，4 万元，已结题，主持；

7）黑龙江省卫生厅重点课题，No.2006-270，多胺在大鼠缺血再灌注心肌的代谢及其“双刃剑”样作用，2006 年 1 月—2008 年 12 月，0.5 万元，已结题，主持。

4．完成国家自然科学基金项目情况［对申请人负责的前一个已结题科学基金项目（项目名称及批准号）完成情况、后续研究进展及与本申请项目的关系加以详细说明。另附已结题项目研究工作总结摘要（限 500 字）和相关成果的详细目录］。

无。

（三）其他需要说明的问题

1）申请人同年申请不同类型的国家自然科学基金项目情况（列明同年申请的其他项目的项目类型、项目名称信息，并说明与本项目之间的区别与联系）。

无。

2）具有高级专业技术职务（职称）的申请人或者主要参与者是否存在同年申请或者参与申请国家自然科学基金项目的单位不一致的情况；如存在上述情况，列明所涉及人员的姓名，申请或参与申请的其他项目的项目类型、项目名称、单位名称、上述人员在该项目中是申请人还是参与者，并说明单位不一致原因。

无。

3）具有高级专业技术职务（职称）的申请人或者主要参与者是否存在与正在承担的国家自然科学基金项目的单位不一致的情况；如存在上述情况，列明所涉及人员的姓名，正在承担项目的批准号、项目类型、项目名称、单位名称、起止年月，并说明单位不一致原因。

无。

4）其他。

无。

第二节　同行评议意见和作者自省

一、同行评议意见

魏璨女士：

您好！

您申请的自然科学基金项目，经科学部初审、同行专家评议、评审组评审等程序，现获得批准资助。为了使科学基金评审工作更加客观、公正、透明，加强同行之间的交流，我们把同行评议意见全文反馈给您，供您执行项目时参考。

请不要直接回复此邮件，此为系统自动电子邮件地址。

如有问题请与国家自然科学基金委员会医学一处循环学科联系，E-mail：zhuyg@nsfc.gov.cn 或 yx1c-2@nsfc.gov.cn。

（一）三位同行专家评议意见

第一位同行专家的评议意见

1．简述申请项目的主要研究内容和申请者提出的科学问题或假说

本研究假说为：多胺代谢紊乱→gp78/ 泛素蛋白酶系统活化→ATP 流障碍，进而加剧了糖尿病心肌病的心脏损伤。多胺代谢作为一个新的研究点，研究报道较少，选题较为新颖。

2．具体意见

（1）申请项目的预期结果及其科学价值和意义

1）糖尿病心肌病大鼠发生多胺稳态失衡，活化 gp78- 泛素蛋白酶系统，水解线粒体结构蛋白和缝隙连接蛋白，引起 ATP 流障碍，导致心肌收缩和舒张功能障碍。申请者从能量代谢方面探究糖尿病心肌病的发病机制，为有效防治糖尿病心肌病提供理论基础和新的靶点。

2）在预期结果里，作者提到要阐明精胺的保护作用及分子机制。

在立项依据里，作者只提到精胺通过抑制 JNK、P38 通路，减少高糖引起的细胞凋亡。在立项依据里，作者没有详细描述阐明精胺保护作用的可能分子机制。在研究内容（3）里，作者提到 WNT 通路。请作者增加内容，说明精胺的保护作用的分子机制是指哪些信号通路？请进一步明确说明。

（2）科学问题或假说是否明确，是否具有创新性

1）本研究假说为：多胺代谢紊乱→gp78/ 泛素蛋白酶系统活动→ATP 流障碍，进而加剧了糖尿病心肌病的心脏损伤。多胺代谢作为一个新的研究点，研究报道较少，选题较为新颖。

2）在提出假说时，应该做更多的预实验，这样对假说的提出更有说服力。

在假说提出过程中，存在如下问题：

① 本课题假说的关键是多胺代谢紊乱激活了 gp78/ 泛素蛋白酶系统，建议在预实验里，首先明确多胺代谢紊乱是否激活了 gp78/ 泛素蛋白酶系统，建议增加预实验。

② 在立项依据图 10-6 及图 10-7 中，发现精胺预处理可以减轻细胞内 ATP 及 gp78 的表达，没有说明实验分组的例数、精胺的干预剂量及干预时间，图中统计学的符号也没有说明。建议补充。

（3）研究内容、研究方案及所采用的技术路线

1）该研究实验方案及内容翔实，技术路线可行。

2）但是细胞实验设计中缺少高渗对照组，建议增加同期高渗对照，以排除高渗对于细胞的影响。

3）建议说明精胺对心肌保护的可能的分子机制，并增加精胺对心肌保护的可能的分子机制内容。

（4）申请人的研究能力和研究条件

申请者研究能力好，研究水平较高。

（5）其他意见或修改建议

无。

第二位同行评议专家意见

1．简述申请项目的主要研究内容和申请者提出的科学问题或假说

申请人以糖尿病大鼠和高糖处理心肌细胞作为研究对象，使用各种分子生物学方法，揭示多胺代谢在糖尿病心肌病的关键作用。

2．具体意见

（1）申请项目的预期结果及其科学价值和意义

申请人预期结果，DCM 心肌细胞出现多胺的稳态失衡，活化了 gp78 泛素蛋白酶系统，引起 ATP 流障碍，进而引起心肌收缩功能障碍，具有较好的科学价值，为临床用药提供了新的靶点。

（2）科学问题或假说是否明确，是否具有创新性

申请人提出的科学问题建立在预实验和前期研究的基础上，提出的假说有明确的理论基

础，创新性也较高。

（3）研究内容、研究方案及所采用的技术路线

申请人研究内容合理，研究方案具有可行性，实验设计、逻辑性较好，具有较好的可行性。

（4）申请人的研究能力和研究条件

申请人发表多篇高水平的研究论文，研究背景较深厚，具备完成该项目的条件。

（5）其他意见或修改建议

无。

第三位同行评议专家意见

1．简述申请项目的主要研究内容和申请者提出的科学问题或假说

多胺稳态参与了心肌肥大过程，该项目对多胺代谢在糖尿病心肌病发病中的可能机制进行探讨，具有较强创新性，从临床问题出发，为糖尿病心肌病的治疗带来新的思路。

2．具体意见

（1）申请项目的预期结果及其科学价值和意义

糖尿病心肌病的发病机制是研究的难点、热点，多胺稳态参与了心肌肥大过程，该项目对多胺代谢在糖尿病心肌病发病中的可能机制进行探讨，具有较强创新性，从临床问题出发，为糖尿病心肌病的治疗带来新的思路。

（2）科学问题或假说是否明确，是否具有创新性

本研究从在体、心肌细胞层面上，拟在前期研究的基础上进一步明确细胞代谢信号通路与糖尿病心肌病、纤维化的关系及其下游机制通路。项目研究目标明确、清晰，研究内容合适，科学问题明确，研究重点突出。

（3）研究内容、研究方案及所采用的技术路线

该项目实验方案设计合理可行，研究思路逻辑连贯，实验关键技术较成熟稳定，研究切实可行。

（4）申请人的研究能力和研究条件

项目申请人具备较好的研究基础，科研能力较强，实验室条件良好，经费预算合理。

（5）其他意见或修改建议

（二）专家评审组意见

经评审组讨论投票，赞成票过半数，建议资助！

国家自然科学基金委员会医学科学部医学科学一处，联系电子邮件：zhuyg@nsfc.gov.cn。

二、作者自省

从上边的同行评议意见中，不难看出三位评审专家对这项青年科学基金申请项目“多胺代谢调控ATP流在糖尿病心肌病中的作用和机制研究”一致给予了充分肯定：选题新颖，创新性强，有明确科学假说，技术路线可行，目标明确，研究内容合适，前期研究基础良好。

同时，评审专家还明确指出该项目存在的不足，并提出许多好的建议。例如，建议在细胞实验设计中增加同期高渗对照，以排除高渗对细胞的影响；建议增加 WNT 通路的研究内容，以明确精胺保护作用的分子机制。建议增加预实验，明确说明实验分组的例数、精胺的干预剂量及干预时间等。对于该课题设计进一步完善和顺利实施，这些建议均有指导意义和参考价值。

基金委正在推行“负责任、讲信誉、计贡献”（responsibility, credibility, contribution, RCC）的评审机制改革，上述同行评议书体现了“RCC”的内在精神，为我们树立了榜样。在评审专家的推荐和支持下，本项目获得了基金委的资助。对于我们来说，这是信任和鼓励，也是压力和动力。我们一定要全力以赴，保质保量地完成课题，同样做一名“RCC”（负责任、讲信誉、计贡献）的项目申请人。

参 考 文 献

[1] 王新，张藜，唐靖．追求卓越三十年——国家自然科学基金委员会发展历程回顾［J］．中国科学基金，2016，30（5）：386-394.

[2] 中国管理科学学会科学基金专业委员会．中国科学基金年鉴：1990［M］．北京：科学出版社，1991：4-5.

[3] 唐靖，张藜，王新．基础研究人才成长的沃土——对国家自然科学基金人才类项目的历史回顾［J］．中国科学基金，2016，30（5）：395-401.

[4] 何光喜，石长慧，薛品，等．国家自然科学基金在科学界的形象——基于抽样调查数据的分析［J］．中国科学基金，2016，30（5）：417-424.

[5] 国家自然科学基金委员会．机构概况〔DB/OL〕.（2021-1-26）http://www.nsfc.gov.cn/publish/portal0/jgsz/01/.

[6] 姚玉鹏，熊巨华．从国家自然科学基金申请和评审程序探讨如何提高申请书质量［J］．中国科学基金，2017，31（6）：524.

[7] 何鸣鸿，任胜利，刘灿，等．“科学基金申请书撰写与表达”专题序［J］．中国科学基金，2017，31（6）：523.

[8] 国家自然科学基金委员会．2017 年度国家自然科学基金项目指南［M］．北京：科学出版社，2017.

[9] 翁振群，许春雁，李晖．从形式审查角度谈如何撰写国家自然科学基金项目申请书［J］．中国科学基金，2017，31（6）：550.

[10] 国家自然科学基金委员会．2019 年度国家自然科学基金资助项目统计资料〔DB/OL〕.（2019-11-28）http://www.nsfc.gov.cn/publish/portal0/tab505/

[11] 国家自然科学基金委员会．2020 年度国家自然科学基金项目指南〔M〕. 北京：科学出版社，2020.

[12] 车成卫．如何写好科学基金的立项依据和研究方案［J］．中国科学基金，2017，31（6）：538.

[13] 马臻．申请国家自然科学基金：前期准备和项目申请书的撰写［J］．中国科学基金，2017，31（6）：533.

[14] 唐小卿．国家自然科学基金申报：参考文献比你想象的更重要［EB/OL］.（2017-12-20）. http://blog.sciencenet.cn/home.php?mod＝space&uid＝77930&do＝blog&id＝1090605.

[15] 唐小卿．国家自然科学基金申报：紧扣科学问题与研究内容撰写研究方案［EB/OL］.（2017-12-26）. http://blog.sciencenet.cn/home.php?mod＝space&uid＝77930&do＝blog&id＝1091509.

[16] 唐小卿．撰写国家自然科学基金立项依据的总体思路、基本内容和注意点［EB/OL］.（2017-12-15）. http://blog.sciencenet.cn/home.php?mod＝space&uid＝77930&do＝blog&id＝1089758.

[17] 喻海良．国家自然科学基金申请注意事项［J］．中国科学基金，2017，31（6）：542.

[18] 周浙昆．申请国家自然科学基金项目的一点体会［J］．中国科学基金，2017，31（6）：529.

[19] 徐长庆．谈谈影响基金项目中标的几种情况［J］．科技导报，2011，29（25）：82.

附录　作者在科学网发表的有关基金申请的博客文章

[1] 徐长庆．“抛砖引玉”——谈谈本人申报课题的体会 [EB/OL].（2010-12-2）. http://blog.sciencenet.cn/blog-69051-389727.html.

[2] 徐长庆．献丑了，晒晒我的标书、进展和结题报告 [EB/OL].（2011-2-6）. http://blog.sciencenet.cn/blog-69051-404572.html.

[3] 徐长庆．前车之鉴，后事之师——谈谈影响基金项目中标的几种情况 [EB/OL].（2011-7-12）. http://blog.sciencenet.cn/blog-69051-464167.html.

[4] 徐长庆．“九子登科”传捷报，驰骋万里永不停 [EB/OL].（2011-8-22）. http://blog.sciencenet.cn/blog-69051-478425.html.

[5] 徐长庆．关于“晒标书”的一管之见 [EB/OL].（2011-9-10）. http://blog.sciencenet.cn/blog-69051-485025.html.

[6] 徐长庆．标书歌 [EB/OL].（2012-2-12）. http://blog.sciencenet.cn/blog-69051-536655.html.

[7] 徐长庆．基金从“井喷”回“常态”——兼议基金、科研和人才 [EB/OL].（2012-8-19）. http://blog.sciencenet.cn/blog-69051-603805.html.

[8] 徐长庆．坦然面对不服输，持之以恒结硕果——谈如何面对项目被毙 [EB/OL].（2012-8-21）. http://blog.sciencenet.cn/blog-69051-604581.html.

[9] 徐长庆．锦上添花非送炭——小议提交前请专家评议标书的意义 [EB/OL].（2012-9-1）. http://blog.sciencenet.cn/blog-69051-608246.html.

[10] 徐长庆．标书歌解析（1）：找准问题定方向 [EB/OL].（2013-2-13）. http://blog.sciencenet.cn/blog-69051-661605.html.

[11] 徐长庆．标书歌解析（2）：题目醒目夺眼球 [EB/OL].（2013-2-15）. http://blog.sciencenet.cn/blog-69051-662111.html.

[12] 徐长庆．标书歌解析（3）：字斟句酌写摘要 [EB/OL].（2013-2-18）. http://blog.sciencenet.cn/blog-69051-662786.html.

[13] 徐长庆．标书歌解析（4）：创新科研生命线 [EB/OL].（2013-2-19）. http://blog.sciencenet.cn/blog-69051-663257.html.

[14] 徐长庆．标书歌解析（5）：斟酌选好切入点 [EB/OL].（2013-2-25）. http: //blog.sciencenet.cn/blog-69051-665062.html.

[15] 徐长庆．标书歌解析（6）：参考文献尽量全 [EB/OL].（2013-2-28）. http://blog.sciencenet.cn/blog-69051-665745.html.

[16] 徐长庆．标书歌解析（7）：研究目标树宏图 [EB/OL].（2013-3-3）.

http://blog.sciencenet.cn/blog-69051-666633.html.

[17] 徐长庆. 捷报传来心欢喜（兼谈基金申请的经验）[EB/OL].（2013-8-19）. http://blog.sciencenet.cn/blog-69051-717967.html.

[18] 徐长庆. 内容重于形式——从“标书哥”的标书被毙谈起[EB/OL].（2014-10-28）. http://blog.sciencenet.cn/blog-69051-839407.html.

[19] 徐长庆. 全程记录基金申请报告：在海南医学院的一天（2）[EB/OL].（2015-1-17）. http://blog.sciencenet.cn/blog-69051-860313.html.

[20] 徐长庆. 遗憾不敌欢喜多——听到国家自然科学基金评审结果后的感受[EB/OL].（2017-8-28）. http://blog.sciencenet.cn/blog-69051-1073134.html.

[21] 徐长庆. 计划单列医药卫生单位获得2018年国家自然科学基金资助情况分析[EB/OL].（2018-8-19）. http://blog.sciencenet.cn/blog-69051-1130008.html.

[22] 徐长庆. 九大硬伤难获助，驱虎疗伤展宏图——针对标书中出现的硬伤如何补救[EB/OL].（2020-1-24）. http://blog.sciencenet.cn/blog-69051-1215407.html.

[23] 徐长庆. 非常时期咱能做点啥？——基金辅导视频[EB/OL].（2020-2-18）. http://blog.sciencenet.cn/blog-69051-1219185.html.

[24] 徐长庆. 非常时期咱能做点啥？——基金辅导视频（二）[EB/OL].（2020-2-25）. http://blog.sciencenet.cn/blog-69051-1220269.html.

[25] 徐长庆. 科学问题属性的学习和选择何其重要[EB/OL].（2020-7-5）. http://blog.sciencenet.cn/blog-69051-1240742.html.

[26] 徐长庆. 放飞理想，凝聚潜行——学科建设的一点经验和体会[EB/OL].（2020-12-17）. http://blog.sciencenet.cn/blog-69051-1262959.html.